生物与化学制药设备

全国医药职业技术教育研究会　组织编写
路振山　主编　　苏怀德　主审

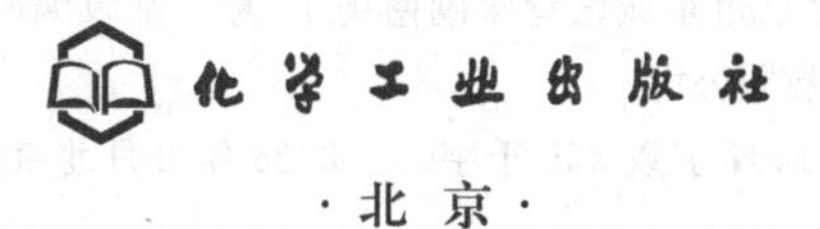

·北京·

图书在版编目（CIP）数据

生物与化学制药设备/路振山主编．—北京：化学工业出版社，2005.7（2025.2重印）
高职高专教材
ISBN 978-7-5025-7330-0

Ⅰ．生…　Ⅱ．路…　Ⅲ．药物-制造-化工设备
Ⅳ．TQ460.5

中国版本图书馆CIP数据核字（2005）第076592号

责任编辑：余晓捷　孙小芳　陈燕杰　　　文字编辑：丁建华
责任校对：陈　静　　　装帧设计：关　飞

出版发行：化学工业出版社（北京市东城区青年湖南街13号　邮政编码100011）
印　　装：涿州市般润文化传播有限公司
787mm×1092mm　1/16　印张14¾　字数355千字　　2025年2月北京第1版第11次印刷

购书咨询：010-64518888　　售后服务：010-64518899
网　　址：http://www.cip.com.cn
凡购买本书，如有缺损质量问题，本社销售中心负责调换。

定　　价：45.00元

《生物与化学制药设备》 编审人员

主　　编　路振山（天津生物工程职业技术学院）

主　　审　苏怀德（国家食品药品监督管理局）

编写人员　（按姓氏笔画排序）

李继红（河南医药职业技术学院）

张继忠（复旦大学药学院第二分院）

唐介眉（江苏省徐州医药高等职业技术学院）

韩恩远（河南医药职业技术学院）

路振山（天津生物工程职业技术学院）

编写说明

随着科技发展和人民生活水平不断提高，中国医药事业得到空前的飞速发展，特别是中国加入世界贸易组织（WTO）后，医药行业也和其他行业一样，进一步融入了国际竞争的大潮，在竞争中突出的问题之一就是解决对生产一线上大量的实用型人才的需求，而掌握制药设备专业技术知识的人才则更是短缺。为此，全国医药职业技术教育研究会组织编写了全国医药高职高专系列教材，《生物与化学制药设备》即为其中之一。

《生物与化学制药设备》是将制药企业中经常遇到的生产药物的专业设备、传热传质单元操作过程中的设备和部分通用设备的相关知识结合在一起，以设备的结构特点、应用和操作为重点，辅以必要的基本原理和基本知识，以及一部分实用的高新技术构成全书的内容。在文字处理、内容取舍和编排形式上均进行了初步的探索，力求文字简洁，内容贴近生产实际，不写公式的理论推导，编入设备运行中一些问题的处理方法，注意能力培养，体现医药高职特色。本书作为医药高职院校的专业教材，在生物制药和化学制药两个专业使用，也可作为制药企业有关人员的岗位培训教材。

本书由天津生物工程职业技术学院路振山担任主编并编写第一、二、五、十三章，江苏省徐州医药高等职业技术学院唐介眉编写第九、十章，复旦大学药学院第二分院张继忠编写第六、七、八章，河南医药职业技术学院韩恩远编写第三、十一章，李继红编写第四、十二章。在编写本教材时，我们参考了有关专家学者的著作，并在书后参考文献中列出。在编写中还参考了部分医药生产企业的现行生产设备和技术文件。这些材料对增加本教材的先进性、实用性都有很大帮助。在此向他们表示衷心感谢。

由于编者水平有限，书中可能存在不妥之处，恳请读者批评指正。

编者

2004 年 12 月

目　录

第一章　绪　　论

一、制药设备在制药生产中的地位与作用

工业生产的定义经常被描述为：人利用能源，通过设备，按照一定的加工工艺，把原材料制作成产品的过程。由此可看出制药设备是制药生产的关键因素之一。制药设备的先进性、自动化进程，标志着生产企业的装备水平，影响着药物产品的质量，甚至在一定程度上还反映了企业的管理水平、经济实力和公司形象。因此应特别重视制药设备的科学选配、正确使用和计划检修，为此，就需要了解设备的工作原理、掌握设备的结构特点和正确操作使用设备。

生物与化学制药设备对于生物与化学原料药的生产来说尤为重要，因为从原料到产品每一步物理或化学变化过程均需要在设备中完成，每一次物料位置的变化多是通过管道来实现(尤指流体)，可以说设备和管道在原料药厂是不能用任何其他条件所替代的。根据生产工艺要求，只要选择了最合理的设备，就能保证药品生产高质、高效、安全地进行。

下面通过两个药品的生产实例进一步说明设备的作用。

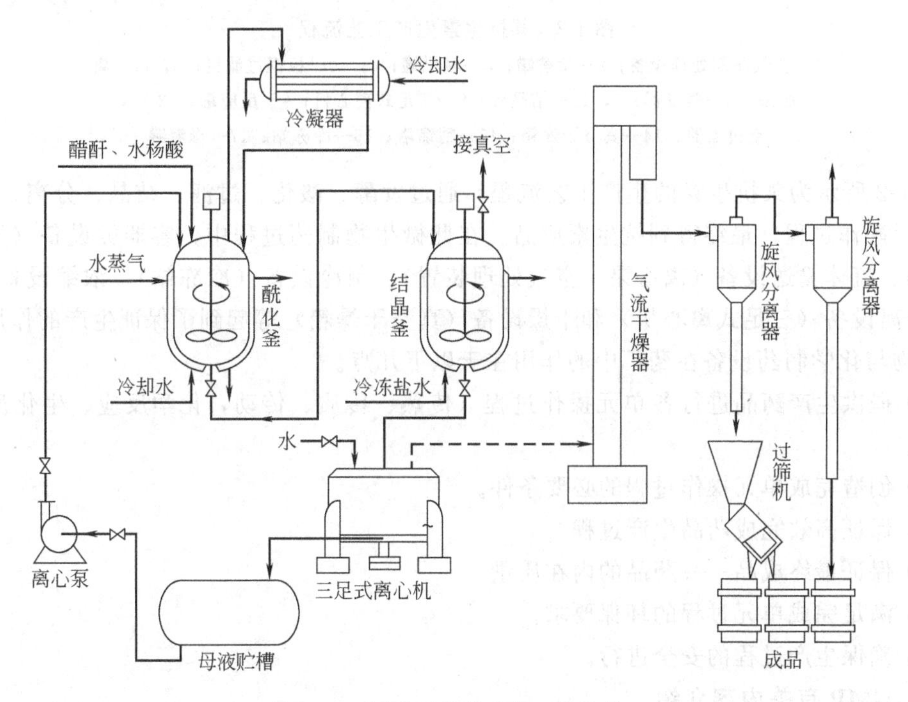

图 1-1　阿司匹林的生产工艺流程

图 1-1 所示为阿司匹林的生产工艺流程，原料醋酐和水杨酸等经过酰化反应后，通过结晶、脱水、干燥、过筛和包装等一系列过程后成为产品。在该化学原料药的生产过程中，使用的设备有：反应设备（酰化釜）、换热设备（冷凝器）、结晶设备（结晶釜）、分离设备（三足式离心机）、液体输送设备（离心泵）、干燥设备（气流干燥器）和过筛设备（过筛机），它们提供了生产阿司匹林的条件。

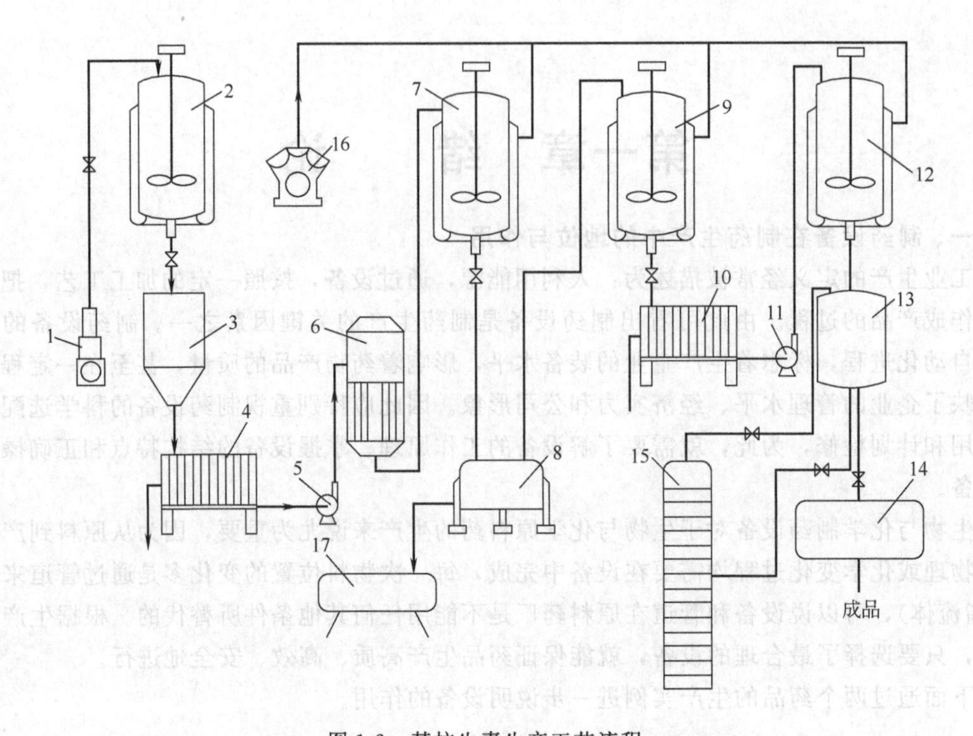

图 1-2 某抗生素生产工艺流程

1—空气压缩处理设备；2—发酵罐；3—酸化罐；4，10—板框过滤机；5，11—离心泵；6—蒸发器；7，12—结晶罐；8—三足式离心机；9—反应罐；13—真空过滤器；14—真空干燥箱；15—精馏塔；16—冷冻站；17—母液罐

图 1-2 所示为某抗生素的生产工艺流程，通过发酵、酸化、过滤、结晶、分离、干燥等多个单元操作过程，最终得到抗生素成品。在此微生物制药过程中，容器类设备（发酵罐、结晶罐）、流体输送设备（离心泵、空气处理装置）、制冷设备（冷冻站）、浓缩设备（蒸发器）、分离设备（三足式离心机）和干燥设备（真空干燥箱）等起到了保证生产的作用。

生物与化学制药设备在药厂中的作用在于以下几点。

(1) 提供生产药品进行各单元操作过程（传热、传质、传动，化学反应、生化反应等）的环境。

(2) 创造完成单元操作过程的必要条件。

(3) 保证高效完成药品生产过程。

(4) 保证最终成品——药品的内在质量。

(5) 满足完成单元过程的环保要求。

(6) 确保生产过程的安全进行。

二、GMP 有关内容介绍

GMP（药品生产质量管理规范）是英文 Good Manufacturing Practices for Drugs 或 Good Practices in the Manufacturing and Quality Control of Drugs 的缩写，目前它已被各国认定成"优秀生产实践"的代名词。它是药品生产和质量管理的一整套系统、科学的管理制度。保证药品质量不仅仅是药厂在市场竞争中求得生存和制胜的重要环节，更是提高人类健康水平的关键因素，因此必须确保生产药品的质量。在 GMP 中对药厂有关人员、厂房、设备、原料、工艺、质检、卫生、包装、装卸等诸多方面都作出了严格控制的规定，实行全过程质量管理。因此说，它不是通过最终产品的检验来证明药品的质量，而是在药品生产的全过程中实施科学的全面管理来达到质量规定标准。

GMP有三大目标要素，即：将人为的差错控制在最低限度、防止对药品的污染和降低质量以及保证高质量产品的质量管理体系。

我国GMP是国家药品监督管理局1998年修订的《药品生产质量管理规范》（以下简称《规范》）。内容包括14章88条，其中有关设备的内容在第四章从第三十一条到第三十七条，各条内容如下。

第三十一条　设备的设计、造型、安装应符合生产要求，易于清洗、消毒或灭菌，便于生产操作和维修、保养，并能防止差错和减少污染。

第三十二条　与药品直接接触的设备表面应光洁、平整、易清洗或消毒，耐腐蚀，不与药品发生化学变化或吸附药品。设备所用的润滑剂、冷却剂等不能对药品或容器造成污染。

第三十三条　与设备连接的主要固定管道应标明管内物料名称、流向。

第三十四条　纯化水、注射用水的制备、贮存和分配应能防止微生物的滋生污染。贮罐和输送管所用材料应无毒、耐腐蚀。管道的设计和安装应避免死角、盲管。贮罐和管道要规定清洗、灭菌周期。注射用水贮罐的通气口应安装不脱落纤维的疏水性除菌滤器。注射用水的贮备可采用80℃以上保温、65℃以上保温循环或4℃以下存放。

第三十五条　用于生产和检验的仪器、仪表、量具、衡器等，其适用范围和精密度应符合生产和检验要求，有明显的合格标志，并定期校验。

第三十六条　生产设备应有明显的状态标志，并定期维修、保养和验证。设备安装、维修、保养的操作不能影响产品的质量。不合格的设备如有可能应搬出生产区，未搬出前应有明显标志。

第三十七条　生产检验设备均应有使用、维修、保养记录，并有专人管理。

世界各国的GMP对设备的要求不尽相同，现仅介绍联合国WHO1992年颁布的GMP在第十二章——设备中的11点要求。

（1）设备定位、设计、建造、改造和维护应适合操作。

（2）设备的安装应使产生差错或污染的危险降至最低限度。

（3）固定管线应使用可指明内容物及流向的醒目标志。

（4）所有的公共管线和装置应有适宜的标志，危险性气体和液体的管道应使用不可互换的接头。

（5）用于生产和检验操作的衡器和其他测量设备，应有适当的范围和精密度，并按时校正。

（6）生产设备的设计、安装及维护应适合于其使用目的。

（7）生产设备的设计，应能按程序彻底清洗。

（8）质量控制实验室的设备和仪器应适合于测试方法

（9）洗涤、清洗设备的选择和使用方法不应成为污染源。

（10）生产设备不应对产品产生任何危险。与产品的接触部分不应发生影响产品质量的化学反应、添加或吸收。

（11）不合格的设备应尽快转出生产区和质量控制区，或采用醒目的不合格标志。

三、国际单位制

近年来，我国制药工业的科学化、现代化进程越来越快，在科研和生产中所需要使用的物理量必然越来越多，诸如长度、时间、质量、温度和热导率等。量化表示物理量大小的两个因素是数字和单位。每个物理量至少要有一种单位，如时间的单位是秒、长度的单位是米。各个物理量的单位并不都是独立存在的，有些物理量的单位是由另外一些物理量导出的，如速度的单位是米/秒，这个单位是由长度与时间的单位相除而得。由此可以把众多的物理量分成两大类，即基本量与导出量。人为确定几个常用的物理量为基本量，如长度、时间、质量和温度等，其他的物理量均作为导出量。基本量的单位称基本单位，如时间是基本量，秒是基本单位。导出量的单位称导出单位，如速度是导出量，米/秒即为导出单位。

在不同的自然科学领域中，由于习惯和使用的方便等原因，选用的基本量及基本单位不同，由此而产生了不同的单位制度。如在科研领域中广泛使用的是绝对单位制，又称物理单位制（CGS制），其基本量和基本单位是：长度——厘米、质量——克、时间——秒。因其单位较小，在用到一些大数量的场合，往往采用MKS制，它的基本量和基本单位分别是：长度——米、质量——千克、时间——秒。在工程界却习惯用工程单位制，即基本量和基本单位是：长度——米、力——千克力、时间——秒。在技术资料里由于采用各种不同的单位制，会在技术交流、成果转让和资料查询等方面带来诸多不便，为此我国国家标准计量局在1977年决定要逐步采用国际度量衡会议于20世纪60年代提出的国际单位制（SI制）。

国际单位制共采用了七个基本单位，即长度——米（m）、质量——千克（kg）、时间——秒（s）、温度——开尔文（K）、光强度——坎德拉（cd）、电流——安培（A）和化学中的物质的量——摩尔（mol）。

由于在不同场合使用以上单位时，前面的数字会太大或太小，数量容易搞错，因此国际单位制又规定了一些字母（英文单词词头）用以表示倍数或小数，例如长度单位是米，地理学中却常用千米，即1000m，用k表示1000，则1000米就可用1km来代表了；现代技术中常提及纳米，即0.000000001m，今用n表示0.000000001，则可用1nm代表1纳米就很方便了。国际单位制规定的表示倍数和小数的字母见表1-1。

表1-1　表示倍数和小数的字母

表示的倍数和小数	字母名称	字母符号	表示的倍数和小数	字母名称	字母符号
10^9	吉(咖)	G	10^{-1}	分	d
10^6	兆	M	10^{-2}	厘	c
10^3	千	k	10^{-3}	毫	m
10^2	百	h	10^{-6}	微	μ
10^1	十	da	10^{-9}	纳	n

当这些字母与单位符号连用时，中间不留空隙也不加连字符，如km不可写成k-m；在对同一单位加以上字母时只能加一个，如1MPa不能写成1kkPa。

国际单位制的导出单位是由导出量与基本量的关系来确定的。如力的单位是根据牛顿第二定律$F=ma$导出的，m是基本量，单位是kg，a的单位是m/s^2，F的单位是$kg \cdot m/s^2$，用一个符号N来表示，即$N=kg \cdot m/s^2$，并命名为牛顿。压强的单位根据其定义即单位面积上的正压力可知，$P=F/A$，F的单位是$kg \cdot m/s^2$，A的单位是m^2，则P的单位是$kg/(s^2 \cdot m)$或是N/m^2，规定其代表符号为Pa，称做帕斯卡。由于导出单位往往不只用一个字母来表示，这些字母间有相乘或相除的关系，如果两个单位相乘，在表示这两个单位的字母之间可用“·”表示，也可不用任何符号隔开；如果两个单位是相除关系，则该导出单位可按下列任何一个形式表示，如N/m^2、$N \cdot m^{-2}$或$J/(kg \cdot K)$等，注意上例中的$J/(kg \cdot K)$不能写成J/kg/K，因为这样写不能准确地表示三个单位间的关系。

表1-2列出与本书有关的常用的国际单位制的导出单位。

表1-2 国际单位制的部分导出单位

导出量	名　称	单位符号	其他表示代号
力	牛顿	N	$kg \cdot m/s^2 = J/m$
压力	帕斯卡	Pa	$kg/(m \cdot s^2) = N/m^2 = J \cdot m^{-3}$
能量、功、热	焦耳	J	$kg \cdot m^2/s^2 = N \cdot m = Pa \cdot m^3$
功率、传热速率	瓦特	W	$kg \cdot m^2/s^3 = J/s$
速度		m/s	
加速度		m/s^2	
面积		m^2	
体积		m^3	
动力黏度		$Pa \cdot s$	$kg/(m \cdot s) = N \cdot s/m^2$
热导率		$W/(m \cdot K)$	$J/(s \cdot m \cdot K)$
传热系数		$W/(m^2 \cdot K)$	$J/(s \cdot m^2 \cdot K)$

除基本单位和导出单位外，国际单位制还规定了一些辅助单位，如时间单位可用天(d)、小时（h）、分（min）；质量单位还可用吨（t）；容积采用升（L）；平面角采用弧度(rad）等。

国际单位制之所以被越来越多的国家采用，是因为其具有通用性和科学性的特点。通用性是指在自然科学与工程技术领域里所用的物理量的单位均可用SI制的七个基本单位导出；科学性是指SI制中任何一个导出单位都是由基本单位相乘或相除而得，其间不需引入比例常数。例如：力的单位用牛顿，而$1N = 1kg \times 1m^2/s = 1kg \cdot m^2/s$。再比如能量、热和功三个量的单位都采用J，而$1J = 1N \times 1m = 1N \cdot m = 1kg \cdot m^2/s^2$，在工程单位制中热量单位用卡（cal）或千卡（kcal）、功的单位用（kgf·m）、能量单位用焦耳（J），这样在其间进行换算时就需用“热功当量”这一比例常数即：$1kcal = 4.187kJ = 427kgf \cdot m$，很显然用SI制的单位既简便又不易出错，这即是SI制的科学性。正是因为SI制具有以上两个突出优点，故在今后会得到越发广泛的应用，本书在可能的情况下，尽量采用SI制。

第二章　设备材料与管路

第一节　设备材料

制药设备常用材料可分为金属材料和非金属材料，金属又分为黑色金属和有色金属两种。黑色金属系指铁碳合金，即钢和铁；而有色金属是指除钢铁外的所有金属。非金属材料的种类很多，而药厂使用较多的有：玻璃钢、塑料、搪瓷、陶瓷、玻璃、橡胶衬里等。金属材料特点是力学性能好，但耐腐蚀性差；非金属材料则相反，即耐腐蚀性好而力学性能相对较差。制药工厂使用的材料种类很多，且操作条件（指温度和压强）又不尽相同，这就要求设备的材质能满足各种不同的要求。为此，本节对金属和非金属材料做一全面的介绍。

一、材料的性能

正确选择设备材质要从生产上的要求和材料所具有的性质两方面考虑，对某一种材料的各种性质主要考虑四种，即物理性能、耐腐蚀性能、加工工艺性能和力学性能。

（一）材料的物理性能

材料的物理性能主要包括密度、熔点、热膨胀性、导电性、导热性等，对用于不同场合下的设备或零部件所关注用材的性质也不尽相同，如控制水位的浮漂和流量计中的转子，就需准确地掌握其材料的密度，对热交换器的材料就应了解其导热性，对长度较长的热流体管道就需知道其热膨胀性，应把握住众多物理性能中影响使用的关键因素，才能保证设备的材质满足生产工艺的要求。

（二）材料的耐腐蚀性能

本节讨论的腐蚀主要是指金属材料的腐蚀，即金属材料和外部介质发生化学作用或电化学作用而引起的破坏。

1. 腐蚀的分类

（1）按造成腐蚀的原因可分为化学腐蚀和电化学腐蚀两种。化学腐蚀是指金属材料与介质发生化学反应而引起的破坏，在腐蚀的过程中无电流产生。电化学腐蚀是指金属材料与电解质溶液发生的电化学反应而引起的腐蚀，在腐蚀的过程中有电流产生。

（2）按金属腐蚀破坏的形式可分为全面腐蚀和局部腐蚀。全面腐蚀是指金属的腐蚀破坏发生在整个金属表面，局部腐蚀是指腐蚀破坏发生在金属的局部。局部腐蚀又可分为点腐蚀、斑腐蚀、应力腐蚀和晶间腐蚀等，其中以晶间腐蚀的危害性为最大，因为它的腐蚀破坏是沿晶粒间向纵深发展，使材料性能剧烈降低而外形又无显著变化。

2. 评定金属耐腐蚀性能的指标

金属耐腐蚀性能的评定指标是以腐蚀速度来评定的，其测量方法有质量法和深度法两种。质量测定法的指标是每小时、每平方米的金属表面被腐蚀的金属质量；而深度测定法的指标是每年金属腐蚀的深度，单位是 mm/年。腐蚀深度应用得更为普遍，工程上常用其评定金属材料的耐腐蚀性能，耐腐蚀材料的腐蚀速度小于 0.1mm/年；尚耐蚀材料为 0.1～1.0mm/年；不耐蚀材料大于 1.0mm/年。

3. 影响腐蚀的外界因素

(1) pH 值的影响　pH 值是影响金属腐蚀的重要因素，金属在 $pH<7$ 的非氧化性酸类溶液（如盐酸、稀硫酸、稀醋酸）中，发生较严重的化学腐蚀，在腐蚀过程中，常伴有氢气析出。若在氧化性酸类溶液（如硝酸、浓硫酸）中，一些金属表面能生成保护膜，腐蚀速度随浓度增加而降低。

(2) 水分的影响　有些介质如氯气、氯化氢、氟化氢等，在不含水的情况下，对金属的腐蚀并不严重，当这些介质含有水分时，则会严重腐蚀金属。

(3) 温度的影响　一般情况下，随温度的升高，介质对金属的腐蚀作用会增强。

(4) 压强的影响　通常情况压强愈高，则使一些气体在溶剂中的溶解度增加，如该溶液接触金属，则其腐蚀作用会随压强增大而加剧。

（三）材料的工艺性能

(1) 铸造性能　铸造性能是指液态金属的流动性和凝固过程中的收缩和偏析。流动性好的金属则容易铸薄而复杂的铸件；收缩小，则铸件的缩孔变形小；偏析小，则铸件各部分成分均匀。制药设备常用金属材料中灰口铸铁和锡青铜铸造性能较好。

(2) 可锻性能　可锻性能是指材料受冲击载荷后，本身容易产生塑性变形而不被破坏的性能。换言之，塑性好、变形抗力小，则可锻性好。低碳钢的可锻性好，铸铁是脆性材料，不能锻造。

(3) 焊接性能　焊接性能是指材料能否适用于一般的焊接方法和焊接工艺进行焊接加工。低碳钢的焊接性能好，高碳钢和铸铁较差。

(4) 切削加工性能　切削加工性能是指材料是否易于切削和切削后的表面质量。切削加工性能好的材料硬度要适中，硬度太低，切削表面的粗糙度高；硬度太高，则不易切削。

(5) 热处理性能　热处理性能是指材料热处理的难易程度和产生缺陷的倾向。低碳钢的热处理性能差，中碳钢的热处理性能好。

（四）材料的力学性能

材料的力学性能是指材料承受外力作用而保持自身不失效的能力。根据承受外力的性质和相应失效形式的不同，材料的力学性能又可细分为强度、塑性、硬度、冲击韧性、耐磨性等不同特性。

1. 强度

强度是指材料在静载荷作用下，抵抗产生塑性变形或断裂的能力。静载荷的作用方式有拉伸、压缩、弯曲、剪切等，所以强度也分为抗拉强度、抗压强度、抗弯强度和抗剪切强度。在以上强度间常有一定关系，故在实际应用中多以抗拉强度来衡量。表示抗拉强度大小的指标是强度极限 σ_b，它是指用某种材料试样进行拉伸实验时，在断裂破坏前试样所能承受的最大载荷，即：

$$\sigma_b = P_b / F_0 \tag{2-1}$$

式中　P_b——试样断裂前所能承受的最大载荷，N；

F_0——试样的原始横截面积，m^2；

σ_b——材料的强度极限，Pa。

对一些塑性材料（如低碳钢等）的拉伸破坏过程是：随拉力的增加，试样的变形经历了弹性变形——塑性变形——屈服（拉力增加不大，塑性变形量很大）——颈缩——直至断裂的一系列阶段。而一些脆性材料（如铸铁）在拉伸过程中，既没有屈服又不产生颈缩，在未产生明显的塑性变形时就已经断裂。因此对脆性材料来说，断裂时材料才失效，因此，用断裂时的强度极限来衡量脆性材料的强度大小是适宜的。对塑性材料来说，当拉伸到屈服状态时，材料已不能承受荷载，它已经完全失效，因此，用屈服状态发生时，单位横截面积承受的荷载——屈服强度（又称屈服极限）$\sigma_{0.2}$来描述材料的抗拉强度就更合适了，即：

$$\sigma_{0.2}=P_{0.2}/F_0 \tag{2-2}$$

式中 $P_{0.2}$——试样产生0.2%塑性变形量时的载荷，N；

F_0——试样的原始横截面积，m^2；

$\sigma_{0.2}$——试样材料的屈服强度，Pa。

2. 塑性

塑性是指材料在外力作用下，产生永久变形而不被破坏的能力。材料的良好塑性对需进行冷轧、冲制、弯板等加工的工件是非常重要的。

衡量材料塑性好坏的指标有延伸率δ和断面收缩率ψ。

(1) 延伸率δ　指材料试样在试验机上被拉断后，标距（试样上规定的一段距离）的增长量与原始标距长度之比，即：

$$\delta=(L_K-L_0)/L_0 \tag{2-3}$$

式中 L_K——试样断裂后的标距长度，mm；

L_0——试样原始的标距长度，mm；

δ——延伸率，无量纲。

(2) 断面收缩率ψ　指材料试样被拉断后，断面的横截面积的缩减量与原始横截面积之比，即：

$$\psi=(F_0-F_K)/F_0 \tag{2-4}$$

式中 F_K——试样拉断后断面的横截面积，mm^2；

F_0——试样原始的横截面积，mm^2；

ψ——断面收缩率，无量纲。

材料的δ与ψ值越大则材料的塑性越好。由于ψ比δ值更接近材料的变化，故用断面收缩率来衡量材料的塑性更为合理，应用也更多。

3. 硬度

硬度是描述材料软硬程度的特性。硬度的测量是用一定载荷将压头（圆球或圆锥等）压入材料表面，压入越深则硬度越低，反之则硬度越高。

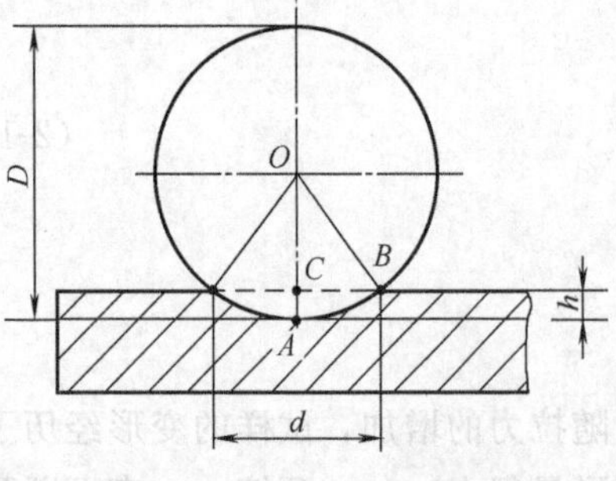

因硬度测试简单，可直接在工件上测试而不将其破坏，同时还可估计出材料的强度和耐压性，故硬度要求是零件重要的技术条件之一。

衡量材料硬度的指标根据其测试方法不同有布氏硬度、洛氏硬度和维氏硬度等三种。

(1) 布氏硬度　布氏硬度的测量是用一个直径为D的淬火钢球或硬质合金球，在规定载荷P的作用下，压入被测试材料的表面，停留一段时间后卸载，测量压痕直径d，因此计算出压痕面积F，将P/F比值作为被测

图 2-1　布氏硬度测试原理

试材料的硬度，称布氏硬度，其测试原理见图 2-1。记作 HBS，即：

$$HBS=P/F \tag{2-5}$$

式中，P 的单位是 N；F 的单位是 mm^2，故 HBS 的单位是 N/mm^2，习惯上布氏硬度只标数值不标单位。

当压头用硬质合金时，布氏硬度的符号用 HBW 表示。HBS 适用于布氏硬度低于 450 的场合，如 320HBS；HBW 适用于布氏硬度大于 450 小于 650 的材料，如 500HBW。

用布氏硬度衡量材料硬度的优点是测试方法较准确，尤其是对于组织粗大且不均匀的材料，如铸铁、轴承合金等。

（2）洛氏硬度　洛氏硬度的测量是用一顶角为 120°的金刚石圆锥或钢球为压头，用规定载荷压入被测试材料表面，通过测定压头压入深度来确定其硬度值。

为使洛氏硬度能测量较宽范围的硬度，采用了不同材质、不同形状的压头与载荷组合成 15 种不同的标尺，其中常用 HRA、HRB、HRC 三种标尺，如 56HRC、70HRA 等，表 2-1 引出这三种标尺的测试条件和应用。

表 2-1　常用的三种洛氏硬度

符号	压　　头	载荷/N	硬度值有效范围	使用范围
HRA	金刚石圆锥	600	＞70	适用于测量硬质合金、表面淬火层或渗碳层
HRB	(1/6″)钢球	980	25～100 (相当于 60～230HBS)	适用于测量有色金属、退火、正火钢等
HRC	金刚石圆锥 120°	1470	20～67 (相当于 230～700HBS)	适用于测量调质钢、淬火钢等

4. 冲击韧性

材料承受冲击载荷而本身不被破坏的特性叫冲击韧性。冲击载荷是指作用时间短，加载速率高的载荷。当其作用于工件上时，材料各处的受力和变形很不均匀，使一些塑性材料也有脆性特征的表现而使强度降低、冲击韧性好的材料能有较高的承受冲击载荷的能力。

金属材料的冲击韧性除与其成分、组织、形状、表面质量等因素有关外，温度对冲击韧性也有十分重要的影响。有些材料在常温下并不显示脆性，能承受较大的冲击载荷，而在低温下，承受不太高的冲击载荷时即发生脆断，这种现象称为“冷脆”，具体表现为：当温度降低到某一范围时，其冲击韧性急剧降低，断口形状由塑性断口过渡为脆性断口，当材料试样断口表面出现 50％脆性断口特征时，其温度值定为冷脆转变温度。

冷脆转变温度是材料的质量指标之一，该温度值越低，材料的低温韧性越好，这对在寒冷地区和低温下工作的设备（如制冷的蒸发器和北方室外管道）十分重要。

二、制药设备常用材料

（一）碳钢

钢铁属黑色金属，是铁元素和碳元素的合金。严格地讲钢与铁是两个不同的概念，它们的本质区别在于铁碳合金中碳元素含量的多少。当碳含量处在不同的范围时，其合金组织与性能截然不同，一般情况下将铁碳合金分为三类。

① 工业纯铁：含碳量＜0.0218％。

② 碳钢：含碳量在 0.0218％～2.11％之间。

③ 铸铁：含碳量在 2.11%～6.69%之间。

在化学与生化制药工业中，应用最广泛的是碳钢和铸铁，虽然碳钢和铸铁在很多介质中的耐腐蚀性能并不好，但是由于它们具有很好的力学性能和工艺性能，且获得较方便，价格较便宜，同时，还能通过涂料、衬里、玻璃及复合材料技术提高防腐性能，故碳钢与铸铁是工程上应用最多的材料。下面首先介绍碳钢。

碳钢（简称钢）中除铁和碳外，还有硅、锰、硫、磷等，这些元素系由矿石带入，且在冶炼中不能去除，它们对碳钢的组织和性能带来一定影响。其中硅和锰都是有益的元素，能在一定程度上提高钢的强度、硬度和弹性。硫和磷在钢中是有害的杂质，硫能引起“热脆”，磷会引起“冷脆”，优质钢材应对以上两种元素的含量进行控制。

1. 碳钢的分类

碳钢的分类方法有很多种，这里主要介绍应用较普遍的几种。

（1）按钢的含碳量分类　碳钢可分为三种。

① 低碳钢：含碳量≤0.25%。

② 中碳钢：含碳量在 0.25%～0.6%之间。

③ 高碳钢：含碳量≥0.6%。

（2）按钢的质量分类　钢的质量在这里仅指有害杂质硫（S）和磷（P）含量的多少，由此碳钢也可分为三种。

① 普通碳素钢：在钢中含 S≤0.055%、含 P≤0.045%。

② 优质碳素钢：钢中含 S 和 P 均应不超过 0.040%。

③ 高级优质碳素钢：钢中含 S≤0.030%，含 P≤0.035%。

（3）按钢的用途分类

① 碳素结构钢：主要用来制造各种工程设备构件（樑架、塔釜设备等）和零件（齿轮、轴等），这类钢多为中、低碳钢。

② 碳素工具钢：主要用来制造各种刀具、量具和模具，这类钢的碳含量较高，多为高碳钢。

2. 碳钢的编号

由钢的分类可知钢的品种、类别是比较复杂的，为便于工程上的生产、设计和使用，有必要对其进行编号。我国现行碳钢编号方法见表 2-2。

表 2-2　碳钢的编号方法

分　类	编号方法	
	举　例	说　明
普通碳素结构钢	Q235-A·F	“Q”为“屈”字的汉语拼音字首，后面的数字为屈服点（MPa），A，B，C，D 表示质量等级，从左至右，质量依次提高。F，b，Z，TZ 依次表示沸腾钢、半镇静钢、镇静钢、特殊镇静钢。Q235-A·F 表示屈服点为 235MPa、质量为 A 级的沸腾钢
优质碳素结构钢	45	两位数字表示钢的平均含碳量，以 0.01%为单位。如钢号 45 表示平均含碳量为 0.45%的优质碳素结构钢
碳素工具钢	T8 T8A	“T”为“碳”字的汉语拼音字首，后面的数字表示钢的平均含碳量，以 0.10%为单位。如 T8 表示平均含碳量为 0.8%的碳素工具钢。“A”表示高级优质
一般工程用铸造碳钢	ZG200-400	“ZG”代表铸钢。其后面第一组数字为屈服点（MPa），第二组数字为抗拉强度（MPa）。如 ZG200-400 表示屈服点为 200MPa，抗拉强度为 400MPa 的碳素铸钢

3. 碳钢的性能用途

（1）普通碳素结构钢　这类钢的含碳量平均在0.06%～0.38%之间，热加工性能、可焊性、可锻性和一些力学性能均较好，故应用广泛，产量较大（约占钢产量的70%）。普通碳素结构钢多用来热轧成钢板和各种型材（圆钢、管材、钢筋、角钢、工字钢、槽钢等）。化工制药设备中的塔、釜、罐以及热交换器、干燥器、蒸发器、提取罐等各种工艺设备多由此类钢材制造。表2-3列出这类钢的性能及用途。

表2-3　普通碳素结构钢的牌号、化学成分、力学性能及用途

牌号	等级	化学成分/%			脱氧方法	力学性能			应用举例
		C	S	P		$\sigma_{0.2}$/MPa	σ_b/MPa	δ/%	
Q195	—	0.06～0.12	≤0.050	≤0.045	F,b,Z	195	315～390	≥33	承受载荷不大的金属结构件、铆钉、垫圈、地脚螺栓、冲压件及焊接件
Q215	A	0.09～0.15	≤0.050	≤0.045	F,b,Z	215	335～410	≥31	
	B		≤0.045						
Q235	A	0.14～0.22	≤0.050	≤0.045	F,b,Z	235	375～460	≥26	金属结构件、钢板、钢筋、型钢、螺栓、螺母、短轴、心轴，Q235C、Q235D可用作重要焊接结构件
	B	0.12～0.20	≤0.045						
	C	≤0.18	≤0.040	≤0.040	Z				
	D	≤0.17	≤0.035	≤0.035	TZ				
Q255	A	0.18～0.28	≤0.050	0.045	Z	255	110～510	≥24	强度较高，用于制造承受中等载荷的零件如键、销、转轴、拉杆、链轮、链环片等
	B		≤0.045						
Q275		0.28～0.38	≤0.050	≤0.045	Z	275	490～610	≥20	

（2）优质碳素结构钢　这类钢能保证S、P含量不超过0.04%，同时可按化学成分和力学性能供应材料，故常用来做一些重要的零件，特别是需要进行热处理的零件。

优质碳素结构钢根据含锰量的多少，又可分为正常含锰量钢和较高含锰量钢，后者力学性能更优于前者。

优质碳素结构钢的牌号、化学成分、力学性能及用途见表2-4。这类钢在制药工业中主要应用于制药机器的零件。低碳15、20、25多用来制作活塞销、齿轮等，中碳的30、45、55钢多用来做轴、连杆、凸轮等，而高碳的60、65钢多用来做弹簧等零件。

表2-4　优质碳素结构钢的牌号、化学成分、力学性能及用途

钢号	力学性能（不小于）				应用举例
	$\sigma_{0.2}$/MPa	σ_b/MPa	δ/%	ψ/%	
08F	175	295	35	60	低碳钢强度、硬度低，塑性、韧性高，冷塑性加工性和焊接性优良，切削加工性欠佳，热处理强化效果不够显著，其中碳含量较低的钢如08(F)，10(F)常轧制成薄钢板，广泛用于深冲压和深拉延制品；碳含量较高的钢(15～25)可用做渗碳钢，用于制造表硬心韧的中、小尺寸的耐磨零件
08	195	325	33	60	
10F	185	315	33	55	
10	205	335	31	55	
15F	205	355	29	55	
15	225	375	27	55	
20	245	410	25	55	
25	275	450	23	50	
30	295	490	21	50	中碳钢的综合力学性能较好，热塑性加工性和切削加工性较佳，冷变形能力和焊接性中等。多在调质或正火状态下使用，还可用于表面淬火处理以提高零件的疲劳性能和表面耐磨性。其中45钢应用最广泛
35	315	530	20	45	
40	335	570	19	45	
45	355	600	16	40	
50	375	630	14	40	
55	380	645	13	35	

续表

钢号	力学性能(不小于)				应用举例
	$\sigma_{0.2}$/MPa	σ_b/MPa	δ/%	ψ/%	
60	400	675	12	35	高碳钢具有较高的强度、硬度、耐磨性和良好的弹性，切削加工性中等，焊接性能不佳，淬火开裂倾向较大。主要用于制造弹簧、轧辊和凸轮等耐磨件与钢丝绳等，其中65是一种常用的弹簧钢
65	410	695	10	30	
70	420	715	9	30	
75	880	180	7	30	
80	930	1080	6	30	
85	980	1130	6	30	
15Mn	245	410	26	55	应用范围基本同于相对应的普通锰含量钢，但因淬透性和强度较高，可用于制作截面尺寸较大或强度要求较高的零件，其中以65Mn最常用
20Mn	275	450	24	50	
25Mn	295	490	22	50	
30Mn	315	540	20	45	
35Mn	335	560	19	45	
40Mn	355	590	17	45	
45Mn	375	620	15	40	
50Mn	390	645	13	40	
60Mn	410	695	11	35	
65Mn	430	735	9	30	
70Mn	450	785	8	30	

(3) 碳素工具钢　这类钢的硬度、强度较高，但韧性较差且热处理性能不十分好，一般只用来做一些小型、承受冲击载荷较小的工具、刀具。碳素工具钢的牌号、化学成分、力学性能及用途见表2-5。

表2-5　碳素工具钢的牌号、化学成分、力学性能及用途

牌号	化学成分 W/%			退火状态硬度 HBS不小于	试样淬火硬度① HRC不小于	用途举例
	C	Si	Mn			
T7 T7A	0.65～0.74	≤0.35	≤0.40	187	800～820℃ 水62	承受冲击、韧性较好，硬度适当的工具，如扁铲、手钳、大锤、改锥、木工工具
T8 T8A	0.75～0.84	≤0.35	≤0.40	187	780～800℃ 水62	承受冲击，要求较高硬度的工具，如冲头、压缩空气工具、木工工具
T8Mn T8MnA	0.80～0.90	≤0.35	0.40～0.60	187	780～800℃ 水62	同T8，但淬透性较大，可制造截面较大的工具
T9 T9A	0.85～0.94	≤0.35	≤0.40	192	760～780℃ 水62	韧性中等、硬度高的工具，如冲头、木工工具、凿岩工具
T10 T10A	0.95～1.04	≤0.35	≤0.40	197	760～780℃ 水62	不受剧烈冲击、高硬度耐磨的工具，如车刀、刨刀、冲头、丝锥、钻头、手锯条
T11 T11A	1.05～1.14	≤0.35	≤0.40	207	760～780℃ 水62	不受剧烈冲击，高硬度耐磨的工具，如车刀、刨刀、冲头、丝锥、钻头
T12 T12A	1.15～1.24	≤0.35	≤0.40	207	760～780℃ 水62	不受冲击，要求高硬度耐磨的工具，如锉刀、刮刀、精车刀、丝锥、量具
T13 T13A	1.25～1.35	≤0.35	≤0.40	217	760～780℃ 水62	同T12，要求更耐磨的工具，如刮刀、剃刀

① 淬火后硬度不是指用途举例中各种工具硬度，而是指碳素工具钢材料在淬火后的最低硬度。

(二) 铸铁

铸铁是含碳量大于2.11%的铁碳合金，根据碳在铸铁中的状态，铸铁可分为三大类。

① 白口铸铁：碳以化合物形式存在于铸铁中，断口呈白亮颜色。

② 麻口铸铁：碳以化合物和游离石墨的形式存留于铸铁中，断口呈白亮夹杂暗灰色。

③ 灰口铸铁：简称灰铸铁，碳以游离石墨形式存于铸铁中，断口呈暗灰色，制药设备的铸铁件主要是用灰口铸铁制得。

铸铁是工业中应用最广泛的铸造合金材料，常用铸铁的化学成分范围是：含碳 2.4%～4.0%；含硅 0.6%～3.0%；含锰 0.2%～1.2%；含磷 0.1%～1.2%；含硫 0.08%～0.15%。

机械设备的铸铁件多用灰口铸铁制得，其中的碳的存在状态多为游离石墨，而石墨的力学性能较低，硬度仅为 35HBS，抗拉强度为 20MPa，δ 几乎为 0，因此铸铁（无特别说明时，下文中铸铁均指灰口铸铁）受其影响，它的一些力学性能远不如钢，但也正是由于石墨的存在，使铸铁又具有钢所不及的特性，如良好的减压性、减振性、低的缺口敏感性、优良的铸造性和切削加工性。鉴于铸铁具备以上优点，加之生产工艺简单，价格便宜，故很多制药机器的机身、底座都由铸铁制成。如离心机、离心泵、压片机、切药机、糖衣机等诸多制药专用机器的底座与机身均为铸铁材料。

我国铸铁的牌号是用“灰”“铁”二字汉语拼音的字头 HT 和抗拉强度的数值（单位为 MPa）组成，如 HT150、HT250 等。铸铁的牌号、技术条件及用途举例见表 2-6。

表 2-6 铸铁的牌号、技术条件及用途举例

铸铁类别	牌号	铸铁壁厚/mm	试棒直径 D/mm	力学性能					用途举例
				抗拉强度 σ_b/MPa	抗弯强度 σ_{bb}/MPa	挠度支距=100mm	抗压强度 σ_{bc}	硬度/HBS	
				不小于					
铁素体灰铸铁	HT100	所有尺寸	30	100	260	2	500	143～229	低负荷及不重要的零件，如盖、外罩、手轮、支架、重锤等
铁素体+珠光体灰铸铁	HT150	6～8	13	280	470	1.5	650	170～241	承受中等应力（拉弯应力约 10MPa）的零件，如支柱、底座、齿轮箱、工作台、刀架、端盖、阀体、管路附件及一般无工作条件要求的零件
		>8～15	20	200	390	2.0	650	170～241	
		>15～30	30	150	330	2.5	650	163～220	
珠光体灰铸铁	HT200	6～8	13	320	530	1.8	750	187～225	承受较大应力（拉压应力达 30MPa）和较重要的零件，如汽缸、齿轮、机座、飞轮、床身、汽缸体、汽缸套、活塞、刹车轮、联轴器、齿轮箱、轴承座、油缸以及中等压力（80MPa）液压筒、液压泵和阀的壳体等
		>8～15	20	250	450	2.5	750	170～241	
		>15～30	30	200	400	2.5	750	170～241	
	HT250	>8～15	20	290	500	2.8	1000	187～255	
		>15～30	30	250	470	3.0	1000	170～241	
孕育铸铁	HT300	>15～30	30	300	540	3.0	1100	187～225	承受高弯曲应力（至 50MPa）及抗拉应力的重要零件，如齿轮、凸轮、车床卡盘，剪床和压力机的机身，高压液压筒和滑阀的壳体等
	HT350	>15～30	30	350	610	3.5	1200	197～269	
	HT400	>20～30	30	400	680	3.5		197～269	

灰口铸铁中的石墨以片状分布在基体上，它对铸铁的承载能力有一定的不良影响，如果在铸铁浇注前加一定的球化剂，使铸铁凝固时石墨以球状分布于基体，所得到的铸铁比灰口铸铁有高得多的塑性、强度和韧性，同时还保持有耐压、减震等灰口铸铁的特性，这种铸铁称球墨铸铁。我国球墨铸铁的性能特点及应用见表 2-7。

表 2-7 球墨铸铁的性能特点及应用

牌号	性能特点	应用举例
RuT420 RuT380	需加入合金元素或经正火热处理以获得以珠光体为主的基体。具有高的强度、硬度、耐磨性和较高的热导率	活塞环、汽缸套、制动盘、玻璃模具、刹车鼓、钢珠研磨盘、吸泥泵体等
RuT340	具有较高的强度、硬度、耐磨性和热导率	带导轨面的重型机床件、大型龙门铣横梁、大型齿轮箱体、刹车鼓、飞轮、玻璃模具、起重机卷筒、烧结机滑板等
RuT300	强度、硬度适中，有一定的塑性、韧性和较高的热导率，致密性较好	排气管、变速箱体、汽缸盖、纺织机零件、液压件、钢锭模及某些小型烧结机箅条等
RuT260	一般需经退火热处理以获得铁素体为主的基体，强度一般，硬度较低，有较高的塑性、韧性和热导率	增压器废气进气壳体，汽车、拖拉机的某些底盘零件

（三）合金钢

钢铁虽然有较好的性能且价格便宜，但对制药工业一些要求特殊的情况，如直接接触内服药的设备部件，生产、输送、灌封流体制剂的设备管路，接触腐蚀性介质的容器表面等，用钢铁制造在材质性能上就不能满足上述要求。为提高和改善钢的性能，在炼钢时加入一些特定的合金元素，这种钢就称为合金钢。

1. 合金钢的分类

(1) 按合金元素含量可分为：

① 低合金钢；

② 合金钢。

(2) 合金钢按质量等级可分为：

① 优质合金钢；

② 特殊质量合金钢。

(3) 合金钢按主要性能及用途可分为：

① 工程结构用合金钢；

② 机械结构用合金钢；

③ 合金工具钢；

④ 特殊性能钢。

(4) 特殊性能钢按其特性可分为：

① 不锈钢；

② 耐热钢；

③ 耐压钢；

④ 低温用钢等。

因制药设备所采用的合金钢多为不锈钢，故本章仅对不锈钢做一介绍。

2. 常用不锈钢

制药设备采用的不锈钢多为铬不锈钢和铬镍不锈钢两种，尤其后者应用更为广泛。

（1）铬不锈钢　这类不锈钢主要有1Cr13，2Cr13，3Cr13，4Cr13，1Cr17等几种牌号。铬不锈钢“不锈”的机理在于：Cr在钢表面上形成一层Cr氧化物的保护膜，使基体金属不受电化学腐蚀，这种阻碍电化学反应使金属提高耐蚀性的现象称“钝化”。铬不锈钢主要靠钝化膜的保护，才能表现出在大气、海水中具有较高耐蚀性，而在一些酸碱中由于不能很好地建立起钝化膜，耐蚀性也较差。也就是说不锈钢也只是在一定场合下才名副其实。

常用铬不锈钢的主要成分、性能及用途见表2-8。

表2-8　常用铬不锈钢的主要成分、性能及用途

类别	钢号	化学成分/%		热处理	组织	力学性能					用途
		C	Cr			σ_b /MPa	$\sigma_{0.2}$ /MPa	δ /%	ψ /%	HRC	
马氏体型	1Cr13	0.08～0.15	12～14	1000～1050℃油或水淬700～790℃回火	回火索氏体	≥600	≥420	≥20	≥60	HB 187	制作能抗弱腐蚀性介质、能承受冲击负荷的零件，如汽轮机叶片。水压机阀、结构架、螺栓、螺帽等
	2Cr13	0.16～0.24	12～14	1000～1050℃油或水淬700～790℃回火	回火索氏体	≥660	≥450	≥16	≥55	—	制作具有较高硬度和耐磨性的医疗工具、量具、滚珠轴承等
	3Cr13	0.25～0.34	12～14	1000～1050℃油淬200～300℃回火	回火马氏体					48	制作具有较高硬度和耐磨性的医疗工具、量具、滚珠轴承等
	4Cr13	0.35～0.45	12～14	1000～1050℃油淬200～300℃回火	回火马氏体					50	制作具有较高硬度和耐磨性的医疗工具、量具、滚珠轴承等
铁素体	1Cr17	≤0.12	16～18	750～800℃空冷	铁素体	≥400	≥250	≥20	≥50		制作硝酸生产设备如吸收塔、热交换器、酸槽、输送管道，以及食品工厂设备

（2）铬镍不锈钢　这类不锈钢主要有0Cr18Ni9，1Cr18Ni9，2Cr18Ni9，0Cr18Ni9Ti，1Cr18Ni9Ti等五种牌号。因含Cr约18%，含Ni约9%，故习惯上称这类钢为18-8型不锈钢。

这类钢中含碳量很低，这对提高耐磨性有利。所含Cr元素主要为产生钝化膜，含Ni的作用是改善不锈钢的金相组织，而加钛的目的在于消除不锈钢晶间腐蚀的倾向。

18-8型不锈钢的强度、硬度（135HBS）均较低，无磁性，塑性、韧性及耐蚀性比低铬不锈钢要好。它还有较好的冷加工性能，同时焊接性能也较好。

18-8型不锈钢的化学成分、性能及用途，见表2-9。

（四）铜及铜合金

1. 紫铜

紫铜即纯铜，熔点为1083℃、密度为8.9g/cm^3。纯铜是玫瑰红色，表面氧化后呈紫色，故称紫铜。

表 2-9　18-8 型不锈钢的化学成分、性能及用途

钢　号	化学成分/%				热处理	力 学 性 能				特性及用途
	C	Cr	Ni	Ti		σ_b /MPa	$\sigma_{0.2}$ /MPa	δ /%	ψ /%	
0Cr18Ni9	≤0.08	17～19	8～12		1050～1100℃ 水淬 （固溶处理）	≥490	≥180	≥40	≥60	具有良好的耐蚀及耐晶间腐蚀性能，为化学工业用的良好耐蚀材料
1Cr18Ni9	≤0.14	17～19	8～12		1100～1150℃ 水淬 （固溶处理）	≥550	≥220	≥45	≥50	制作耐硝酸、冷磷酸、有机酸及盐、碱溶液腐蚀的设备零件
0Cr18Ni9Ti 1Cr18Ni9Ti	≤0.08 ≤0.12	17～19 17～19	8～11 8～11	5×(C%－0.02) 约 0.8 5×(C%－0.02) 约 0.8	1100～1150℃ 水淬 （固溶处理）	≥550	≥200	≥40	≥55	制作耐酸容器及设备衬里、输送管道等设备和零件，抗磁仪表，医疗器械，具有较好的耐晶间腐蚀

紫铜的导电、导热性能好，常用做传电的导体；它还具有极好的塑性，能进行不同形式的冷热压力加工；具有较好的耐蚀性能。它的主要用途是做各种导电体和配制铜合金。牌号有 T1、T2、T3、T4 等四种。

2. 黄铜

黄铜是铜与锌的合金，牌号由字母 H（黄铜汉语拼音的字头）加上两位数字（合金中含铜的百分点）组成，如 H80 表示含铜 80%的黄铜，若是铸造黄铜在代号前再加一“Z”，如 ZH70 表示含铜 70%的铸造黄铜。一般情况下黄铜多为塑性材料，适宜于冷热压力加工，但强度、硬度要比紫铜高。

3. 青铜

青铜原指铜与锡的合金，近代以 Al、Si、Be 等元素代替 Sn 与铜的合金，也称青铜。青铜的编号为 Q（青的汉语拼音字头）＋主加元素符号＋主加元素含量。如 QBe2 为含铍 2%的铍青铜。

青铜多为脆性材料，多用作铸件，锡青铜铸件虽流动性差，易产生分散，致密性不高，但体积收缩率小，充满铸型能力高，适用制作造型细微的工艺品；铝青铜不仅价格低，且强度比黄铜和锡青铜都高，耐磨性、耐蚀性也很好，可用作齿轮、涡轮、轴套等。最常用的铸造铝青铜是 ZQA19-4；铍青铜的强度、硬度、耐蚀、导电均很好，且无磁性，但工艺复杂，成本高，应用受到限制。

（五）塑料

塑料属非金属材料，它是以合成树脂为主要成分的高分子有机化合物。在适当的压强与温度的条件下，可用注射、挤压、浇铸、喷涂、焊接及切削加工等工艺制成各种形状产品。由于塑料产品的来源丰富、成本低廉、加工简单、性能多种多样（如质轻、强韧、耐磨、吸振、耐蚀、美观等），已成为不可缺少的工程材料。

1. 塑料的组成

塑料中的主要成分是合成树脂（约占 40%以上），对塑料的性能起着决定性的作用。此外，尚需有各种添加剂，以改善塑料的性能。这些添加剂主要有以下几种。

（1）填充剂　在塑料中可改善或提高某些性能同时可降低成本。如：加石棉粉可提高耐热性，加二硫化钼可提高自润滑性。

(2) 增塑剂　用来提高塑料的柔软性。常用的增塑剂是低熔点有机化合物。如甲酸酯类、氧化石蜡等。

(3) 防老剂　用来减缓塑料的老化过程。如硬脂酸盐、铝的化合物等。

(4) 固化剂　在一些热固性塑料的成型过程中，加一些固化剂可使其迅速成型，而获得坚硬的塑料制品。如酚醛树脂常用六次甲基四胺作固化剂，环氧树脂用乙二胺作固化剂。

另外，塑料尚有润滑剂、着色剂、发泡剂等各种添加剂。塑料产品是根据需要而分别加入某些添加剂，并非每一种塑料都要加入以上全部添加剂。

2. 塑料的分类和用途

(1) 按塑料应用范围分类

① 通用塑料。属于这类塑料的有：聚乙烯、聚丙烯、聚氯乙烯、聚苯乙烯、酚醛树脂等。通用塑料产量大、价格低、应用十分广泛。可制作一般日常生活用品和各种管、板、棒等各种型材和一些机械零件。

② 工程塑料。属于这类塑料的有：聚酰胺、聚碳酸酯、聚砜、聚四氟乙烯、尼龙1010、聚甲基丙烯酸甲酯（有机玻璃）。这类塑料具有较高的机械强度或具有耐热、耐湿、耐磨、耐腐蚀等独特性能，故常用来做工程构件或机械零件。

③ 特殊塑料。如导电塑料、导磁塑料、感光塑料，由于具有特殊性能，常用在专用场合。

(2) 按树脂在加热和冷却时所表现的性质分类

① 热塑性塑料。这类塑料加热时软化，冷却后保持既得形状，若再次加热又可软化。如此反复多次化学结构不变，性能也无明显变化，碎屑可再生加工，属于这类塑料的有聚乙烯、聚酰胺、聚砜、聚四氟乙烯等。

② 热固性塑料。这类塑料在常温或受热后软化，继续加热或加固化剂后形状固定下来，如加热温度继续升高，则成型产品会分解粉碎。碎屑不能再回收加工，属于这类塑料的有酚醛塑料（电木）、环氧树脂、氨基塑料等。

3. 常用塑料的性能

制药工业上常用塑料的性能见表2-10。

表2-10　制药工业上常用塑料的性能

类别	名　称	代　号	力学性能			
			密度/$g\cdot cm^{-3}$	抗拉强度/MPa	缺口冲击韧度/$J\cdot cm^{-2}$	使用温度/℃
热塑性塑料	聚乙烯	PE	0.91～0.965	3.9～38	>0.2	−70～100
	聚氯乙烯	PVC	1.16～1.58	10～50	0.3～1.1	−15～55
	聚苯乙烯	PS	1.04～1.10	50～80	1.37～2.06	−30～75
	聚丙烯	PP	0.90～0.915	40～49	0.5～1.07	−35～120
	聚酰胺	PA	1.05～1.36	47～120	0.3～2.68	<100
	聚甲醛	POM	1.41～1.43	58～75	0.65～0.88	−40～100
	聚碳酸酯	PC	1.18～1.2	65～70	6.5～8.5	−100～130
	聚砜	PSF	1.24～1.6	70～84	0.69～0.79	−100～160
	共聚丙烯腈-丁二烯-苯乙烯	ABS	1.05～1.08	21～63	0.6～5.3	−40～90
	聚四氟乙烯	PTFE	2.1～2.2	15～28	1.6	−180～260
	聚甲基丙烯酸甲酯	PMMA	1.17～1.2	50～77	0.16～0.27	−60～80
热固性塑料	酚醛树脂	PF	1.37～1.46	35～62	0.05～0.82	<140
	环氧树脂	EP	1.11～2.1	28～137	0.44～0.5	−89～155

（六）陶瓷材料

与塑料一样，陶瓷也属于非金属材料。过去将陶瓷与瓷器的总称谓之陶瓷，后来则指整个硅酸盐材料，包括玻璃、水泥、耐火材料和陶瓷、瓷器，到目前陶瓷材料的定义已发展为以无机非金属物质为原料，经粉碎、成型、烧结而制得的新型无机材料。如功能陶瓷、特殊玻璃等。目前陶瓷材料与金属材料、高分子材料一起被称为三大固体材料。

1. 陶瓷材料的分类和应用

（1）按材料来源分类　可分为

① 普通（传统）陶瓷。以天然矿物为原料（如高岭土、石英、陶土等）经粉碎、成型、烧结制成。主要应用于日用品、建筑材料、卫生器具、电器、耐酸耐碱制品。

② 特种陶瓷。又称现代陶瓷，采用纯度高的化合物为原料（如氧化物、氮化物、碳化物、硼化物、硅化物等），也经粉碎、成型、烧结制得产品。由于它具有一些特殊性能，如介电性、压电性、软磁性、硬磁性等，因此只用于某些专门的场合。

（2）按用途分类可分为：建筑陶瓷、化工耐腐蚀陶瓷、多孔陶瓷、过滤陶瓷和日用陶瓷。耐腐蚀陶瓷在化学制药工业中广泛应用，过滤陶瓷用于超滤中的过滤介质有很好的效果。

2. 常用陶瓷材料

（1）普通陶瓷　即黏土类陶瓷，这类陶瓷有良好的电绝缘性、耐蚀性、耐高温性（1200℃），价格低廉。制药工业上除用于电绝缘外，在渗滤罐、提取罐、贮酸罐等处也有所应用。

（2）氧化铝陶瓷　这类陶瓷的 Al_2O_3 成分含量要在45%以上。并按含量分75瓷、95瓷、99瓷。氧化铝陶瓷在制药行业中主要用于实验室用的高温坩埚的制造。

（3）氮化硅陶瓷　这种陶瓷多以 Si_3N_4 为原料，在高温高压下烧结而成，或是Si粉与氮气在高温下反应而得。其化学稳定性好、硬度高、摩擦系数小，具有自润滑性。在工业中常用来制作刀具和耐蚀泵端面密封的密封环等。

（4）碳化硅陶瓷　是由石英、碳和木屑经1900～2000℃高温合成，制得产品也同氮化硅陶瓷一样有反应烧结法和热压烧结法两种。碳化硅陶瓷主要用于高温高强度的零件，如用于高温热交换器材料。

（5）氮化硼陶瓷　氮化硼陶瓷是将硼砂和尿素通过氮化等离子气体加热制成粉末，然后采用冷压或热压制得。氮化硼陶瓷具有良好的耐热性、化学稳定性和自润滑性，是耐热的高温绝缘材料和散热材料，氮化硼陶瓷可用作高温容器、玻璃制品的成型模具、金属切削刀具等。

（6）金属陶瓷　金属陶瓷是以金属氧化物（如 Al_2O_3 等）或金属碳化物为主要成分，加入适量的金属粉末，通过粉末冶金方法制成具有某些金属性质的陶瓷，常用来做切削加工刀具和耐磨零件的硬质合金就属金属陶瓷。

工程陶瓷除以上所列六种之外尚有许多种，现将一些工程陶瓷材料的力学性能列于表2-11。

（七）工业搪瓷

工业搪瓷是在钢和铸铁表面上喷涂含硅量很高的瓷釉，经900℃以上的高温烧制而成。工业搪瓷设备又称耐酸搪瓷或搪玻璃设备。搪瓷设备表面光滑，易清洗，除了氢氟酸、浓碱溶液和高温浓磷酸外，它对无机酸、有机酸、有机溶剂和弱碱都有很好的耐蚀性，故广泛地应用于制药行业中的反应器、贮罐、换热器、搅拌器以及管子和管件等。

表 2-11 常用工程陶瓷材料的力学性能

类别	材料		力学性能				
			密度/g·cm^{-3}	抗弯强度/MPa	抗拉强度/MPa	抗压强度/MPa	断裂韧度/MPa·m^{-2}
普通陶瓷	普通工业陶瓷		2.2～2.5	65～85	26～36	460～680	
	化工陶瓷		2.1～2.3	30～60	7～12	50～140	0.98～1.47
特种陶瓷	氧化铝陶瓷		3.2～3.9	250～490	140～150	1200～2500	4.5
	氮化硅陶瓷	反应烧结	2.20～2.27	200～340	141	1200	2.0～3.0
		热压烧结	3.25～3.35	900～1200	150～275		7.0～8.0
	碳化硅陶瓷	反应烧结	3.08～3.14	530～700			3.4～4.3
		热压烧结	3.17～3.32	500～1100			
	氮化硼陶瓷		2.15～2.3	53～109	110	233～315	
	立方氧化锆陶瓷		5.6	180	148.5	2100	2.4
	Y-TZP 陶瓷		5.94～6.10	1000	1570		10～15.3
	Y-PSZ 陶瓷 [ZrO_2+3%(mol)Y_2O_3]		5.00	1400			9
	氧化镁陶瓷		3.0～3.6	160～280	60～98.5	780	
	氧化铍陶瓷		2.9	150～200	97～130	800～1620	
	莫来石陶瓷		2.79～2.88	128～147	58.8～78.5	687～883	2.45～3.43
	赛隆陶瓷		3.10～3.18	1000			5～7

涂覆钢铁表面的瓷釉有底釉和面釉两层，总厚度为0.8～1.5mm，底釉在煅烧时，能牢固地附着于金属表面，膨胀系数介于金属和面釉之间，以使面釉与金属更好地结合在一起，但底釉的耐蚀性较差。面釉的 SiO_2 含量在60%以上，因此具有很好的耐蚀性能。搪瓷设备的使用条件如下：压强为0.245MPa，夹套内为0.59MPa；温度变化速度不高的情况下，适用温度为－30～270℃，不能经受温度的急剧变化和局部过热，故应避免空罐加热。搪瓷质脆，故不能应用于有冲击载荷和剧烈振动的场合。如设备有爆瓷损坏，则要迅速进行修复，对小面积损伤可采取水玻璃胶泥、环氧胶泥、酚醛胶泥等修复，对大面积的爆瓷，则需请搪瓷厂重新涂覆烧制搪瓷。

（八）玻璃钢

玻璃钢是由树脂做粘接材料，以玻璃纤维及其制品为增强材料制成。它具有温度高、质量小、优良的耐蚀性、良好的电绝缘性、易于成型等优点，在制药工业中得到较为广泛的应用。

粘接材料的主要成分是树脂，根据所采用的树脂种类不同，玻璃钢有环氧玻璃钢、酚醛玻璃钢、呋喃玻璃钢等。为改善玻璃钢的性能，在其中还加入增加韧性的增韧剂、降低黏度的稀释剂、提高力学性能的填料、使树脂固化成型的固化剂等。常用的玻璃钢性能见表2-12。

玻璃钢粘接材料的配方有很多种，它与操作条件和施工条件有关，现举环氧玻璃钢的一些配方（见表2-13）供参考。

表 2-12 常用的玻璃钢性能

组　分	环氧玻璃钢	酚醛玻璃钢	呋喃玻璃钢
树脂	环氧树脂(6101、634)	热固性酚醛树脂(2130、2124、2127)	糠醇树脂、糠酮树脂
增韧剂	邻苯二甲酸二丁酯、苯二甲酸二丁酯、亚磷酸三苯酯	桐油钙松香	邻苯二甲酸二丁酯、亚磷酸三苯酯
稀释剂	无水乙醇、丙酮、甲苯	无水乙醇、丙酮、甲苯	无水乙醇、丙酮、甲苯
填料	辉绿岩粉、石墨粉、石英粉、瓷粉	辉绿岩粉、石墨粉、石英粉、瓷粉	石英粉、石墨粉、瓷粉
固化剂	乙二胺、间苯二胺、多乙基多胺	苯磺酰氯、对甲苯磺酰氯、硫酸乙酯	苯磺酰氯、硫酸乙酯
特点	机械强度高，收缩率小，良好的耐蚀性，黏结力强，成本较高，耐温性较差(<100℃)	耐酸性良好，成本较低，机械强度较差，耐温性较高(<150℃)	耐酸、耐碱，成本较低，机械强度较差，性脆，与钢的黏结力较差，耐温性较高(<180℃)

表 2-13 环氧玻璃钢配方（质量份）

环氧树脂	乙二胺	邻苯二甲酸二丁酯	亚磷酸三苯酯	间苯二胺	填料	丙酮	备　注
100	6～8	—	—	—	30～40	20～30	常温固化
100	6～8	10～15	5	—	适量	10～15	用于整体玻璃钢管道
100	—	10～15	—	14～16	20～30	25～30	常温固化

第二节　制药工业管路

管道是制药厂必不可少的组成部分，它不仅担负着压缩空气、真空、蒸汽、冷量、上下水等的传送，同时生产中的流体物料也要通过管路运输到位，才能使药品生产得以进行。从经济角度上看，管道建设的投资约占药厂建设总投资的 1/5，直接影响经济效益。从安全角度上看，如果管路建设不合理甚至有重大失误，则很可能发生故障和事故，造成重大损失。因此，搞好管道设计、布置和安装，在制药工程中占有重要地位。

一、管子、管件和阀门

管子、管件和阀门是组成管路的基本元件，这些元件均已标准化，只需要根据具体的使用条件进行材料与规格型号的选择就可以了。

（一）管子

1. 管子材料的选用原则

(1) 管子材料是根据管内物料的化学性质及工作压强、温度而定，要求管材不吸附和污染物料，便于施工维护，满足工艺要求。

(2) 输送纯化水、注射用水、无菌介质的管材一般采用铬镍不锈钢，如 0Cr18Ni9Ti、1Cr18Ni9 等。引入洁净室的任何管材都要用不锈钢材质。

2. 公称压强（力）和公称直径

公称压强和公称直径是管子、管件和阀门标准化的两个基本参数。根据不同的操作条件来选用相应公称压强和公称直径的管子、管件和阀门。

(1) 公称压强 P_g　公称压强是管子、管件和阀门在规定温度下，许用的工作压强（表压)。按标准公称压强分为 12 级，过去使用的单位及在阀上的标注数值的单位均为千克力/平方厘米，现用 SI 单位是 MPa，表 2-14 列出公称压强等级。

表 2-14　公称压强等级

公称压强	序号											
	1	2	3	4	5	6	7	8	9	10	11	12
$P_g/kgf \cdot cm^{-2}$	2.5	6	10	16	25	40	64	100	160	200	250	320
P_g/MPa	0.25	0.59	0.98	1.57	2.45	3.92	6.28	9.8	15.7	19.6	24.5	31.4

(2) 公称直径 D_g　公称直径是管子、管件和阀门的名义直径。如公称直径为 50mm 则可写成 D_g50，D_g 既不是外径，又不是内径。一旦公称直径确定，则外径就确定为某一稍大于 D_g 的数值了。内径则是通过外径减去两个选定的壁厚来确定的。无缝钢管的公称直径和外径的对应关系见表 2-15。对于管件、阀门和法兰来说公称直径是指与其相配管子的公称直径。

表 2-15　无缝钢管的公称直径和外径/mm

公称直径	外　径	壁　厚	公称直径	外　径	壁　厚
10	14	3	150	159	4.5
15	18	3	175	194	6
20	25	3	200	219	6
25	32	3.5	225	245	7
32	38	3.5	250	273	8
40	45	3.5	300	325	8
50	57	3.5	350	377	9
65	76	4	400	426	9
80	89	4	450	480	9
100	108	4	500	530	9
125	133	4			

3. 管径与管壁厚度

(1) 管径　管子内径是由流量和流速通过计算而得的。管内流速是设计人员按有关工艺规范选定的数值（见表 2-16），体积流量则是生产工艺提出的要求。今以 V_h 代表管内体积流量（m^3/h），u 代表管内流体的平均流速（m/s），d 为内径（mm），则内径的计算公式经整理后得：

$$d=18.8(V_h/u)^{1/2} \tag{2-6}$$

表 2-16　流体在管中流动常用流速范围

流　体	流速 u/(m/s)	流　体	流速 u/(m/s)
自来水(3atm 左右)	1～1.5	一般气体(常压)	10～20
水及低黏度液体(1～10atm)	1.5～3.0	鼓风机吸入管	10～15
高黏度液体(盐类熔液等)	0.5～1.0	鼓风机排出管	15～20
工业供水(8atm 以下)	1.5～3.0	离心泵吸入管(水一类液体)	1.5～2.0
锅炉供水(8atm 以下)	>3.0	离心泵排出管(水一类液体)	2.5～3.0
饱和蒸汽(3atm 以上)	20～40	往复泵吸入管(水一类液体)	0.75～1.0
过热蒸汽	30～50	往复泵排出管(水一类液体)	1.0～2.0
蛇管、螺旋管内冷却水	<1.0	液体自流速度(冷凝水等)	0.5
低压空气	12～15	真空操作下气体流速	<10
高压空气	15～25		

注：1atm=101325Pa。

在确定实际管内径时，尚需将计算而得的内径圆整成稍微偏大的标准值。

（2）管壁厚度　在由管路输送介质的性质和工艺要求选定管子材质后，根据强度计算来确定管壁厚度（壁厚）。在压力不太高时，对中、低碳钢与合金钢管的壁厚计算公式为：

$$S=\frac{PD}{200[\sigma]\phi}+C \tag{2-7}$$

式中 S——管壁厚度，mm；

P——管内流体工作压强，MPa；

D——管子外径，mm；

ϕ——焊缝系数，无量纲。对无缝钢管 $\phi=1$mm，对直缝焊接管 $\phi=0.8$mm，对螺旋焊缝管 $\phi=0.6$mm；

$[\sigma]$——管子材料的许用应力，MPa；

C——管壁厚度附加量，mm。此值是腐蚀余量与加工误差的补偿量。

不同管材的许用应力是随材质与工作温度的变化而异，可由《化工管路手册》等工具书查出，对碳钢在不同温度下的 $[\sigma]$ 值可由表 2-17 查出。

表 2-17　碳钢管材的许用应力 $[\sigma]$/MPa

钢　号	壁　厚	温度/℃						
		<20	100	150	200	250	300	350
10	S<10	115	115	111	102	93	86	80
	S=10～20	109	109	105	99	93	86	80
20	S<10	136	136	134	125	115	105	96
	S=10～20	130	130	130	125	115	105	96

4. 常用管子种类

（1）钢管　钢管有焊接（有缝）钢管和无缝钢管两种。

焊接钢管用钢板卷制焊接而成，分黑皮和镀锌两种。焊接钢管的强度低，在药厂中通常用于上水、真空、压缩、冷却水、小直径的蒸汽和盐水管路用管。

无缝钢管可由普通碳钢、优质碳钢、普通低合金钢、合金钢经冷轧或热轧而成，无缝钢管品质均匀、强度较高，在药厂常用来做输送蒸汽和冷盐水的大直径管道，以及高温、高压、易燃、易爆及有毒物料的输送。

（2）有色金属管　药厂中常用铜、铝、铅管等有色金属制的管子于特定的场合，例如铜管可用做换热器和仪表引出管；铅管用来输送15%～65%的硫酸；铝管用来输送硝酸、甲酸等。

（3）非金属管　药厂应用的非金属管有玻璃管、搪玻璃管、陶瓷管、塑料管等，多用于低压、输送腐蚀性物料的管路。

5. 管子连接

管子连接方式一般分可拆连接（如螺纹连接等）和不可拆连接（如焊接），根据使用条件，可分别选择下列的连接方式。

（1）螺纹连接　属可拆连接，其特点为拆装方便、成本低廉；缺点是连接可靠性差。适用于小直径、低压管路，可用于上水、蒸汽、冷凝水、盐水等物料的输送。

（2）法兰连接　属可拆连接，其优点是连接强度高、密封性能好、拆装方便，缺点是成本较高。适用于管子、管件、玻璃管等与设备的连接，同时也用于必须拆卸的且密封性要求较高的大直径管路的连接。

(3) 承插连接　又称做捻口，特点是能允许被连接的管路有较小的相对运动。常用于埋地敷设的大直径排水管路，材料为铸铁管和水泥管的连接，连接处用石棉水泥或软铅捻口密封。

(4) 焊接　属不可拆连接，优点是施工方便、连接可靠、成本较低，缺点是不便拆装。在药厂经常用的压力管道、真空管道，输送易燃、易爆介质的管道均要求采用焊接连接。

6. 管道的油漆

管道涂油漆的作用是防腐、明示管内介质种类、便于管理和美观。

一般管道涂油漆的要求是：彻底除锈后，涂红丹底漆两遍，油漆一遍。需保温的管道也要求除锈后涂红丹底漆两遍，保温后在外表面油漆一遍。埋地管道除锈后刷冷底子油一道，涂沥青一遍。不锈钢和非金属管子不涂漆。

为便于管理和安装检修，需在管道最外层涂不同颜色的油漆，以表示管内介质的种类。管道输送的介质和油漆颜色的对照见表 2-18。

表 2-18　管道输送的介质和油漆颜色

介　质	颜　色	介　质	颜　色	介　质	颜　色
一次用水	深绿色	冷凝水	白色	真空	黄色
二次用水	浅绿色	软水	翠绿色	物料	深灰色
清下水	淡蓝色	污下水	黑色	排气	黄色
酸性下水	黑色	冷冻盐水	银灰色	油管	橙黄色
蒸汽	白点红圈	压缩空气	深蓝色	生活污水	黑色

(二) 管件

为满足管路布置的要求和安装维修的方便，在管路上需要装有弯头、三通、异径接管(异径管)和活络管接头等，统称为管路附件，简称管件。管件多由铸、锻而成，各种管件的管径、材质和结构均已标准化。下面介绍几种常用管件。

1. 弯头

弯头的作用是改变管路的走向，标准件有 45°、90°、180°弯头三种。如图 2-2 所示，45°弯头又称等差弯头，90°弯头又称直角弯头，180°弯头又称对头弯头。

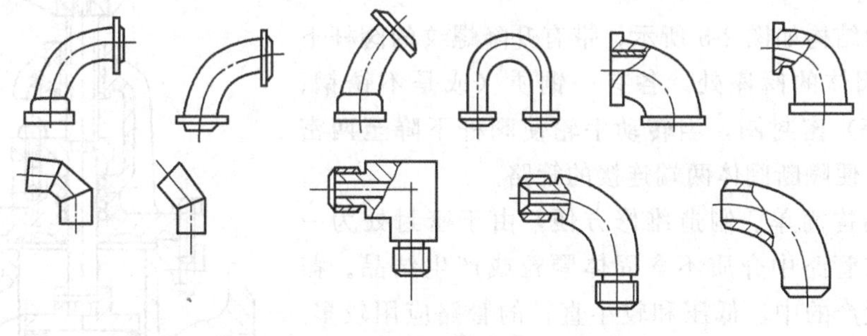

图 2-2　弯头

2. 三通

当管路需要分出另一条支路，或两条管路结合到一条管路上时，安装在三条管路汇合处的管件称三通。按照两个同轴管与第三条管的轴心夹角，三通可分为正接和斜接三通；按三个管口直径等异，可分为等径三通和异径三通，如图 2-3 所示。

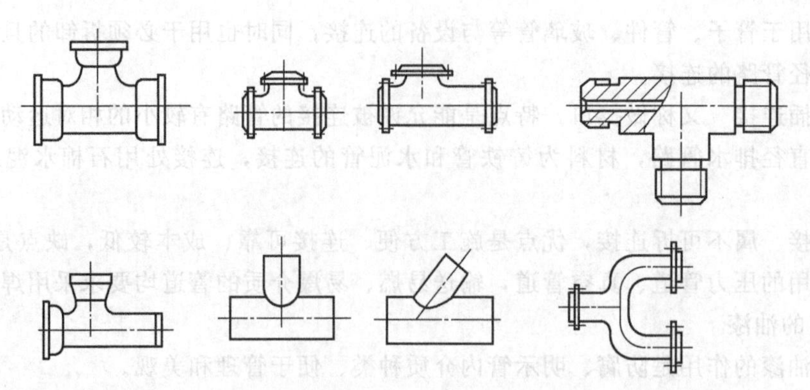

图 2-3　三通

3. 短接管和异径接管

短接管又称短管，是一段几厘米长的管子。短管两端制有内（或外）螺纹。短管是用来接长某处的管路或连接两个具有外（或内）螺纹的管件或阀门。

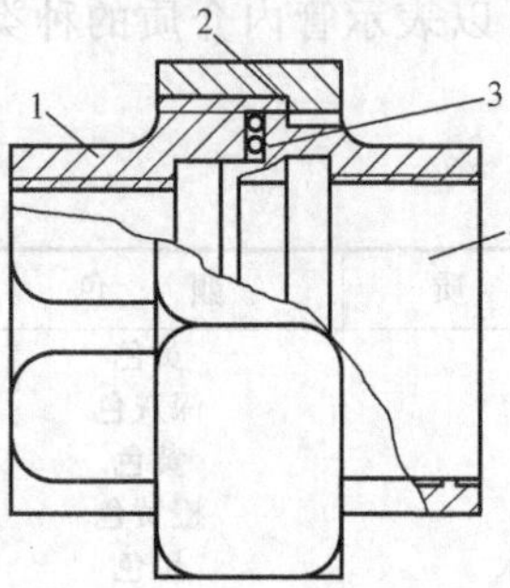

异径接管又称大小头，是两端直径不相等的短管，两端管口处切制有螺纹，可用来连接不同直径的管道。

4. 活络管接头

活络管接头又称“油印”，其结构如图 2-4 所示，两端制有内螺纹分别与待连接的管子配合，两端短管相接密封处装有垫片，靠活套节与一侧管节上的螺纹将垫片压紧，即可将两侧管子密封连接。由于标准管螺纹均为右旋（正扣），如需修理某一管件或需卸下一段损坏的管子，则要从整个管路的一端开始，逐段卸下来。若在管路中安有活接头，管路就可在活接头处断开，使拆卸管路变得十分方便。

1
2
3
4

图 2-4　活络管接头

1，4—带内螺纹的管节；2—活套节；3—垫片

（三）阀门

阀门是用来调节流量或启闭管道的部件。按阀门所起的作用可分为截止阀、调节阀、止逆阀（又称单向阀）、安全阀等；按结构可分为闸阀、球阀、旋塞和蝶阀等。现仅介绍几种药厂常用的阀门。

1. 截止阀

截止阀的结构如图 2-5 所示，带有升降螺纹的阀杆下端和固定在阀体的阀座处，各有一铜质（或是不锈钢、聚四氟乙烯等）密封圈，当转动手轮使阀杆下降至两密封圈贴紧时，便隔断阀体两端连接的管路。

截止阀结构简单、制造维修方便，由于密封处为一平面，故要求管路中介质不含固体颗粒或产生结晶。截止阀在制药生产的中、低压和较小直径的管路应用较多。安装时应注意阀体上铸有的箭头方向，它表示流体在阀内的正确走向，如图 2-5 所示的阀门，介质的正确流向应是从左向右，因为这样流向意味着左侧是高压端，阀门关闭后，高压流体被密封圈限制在阀体内。若方向反了，则在阀门关闭后，高压流体被密封圈和填料所限制，由于填料

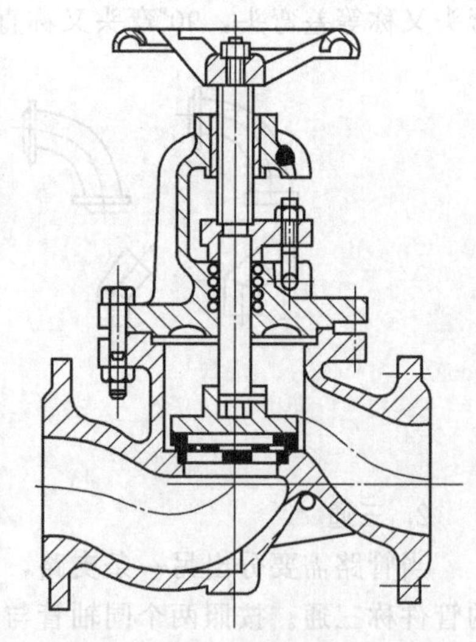

图 2-5　截止阀

和阀杆之间有相对运动，高压流体有可能从填料处渗出，而使密封连接失效进而发生泄漏。

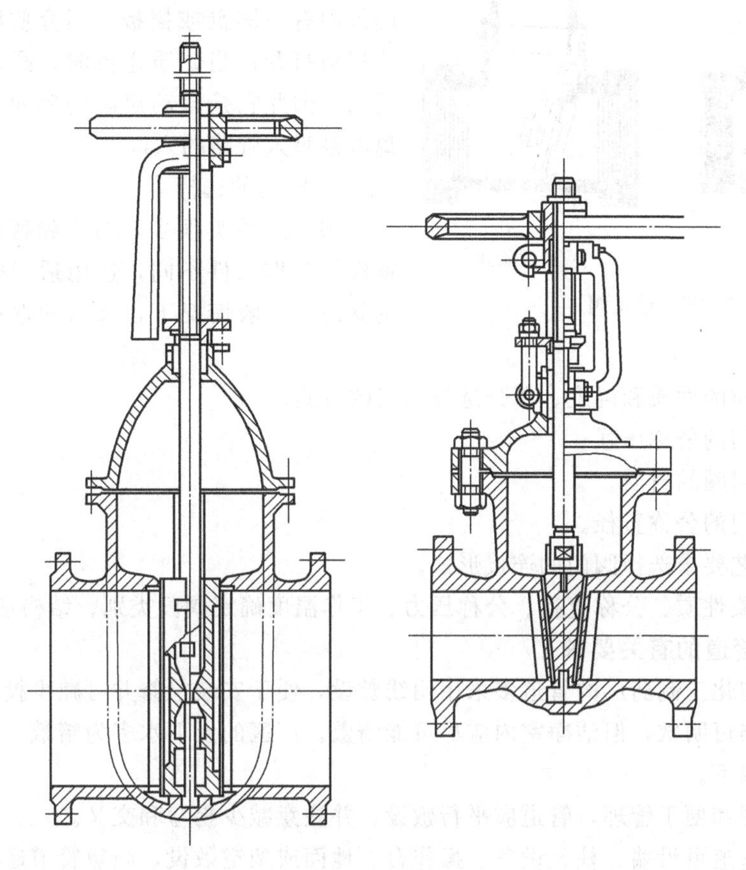

图 2-6 闸阀

2. 闸阀

又称闸板。结构如图 2-6 所示，当开启管路时，转动手轮使闸板上升，阀两端管路连通；当闭合管路时，反向转动手轮使闸板下降进而与阀体两内侧凸缘贴紧密封，阀两端管路闭合。

闸阀阻力小，密封性能好，开关方便，较适用于输送水、油等介质的大直径管路。缺点是密封面易磨损，不便检修，只能用于管路的启闭而不能用于流量的调节。

3. 旋塞

俗称考克，结构如图 2-7 所示，在阀体中间插一锥形塞柱，锥面互相严密配合形成密封表面，在塞柱有一穿通孔，当用手柄转动塞柱打开阀门时，穿通孔正对准阀门两侧管道，当塞柱转动 90°时，穿通孔被阀体密封表面贴合，阀门呈关闭状态。旋塞具有结构简单、启闭方便、阻力小等优点，故适用于温度较低、黏度较大的介质以及需要迅速启闭的场合。如配上电动、气动、液压传动机构，旋塞可自动启闭，从而实现遥控或自动控制。

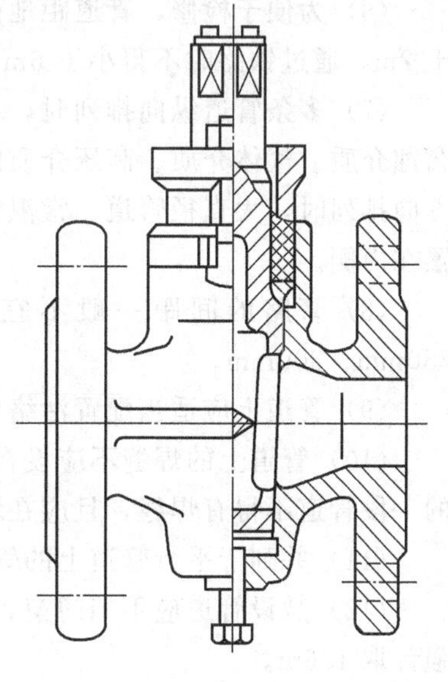

图 2-7 旋塞

4. 逆止阀

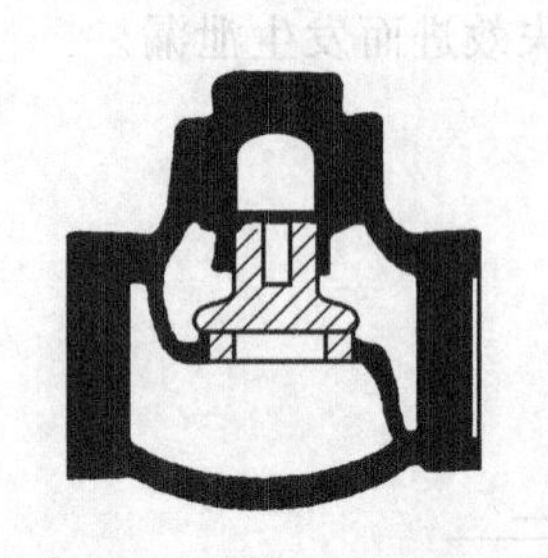
(a) 升降式

(b) 摇板式

图 2-8　逆止阀

又称止回阀、止逆阀，结构如图 2-8 所示。阀体内有一圆盘或摇板，当介质顺流时，圆盘或摇板打开；当介质逆流时，圆盘或摇板自动关闭，因此它是自动启闭的单向阀门。常用于离心泵吸入管路的入口。

5. 阀门的选择

阀门的种类很多，结构和特点各异，应根据阀门工作条件不同，选用适当的结构与材质的阀门。一般情况下，阀门的选择标准按以下步骤进行。

① 根据介质的性质和温度、压强选择阀门的材质。

② 选择阀门的公称压强。

③ 选择密封圈的材质。

④ 确定阀门的公称直径。

⑤ 根据工艺要求选择阀门的连接形式。

⑥ 根据介质性质、公称直径、公称压力、工作温度确定阀门类别、结构形式和型号。

二、敷设管道的有关要求

(1) 生化与化工制药厂的管道多采用明线敷设，便于安装检修并可减少投资，有洁净要求的车间内管路可明敷，但洁净室内应尽可能暗敷。厂区的上下水多为暗敷，注意埋地深度要在冻土深度以下。

(2) 为美观和便于管理，管道应平行敷设，并注意减少拐弯和交叉。

(3) 明敷管道可沿墙、柱、设备、操作台、地面或架空敷设，暗敷管道通常埋于地下或技术夹层内。

(4) 陶瓷管敷设于地下时，因其质脆，故埋深要大于 0.5m。

(5) 输送蒸汽或高温介质的管道，与支架的联结应采用滑动式。

(6) 为便于检修，管道距地面的高度一般应在 100mm 以上，当通过人行道时应不得小于 2m，通过铁路时不得小于 6m。

(7) 多条管道纵向排列时，小直径管道应在上方；输送热介质的管道应在上方；输送无腐蚀介质、气体介质、高压介质的管道和不需经常检修的管道应布置在上方。多条管道水平方向排列时，大直径管道、常温管道、支管少的管道、高压管道及不需经常检修的管道应布置在内侧。

(8) 管路的间距一般不宜过大，按法兰及保温的厚度与施工要求可取 200mm、250mm、300mm。

(9) 管道上应适当配置活络管接头或法兰，以便于拆卸和检修。

(10) 管道上的焊缝不应设在支架上，且与支架距离不得小于 0.2m，在穿过墙壁或楼层的一段管道不得有焊缝，且应在墙与楼板的相应位置留有预留孔。

(11) 并列于平行管道上的管件、阀门应错开安装，以避免混淆。

(12) 敷设管道应不挡门窗，为便于操作，阀门安装高度取 1.2m，温度计取 1.5m，压强计取 1.6m。

(13) 输送腐蚀性流体管路上的法兰、阀门应尽量避开生活间、楼梯和通道等处。

（14）输送易燃易爆流体如醇类、醚类、液态烃类等物料，在管路流动时易产生静电，为防止静电积聚，需将管路可靠接地，且在每对法兰上，用金属片连接起来。

（15）一些大型阀件（如大闸阀、安全阀等）为便于安装拆卸要采取旁路结构，在阀件附近要配置法兰或活络管接头，以便拆卸更换阀件。

（16）在水蒸气管路的适当位置上应设疏水器以及时排出冷凝水。

（17）管路敷设应有一定坡度，便于流体流动通畅，坡度的大小与管内流体性质有关。具体数值见表2-19。

表2-19 常见管路的坡度

介质名称	管路坡度	介质名称	管路坡度	介质名称	管路坡度
蒸汽	0.002～0.005	生产废水	0.001	含固体颗粒液体	0.01～0.05
压缩空气	0.004	蒸汽冷凝水	0.003	高黏度液体	0.05～0.01
冷冻盐水	0.005	真空	0.003		
清净下水	0.005	低黏度流体	0.005		

三、管道的布置

（一）与设备连接的管路布置

（1）设备的周围可分成配管区和操作区，配管区主要用来布置各种管道和阀门，操作区主要用来布置经常操作或需观察的加料口、视镜、温度计、压强计。

（2）立式设备的排出管若沿墙敷设可节省占地，但设备与墙距离应适当增大，以便于操作人员切换阀门所需；排出管若从前面引出，则应立即敷设于地面与楼面之下；如设备底部与地面的距离允许，则排出管尽量从设备中心引出，可节约面积，但设备直径最好不要太大，以便于操作。

（3）立式设备的进入管可置设备操作区，阀门装在便于操作的高度，即距地面（或楼面、操作台面）以上1.2m。

（4）泵的进出口管路均应设置支架，以避免泵体直接承受管路重量，同时应尽量减少吸入管口长度的阀件，吸入管的内径应不小于吸入管口径。

（5）泵的吸入管径若大于泵吸入口径时，需安装异径管，水平管路需配偏心异径管，顶部取平以避免产生气袋，垂直管路则配同心异径管。

（6）泵的出口管路要设止回阀，以防停泵时介质从上方“倒冲”。定容积式泵的出口不能堵压，在排出管路上一般设安全阀，阀出口加回路管，以防泵体管路损坏。

（7）计量泵、非金属泵和蒸汽往复泵的入口加过滤网，蒸汽往复泵入口还要加冷凝水排放管，排气管路不设阀件，以尽量减少流动阻力。

（8）换热器管道布置应考虑冷热流体流向，一般情况下，冷流体自下向上流，热流体自上向下流。管道的布置不能妨碍检修时管束的抽取及法兰、阀门的拆卸。

（9）阀门、压强表、温度计要安装在管道上，而不能安装在换热器上，进出管路应设支架，避免换热器承受管路的附加重量。

（10）塔设备的操作区一般设有平台，用于阀门、液位计和人孔的使用。塔顶出气管较粗，宜从塔顶引出，再沿配管区向下敷设。其余管路可沿操作平台的钢架敷设。塔底管路上的阀门和法兰不应布置在狭小的裙座内。

（11）塔侧接管宜直接与阀门连接，以避免接管在关闭阀门后存有积液。

（12）压强表、液位计、温度计、人孔、手孔等均应布置在操作区，各种仪表应置操作台上方便于观察的高度位置；多个人孔、手孔应在同一水平线上，与平台面高度宜为0.5～1.5m。

（二）不同介质的管路布置

1. 蒸汽管路

① 蒸汽管路为避免安装和使用的温差引起的热膨胀，应在总管的一定长度上加设热补偿，如自然补偿（管路的折弯等）不能满足要求时可采用Ω形补偿结构（具体尺寸查《化工管路手册》等工具书）。

② 蒸汽用量大的设备（如蒸汽喷射器、需灭菌设备等）宜直接从蒸汽总管引出，以保持蒸汽压强的稳定。从总管引出支管时应从管道上方引出，从高压蒸汽引出低压系统时应加减压阀。

③ 蒸汽加热设备的冷凝水应尽可能回收利用，但冷凝水均应经疏水器排出。蒸汽管路的适当位置均应设置疏水器，管道末端和中途的疏水器布置方法见图2-9。

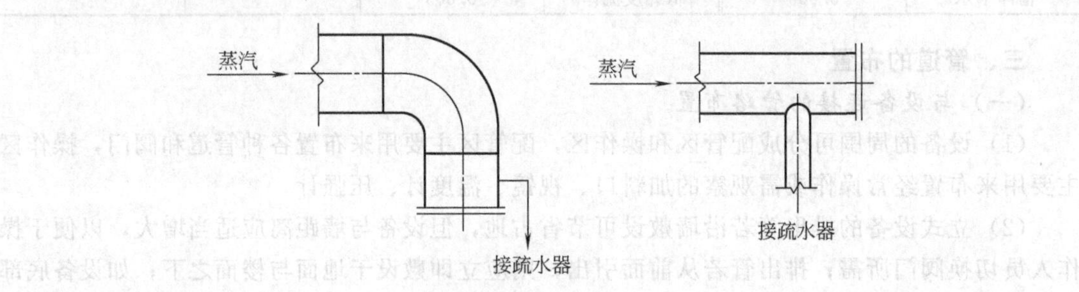

图2-9　蒸汽管路疏水器的布置

2. 上下水管路

(1) 上下水管路不能经过遇水燃烧、爆炸、起反应的物品存放处，不能断水的供水管路要有两个进水渠道。

(2) 上水总管需先加一止回阀，经计量装置后再进入车间，以防总管停水时，车间设备水倒流进上水管内。

(3) 热交换器冷却水应通过阀门将进口管与出口管相连，工作时将连通管关闭，当冬天设备停止运行时，关设备冷却水进出口阀，将连通管阀门打开，使水继续循环而不致冻结。

(4) 在操作人员有可能与强腐蚀介质接触的操作台附近的通道上，应从上水管引出宜开启的大口径阀门和喷淋管，以备处理紧急情况。喷淋管下方应设地漏。

(5) 在操作通道和设备集中的部位，考虑从上水管引出小口径的阀门和接管并安装地漏，以便于清洗和排污。

3. 排放管

(1) 管路的最高点应设放气阀，设备与管路的最低点应设排液阀，以备停车检修时不存积液。

(2) 设备的排出阀尽可能与设备直接相连，以避免接管存液，排放管的公称直径一般采用20mm。

(3) 常温下的空气和惰性气体可直接排空；蒸汽要利用其潜热成冷凝水后再排空；易燃易爆气体为安全和避免环境污染，需经处理后方可排空。

4. 取样管的设置

(1) 连续操作的容器、设备，取样管应设置在有代表性的介质处于流动状态的位置上。

(2) 从水平敷设的气体管路上取样时，取样管应从管上方引出；在垂直敷设的气体管路取样时，取样管应与管轴线成45°倾斜向上引出。

(3) 垂直敷设的液体管路上取样时，液体应从下向上流，而从上向下流的液体管路一般不设取样点。

(4) 取样阀启闭频率高，容易损坏，故在取样管上设双阀。

(5) 液体取样阀一般选用 D_g15 或 D_g6 的针形阀，气体取样阀一般选用 D_g6 的针形阀。

（三）洁净厂房内的管道布置

洁净厂房内敷设的管路除应遵守一般布管的有关要求外，还应遵守以下特定要求：

(1) 洁净厂房内的布管应尽量短，阀件、管件尽可能小；无菌室内的管路一律不准明敷。

(2) 洁净室的管道应敷设在技术夹层（夹道、竖井）内，主管上的阀门应置于室外，吹扫口、放净口和取样口及其阀门应置于夹层之外。

(3) 穿过洁净室的墙、楼板或硬吊顶的管道应敷设在预埋好的金属套管中，套管与管路之间要有可靠的密封。

(4) 排水总管不应穿过有洁净要求的房间，设备排水口应设水封。

(5) 有洁净要求的房间尽量少设地漏，所设地漏应采用带水封、隔栅和塞子的全不锈钢的专用地漏，100级洁净室内不设地漏。

(6) 法兰与螺纹连接的密封材料以聚四氟乙烯为宜。

(7) 纯化水与注射用水的输送管材应采用不锈钢或无毒聚乙烯管，后者仅用于常压管路。

(8) 输送无菌介质的管路应有可靠的灭菌设施，不能出现“死角”，输送纯化水和注射用水的主管应布置成环形。

(9) 洁净室内需要保温的管道，在保温层外应加金属保护外壳，且热管道外壳温度不得高于40℃，冷管道外壳温度不能低于环境的露天温度。

第三章　流体输送设备

流体输送设备是制药厂中重要的通用设备。在制药生产中的一些流体常呈流动状态，如把液体物料从一个设备输送到另一个设备中去，有时还需要提高流体的压强或将设备造成真空等。习惯上，将用于向液体提供能量的输送设备称为泵，用于向气体提供能量的输送设备称为风机和压缩机，而气体抽真空设备称为真空泵。

目前，常用的流体输送设备按工作原理可分为四类：离心式、往复式、旋转式和流体作用式等。

本章以离心泵为重点，讨论流体输送设备的工作原理、结构和特性，以便合理地使用这些输送设备。

第一节　离　心　泵

离心泵的种类很多，但工作原理相同，其特点是结构简单，流量均匀，调节方便，可用于输送各种液体，在生产上应用非常广泛。

一、离心泵结构和工作原理

离心泵的装置简图如图 3-1 所示。其主要部件有叶轮、泵壳、泵轴和轴封装置。泵启动前先向泵内灌满被输送的液体，启动后，泵轴带动叶轮一起旋转，叶片间的液体在离心力作用下，从叶轮中心以很高的流速抛向叶轮外缘，由于截面扩大，流速减低，静压能增大，液体以较高的压强，从泵的出口排出。与此同时，在叶轮中心部分形成负压区，贮槽液面上方的压强大于叶轮入口处的压强，在此压强差的作用下，液体便经吸入管路源源不断地吸入泵内。只要叶轮不停止转动，液体便不断地被吸入和排出。由此可知，离心泵是依靠叶轮旋转产生的离心力输送液体的。

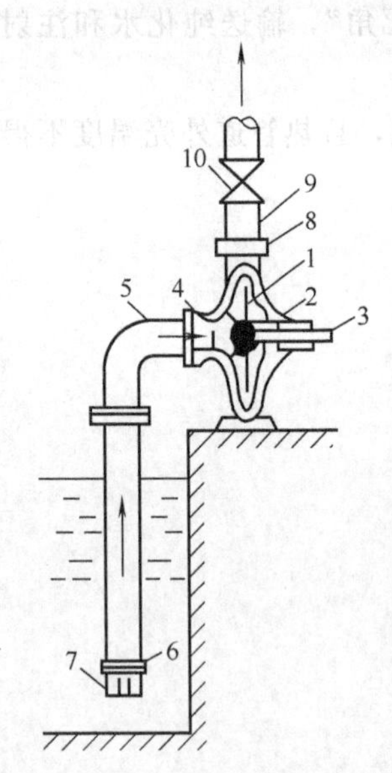

图 3-1　离心泵装置

1—叶轮；2—泵壳；3—泵轴；4—吸入口；5—吸入管；6—底阀；7—滤网；8—排出口；9—排出管；10—调节阀

若离心泵在启动前未充满液体或运转时漏气，叶轮吸入空气。由于空气产生的离心力小，在吸入口处所形成的负压不足以将贮槽内的液体吸入泵内，离心泵虽已启动，但仍不能输送液体，这种现象称为气缚现象，也表明离心泵没有自吸能力。在吸入管底部安装底阀，可防止启动前所灌入液体从泵内漏失。设置滤网可阻拦液体中的固体物质堵塞流道和泵壳。排出管路的阀门供开车、停车及调节流量时使用。

叶轮是离心泵对液体直接做功的部件，一般装有 4～8 片向后弯曲的叶片，电机驱动泵轴上的叶轮将机械能传给液体，使液体静压能和动能均有所提高。离心泵叶轮的结构有闭式、半闭式和开式三种，如图 3-2 所示。闭式叶轮效率高，用于输送不含杂质的清洁流体。半闭式效率比较低，用于输送易沉淀或含有颗粒状物料的料液。开式叶轮效率最低，用于输送含有杂质或悬浮物的料液。

泵壳形似蜗壳，内有一个截面逐渐扩大的蜗壳形通道，它可以汇集叶轮甩出的液体并进一步将动能转换成静压能。

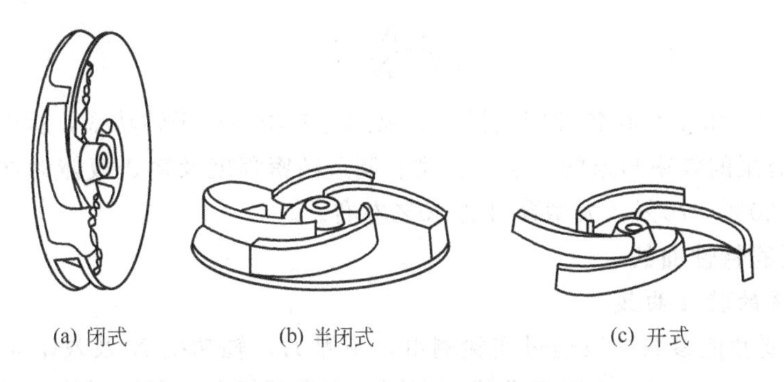

图 3-2　离心泵的叶轮

泵轴与泵壳之间的密封装置简称为轴封。轴封的作用是防止液体漏出泵外或外界空气漏进泵内。常用的轴封有填料密封（图 3-3）和机械密封（图 3-4）。

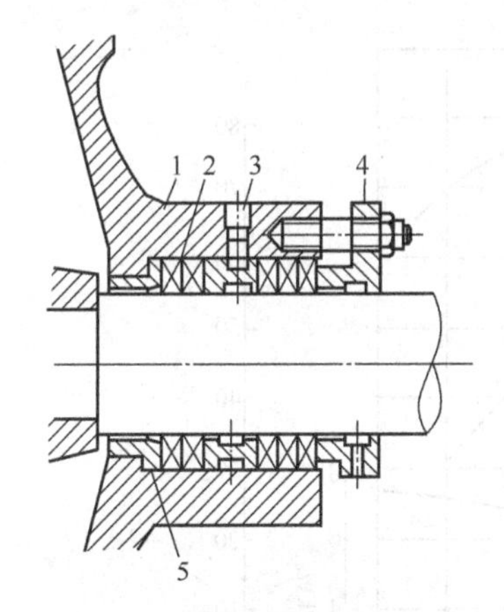

图 3-3　填料密封装置

1—料函壳；2—软填料；3—液封圈；4—填料压盖；5—内衬套

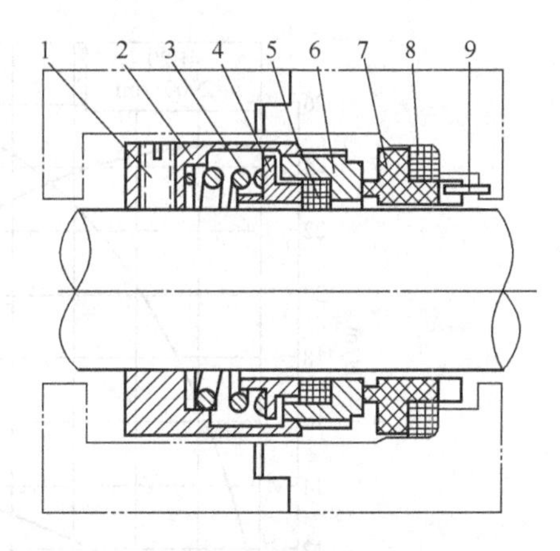

图 3-4　机械密封装置

1—螺钉；2—传动座；3—弹簧；4—推环；5—动环密封；6—动环；7—静环；8—静环密封圈；9—防转销

填料密封装置是在泵轴与泵壳连接处，填入浸油或涂石墨的石棉绳，并用填料压盖适当压紧以达到密封的目的。填料压得太紧，泵轴因机械摩擦容易发热；填料太松，漏液量大；正常工作时，一般允许渗漏量为 10～20 滴/min 为宜。

机械密封装置主要由装在泵轴上随轴转动的动环和固定在泵壳上的静环组成，两环的端面借助压紧元件弹簧的压力使之互相贴紧而达到密封作用。因此机械密封也称为端面密封，适当调整弹簧压力，改变两环端面的压紧程度，使摩擦端面间形成一薄层液膜，可达到较好的密封和润滑作用。

二、离心泵的主要性能参数

泵的主要性能参数有流量、扬程、效率和轴功率，这些数据一般都标注在泵的铭牌上。

（1）流量　又称泵的送液能力，指在单位时间内从泵出口排出的液体体积，常以 Q 表示，单位为 m^3/s。泵的流量取决于泵的结构、尺寸、转速和密封装置的可靠程度等。

（2）扬程　又称泵的压头，是指泵传给单位重量液体的有效能量，以 H 表示，单位为

m。离心泵的扬程取决于泵的结构、转速和流量，常用实验方法测定。

(3) 效率和轴功率　液体从泵所获得的功率称为有效功率 N_e，泵轴从电机所获得的功率称为轴功率 N，离心泵的效率 η 就是有效功率 N_e 与轴功率 N 的比值。

$$\eta=\frac{N_e}{N} \tag{3-1}$$

在输送过程中，由于存在各种能量损失，泵的有效功率小于轴功率，所以离心泵的效率小于100%。离心泵的效率与泵的大小、类型、制造精密程度及输送液体的性质有关。一般小型泵的效率为50%～70%，大型泵可达90%左右。

三、离心泵的特性曲线

(一) 离心泵的特性曲线

离心泵的主要性能参数一般通过实验测得，扬程 H、轴功率 N 及效率 η 随流量 Q 的变化而变化，将 H-Q、N-Q、ηQ 三条曲线画在同一张坐标纸上，所得到的一组曲线，称为离心泵的特性曲线。此曲线由泵的制造厂提供，并附于泵的样本或说明书中，以供选泵和操作时参考。图 3-5 所示为 4B20 型离心泵的特性曲线。

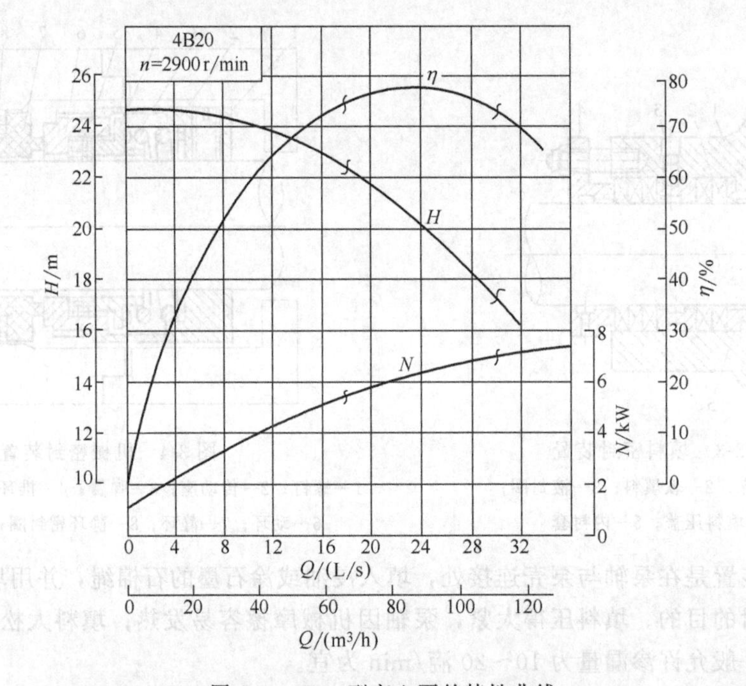

图 3-5　4B20 型离心泵的特性曲线

离心泵的特性曲线随转速而变，故特性曲线图上一定要标有转速。不同型号的离心泵具有不同的曲线，但都具有以下共同点。

(1) H-Q 曲线　扬程与流量的关系曲线。曲线表明离心泵的扬程随流量增大而下降，这是离心泵的一个重要特性。

(2) N-Q 曲线　轴功率与流量的关系曲线。曲线表明离心泵轴功率随流量增大而上升。流量为零时轴功率最小，所以离心泵在启动时，应关闭出口阀，减小启动电流，以保护电机。

(3) ηQ 曲线　效率与流量的关系曲线。曲线表明，当 $Q=0$ 时，$\eta=0$；流量增大 η 随之上升，并达到一最大值；以后流量再增大，效率便下降。这表明离心泵在一定转速下有一最高效率点，该点称为设计点。泵在最高效率点相对应的流量与扬程下工作最为经济，所以与最高效率点相对应的 Q、H、N 值称为最佳工况参数，就是离心泵铭牌上标出的性能参数。离心泵往往不可能正好在最佳工况点处运转，因此一般只能规定一个工作范围，称为泵的高效率区，其效率通常为最高效率的 92%以上，如图中波浪号所示的范围。选用离心泵时，应尽可能使泵在此范围内工作。

（二）影响离心泵特性曲线的因素

离心泵的生产部门所提供的特性曲线都是在转速一定时，在常压下用 20℃ 的清水做实验测得的。而生产中所用的液体则是多种多样的，因此必须考虑液体的密度、黏度和泵的转速对泵的性能参数的影响。

(1) 密度的影响　液体的密度对离心泵的扬程、流量和效率没有影响，但密度增大泵的轴功率也随之增大。

(2) 黏度的影响　输送液体的黏度若大于常温下清水的黏度，则泵体内部的能量损失增大，泵的扬程、流量都要减小，效率下降，而轴功率增大。

(3) 转速的影响　离心泵的特性曲线是在一定转速下测定的。当转速由 n_1 变为 n_2 时，其流量、扬程、轴功率与转速的近似关系为：

$$\frac{Q_1}{Q_2}=\frac{n_2}{n_2}\quad \frac{H_1}{H_2}=\left(\frac{n_1}{n_2}\right)^2\quad \frac{N_1}{N_2}=\left(\frac{n_1}{n_2}\right)^3 \tag{3-2}$$

式中　Q_1、H_1、N_1——转速为 n_1 时泵的流量、扬程、轴功率；

Q_2、H_2、N_2——转速为 n_2 时泵的流量、扬程、轴功率。

式 (3-2) 称为比例定律，当转速变化小于 20%时，可认为效率变化不大。

四、离心泵的安装高度与汽蚀现象

1. 汽蚀现象

如图 3-6 所示，离心泵之所以能吸上液体，是由于叶轮旋转，中心形成负压，而与贮槽液面上的压强产生压差，液体靠此压差吸入泵内。由泵的结构原理可知，液体从叶轮中心向外流动过程中，压强是变化的，以叶轮入口处压强最低，泵壳附近压强最高。如贮槽液面上方压强恒定，逐渐增大泵的安装高度时，叶轮中心的压强会逐渐降低，当叶轮中心压强等于或低于液体工作温度下的饱和蒸气压时，液体将发生沸腾，部分液体将汽化，产生气泡。含气泡的液体流到高压区时，气泡迅速破灭，气泡四周的液体就会向气泡中心冲击，产生很高的局部冲击力。如果这些气泡在金属表面附近破灭，冲击力就会对叶轮造成破坏。通常把泵内气泡的形成和破灭而造成叶轮材料受损的现象称为汽蚀现象。

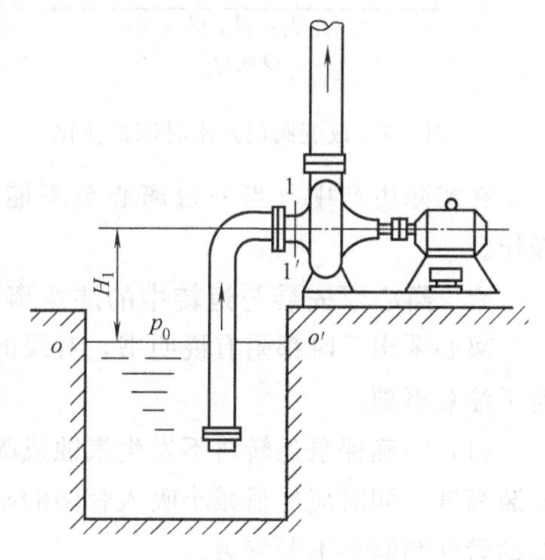

图 3-6　离心泵的吸液

汽蚀发生时，产生噪声和振动。汽蚀严重时，由于产生大量气泡，导致泵的流量、扬程与效率显著下降。叶轮的局部在巨大冲击力的反复作用下，金属表面疲劳，从开始点蚀到形成严重的蜂窝状空洞，使叶片受到损坏。因此离心泵运转过程中，必须使叶轮入口处的压强大于输送液体的饱和蒸气压，以免产生汽蚀现象，这就要求离心泵有一适当的安装高度。

2. 离心泵的安装高度

离心泵的安装高度是指叶轮中心到贮槽液体面的垂直距离，用 H_g 表示，如图 3-6 所示。离心泵的安装高度可借助泵的两个抗汽蚀性能参数进行理论计算，这两个参数是允许吸上真空度 H_S 和汽蚀余量 Δh。

允许吸上真空度 H_S 是指为避免产生汽蚀现象，泵的入口处压强可允许达到的最高真空度。汽蚀余量 Δh 是指离心泵入口处，单位重量的液体静压能和动能之和大于液体在操作温度下的饱和蒸气压头的最小指定值 Δh。

当输送液体的温度较高或沸点较低时，如液体饱和蒸气压比较高，允许吸上真空度比较低时，就要特别注意泵的安装高度，生产上可以采取选用直径稍大的管路、缩短吸入管长度、尽量减少吸入管路上的弯头和截止阀等措施，以提高泵的安装高度。有时会把泵安装在贮罐液面以下，使液体利用位差自动灌入泵体内。

五、离心泵流量调节

1. 通过改变出口阀门的开度调节流量

改变泵出口管线上的阀门开度，即可改变流量，见图 3-7（H_e 和 Q_e 分别表示管路中所需的扬程和流量）。用阀门调节流量可连续调节，且迅速方便，因此生产上应用广泛。但缺点是当阀门关小时，会增加管路阻力，造成额外的能量损耗。

2. 通过改变泵的转速调节流量

改变泵的转速调节流量（见图 3-8），需要变速装置，调节不方便，生产中很少采用。

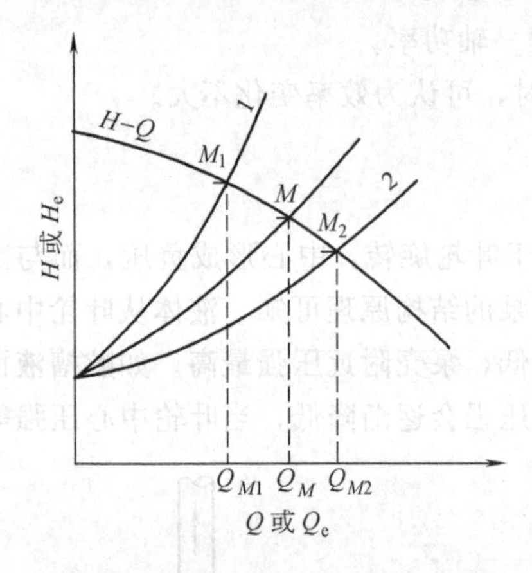

图 3-7　改变阀门开度时流量变化

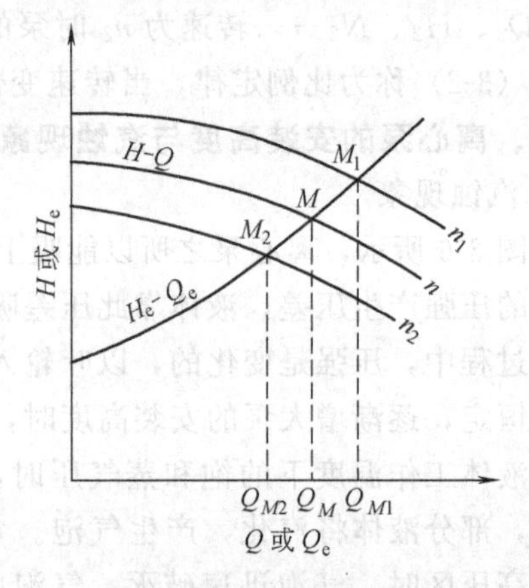

图 3-8　改变转速时流量变化

在实际生产中，当一台离心泵不能满足要求时，也可将同型号的泵进行并联和串联操作。

六、离心泵安装与运转中的注意事项

离心泵出厂时都附有说明书，对泵的性能、安装、使用、维护等都有介绍，此处仅指出若干注意事项。

（1）为确保泵运转时不发生汽蚀或吸不上液体，泵的安装高度应低于理论上计算的最大安装高度，同时应尽量减小吸入管路的阻力，如采用大直径管路，管路尽可能短而直，不必要的管件和阀件不要安装。

（2）启动前要先灌注液体，排除泵内的空气。

(3) 为保护电机，启动时先完全关闭出口阀门，再开电机，等电机运转正常后，再逐渐打开出口阀，并调节到所需要的流量。

(4) 运转过程中要定时检查轴承发热情况，注意润滑。对于采用填料密封的泵，应注意检查泄漏和发热情况，填料的松紧程度要适当。还要经常观察压力表、真空表是否正常。

(5) 停车前先关出口阀，再停电机，以免压出管路的高压液体倒冲入泵内，造成泵的损坏。

七、离心泵的类型

离心泵的类型多种多样，在泵的产品目录或汇编中列有各类离心泵的性能和规格，下面简单介绍几种常用的离心泵。

1. 水泵

水泵又称清水泵，一般常用于输送生产用水、冷却水以及物理和化学性质类似清水的液体。单级单吸悬壁式离心水泵，称为B型水泵，其系列代号为B，B型水泵应用最为广泛。这类泵的结构如图3-9所示。

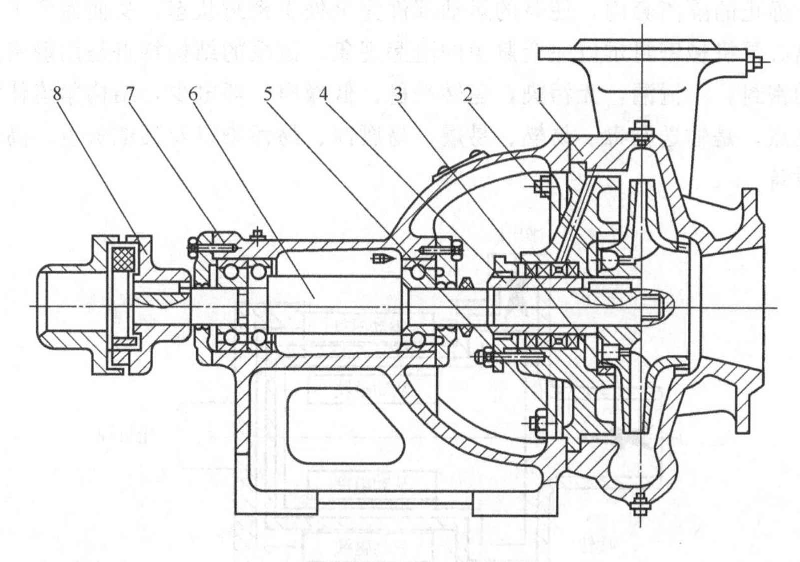

图3-9　B型水泵结构图

1—泵体；2—叶轮；3—密封环；4—护轴套；5—后盖；6—泵轴；7—托架；8—联轴器部件

B型水泵的全系列扬程范围为8～98m，流量范围为4.5～360m^3/h，液体的最高温度不能超过80℃。

如果输送液体所要求的扬程较高而流量不大时，则可用多级离心泵（简称多级泵），如图3-10所示。多级泵内泵轴上装有两个以上的叶轮，液体依次经过多个叶轮，多次接受能量，所以出口扬程较高。我国生产的多级泵的系列代号为D，称为D型离心泵，一般为2级到9级，最多可到12级，全系列扬程范围为14～351m，流量范围为10.8～850m^3/h。

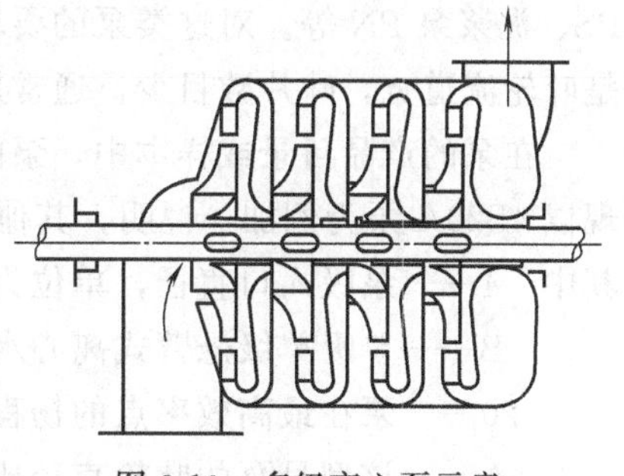

图3-10　多级离心泵示意

如果输送流量较大而扬程要求不高，可以选用双吸离心泵（简称双吸泵），如图3-11所示，其系列代号为Sh。双吸式泵叶轮的厚度较大，且有两个吸入口，双吸

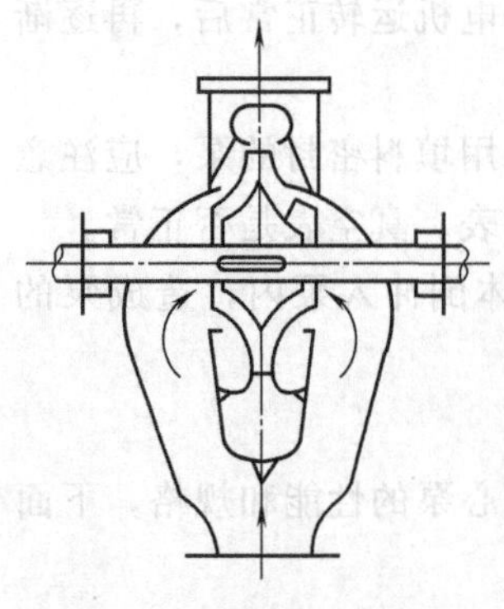
图 3-11　双吸离心泵示意

泵可以提供较大的流量。双吸泵全系列扬程范围为 9～140m，流量范围为 120～12500m³/h。

2. 耐腐蚀泵

输送酸碱等腐蚀液体时，须用耐腐蚀泵。耐腐蚀泵所有与被输送液体接触的部件均由耐腐蚀材料制成。耐腐蚀泵的系列代号为 F，在 F 后再加一个字母表示材料代号，以示区别。耐腐蚀泵的密封要求较高，多采用机械密封装置。耐腐蚀泵全系列的扬程范围为 15～105m，流量范围为 2～400m³/h。

3. 全封闭磁力驱动耐腐蚀泵

该泵的工作原理如图 3-12 所示，该泵系由驱动磁铁和从动磁铁构成磁性联轴节，外磁铁安装在电动机轴上为驱动件，内磁铁与叶轮相连成为从动件，当电动机启动后，装有外磁铁的转子在隔离套外部旋转，磁力线穿过间隙和隔离套作用在内磁铁上，带动内部的磁铁及叶轮一起同步旋转。由于泵轴的动力输入端被封闭在静止的隔离套内，使泵的运动部件完全处于密封状态，从而保证了液体不会泄漏，解决了离心泵机械密封难以完全避免的泄漏现象。该泵的结构特点是用静密封取代一般耐腐蚀泵的动密封，不泄漏，无污染，运转平稳，低噪声，耗电少，结构紧凑体积小，具有维修方便等优点，是输送剧毒、易燃、易爆、易腐蚀、易污染以及其他贵重、高纯度液体的一种理想的设备。

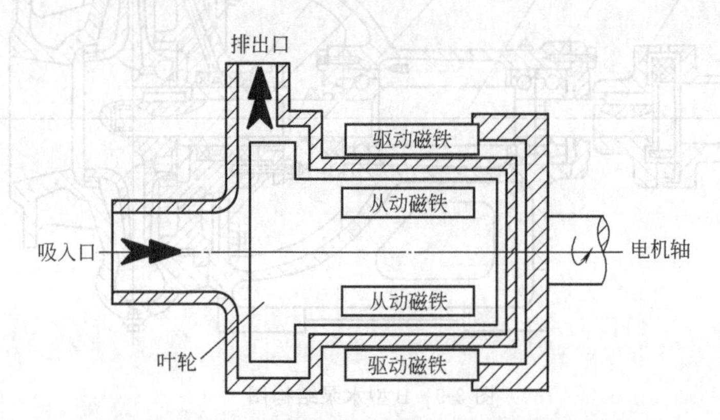

图 3-12　全封闭磁力驱动耐腐蚀泵工作原理示意

该泵普通型系列扬程为 3～40m，流量范围为 0.5～50m³/h。

4. 杂质泵

输送悬浮液及稠厚的浆液等常用杂质泵，系列代号为 P。又细分为污水泵 PW、砂泵 PS、泥浆泵 PN 等。对这类泵的要求是：不易被杂质堵塞、耐磨，容易拆洗。所以它的特点是叶轮流道宽，叶片数目少，通常用半闭式或开式叶轮泵。

在泵的产品目录或样本中，泵的型号是由字母和数字组成，以代表泵的类型、规格等。现以 4B20A 泵为例加一说明，其他泵可参见泵的说明书或有关资料。

其中　4——泵吸入口直径，单位为 in，即 4×25＝200(mm)；

B——单吸单级悬臂式离心水泵；

20——泵在最高效率点的扬程为 20m；

A——该型号泵的叶轮直径比基本型号 4B20 的小一级。

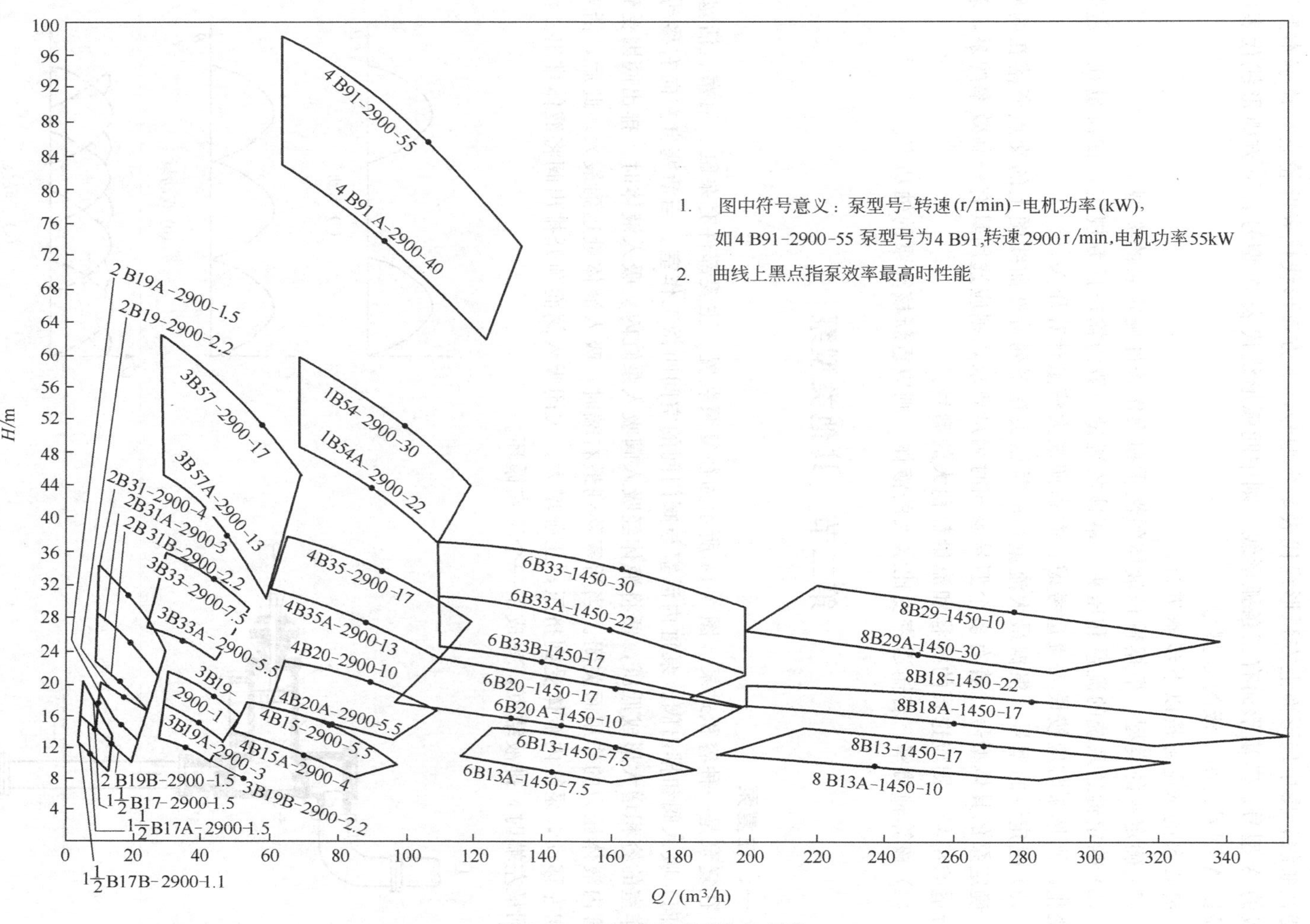

图 3-13　B 型水泵系列特性曲线

八、离心泵的选用

为了选用方便，泵的生产部门有时将同一系列中，各种不同类型泵对应高效区的一段 $H \sim Q$ 曲线绘在同一张图上，称为这类泵的系列特性曲线图。图 3-13 所示为 B 型水泵的系列特性曲线，图中扇形面上方弧形线代表基本型号，下方弧形线代表叶轮直径比基本型号小一级的 A 型号。若扇形面有三条弧形线，则中间弧形线代表 A 型号，下方弧形线代表叶轮直径比 A 型号再小一级的 B 型号。

离心泵的选用可按以下步骤进行。

(1) 确定泵的类型　根据输送液体的性质和操作条件确定泵的类型。

(2) 确定输送系统的流量和压头　液体的流量一般为输送任务规定，如流量在一定范围内变化，则选泵时应按最大流量考虑，并参照最大流量计算压头。

(3) 确定泵的型号　根据最大流量和所需压头在系列特性曲线图上的交点所落在的扇形面，确定泵的具体型号。若有多个型号泵同时满足要求，则应选用具有较高效率的泵，若没有合适的型号，则应选泵的扬程和流量都稍大的型号。

(4) 核算轴功率　若输送密度比水大的液体，则应重新核算泵的轴功率。

第二节　其他类型泵

一、往复泵

往复泵是一种容积式泵。图 3-14 所示为往复泵装置。主要部件有泵缸、活塞、活塞杆、(单向) 吸入阀和排出阀。泵缸内活塞与阀门间的空间叫做工作室。当活塞自左向右移动时，工作室的容积增大形成低压，便将液体经吸入阀吸入泵缸内。吸入液体时，排出阀因受到排出管内液体压力的作用而关闭。当活塞移到最右端时，吸入液体量达到最大。此后，活塞开始向左移动，泵缸内液体受到挤压，压强增大，关闭吸入阀而顶开排出阀将液体排出。活塞移到最左端时，排液结束，完成了一个工作循环。

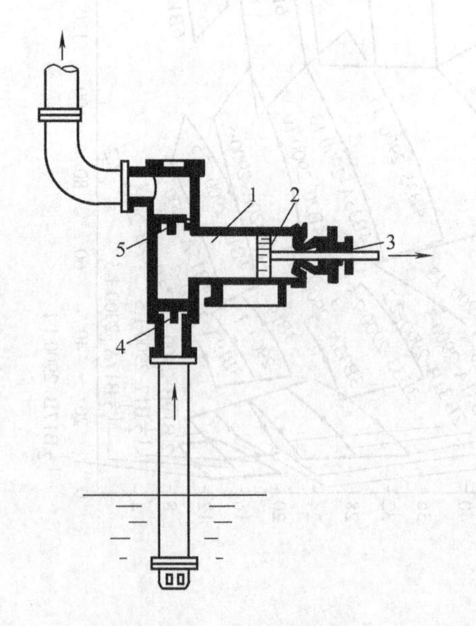

图 3-14　往复泵装置

1—泵缸；2—活塞；3—活塞杆；4—吸入阀；5—排出阀

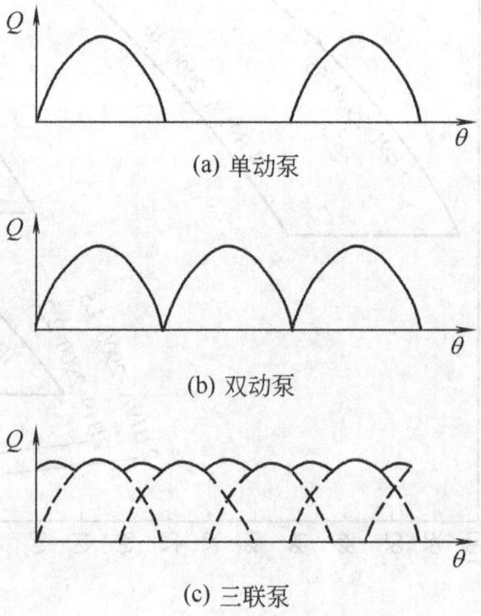

Q θ (a) 单动泵

Q θ (b) 双动泵

Q θ (c) 三联泵

图 3-15　往复泵的流量曲线

往复泵主要靠活塞在泵缸内往复运动从而吸入和排出液体。活塞在泵缸内移动的距离称为冲程。由往复泵的工作原理可知，往复泵的低压是靠工作室的扩张造成的，因此启动往复泵时，不需要向泵内注入液体，说明往复泵具有自吸作用。但是，同离心泵一样其吸上高度也受到限制，也随当地大气压强、液体的性质和温度的变化而变化。

往复泵活塞往复运动一次，只吸入和排出液体各一次，且交替进行，这类泵称为单动泵。由于单动泵吸入阀和排出阀装在活塞的同一侧，吸液时就不能排液，因此排液不连续，流量也不均匀，其流量曲线如图 3-15（a）所示。

为了改善单动泵流量的不均匀性，可采用双动泵。双动泵在活塞两侧的泵体内部均装有吸入阀和排出阀，因此，不论活塞向哪个方向运动，总有一个吸入阀和一个排出阀打开，即吸液和排液同时进行，使吸入管路和排出管路总是有液体流过，所以送液连续，但流量仍不均匀，如图 3-15（b）所示。三联泵的流量曲线如图 3-15（c）所示。

往复泵的输送液体的能力只取决于活塞的位移，与管路的情况无关，而往复泵的扬程则只取决于管路的情况，这种特性称为正位移特性。往复泵属于正位移泵，启动时必须将出口阀完全打开，可采用旁路调节法调节其流量，如图 3-16 所示。

往复泵主要适用于小流量、高压强的场合，输送高黏度流体时效果也比离心泵好。但不能输送腐蚀性液体和含有固体粒子的悬浮液。

二、齿轮泵

如图 3-17 所示，齿轮泵的泵壳内有两个齿轮，一个为主动轮，由电机带动旋转；另一个为从动轮，与主动轮相啮合而作反方向旋转。当齿轮转动时，在吸入端，因两齿轮的齿互相拨开，而形成低压将液体吸入，并沿壳壁被齿轮推送至排出端。在排出腔端，两齿轮的齿互相合拢而形成高压将液体排出。

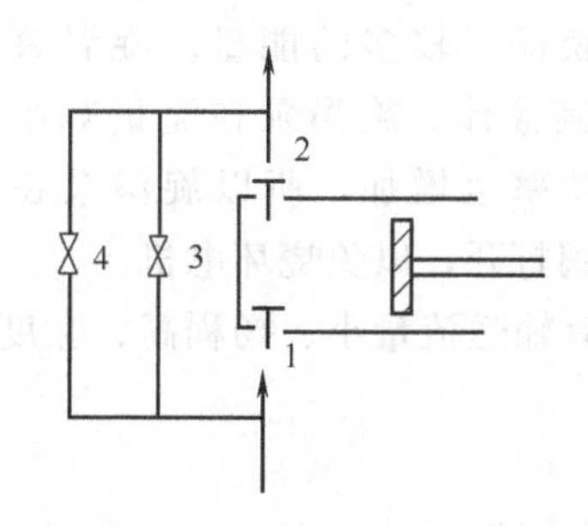

图 3-16　正位移泵流量调节

1—吸入阀；2—排出阀；3—旁路阀；4—安全阀

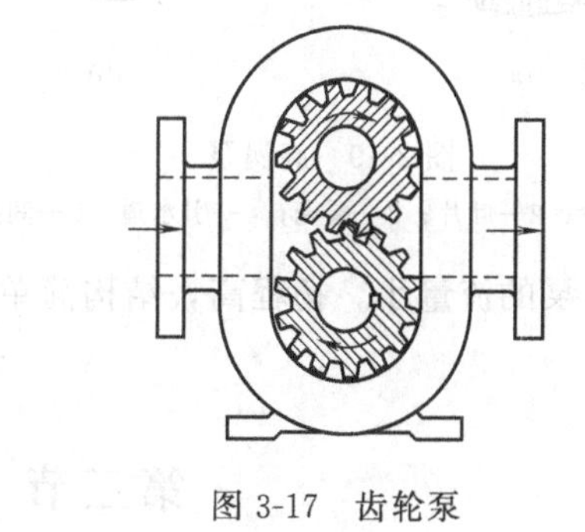
图 3-17　齿轮泵

齿轮泵具有流量小扬程高的特点，常用来输送黏稠液体甚至是膏糊状的物料，但不宜输送含有固体颗粒的悬浮液。

三、螺杆泵

螺杆泵主要由泵壳与一根或多根螺杆所组成。按螺杆的数目可将螺杆泵分为单螺杆泵、双螺杆泵、三螺杆泵和五螺杆泵。如图 3-18（a）所示为一单螺杆泵。螺杆在有内螺旋的壳内转动，把液体沿轴向向前推进，并将其挤压到排出口。图 3-18（b）所示为双螺杆泵，它依靠两根相互啮合的螺杆来排送液体。

螺杆泵的效率较齿轮泵高。运转时无噪声、无振动、流量均匀。可在高压下输送黏稠液体。

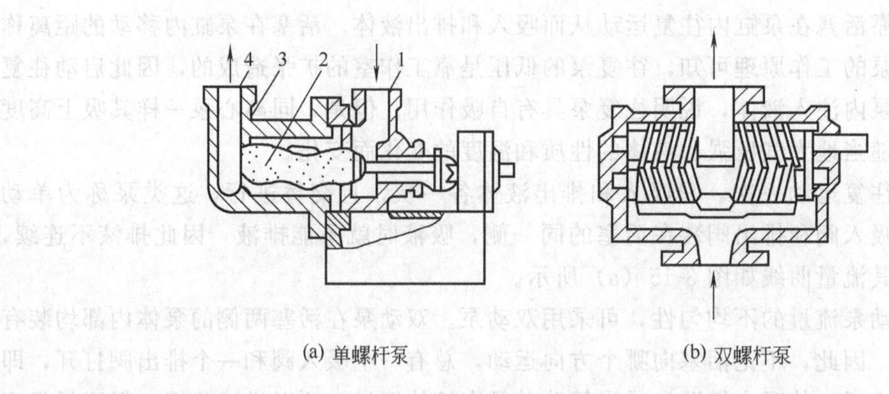

(a) 单螺杆泵　　(b) 双螺杆泵

图 3-18　螺杆泵

1—吸入口；2—螺杆；3—泵壳；4—排出口

齿轮泵、螺杆泵均属于正位移泵，启动时应将出口阀门打开，采用旁路调节流量。

四、旋涡泵

旋涡泵是一种特殊类型的离心泵，如图 3-19（a）所示，由泵壳和叶轮组成。叶轮是一个圆盘，四周铣有凹槽，成辐射状排列，构成叶片。叶片数目可多达几十片。泵内结构情况如图 3-19（b）所示，吸入口和排出口之间为间壁，间壁与叶轮之间只有很小的缝隙，因此吸入腔与排出腔得以分开。叶轮旋转时，液体在随叶轮旋转的同时，又在引水道与各叶片之间反复做旋涡形运动，因而被叶片拍击多次，获得了较多的能量。旋涡泵在开动前也要灌满液体。旋涡泵在流量减小时扬程增加，轴功率也增加，所以旋涡泵在开动前要将出口阀打开，以免烧坏电机。

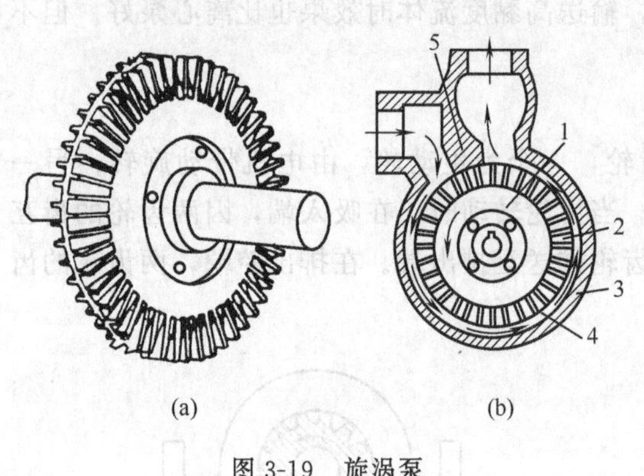

图 3-19　旋涡泵

1—叶轮；2—叶片；3—泵壳；4—引水道；5—间壁

旋涡泵的流量小，扬程高，结构简单，体积小，适宜输送流量小、扬程高、黏度不大的液体。

第三节　气体输送机械

气体输送机械与液体输送机械在结构和原理上大体相同，但由于气体具有可压缩性，且密度比液体小得多，在输送过程中，不仅压强发生变化，其体积和温度也将随之发生变化。这些变化的大小对气体输送机械的结构有很大的影响。气体输送机械除按原理分为离心式、往复式、旋转式等，还可根据出口气体的终压（出口气体的压强）或压缩比（出口气体的绝对压强与进口气体的绝对压强的比值）进行分类。

（1）通风机　终压不大于 15kPa（表压）。

（2）鼓风机　终压为 15～300kPa（表压），压缩比小于 4。

（3）压缩机　终压在 300kPa（表压）以上，压缩比大于 4。

（4）真空泵　将低于大气压强的气体从容器或设备内抽至大气中，终压为当时当地的大气压强，其压缩比由真空度决定。

一、离心式通风机

1. 离心式通风机的结构

离心式通风机的结构和单级离心泵相似，如图 3-20 所示，机壳也是蜗壳形，但机壳的断面有方形和圆形两种。一般低、中压通风机多是方形，高压通风机多为圆形。

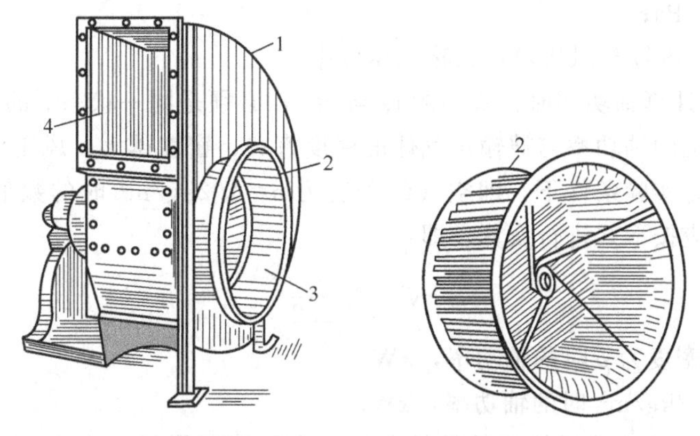

图 3-20 离心式通风机

1—机壳；2—叶轮；3—吸入口；4—排出口

按所产生的终压不同，离心式通风机可分为以下几种。

(1) 低压离心式通风机 出口气体压强低于 1kPa（表压）。

(2) 中压离心式通风机 出口气体压强为 1～3kPa（表压）。

(3) 高压离心式通风机 出口气体压强为 3～15kPa（表压）。

药厂常用的离心式通风机有 4-72 型、8-18 型和 9-27 型，前一类属于中、低压通风机，可用于通风和气体输送，后两类属于高压通风机，主要用于气体的输送。

2. 离心式通风机的主要性能参数

(1) 风量 风量是单位时间内从风机出口排出的气体体积，并以风机的进口处气体的状态计，以 Q 表示，单位为 m^3/s 或 m^3/h。

(2) 全风压和静风压 全风压是单位体积的气体通过风机时所获得的能量，以 H_T 表示，单位为 J/m^3 即 N/m^2。

通风机的风压取决于风机的结构、叶轮尺寸、转速与进入风机的气体密度。

风机进出口气体静压强的增加，称为静风压，以 H_{st}表示。风机出口单位重量气体的动能称为动风压，以 H_k 表示。离心式通风机出口处气体的流速较大，故动风压不能忽略。静风压 H_{st}与 H_k 之和称为全风压，即：

$$H_T = H_{st} + H_k \tag{3-3}$$

离心式通风机性能表上所列出的风压是指全风压

风机性能表上所列的风压，一般都是用 20℃空气（密度 $\rho=1.2kg/m^3$）测定的，若实际操作条件与上述实验条件不同时，应按下式将操作条件下的风压 H'_T 换算为实验条件下的风压 H_T，然后用换算后的风压 H_T 数值去选择风机。

$$H_T = H'_T \frac{\rho}{\rho'} = H'_T \frac{1.2}{\rho'} \tag{3-4}$$

(3) 轴功率与效率 离心式通风机的轴功率为：

$$N=\frac{H_T Q}{1000\eta} \tag{3-5}$$

式中 N——轴功率，kW；

Q——风量，m^3/s；

H_T——风压，Pa；

η——效率，因按全风压定，又称全压效率。

应用式（3-5）计算轴功率时，式中的 Q 与 H_T，必须是同一状态下的数值。

应当指出，风机的轴功率与被输送气体的密度有关，密度越大，风压越高。风机性能表上所列出轴功率均为实验条件下，即空气的密度为 $\rho=1.2kg/m^3$ 时的数值。若所输送的气体密度与此不同，应按下式进行换算，即：

$$N'=N\frac{\rho'}{1.2} \tag{3-6}$$

式中 N'——气体密度为 ρ 时的轴功率，kW；

N——$\rho=1.2kg/m^3$ 时的轴功率，kW。

图 3-21 所示为一离心式通风机的特性曲线，表示该通风机在 1450r/min 的转速下，全风压 H_T、静风压 H_{st}、轴功率 N、效率 η 与风量 Q 之间的关系。

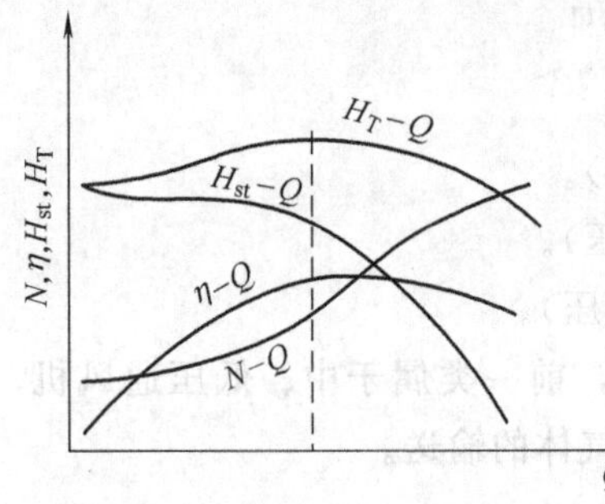

图 3-21 离心式通风机的特性曲线

3. 离心式通风机的选择

离心式通风机的选用和离心泵的选用相似，常按以下步骤进行。

(1) 根据所输送气体的性质（如清洁空气、易燃、易爆或腐蚀性气体以及含尘气体等）与风压范围，确定风机类型。

(2) 根据气体算输送系统所需的实际风压 H_T'（注意将 H_T' 换算成实验条件下的风压 H_T）。根据所要求的风量和换算成规定状况下风压，来选择合适的机号。

(3) 若所输送气体的密度大于 $1.2kg/m^3$ 时，需核算轴功率。

二、鼓风机

在生产中常用的鼓风机有旋转式和离心式两种类型。

1. 罗茨鼓风机

旋转式鼓风机的类型很多，罗茨鼓风机是应用最广泛的一种。其结构如图 3-22 所示，主要部件有转子和机壳，其工作原理与齿轮泵极为相似。转子与机壳、转子与转子之间的缝隙很小，使转子既能自由转动又无过多的泄漏。当转子旋转时将气体强行排出，因两转子的旋转方向相反，可将气体从一端吸入，从另一端排出。如改变转子的旋转方向，可使吸入口与排出口互换。

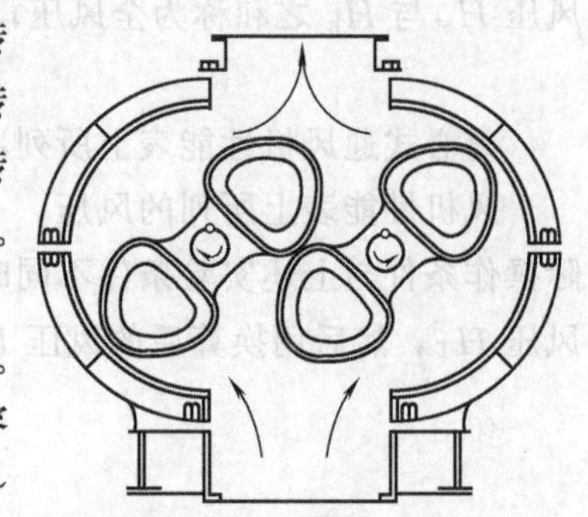

图 3-22 罗茨鼓风机

罗茨鼓风机的风量与转速成正比，而与出口压强无关。罗茨鼓风机转速一定时，风量可保持大体不变，故称为定容式鼓风机，属正位移型 。罗茨鼓风机的输送量范围是 2～500m^3/min，出口表压在 80kPa 以内，但在表压为 40kPa 附近效率较高。

罗茨鼓风机的出口应安装稳压气柜与安全阀，流量用旁路调节。出口阀不可完全关闭。罗茨鼓风机工作时，温度不能超过 85℃，否则会因转子受热膨胀而发生卡死现象。

2. 离心式鼓风机

离心式鼓风机又称透平鼓风机，其结构和工作原理与离心式通风机相同。图 3-23 所示为一台单级离心式鼓风机，其出口压强不超过 294kPa（表压）。多级离心鼓风机风压较高，其结构原理与多级离心泵类似。图 3-24 所示为一台三级离心式鼓风机，气体从进风口吸入，依次通过各级叶轮和扩压器，最后经过蜗形壳由出风口排出。因压缩比不大，故不需要冷却装置，且因级数不多，各级叶轮尺寸大小基本相等。离心式鼓风机的选用方法与离心式通风机相同。

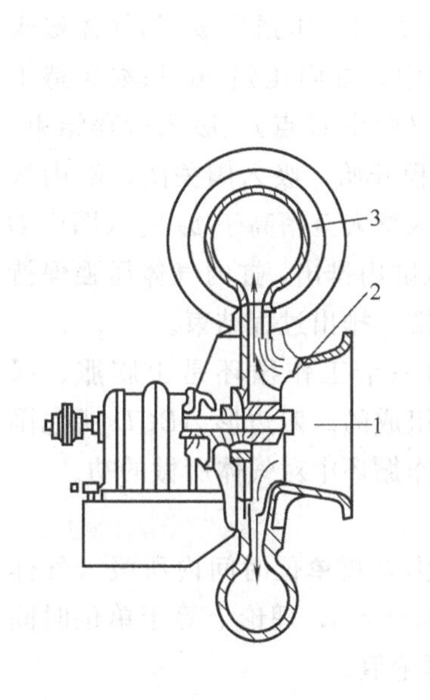

图 3-23　单级离心式鼓风机

1—进口；2—叶轮；3—蜗形壳

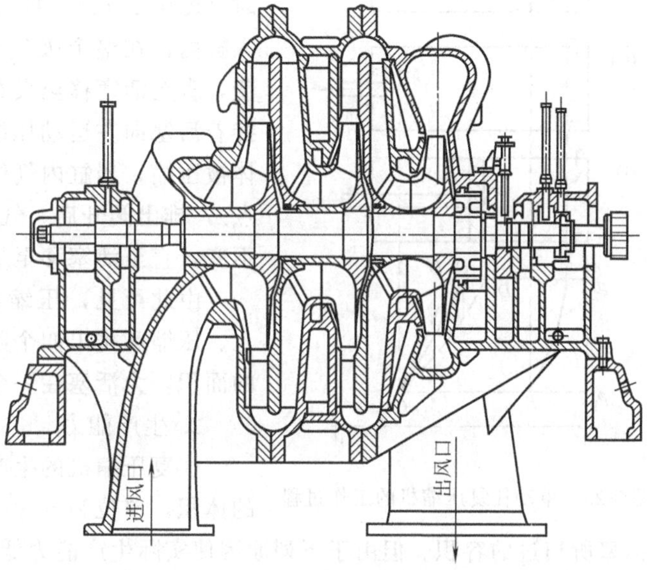

图 3-24　三级离心式鼓风机

三、压缩机

压缩机可分为离心压缩机和往复压缩机。

（一）离心压缩机

离心压缩机也称为透平压缩机，其主要结构和工作原理与离心式鼓风机基本相同，但离心压缩机叶轮级数更多，可多达 10 级以上，能产生较高的压强，一般终压为 0.4～1MPa（绝对）。因气体在机内的压缩比高，体积变化多，温度升高显著，因此，离心压缩机常分成几段，每段有若干级，段与段间设置中间冷却器，以免出口气体温度过高，达到减小功率损耗的目的。

离心压缩机流量大，体积小，流量均匀，可连续运转安全可靠，维修方便，且机体内无润滑油污染气体。所以，近年来离心压缩机应用越来越广泛，并向高速、高压、大流量和大功率方向发展。

（二）往复压缩机

1. 结构和工作原理

往复压缩机的构造、工作原理与往复泵比较接近。主要结构有汽缸、活塞、吸气阀和排气阀。依靠活塞的往复运动而将气体吸入和排出。但由于气体的密度小、可压缩，因而往复压缩机的吸入和排出活门更加灵巧精密。为移除压缩过程所放出的热量降低气体的温度，必须附设冷却装置。往复压缩机的活塞与汽缸间的接触更加紧密。

图 3-25 所示为单动往复压缩机的工作过程。当活塞运动至汽缸的最左端（图中 A 点），排出行程结束。但因机械结构上的原因，虽然活塞到达行程的最左端，但汽缸左侧活塞与汽缸盖之间仍还有一定容积，称为余隙容积。当活塞开始向右运动时，排出阀关闭，由于余隙的存在，首先是余隙内的高压气体膨胀过程，直至汽缸内气体压强降至稍低于吸入压强 p_1 时（图中 B 点），吸入阀才开启，压强为 p_1 的气体被吸入缸内，在整个吸气过程中，缸内压强 p_1 基本保持不变，直至活塞移至最右端（图中 C 点），吸入行程结束。接着活塞向左运动压缩行程开始，吸入阀关闭，缸内气体被压缩，当缸内气体压强增大至稍高于 p_2 时（图中 D 点），排出阀开启，气体从缸内排出，缸内气体压强保持不变，直至活塞移至最左端，排出过程结束。

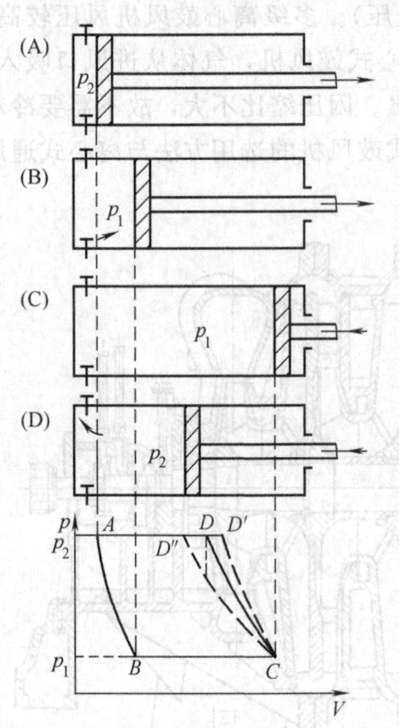

图 3-25　单动往复压缩机的工作过程

由此可见，压缩机的一个工作循环是由膨胀、吸入、压缩和排出四个阶段组成的。四边形 $ABCD$ 所包围的面积，为活塞在一个工作循环中对气体所做的功。

2. 生产能力

往复压缩机的生产能力是指单位时间内所吸入气体的体积，单位为 m^3/s 或 m^3/min，理论上等于单位时间内活塞所扫过的容积。但由于下列原因使实际生产能力低于理论值。

（1）压缩比和汽缸余隙气体膨胀的影响，若余隙越大、压缩比越大，则实际上吸气量越小。当压缩比大到一定程度时，可能由于余隙膨胀占据整个汽缸，造成不能吸气。

（2）吸入气体进入汽缸后受缸壁的加热而膨胀，也会造成吸气量减小。

（3）汽缸、阀门等密封不严造成泄漏，以及阀的启闭不及时等，也会使得生产能力下降。

3. 分类

往复压缩机的分类方法很多，有以下几种。

（1）按压缩机从活塞的一侧或两侧吸、排气体，分为单动和双动往复压缩机。

（2）按气体受压次数，可分为单级、双级和多级压缩机。

（3）按压缩机所产生终压大小，可分为低压（980kPa 以下）、中压（980～9800kPa）、高压（9800～98000kPa）和超高压（98000kPa 以上）压缩机。

（4）按排气量可分为小型（10m^3/min 以下）、中型（10～30m^3/min）和大型（30m^3/min 以上）压缩机。

（5）按所压缩的气体种类，可分为空气压缩机（空压机）、氧气压缩机、氢压缩机等。

（6）按压缩汽缸在空间的位置分，汽缸垂直放置的叫立式，水平放置的叫卧式，几个汽缸互相配置成 V 形、W 形或 L 形的叫角式。

4. 使用注意事项和选用

如图 3-26 所示，往复压缩机的排气口要连接贮气罐，以使排出管路上的流量均匀，贮气罐上必须安装准确可靠的压力表和安全阀。操作过程中应经常注意机器的润滑和冷却，控制注油情况，保证冷却水的充足供应。

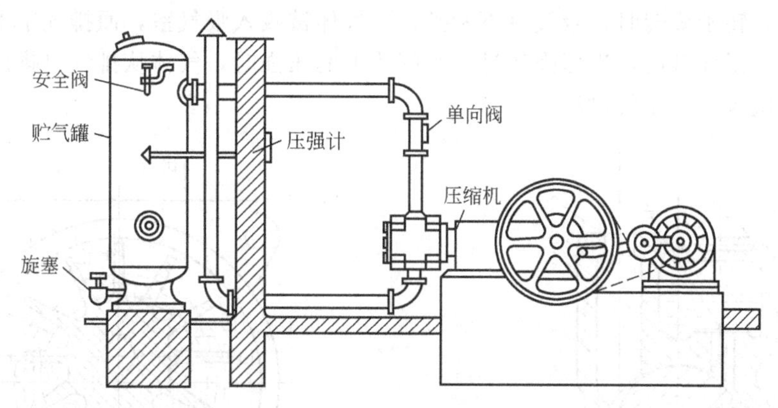

图 3-26 往复压缩机的装置

选用压缩机时，首先应根据输送气体的性质，确定压缩机的种类。然后根据生产任务及厂房的具体条件选定压缩机结构形式。最后根据生产上所需的排气量和排气压强，在压缩机的样本或产品目录中选择合适的型号。

四、真空泵

从设备或系统中抽出气体，使其中的绝对压强低于大气压强，此时所用的抽气设备称为真空泵。

真空泵的形式很多，可分为干式和湿式两大类。干式真空泵只从真空系统中吸气，可以达到 96%～99%以上的真空度；湿式真空泵能同时抽吸气体与液体，只能造成 85%～95%的真空度。从结构上分，真空泵有往复式、旋转式和喷射式等。

真空泵的主要性能参数如下。

(1) 极限真空度或残余压强　它是真空泵可以达到的最高真空度或最低压强。极限真空度常以毫米汞柱或真空度百分数表示，残余压强以毫米汞柱或托（1Torr＝1mmHg＝133.322，下同）表示。

(2) 最大排气压强　它是真空泵排气口所允许的最大压强，一般约为 900mmHg。

(3) 抽气速率　真空泵在残余压强下，单位时间内所吸入的气体体积，以 m^3/h 表示。

以上性能参数是选择真空泵的依据。

下面仅介绍较常用的形式。

(一) 往复真空泵

往复真空泵的结构和原理与往复压缩机基本相同，只是真空泵在低压下操作，汽缸内外压强差很小，所用的阀门必须更为轻巧。当往复真空泵所需达到的真空度较高时，压缩比很大，余隙残留气体的影响很大，故真空泵的余隙必须很小。为减少余隙影响，常在汽缸两端之间设置一条平衡气道，如图 3-27 所示，在活塞排气结束时，使平衡气道连通一短暂时间，使余隙中的残留气体从活塞的一侧流向另一侧，以提高真空泵的生产能力。

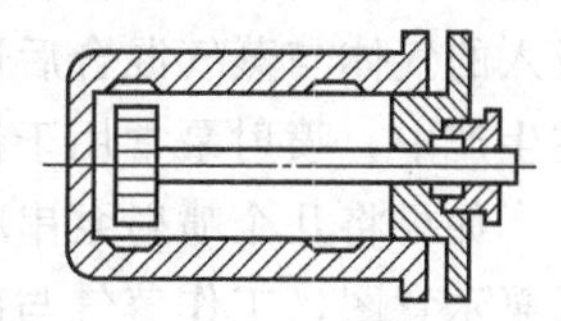

图 3-27 平衡气道

（二）旋转真空泵

1. 旋片真空泵

旋片真空泵是旋转真空泵的一种，如图 3-28 所示。当带有两个旋片的偏心转子按箭头方向旋转时，在弹簧向外的压力及离心力的作用下，旋片紧贴泵体内壁滑动，将泵室分为吸气室和排出室。转子旋转时，吸气室不断扩大，气体被吸入吸气室，而排气室不断缩小，气体逐渐被压缩，压强升高，当压强超过排气阀片上的压强时，气体从排气口排出。转子每旋转一周，有两次吸气、排气过程。

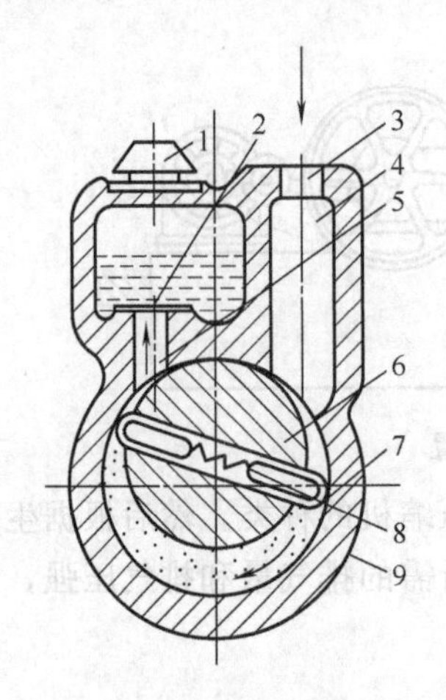

图 3-28　旋片真空泵

1—排气口；2—排气阀片；3—吸入气口；4—吸入管；5—排气管；6—转子；7—旋片；8—弹簧；9—泵体

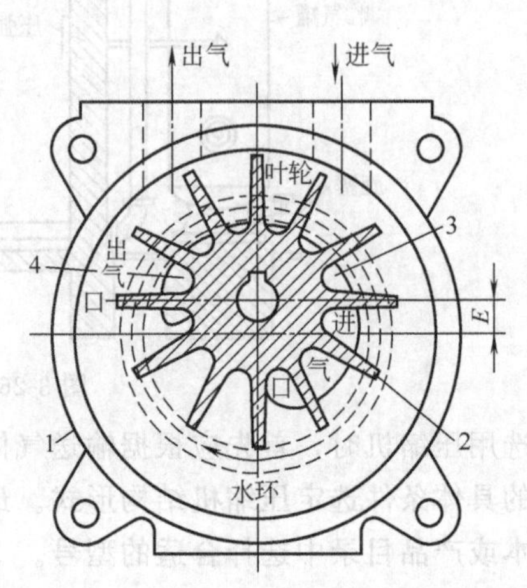

图 3-29　水环真空泵

1—外壳；2—转子；3—进气口；4—出气口

旋片真空泵可达较高真空度，但抽气速率较小，一般用于实验室和小型设备的抽真空。

2. 水环真空泵

水环真空泵的外壳呈圆形，带有多片辐射状叶片的叶轮偏心安装在泵壳内，如图 3-29 所示。启动前向泵内注入一定量水，当水环真空泵的叶轮旋转时，由于离心力作用，将水甩至壳壁形成水环，此水环具有密封作用，使叶片间的空隙形成许多大小不同的密封室。叶轮连续旋转，当密封室由小变大时，室内形成真空，将气体从进气口吸入；当密封室由大变小时，室内压强变大，将气体从出气口压出。

水环真空泵属于湿式真空泵，在吸气中允许夹带少量液体。该泵结构简单紧凑，最高真空度可达 65%。水环真空泵运转时，要不断地充水以维持泵内液封，同时也起冷却的作用。水环真空泵也可作为鼓风机使用。

（三）喷射泵

喷射泵是利用流体流动时的静压能与动能相互转换的原理来吸、送流体的。喷射泵的工作流体可以是蒸气，也可以是液体。如图 3-30 所示为蒸气喷射泵。工作蒸气在高压下以很高速度从喷嘴喷出，在喷射过程中，蒸气的静压能转变为动能，产生低压，而将气体吸入。吸入的气体与蒸气混合后进入扩大管，速度逐渐降低，压强随之升高，而后从压出口排出。在生产中，喷射泵常用于抽真空，故又称为喷射式真空泵。

如果将几个喷射泵串联起来使用，便可得到较高的真空度。图 3-31 所示为三级蒸气喷射泵示意图，工作蒸气与由气体吸入口吸入的气体先进入第一级喷射泵，经冷凝器使蒸气冷凝，气体则进入第二级喷射泵，而后，顺序通过冷凝器、第三级喷射泵及冷凝器，最后由真

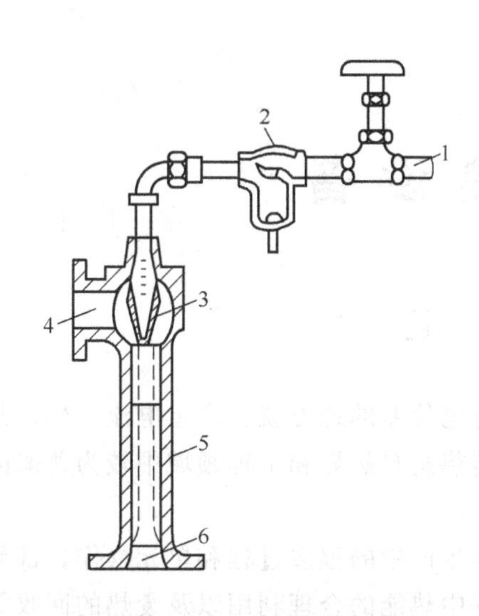

图 3-30　单级蒸气喷射泵

1—工作蒸气入口；2—过滤器；3—喷嘴；4—吸入口；5—扩散管；6—压出口

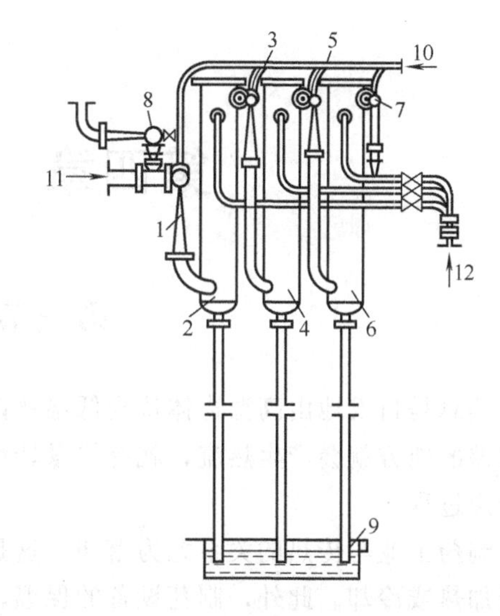

图 3-31　三级蒸气喷射泵

1—第一级喷射泵；2，4，6—冷凝器；3—第二级喷射泵；5—第三级喷射泵；7—真空泵；8—辅助喷射泵；9—水池；10—工作蒸气；11—气体吸入口；12—水进口

空泵排出。辅助喷射泵与主要喷射泵并联，用以增加启动速度。当系统达到指定的真空度时，辅助喷射泵即可自线路中切断，各冷凝器中的冷凝液和冷却水均流入槽中。

喷射泵的特点是构造简单、紧凑、没有活动部分，但是效率低，蒸气消耗量大，故一般只作真空泵使用，而不作为输送设备使用。

第四章 换热设备

第一节 概 述

热总是自发地由高温物体传到低温物体。如同有电位差的地方就会产生电流一样，凡有温度差的地方就会产生热流，就有热量转移，因此传热是自然界和工程领域中较为普遍的一种传递过程。

制药工业与传热的关系尤为密切。这是因为制药生产中的很多过程和单元操作，都需要进行加热或冷却。此外，制药设备的保温，生产过程中热能的合理利用以及废热的回收等都涉及到传热的问题。因此，传热过程对制药生产具有极其重要的作用。

一、传热过程的速率

热量的传递有快慢之分，是过程的速率问题，而

$$传热速率(q)=\frac{传热推动力}{传热阻力} \tag{4-1}$$

式中，q 为单位时间内传递的热量（单位是 J/s 或 W）。传热推动力为两传热物体之间的温度差，传热阻力较为复杂，由多种因素确定。

化工制药生产对传热过程的要求经常有以下两种情况：一种是强化传热过程，增加传热速率，如各种换热设备中的传热；另一种是削弱传热过程，降低传热速率，如对设备和管道的保温，以减少热损失。本章论述的传热基本原理就是围绕着传热速率这个中心问题而展开的。

二、传热的基本方式

按照传热过程物质运动所具有的不同规律，存在三种传热方式：热传导、对流和辐射。

1. 热传导

热传导简称为导热。其机理是当物体的内部或两个直接接触的物体之间存在有温度差时，物体中温度较高部分的分子因振动而与相邻分子碰撞，并将能量的一部分传给后者，为此，热量就从物体的温度较高部分传到温度较低部分或从一个温度较高的物体传递给直接接触的温度较低的物体。热传导的特点是物体中的分子或质点不发生宏观的相对位移。热传导一般发生于固体、静止的流体或与层流流体流动方向相垂直的传热。

2. 对流传热

对流传热又称为热对流。对流只发生在流体中，其机理是由于流体中质点发生相对位移和混合，而将能量由一处传递到另一处。若对流是由于流体内部各处温度不同而引起的，则称为自然对流；若由外加机械能（如搅拌流体）使流体发生对流运动的称为强制对流。

3. 辐射传热

辐射传热又称热辐射。是一种以电磁波传递热能的方式，即由于物体自身具有一定的温度而使电子在核外轨道上跃迁，辐射出电磁波。任何物体只要在绝对零度以上，都能发射辐

射能，且物体的温度越高，热辐射的能力越强。但是只有在高温下物体之间温度差很大时，辐射才成为主要的传热方式。

实际上，以上三种传热的基本方式很少单独存在，多数情况下是两种或三种方式同时存在。

三、工业传热的方法

根据工作原理和设备结构种类的不同，工业生产中的传热方法可分为以下三种。

1. 间壁式传热

间壁式传热是药厂中普遍采用的一种方法。其主要特点是冷热两种流体被一固体间壁所隔开，使高温和低温流体介质分别在间壁两边流动。在传热过程中，两种流体互不接触，高温流体首先将热量传到间壁表面，然后由间壁一侧将热量传导到另一侧，最后又从间壁另一侧的表面将热量传给被加热的冷流体。实现此种换热方式的设备，称为间壁式换热器。

间壁式换热器的类型很多，如图 4-1 所示为套管式换热器，由两个直径不同的同心套管组成，所形成的管内和管间两个空间，其中小管内流过一种介质，内、外管构成的环形空间流过另一种介质，实现冷热两流体间的传热。

间壁式传热适合于不能直接混合的两种流体间的传热，这在医药生产中有着最广泛的应用。

2. 混合式传热

混合式传热是让冷、热两种流体直接接触与混合来实现传热的方法。它的传热速度快、效率高、设备简单，如混合式冷凝器、喷淋式冷却塔或冷却吸收塔等。图 4-2 所示为湿式混合冷凝器。此种换热器适于水蒸气的冷凝，或用于允许冷、热流体直接接触混合传热的场合。

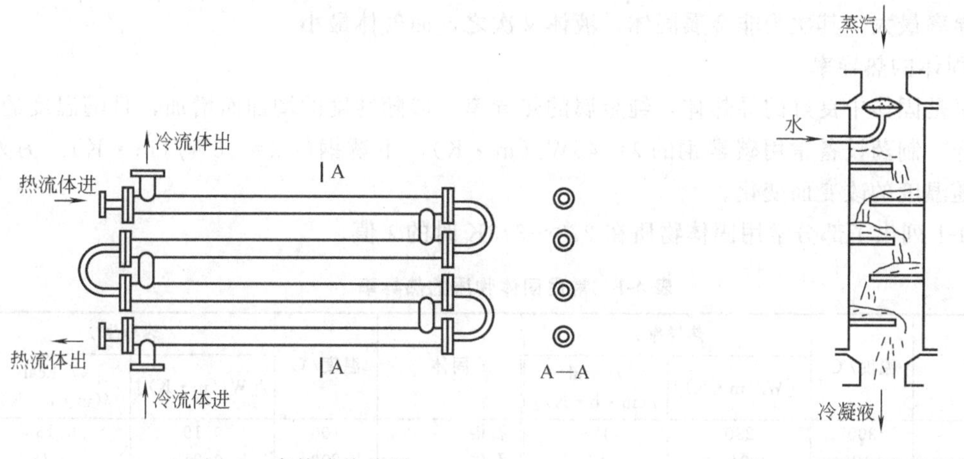

图 4-1　套管式换热器　　　　图 4-2　湿式混合冷凝器

3. 蓄热式传热

蓄热式传热的特点是冷热两流体间的热量交换是通过换热器内填充物壁面周期性的加热和冷却来完成的，这种设备称蓄热式换热器。器内装有耐火砖之类的固体填充物，用来蓄积热量。

四、稳定传热和不稳定传热

传热分为稳定传热和不稳定传热两种。在传热过程中，若换热器各处的温度仅随位置变化而不随时间变化，则称该传热过程为稳定传热。相反，在传热过程中，换热器各点的温度或其他参数既随时间变化，又随位置变化，称为不稳定传热。在工业生产中，发生传热的连续过程在正常操作时，可看作稳定传热。

第二节 热 传 导

一、傅里叶定律

傅里叶（Fourier）定律是热传导的基本定律。对于一个由均匀材料构成的平壁导热，经验表明在单位时间内通过平壁的传热速率（导热速率）与垂直热流方向的导热面积及导热壁两侧的温度差成正比，与平壁厚度成反比。如图 4-3 所示，为一个由均匀材料构成的平壁，两侧的表面积均等于 $A\mathrm{m}^2$，即

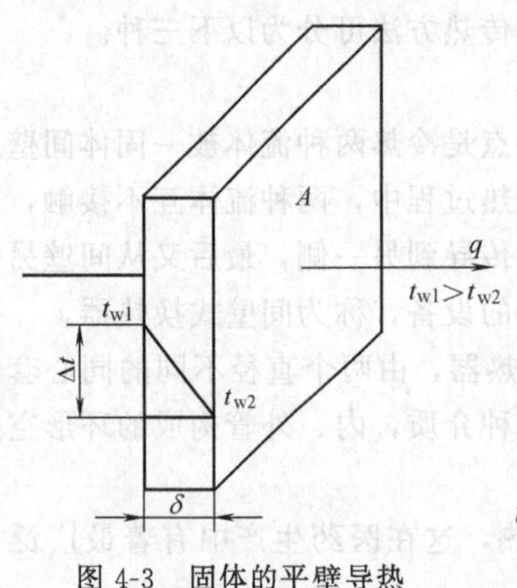

图 4-3 固体的平壁导热

$$q=\lambda A\frac{t_{w1}-t_{w2}}{\delta} \tag{4-2}$$

式中 q——传热速率，W；

A——垂直于热流方向的导热面积，m^2；

$t_{w1}-t_{w2}$——平壁两侧表面的温度差，K；

δ——平壁的厚度，m；

λ——比例系数，称做材料的热导率，W/(m・K)。

二、热导率

热导率是各种物质的一项物理性质，其大小取决于物质本身的性质，它是物质导热性能的标志。热导率越小，导热性能越差，反之则物体的导热性能越好。它与物质的组成、密度、温度及压力有关。工程中所用各种物质的热导率，一般由实验测定。各种实验表明：金属的热导率最大，其次为非金属固体，液体又次之，而气体最小。

1. 固体的热导率

金属是固体中良好的导热体，纯金属的热导率一般随纯度的增加而增加，且随温度的升高而降低。制药设备常用碳素钢的 $\lambda=45\mathrm{W/(m\cdot K)}$，不锈钢的 $\lambda=16\mathrm{W/(m\cdot K)}$。另外，热导率随温度的改变而变化。

表 4-1 列出了部分常用固体物质在 273～373K 时的 λ 值。

表 4-1 常用固体物质的热导率

固体	温度/℃	热导率 λ		固体	温度/℃	热导率 λ	
		/[W/(m・K)]	/[kcal/(m・h・K)]			/[W/(m・K)]	/[kcal/(m・h・K)]
铝	300	230	198	石棉	100	0.19	0.163
镉	18	94	81	石棉	200	0.21	0.18
铜	100	377	324	高铝砖	430	3.1	2.66
熟铁	18	61	52.5	建筑砖	20	0.69	0.593
铸铁	53	48	41.3	镁砂	200	3.8	3.27
铅	100	33	28.4	棉毛	30	0.050	0.043
镍	100	57	49	玻璃	30	1.09	0.937
银	100	412	354	云母	50	0.43	0.37
钢(1%C)	18	45	38.7	硬橡皮	0	0.15	0.129
船舶用金属	30	113	97.2	锯屑	20	0.052	0.0447
青铜		189	160	软木	30	0.043	0.037
不锈钢	20	16	13.75	玻璃毛	—	0.041	0.0352
石棉板	50	0.17	0.146	85%氧化镁	—	0.070	0.060
石棉	0	0.16	0.1375	石墨	0	151	130

2. 液体的热导率

液体分为金属液体和非金属液体两类，前者热导率高于后者。大多数液态金属的热导率随温度的升高而降低。

在非金属液体中，水的热导率最高，除水和甘油外，绝大多数液体的热导率均随温度升高而略有减小。常用液体的热导率见表 4-2。

表 4-2 常用液体的热导率

液体	温度/℃	热导率 λ		液体	温度/℃	热导率 λ	
		/[W/(m·K)]	/[kcal/(m·h·K)]			/[W/(m·K)]	/[kcal/(m·h·K)]
醋酸 50%	20	0.35	0.3	甘油 40%	20	0.45	0.387
丙酮	30	0.17	0.146	正庚烷	30	0.14	0.12
苯胺	0～20	0.17	0.146	水银	28	8.36	7.19
苯	30	0.16	0.137	硫酸 90%	30	0.36	0.314
氯化钙盐水 30%	30	0.55	0.478	硫酸 60%	30	0.43	0.37
乙醇 80%	20	0.24	0.206	水	30	0.62	0.533
甘油 60%	20	0.38	0.326				

3. 气体的热导率

气体的热导率随温度升高而增大，在一般情况下随压强变化不大，可忽略不计。在高于 19.6MPa 或低于 0.00266MPa 的压强下，不能忽略压力对热导率的影响，此时 λ 值随压强增高而增大。气体的热导率一般在 0.93～0.58W/(m·K) 之间，可见气体对导热不利，但对隔热有利。工业上采用的保温瓦、玻璃棉就是因为它们内部有较大的空隙并存在着空气，因而热导率很小，被广泛用作保温绝热材料。表 4-3 中列出了某些气体在不同温度下的热导率。

表 4-3 某些气体在不同温度下的热导率

温度/℃	$\lambda\times10^3$/[W/(m·K)]						
	空气	N_2	O_2	蒸汽	CO_2	H_2	NH_3
0	24.4	24.2	24.6	16.1	14.6	174	16.2
50	27.8	26.7	29.0	19.8	18.6	186	—
100	32.4	31.4	32.8	23.9	22.8	216	21.0
200	39.2	38.4	40.6	33.0	30.8	258	25.8
300	46.0	44.7	47.9	43.3	39.0	299	30.4

三、单层平壁的稳定热传导

对于单层平壁的稳定导热，如图 4-3 所示的平壁剖面图。壁厚为 δ，假定壁的材质均匀，热导率不随温度变化，视为常数；平壁的温度只沿着垂直于壁面的方向变化，且平壁两侧表面上的温度差是恒定的；平壁面积与厚度相比是很大的，故从壁的边缘处损失的热可以忽略。此时的导热速率，根据傅里叶定律得

$$q=\lambda A\frac{t_{w1}-t_{w2}}{\delta} \tag{4-3}$$

或

$$q=\frac{t_{w1}-t_{w2}}{\dfrac{\delta}{\lambda A}}=\frac{\Delta t}{R_\lambda} \tag{4-3a}$$

式 (4-3) 和式 (4-3a) 是单层平壁稳定导热方程式，其中 $\Delta t=t_{w1}-t_{w2}$ 是导热的推动力；而

$R_\lambda=\dfrac{\delta}{\lambda A}$可视为导热的热阻。

第三节　间壁两侧流体的传热

制药生产中最常见的传热是以对流-导热-对流方式进行的间壁式传热，因为间壁式传热具有冷热两种流体间不发生混合的特点，因此间壁式换热器在传热设备中占了极大的比例。

一、总传热速率方程

根据长期的生产和科学实验的经验总结，可知在间壁式传热过程中，单位时间内通过换热器传递的热量和传热面积成正比，和冷、热流体间的温度差成正比。若温度差沿传热面变化，则应取换热器两端的温度差的平均值。上述关系可用数学式表示为：

$$q=KA\Delta t_{\mathrm{m}} \tag{4-4}$$

式中　q——单位时间内通过换热器传递的热量，即传热速率，W；

A——换热器的传热面积，m^2；

Δt_{m}——冷、热流体间的平均温度差，K；

K——比例系数，称做总传热系数，$\mathrm{W/(m^2\cdot K)}$。

式（4-4）称为传热基本方程式，此式也可写为：

$$q=\frac{\Delta t_{\mathrm{m}}}{\dfrac{1}{KA}}=\frac{\Delta t_{\mathrm{m}}}{R_{总}} \tag{4-5}$$

则 $R_{总}$ 为传热总热阻

$$R_{总}=\frac{1}{KA} \tag{4-6}$$

二、热负荷的计算

在制药过程中，为了设计或选用生产工艺要求的换热器，很重要的一点是先求得换热器的热负荷。此值是根据生产上传热任务的要求提出的，是要求换热器应具有的传热能力。一个能满足生产要求的换热器，必须使其传热速率等于或略大于热负荷。而在实际设计换热器时，二者在数值上相等，所以通过热负荷的计算，便可确定换热器所应具有的传热速率，进而计算换热器在一定操作条件下所应具有的传热面积。

需要强调的是，热负荷和传热速率只是数值上的相等，其意义是不一样的。热负荷是由生产任务所决定的，是生产上对换热器换热能力的要求，而传热速率是换热器本身在一定操作条件下的换热能力，是换热器本身的特性，二者是不同的。具体计算热负荷的方法如下。

1. 显热法

这种情况流体在传热过程中只有温度的改变而没有相变，计算式如下：

$$q=w_{\mathrm{s}}c(T_2-T_1) \tag{4-7}$$

式中　q——流体因温度变化而产生的传热速率，规定 $q>0$ 为该流体吸热，$q<0$ 为该流体

放热，kW；

w_s——流体的质量流量，kg/s；

c——流体的比热容，kJ/(kg·K)；

T_1、T_2——流体发生温度变化的初温和终温，K。

2. 潜热法

潜热的变化指流体在传热过程中仅发生相变而温度不变的情况，计算式如下：

$$q = w_s r \tag{4-8}$$

式中 q——流体因相态的变化而产生的传热速率，同样可规定 $Q>0$ 为该流体吸热，反之为流体放热，kW；

w_s——流体的质量流量，kg/s；

r——流体的汽化潜热，kJ/kg。

例 4-1 试计算压力为 147.1kPa（绝对），流量为 1500kg/h 的饱和水蒸气冷凝后，并降温至 50℃时所放出的热量。

解 此题用以下两步计算：一是饱和水蒸气冷凝成水，放出潜热；二是水温降到 50℃时所放出的显热。

1. 蒸汽冷凝成水所放出的热量 q_1

查水蒸气表得：$p=147.1$kPa（绝对）下的水饱和温度 $t_s=110.7$℃，汽化潜热 $r=2243.6$kJ/kg

则 $$q_1 = w_s r = \frac{1500}{3600} \times 2243.6 = 935(\text{kJ/s}) = 935\ (\text{kW})$$

2. 水由 110.7℃降温到 50℃时所放出的热量 q_2

$$\text{平均温度} = \frac{110.7+50}{2} = 80.35\ (℃)$$

查 80.35℃时水的比热容 $c=4.2$kJ/(kg·K)

则 $$q_2 = w_s c(T_2 - T_1) = \frac{1500}{3600} \times 4.2 \times (110.7-50) = 106\ (\text{kJ/s}) = 106\ (\text{kW})$$

3. 共放出热量 q

$$q = q_1 + q_2 = 935 + 106 = 1041\ (\text{kW})$$

讨论，此例题中，水蒸气放出的潜热占总热量的百分比为：

$$\frac{q_1}{q} = \frac{935}{1041} \times 100\% = 89.82\%$$

由此可知，要充分利用蒸汽所放出的热量，首先是利用好饱和水蒸气的潜热。

三、传热温度差的计算

间壁式换热器的传热总推动力与两侧流体的温度差有关，该差值根据两种流体沿换热器壁面流动时温度变化的情况，可分为恒温传热和变温传热两种。

（一）恒温传热

两种流体进行热交换时，在换热器壁面的各部分的位置上，在任何时间内，两流体的温度都是恒定的。如蒸发即属于这种情况，间壁的一侧是饱和水蒸气在一定的温度 T 下进行冷凝；间壁的另一侧，液体在恒定的温度 t 下进行蒸发，因此其传热温度差也保持一定，即：

$$\Delta t_m = T - t = 常数 \tag{4-9}$$

式中 T——热流体的温度，K；

t——冷流体的温度，K。

（二）变温传热

在传热过程中，间壁一侧或两侧的流体沿着传热面，各点的温度不同，但不随时间而变化。这种只随位置而变的传热称为稳定的变温传热。若间壁一侧或两侧的流体温度沿着壁面既随位置而变，也随时间而变，则称为不稳定的变温传热。工业上常见的是稳定的变温传热，所以下面讨论此种传热。

在稳定的变温传热过程中，其温度沿着流体流动方向变化，传热温度差随之而变，即热流体随着流动方向因热交换而使其温度逐渐降低，冷流体却随着流动方向由于吸收热量而使其温度不断提高，因此传热面上的各点温度均不相同，其温度差也不相同。可分为以下两种情况。

1. 间壁一侧流体变温而另一侧流体恒温

如苯蒸气在恒压下被水冷凝成同温的液体，苯为恒温而水为变温，如图 4-4（a）所示。又如用热流体加热液体保持沸腾的情况，液体的沸点温度恒定而热流体为变温。

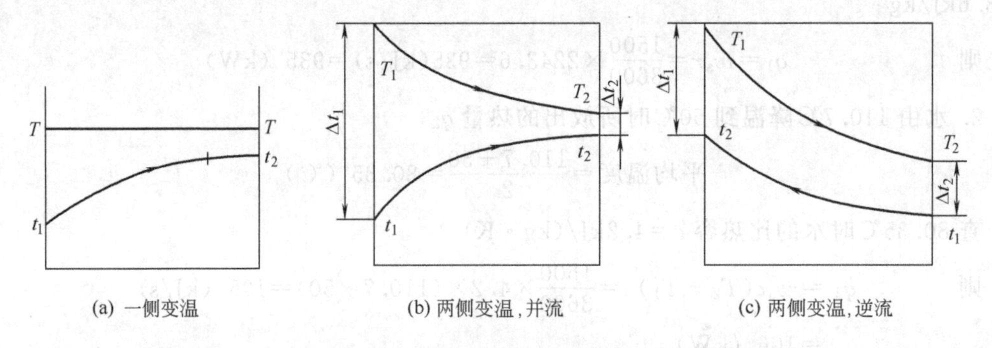

图 4-4　稳定的变温传热时两侧温度差随壁面位置的变化

2. 间壁两侧流体均为变温

两种流体沿着传热面两侧流动时，其流动方向不同，平均温度差也不同，即平均温度差与两流体的流向有关。生产上换热器内流体流动方向有四种不同的形式：并流、逆流、错流和折流，如图 4-5 所示。

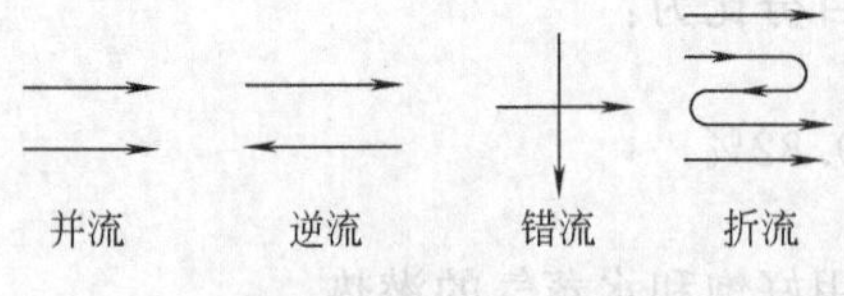

图 4-5　间壁式换热器中两种流体的流向

（1）并流为冷热两种流体在间壁两侧同向平行流动，其特点是冷流体的出口温度低于或接近于热流体的出口温度［图 4-4（b）］。

（2）逆流为冷热两种流体在间壁两侧以相反的方向平行流动，其特点是冷流体的出口温度低于或接近于热流体的进口温度，也可能高于热流体的出口温度；热流体的出口温度有可能低于冷流体的出口温度，但一般情况下，其出口温度高于或接近于冷流体的进口温度［图 4-4（c）］。

（3）错流为冷热两种流体在间壁两侧互相垂直的方向流动。

(4) 折流为冷热两种流体的一种流体在间壁一侧只沿一个方向流动，而另一种流体反复折流，此为简单折流。若两种流体均做折流流动，称为复杂折流。

生产中最常见的是并流和逆流，并流和逆流的平均温度差的计算，可用换热器两端处温度差的对数平均值来表示，即：

$$\Delta t_{\mathrm{m}}=\frac{\Delta t_1-\Delta t_2}{\ln\dfrac{\Delta t_1}{\Delta t_2}} \tag{4-10}$$

具体应用时，Δt_1 和 Δt_2 分别为换热器两端的温度差，且 $\Delta t_1>\Delta t_2$；当 $\Delta t_1/\Delta t_2\leqslant 2$ 时平均温度差可用算术平均值来代替，即 $\Delta t_{\mathrm{m}}=\dfrac{\Delta t_1+\Delta t_2}{2}$，其计算误差<4%。

例 4-2 一台单流程换热器，用热水加热冷流体从 294K 到 334K，热水的初、终温度分别为 364K 和 344K，计算并流和逆流时的平均温度差。

解 该题属于两种流体均为变温传热

并流时：

$$\begin{array}{l} 364\rightarrow 344 \\ \underline{294\rightarrow 334} \\ 70 \qquad 10 \end{array} \qquad 取\ \Delta t_1=70\mathrm{K} \quad \Delta t_2=10\mathrm{K}$$

$$\Delta t_{\mathrm{m}}=\frac{\Delta t_1-\Delta t_2}{\ln\dfrac{\Delta t_1}{\Delta t_2}}=\frac{70-10}{\ln\dfrac{70}{10}}=30.8\mathrm{K}$$

逆流时：

$$\begin{array}{l} 364\rightarrow 344 \\ \underline{334\leftarrow 294} \\ 30 \qquad 50 \end{array} \qquad 取\ \Delta t_1=50\mathrm{K} \quad \Delta t_2=30\mathrm{K}$$

$$\Delta t_1/\Delta t_2=50/30<2,$$

所以

$$\Delta t_{\mathrm{m}}=\frac{\Delta t_1+\Delta t_2}{2}=40\mathrm{K}$$

本例计算说明了一个重要的结论：在同样的进、出温度下，逆流时的平均温度差要高于并流，即

$$\Delta t_{\mathrm{m逆}}>\Delta t_{\mathrm{m并}} \tag{4-11}$$

综上所述，各种流动形式中，当两流体均为变温时，在进、出口温度相同的条件下，逆流操作时 Δt_{m} 最大，并流时的 Δt_{m} 最小，其他形式流动的平均温度差则介于逆流和并流之间。

(三) 变温传热时流体流向的分析

1. 对平均温度差的影响

依上所述可知，两流体的初、终温度确定后，逆流流向的平均温度差最大，并流最小，错流和折流的温度差介于二者之间，因此在选择两流体流向时首先应考虑逆流流动。

由公式 $q=KA\Delta t_{\mathrm{m}}$ 可知，当传热速率 q 一定时，逆流具有最大的 Δt_{m} 而所需的传热面积最小，使换热器结构紧凑，减少设备投资。

2. 对载热体消耗量的影响

假如换热器的热损失忽略不计，则有 $q_{热}=q_{冷}=q$，所以：

冷却时，冷却剂用量为

$$w_{s冷}=\frac{w_{s热}c_{热}(T_1-T_2)}{c_{冷}(t_2-t_1)}=\frac{q}{c_{冷}(t_2-t_1)} \tag{4-12}$$

加热时，加热剂用量为

$$w_{s热}=\frac{w_{s冷}c_{冷}(t_2-t_1)}{c_{热}(T_1-T_2)}=\frac{q}{c_{热}(T_1-T_2)} \tag{4-13}$$

由式（4-12）看出，冷却时，当热流体的流量 $w_{s热}$、其进口温度 T_1 和出口温度 T_2 以及冷流体的进口温度 t_1 均为指定时，则冷却剂消耗量，只决定于其出口温度 t_2。由于并流时 t_2 永远低于 T_2，而在逆流时 t_2 可能高于 T_2 并以 T_1 为其最大极限值，因而逆流操作时冷却剂消耗量较并流操作时为少。

同理由式（4-13）看出，加热时，当冷流体的流量 $w_{s冷}$、其进口温度 t_1 和出口温度 t_2 以及热流体的进口温度 T_1 均为指定时，则加热剂的消耗量，只决定于其出口温度 T_2。同样也可比较并流和逆流时加热剂的出口温度 T_2 的最小极限值，而知逆流操作时加热剂消耗量较并流操作时为少。

由上述比较结果可知，在生产上除非有特殊要求，一般均选用逆流操作。生产中选用并流是为了工艺上要求控制被冷却或被加热物料的最终温度，如对于料液被加热时因终温过高发生分解等变化，或料液冷却时因终温过低易结晶而堵塞换热器。

至于错流和折流，与并流和逆流比较，其特点在于能使换热器的结构比较紧凑、合理。并且在流体流动时，流向的改变频繁，可提高流体的湍流状态，以使设备具有较大的总传热系数。

四、传热系数

总传热系数 K 对热量的传递十分重要，它是评价换热器性能优劣的重要指标之一，也是设计换热器的主要依据。

选用换热器时，合理地选取 K 值是一个很重要的问题，确定 K 值的方法有以下几种：

（1）总传热系数 K 的计算；

（2）K 的实测或估算；

（3）传热系数 K 的经验数据。

设计换热器时，可参照工艺条件相似、设备类似及经验数据较为成熟的 K 值。但这些经验数据变化范围大，可靠性较差，设计时，更多的经验值可从手册及文献中查找见表 4-4，表 4-5，积累这些数据对制药工程的发展是十分有用的。

表 4-4　无相变的管壳式换热器的总传热系数 K 值

管内	管间	K /[W/(m^2·K)]	管内	管间	K /[W/(m^2·K)]
水(0.9～1.5m/s)	净水(0.3～0.6m/s)	580～700	盐水	轻有机物 μ<0.5mPa·s	230～580
水	水(流速较高时)	815～1160	有机溶剂	有机溶剂 μ=0.3～0.55mPa·s	200～230
冷水	轻有机物 μ<0.5mPa·s	410～815	水	气体	12～280
冷水	中等有机物 μ=0.5～1mPa·s	290～700			

表 4-5　有相变的管壳式换热器的总传热系数 K 值

管内	管间	K/[W/(m^2·K)]	管内	管间	K/[W/(m^2·K)]
水	水蒸气	1160～4000	水	有机蒸气及水蒸气	580～1160
水溶液 μ=2mPa·s 以下	水蒸气	1160～4000	水	饱和有机溶剂蒸气(常压)	580～1160
水溶液 μ=2mPa·s 以上	水蒸气	570～2800			

第四节　加热与冷却

一、常用的加热剂

制药生产中，通过加热剂（又称载热体）向被加热的物料提供热量。根据使用加热剂的不同，所对应的加热方法也有所不同。换热器中，作为加热剂使用的有：饱和水蒸气、热水、有机载热体、烟道气及电加热等。

（一）饱和水蒸气

饱和水蒸气是一种最为常用的加热剂，生产中优先选择饱和水蒸气作为热流体，是因为此加热方法具有较为突出的优点。

（1）载热量多，水蒸气具有较高的汽化潜热，当蒸汽压强 $p=9.81\times10^4$Pa 时，冷凝潜热约为 2.26×10^3kJ/kg，而 1kg 水温度每降低 1K 时所放出的显热仅为 4.18kJ/kg。例 4-1 的结论同样说明了水蒸气所放出潜热的重要性。

（2）水蒸气冷凝时的相变，使之有较大的对流传热系数，膜状冷凝时可促进对流传热速率。

（3）温度调控方便，一定压强的饱和水蒸气对应一定的温度。因此，能够精确地维持加热温度，因为可通过调节压强很方便地调节温度。

（4）水蒸气价廉、安全、清洁、无毒、无失火危险。

用水蒸气作为热源加热时，加热温度不高，一般蒸汽锅炉的水蒸气出口额定表压为 900kPa，对应的温度为 180℃。如果使用高温的饱和水蒸气，必然增大压强，要求锅炉、使用设备、输送管道等相应加大壁厚，引起费用的提高，综合分析是不经济的，一般饱和水蒸气加热多以 160℃为上限。

水蒸气加热的方法有两种：间壁式加热和混合式加热。

用于混合式加热时，水蒸气通过管子通到所要加热的液面以下，一般接近于设备底部，如图 4-6 所示。水蒸气通过加热管（蒸汽管）或鼓泡器成鼓泡状态与液体直接混合传热，传热过程中，蒸汽放出潜热和显热，冷凝水和液体混合并起到稀释物料的作用。直接混合式加热的特点有：设备简单，水蒸气混合时起到一定的搅拌作用，传热效率高，热损失少等；但对物料有稀释作用，应用范围受到限制，并且混合时有很强的噪声。制药生产中，只适用于允许被稀释的物料。

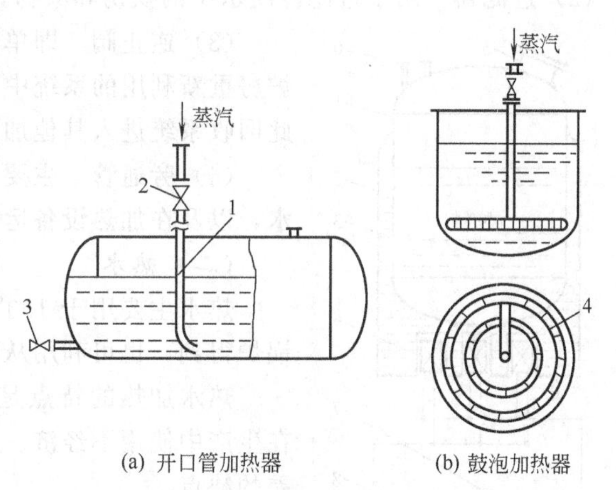

图 4-6　水蒸气混合式加热

1—蒸汽管；2—控制阀；3—排出阀；4—鼓泡器

水蒸气用于间壁式加热时，必须注意不凝性气体和冷凝水的排放。

1. 不凝性气体的排放

水蒸气来自锅炉，锅炉蒸发的水中溶有空气，尽管空气量很少，却是不凝性气体的主要来源。当冷凝壁面被热导率很低的不凝性气体所覆盖时，会形成一层气膜，热阻增加，使 K 值急剧下降。实验证明，当蒸汽中含有 1% 的不凝性气体时，K 值就有明显的降低。因此，在冷凝器的设计和操作中都必须设法排除不凝性气体。如在冷凝器或蒸汽管道的上方常装有排空气阀，另外提高蒸汽流速也可减弱不凝性气体的影响。

2. 冷凝水的排放

水蒸气作为热源，生产中应充分利用它所释放的潜热（即相变热）。当水蒸气不完全冷凝时，一部分蒸汽将随冷凝水排出，使得蒸汽消耗量增加。因此在排放冷凝水的同时，不能将未冷凝的水蒸气排出。

另一方面，冷凝水必须及时从加热设备排放，因为冷凝水的存在将会减小传热面积，降低传热速率；同时也会增加水蒸气传热的热阻，降低对流传热速率。

综上所述，生产中用饱和水蒸气加热的传热设备中，必须及时排放冷凝水。排放冷凝水的装置是汽水分离器（又称疏水器、疏水阀），它具有只准冷凝水通过，而不准没有冷凝的水蒸气排出的功能。常见的汽水分离器的安装形式如图 4-7 所示，生产中，汽水分离器的安装位置应在加热设备的底部，且水平放置。

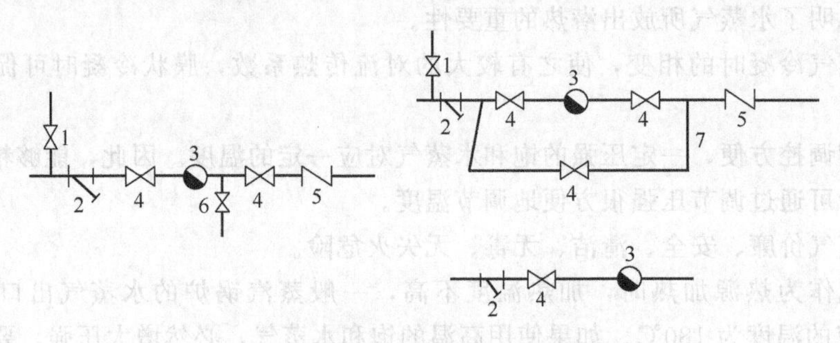

图 4-7　汽水分离器的三种安装形式

1—冲洗管（放气）；2—过滤器；3—汽水分离器；4—截止阀；5—逆止阀；6—检查阀；7—旁通管

（1）冲洗管　作用是冲洗管路和放气。

（2）过滤器　用于过滤冷凝水中的铁锈和渣物，保护汽水分离器。

（3）逆止阀　即单向止回阀门，作用是在冷凝水回收到锅炉房重新利用的系统中，为防止某一加热器中蒸汽逸出，通过此回收系统进入其他加热器。

（4）旁通管　主要用于加热设备开始运行时排放大量冷凝水，以及在加热设备运行中紧急检修汽水分离器。

（二）热水

热水主要用于 100℃以下的加热，热水的来源可通过热水锅炉得到，也可利用从蒸发器或换热器得到的冷凝水。

热水加热的特点是加热比较温和，但对流传热速率很小，在生产中使用不经济。并且具有温度调控较难，加热均匀性较差的缺点。

（三）矿物油

生产中，如果需要加热温度高于 160℃，饱和水蒸气加热就无法满足工艺要求。通常可以用矿物油作载热体，矿物油加热温度可达 250℃，超过 250℃油容易分解。如图 4-8 所示，在设备夹套中加入一定量的矿物油，并在适当位置安装电加热棒，

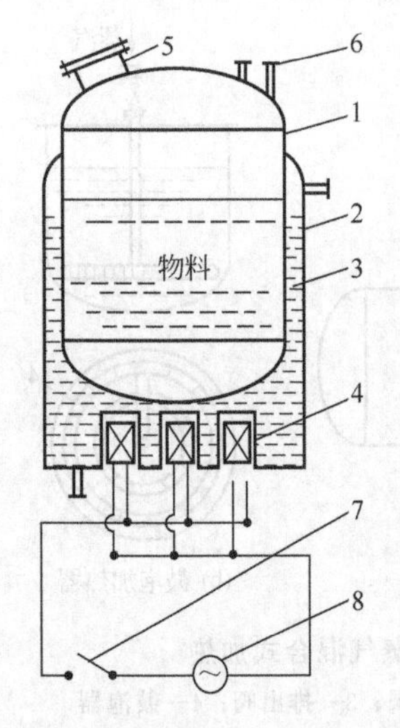

图 4-8　矿物油加热示意

1—罐体；2—夹套；3—矿物油；4—电加热棒；5—人孔；6—接管；7—闸刀；8—电源

将油加热后，再将热量传入设备。

矿物油加热的特点是黏度大，对流传热速率较小，温度调控不灵敏。

（四）有机载热体

最常用的有机载热体是由 26.5%的联苯和 73.5%的二苯醚组成的混合物，称为二苯混合物，商品名为导生油 A。

二苯混合物以气态和液态用于加热，液态的该混合物可加热到 250℃，气态的该混合物加热温度不超过 380℃。

二苯混合物加热的特点是具有较高的沸点和较低的饱和蒸气压，不用高压就能得到高温；黏度小于矿物油，有较大的对流传热速率；不引起设备的腐蚀，加热设备可用普通碳钢制造；缺点是混合液易渗透石棉填料，管路连结要用焊接或金属垫片；混合物易燃烧，但无爆炸危险。

（五）电加热

电加热是一种将电能转变为热能，进而加热物料的方法。常用的有电阻加热和电感加热。一般加热温度在 1000℃以上，最高温度可达 3000℃。

电阻加热时，电流通过电阻丝，电能直接转变为热能。此种方法的加热温度可达1000～1100℃。加热时电阻丝的表面温度很高，对于不允许有明火出现的防火、防爆车间，显然用电阻加热是不合适的，可以改用电感加热。

电感加热时，低电阻的导线在被加热设备的外壳绕成螺旋线圈，而其中的设备就成了线圈的铁心，通电后，设备表面产生的交变涡流转变成电能，设备壁面被加热，进而将设备中的物料加热。电感加热的主要缺点是价格昂贵，生产中为了降低费用，设备内的物料先用饱和水蒸气预热到 180℃，然后启动电感加热器继续加热到 400℃。

电加热的优点是方便、均匀、清洁无污染，能量利用率高，能精确调控加热温度。缺点是设备成本高，耗电量大。

二、冷却剂

为了得到较低的温度，要使用移走物料热量的流体，即冷却剂。生产中，常用的冷却剂有：水、空气、冷冻盐水和冰。

（一）水冷却

水是生产中来源广，价格便宜的冷却剂。水具有较高的比热容和较大的对流传热速率，淡水对设备的腐蚀性小，是生产中最不容易结垢的流体。水冷却，一般只能达到 37℃左右的温度。

水的来源可以分为地表水和地下水。地表水含矿物质较少，不易结垢。随气温的变化水温有较大的变化，冬夏变化幅度可达到 20～30℃。在不同季节使用要注意调控冷却水的流量；地下水含矿物质较多，容易结垢。水温几乎不随气温而变化。

随着水资源的匮乏，特别是缺水地区，要考虑冷却水的循环利用，如使用喷淋式蛇管换热器，应将使用过的冷却水收集后进行降温。在制药生产中，除建造大面积的冷却水池外，还可对淋水冷却塔内进行强制通风降温。

（二）冷冻盐水冷却

生产中常用的盐水有：NaCl 和 $CaCl_2$ 两种水溶液或它们的混合溶液。NaCl 溶液在 0℃左右工作，而 $CaCl_2$ 溶液可达到－40℃的低温。如图 4-9 所示，在盐水池盐水被制冷剂的蒸发器所冷却，然后用泵通过管道输送到各个车间、设备，进行传热，温度升高的冷冻盐水回

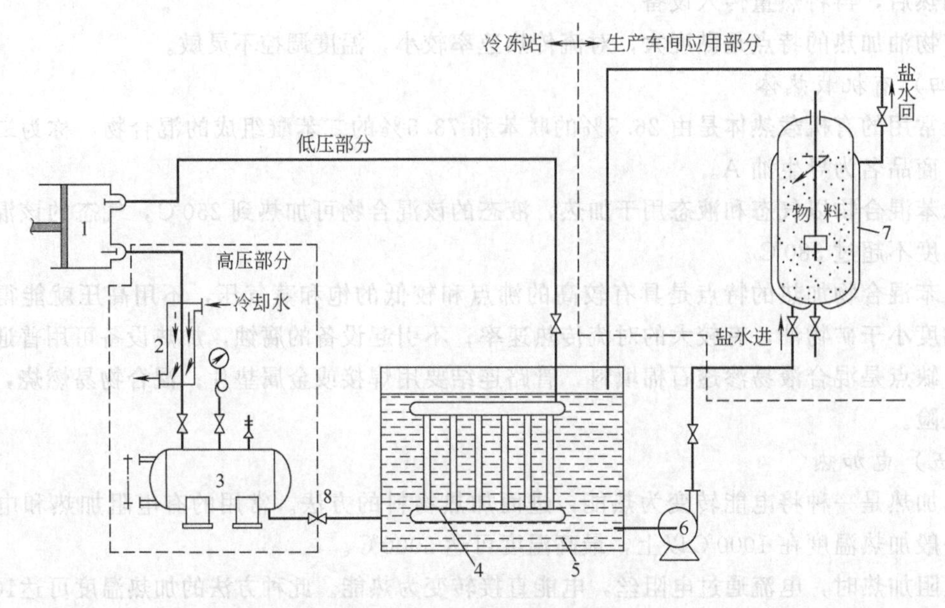

图 4-9 冷冻盐水冷却系统

1—压缩机；2—冷凝器；3—液氨贮罐；4—蒸发器；5—盐水池；6—离心泵；7—夹套；8—节流阀

到盐水池中再冷却，重复使用。

因为盐水成本高（特别是 $CaCl_2$ 溶液），必须在使用后送回盐水池，不许放入下水道或加入水将盐水稀释。冷却操作完成后，冷却器中残留的少量盐水也要用压缩空气将其压回盐水池。

（三）空气冷却

空气作为冷却剂，适用于有通风机的冷却塔和有较大传热面积的换热器中（如翅片管式换热器）进行强制循环。这样可以降低空气的对流传热热阻，克服空气热阻大的缺点。

（四）冰冷却

一些情况下，可向物料中投放冰块直接降温。用冰冷却可获得接近 0℃ 的温度，若在冰中加入 NaCl，可使温度低于 0℃，温度数值取决于加入的盐的质量。更多的场合是用冰水作冷却剂，用泵送入冷却器并循环使用。

第五节 换 热 器

换热器是制药生产中广泛应用的设备之一，在生产中起着重要的作用，可用作加热器、冷却器、冷凝器、蒸发器和再沸器等。由于制药生产中对换热器有不同的要求，所以换热设备也有各种形式，但根据冷、热流体间热交换的方式基本上可分为三类，即间壁式、混合式和蓄热式。在这三类换热器中，以间壁式换热器最为普遍，本节主要讨论此类换热器。

一、常用的间壁式换热器

间壁式换热器的特点是冷、热两种流体被固体壁面隔开，不相混合，通过间壁进行热量交换。此类换热器中有夹套式、蛇管式、套管式、管壳式、螺旋板式等，其中以管壳式应用最广，下面分别加以介绍。

（一）夹套式换热器

这种换热器的构造简单，如图 4-10 所示。夹套安装在容器外部，夹套与器壁之间形成密闭空间，为载热体的通道。夹套通常用钢和铸铁制成，可焊在器壁上或者用螺钉固定在容器的法兰或器盖上。

根据需要，夹套内可以在不同的时间通入热水、蒸汽、冷却水、冷冻盐水，以满足容器内不同时期加热、冷却的需要。当用蒸汽进行加热时蒸汽由上部接管进入夹套，冷凝水由下部接管排出。用来冷却时，冷却剂（如冷却水）由夹套下部接管进入，由上部接管排出。

该换热器受到内部容器的限制传热面较小，传热系数也较小，多用于传热量不大的场合。为了提高传热性能，可在容器内安装搅拌器，使器内液体做强制对流。也可在夹套内加设挡板，提高夹套中流体的对流传热速率。为了弥补传热面的不足，还可在容器内加设蛇管等。

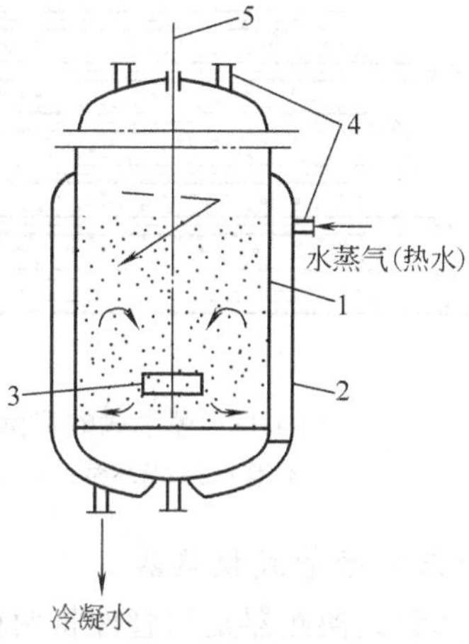

图 4-10　夹套式换热器

1—内筒体；2—夹套；3—叶轮；4—接管；5—搅拌轴

（二）蛇管式换热器

通常按照工作方式将其分为沉浸式和喷淋式两类。

1. 沉浸式蛇管换热器

蛇管多以金属管弯制而成，或制成适应容器要求的形状，沉浸在容器中，如图 4-11 所示。两种流体分别在蛇管内、外流动而进行热交换。

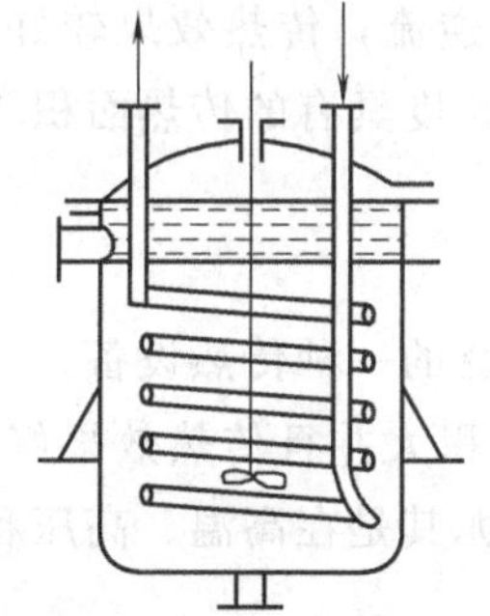

图 4-11　沉浸式蛇管换热器

图 4-12 所示为常见的几种蛇管的形状。其优点是结构简单，价格低廉，便于防腐蚀，能承受高压。主要缺点是由于容器体积较蛇管的体积大得多，故管外流体的对流传热系数较小。因而总传热系数 K 值也较小。如在容器内加搅拌器或减小管外空间，则可提高总传热系数。

2. 喷淋式蛇管换热器

主要作为冷却器用，其结构以卧式应用较多，其结构如图 4-13 所示，固定在支架上的蛇管排列在同一水平面上，上下相邻的两管用 U 形肘管连接起来而组成。热流体在管内流动，自最下管进入，由最上管流出。冷却水从上部的多孔分布管流下，分布在蛇管上，并沿其两侧下降到下面的管子表面，最后流入水槽。冷水在各管表面流过，与管内热流体进行热交换。这种设备常放置在室外空气流通处，冷却水在外部汽化时，可带走部分热量，以提高冷却效果。它和沉浸式蛇管换热器相比，具有便于检修、清洗和传热系数大、传热效果较好等优点。其缺点是喷淋不易均匀。

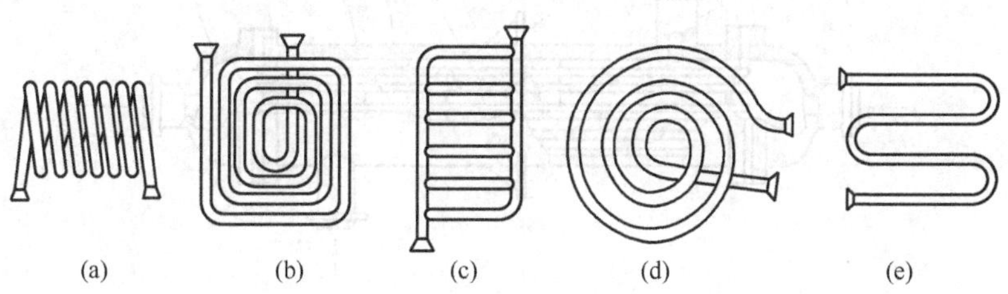

图 4-12　蛇管的形状

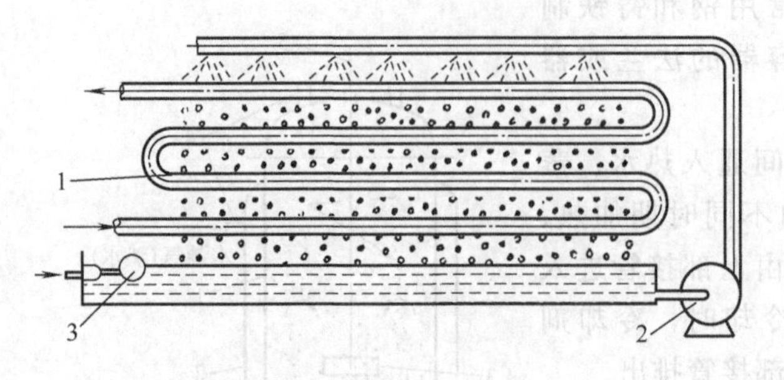

图 4-13　喷淋式蛇管换热器

1—蛇管；2—循环泵；3—控制阀

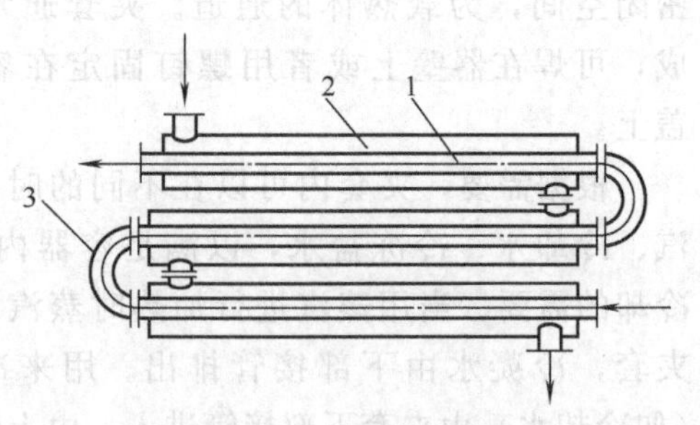

图 4-14　套管式换热器

1—内管；2—外管；3—U 形肘管

（三）套管式换热器

套管式换热器是用管件将两种直径不同的标准管连接成为同心圆的套管，然后由多段这种套管连接而成，如图 4-14 所示。每一段套管简称为一程，每程的内管与次一程的内管顺序地用 U 形肘管相连接，而外管则以支管与下一程外管相连接。程数可根据传热要求而增减。每程的有效长度为 4～6m，若太长则管子向下弯曲，使环隙中流体分布不均匀。

在套管式换热器中，一种流体走管内，另一种流体走环隙，两种流体可做到严格的并流和逆流，有利于传热。

套管式换热器的优点为：构造简单，能耐高压，传热面积可根据需要增减，适当地选择内管和外管的直径，可使流体的流速增大，而且两方的流体可作严格逆流，传热效果较好。其缺点为：管间接头较多，易发生泄漏，占地面积较大，单位换热器长度具有的传热面积较小。故在要求传热面积不大但传热效果较好的场合宜采用此种换热器。

（四）管壳式换热器

管壳式换热器又称列管式换热器，是目前制药生产上应用最为广泛的一种传热设备。

它与前述几种换热器相比，主要优点是单位体积所具有的传热面积大并且传热效果好。此外，结构较简单，制造材料也较为广泛，操作弹性大，适应性强，尤其是在高温、高压和大型装置中采用更为普遍。

1. 管壳式换热器的结构

管壳式换热器主要由壳体、管束、管板和封头（又称顶盖）等部件组成，如图 4-15 所示。管束安装在壳体内，两端固定在管板上，管板分别焊在壳体的两端，并在其上连接有封头。封头和壳体上装有流体进、出口接管。沿着管长方向，常常装有一系列垂直于管束的折流挡板（简称挡板）。

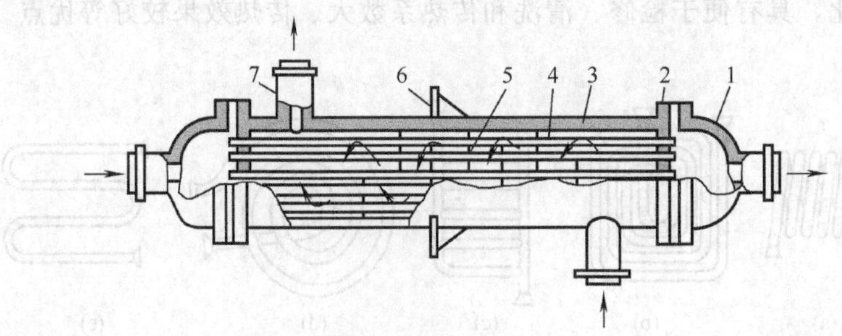

图 4-15　管壳式换热器的结构

1—封头；2—管板；3—壳体；4—管束；5—折流挡板；6—耳架；7—接管

在管壳式换热器中进行热交换的两种流体，一种流体由顶盖的进口管进入，通过平行管束的管内，从另一段顶盖出口接管流出，称为流体走管程。另一种流体则由壳体的接管进入，在壳体与管束间的空隙处流过，而由另一接管流出，称为流体走壳程。管束的表面积即为传热面积。流体一次通过管程的称为单管程，一次通过壳程的称为单壳程。图 4-15 所示为单程管壳式换热器。

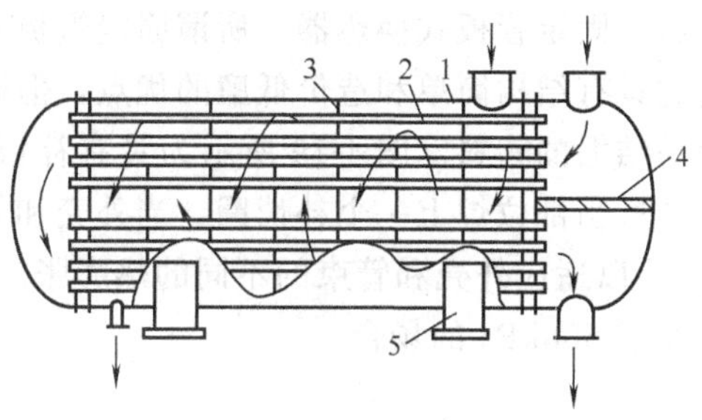

图 4-16　双程管壳式换热器

1—壳体；2—管束；3—折流挡板；4—隔板；5—鞍座

管壳式换热器传热面积较大时，管子数目则较多，为了提高管程流体的流速，提高传热系数，常在两端的封头内添加适当的隔板，将全部管子平均分隔成若干组，使流体在管内往返经过多次，称为多管程。如图 4-16 所示为双程管壳式换热器。

为了提高壳程流体的速度，增强流体的湍动程度，增加壳程的对流传热速率，往往在壳体内安装一定数目与管束相垂直的折流挡板。这样既可提高流体速度，同时迫使壳程流体按规定的路径多次错流通过管束，使湍动程度增加，以利于壳程对流传热速率的提高。常用的挡板有圆缺形和圆盘形两种，如图 4-17 所示，图 4-18 所示为设置折流挡板后的壳程流体的流动情况。

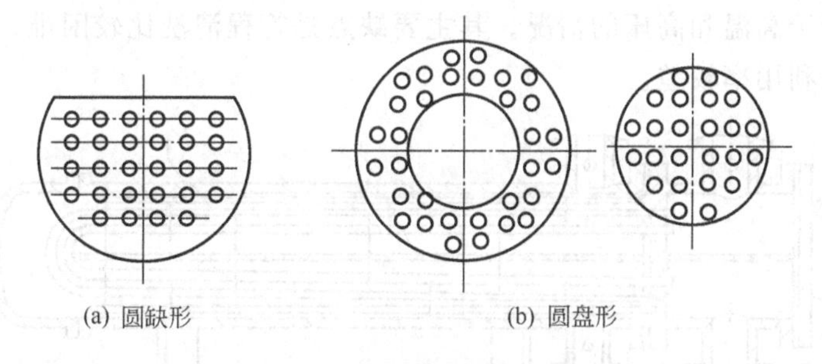

图 4-17　折流挡板的形式

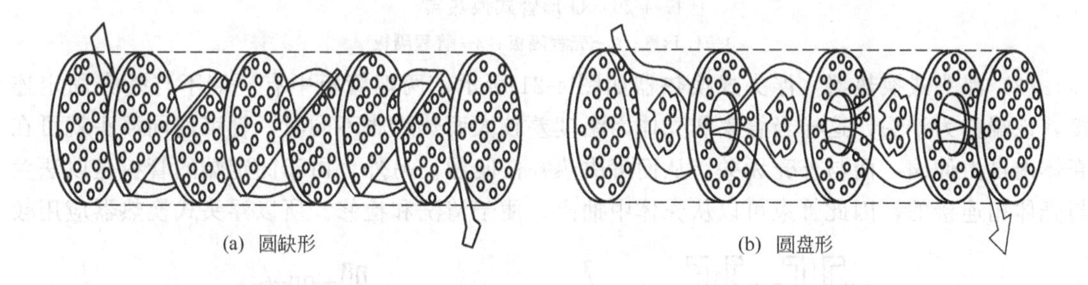

图 4-18　流体在壳内流动情况

2. 管壳式换热器的基本形式

管壳式换热器中，由于冷热两流体温度不同，使壳体和管束的温度也不同。因此它们的热膨胀程度就有差别。产生了管束、外壳、管板间的热应力。若两流体的温度相差较大（如50℃以上）时，就可能由于热应力而引起设备的变形，甚至弯曲和断裂，或管子从管板上松脱，因此必须采取适当的温差补偿措施，消除或减小热应力。根据采取热补偿方法的不同，管壳式换热器可分为以下几种主要形式。

(1) 固定管板式换热器　所谓固定管板式，即两端管板和壳体连接成一体的结构形式，因此它具有结构简单和造价低廉的优点，但壳程清洗困难，因此要求壳方流体应是较清洁且不容易结垢的物料。图 4-19 所示为具有补偿圈（又称膨胀节）的固定管板式换热器，即在外壳的适当部位焊上一个补偿圈，当外壳和管束膨胀不同时，补偿圈发生弹性变形（拉伸或压缩），以适应外壳和管束的不同的热膨胀。此法适用于两流体温度差小于 60～70℃，壳程压力小于 588kPa 的场合。

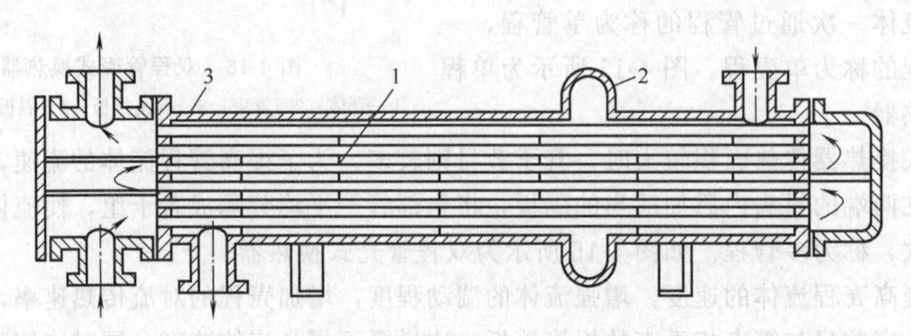

图 4-19　具有补偿圈的固定管板式换热器

1—挡板；2—补偿圈；3—放气嘴

(2) U 形管式换热器　如图 4-20 所示，每根管子都弯成 U 形，管子两端均固定在同一管板上，因此每根管子可以自由伸缩，从而解决热补偿问题。这种形式换热器的结构也较简单，质量轻，适用于高温和高压的情况。其主要缺点是管程清洗比较困难，且因管子需一定的弯曲半径，管板利用率较差。

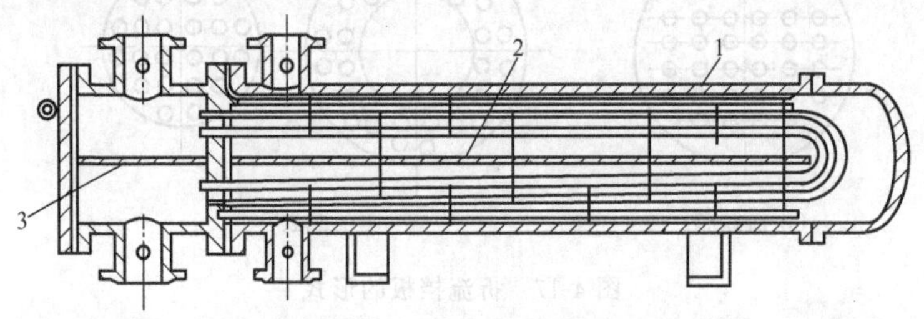

图 4-20　U 形管式换热器

1—U 形管；2—壳程隔板；3—管程隔板

(3) 浮头式换热器　浮头式换热器如图 4-21 所示，两端管板中有一端不与外壳固定连接，该端称为浮头，这样当管束和壳体因温度差较大而热膨胀不同时，管束连同浮头就可在壳体内自由伸缩，而与外壳无关，从而解决热补偿问题。另外，由于固定端的管板是以法兰与壳体相连接的，因此管束可以从壳体中抽出，便于清洗和检修。所以浮头式换热器应用较

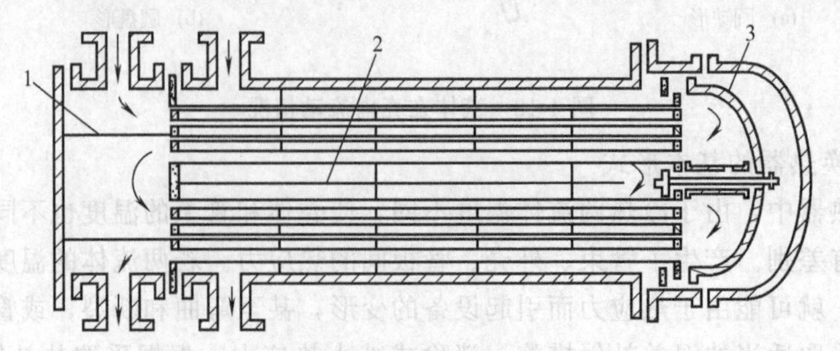

图 4-21　浮头式换热器

1—管程隔板；2—壳程隔板；3—浮头

为普遍。但结构比较复杂。金属耗量多，造价较高。

二、紧凑型换热器

（一）换热器的紧凑性

以上介绍的换热器应用很广泛，但其共同缺点是单位体积的传热面积小，金属消耗量大。随着工业的发展，对换热器的要求将会越来越高。一方面传热速率要大，另一方面换热器对流体的阻力要小。二者是相互矛盾的，如增大流速，可以提高对流传热速率，增加总传热速率，但同时流动阻力也增大了。因此处理好这对矛盾就成了换热器选用的关键，由此提出了对换热器结构紧凑性的要求。所谓紧凑性，即每单位体积换热器所具有的传热面积（m^2/m^3）。紧凑性的提高主要是通过：用板状表面代替管形表面，如螺旋板式换热器；使传热面形成二次表面，如板翅式换热器。目前制药工业已经广泛使用这类设备。

（二）螺旋板式换热器

螺旋板式换热器是由两块厚约 2～6mm 的金属板在特制的卷板机上卷制而成，其内部形成两条同心的螺旋形通道，中心焊有一块隔板，将两条螺旋形通道隔开，在顶部和低部焊有盖板或封头。进行热交换时，使冷、热两流体分别进入两条通道，两流体在器内作严格的逆流流动。如图4-22，图 4-23 所示。

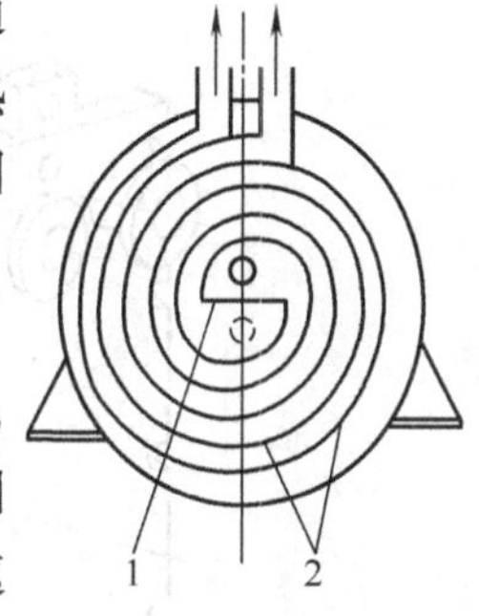

图 4-22　螺旋板式换热器的螺旋形通道
1—隔板；2—传热板

螺旋板式换热器的特点如下。

(1) 传热系数大。由于流体在器内螺旋通道中作旋转运动时，受离心力作用和两板间定距柱的干扰，在较低的雷诺数下即可达到湍流（一般 Re=1400～1800，有时低到 500)，并且可选用较高流速(对液体为 2m/s，气体为 20m/s)，所以其传热系数约为列管式换热器的 2 倍。

(2) 结构紧凑。单位体积的传热面积约为列管式换热器的 3 倍。例如一台传热面积为 $100m^2$ 的螺旋板式换热器，其直径和高仅为 1.3m 和 1.4m，其容积仅为列管式换热器的几分之一。金属的耗用量少，热损失也小。

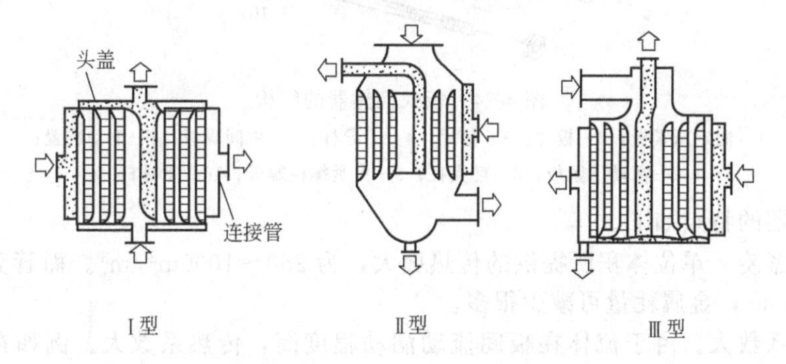

图 4-23　各种形式的螺旋板式换热器

(3) 不易污塞。由于流体的流速较高，流体中悬浮物不易沉积下来，即使形成污物的沉积，也会因流道截面积的减小而速度增加，对污塞区域又起冲刷作用。所以此换热器不易污塞。

(4) 能充分利用低温热源。由于流体在器内流道长，且两流体完全逆流，所以能利用较小传热温度差进行操作。

(5) 缺点是操作压强和温度不宜太高，目前操作压强为 1.96×10^3 kPa 以下，温度约在300～400℃。此外整个换热器被卷制而成，焊为一体，一旦发生泄漏时，修理内部很困难。

(三) 板式换热器

板式换热器又称平板式换热器，是由一组金属薄片、相邻板之间衬以垫片并用框架夹紧组装而成。如图 4-24 所示，采用矩形板片，其上四角开有圆孔，形成流体通道。冷热流体交替地在板片两侧流过，通过板片进行换热。板片厚度为 0.5～3mm，通常压制成各种波纹形状，以增加板的刚度，同时又可使流体分布均匀，加强湍动，提高传热系数。

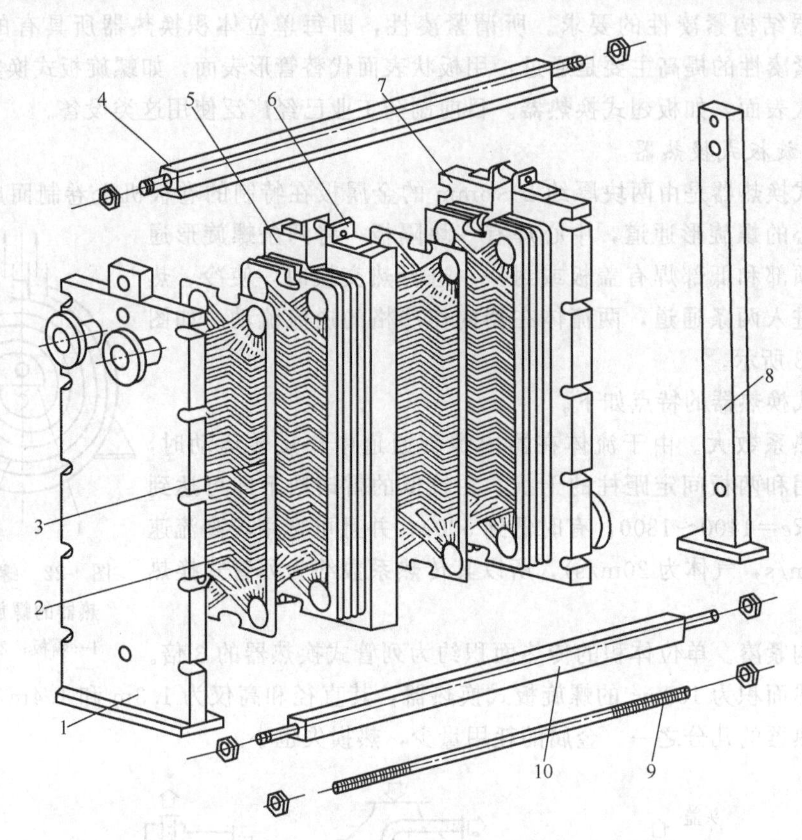

图 4-24 板式换热器的结构

1—固定压紧板；2—板片；3—垫片；4—上导杆；5—中间隔板；6—滚动装置；7—活动压紧板；8—前支柱；9—夹紧螺柱螺母；10—下导杆

板式换热器的特点如下。

(1) 结构紧凑。单位体积所提供的传热面大，为 250～1000m²/m³。而管壳式换热器只有 40～150m²/m³，金属耗量可减少很多。

(2) 传热系数大。由于流体在板间流动湍动程度高，传热系数大。例如在板式换热器内，水对水的传热系数可达 1500～4700W/(m²·K)。

(3) 操作灵活性大。可以任意增减板数以调整传热面积。

(4) 检修、清洗都很方便。

(5) 缺点是允许的操作压强和温度比较低。通常操作压强不超过 1.96×10^3 kPa，压强过高容易渗漏。操作温度受垫片材料的耐热性限制，一般不超过 250℃。

三、换热器的强化途径

所谓换热器的强化，就是指提高换热器的传热速率。从传热基本方程式 $q=KA\Delta t_m$ 来

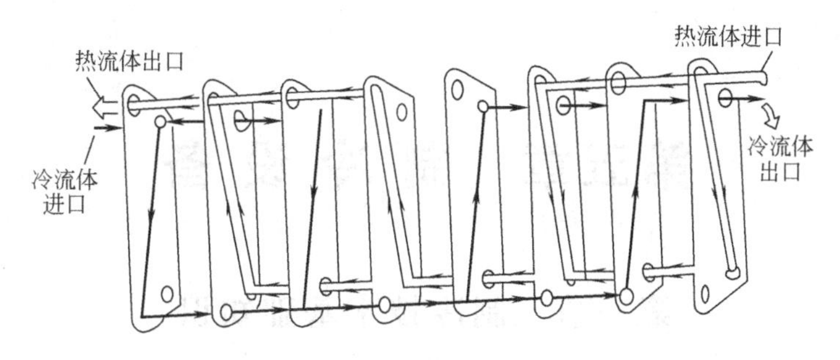

图 4-25　板式换热器流向示意

看，在换热器的设计和生产操作中，或换热器的改进中，可以从以下三方面考虑。

1. 增大传热平均温度差 Δt_m。

对于一台固定的换热器，传热温度差愈大，对传热愈有利。但是传热温度差由工艺条件所决定，一般来说，加大 Δt_m 的方法仅从以下两个方面考虑：一是在流向选择上往往是通过流程设计来实现流体的逆流操作，因为在各种流动方式中，逆流操作的平均传热温度差最大；另外如果条件允许，可以尽可能地增加或减小蒸气压力。

2. 增大单位体积的传热面积 A

增大传热面积 A 可以提高换热器的传热速率，但传热面积越大，就带来金属耗量的增加和设备的笨重。因此，一般都是力求在小设备上获得较大的生产能力，即从设备结构上来考虑，提高其紧凑性，使单位体积内提供较大的传热面积。

3. 增大传热系数 K

增大传热系数 K，可以提高传热速率。从传热系数计算公式可知，要提高 K 值，需减小各项热阻。减小热阻的方法有：

① 提高流体流速，加大流速，增加流体的湍动程度，以减薄层流内层的厚度，从而提高对流传热系数；

② 减小结垢层热阻。

综上所述，强化换热器传热的途径是多方面的。但对某一实际传热过程，应做具体分析，要结合生产实际情况，从设备结构、动力消耗、清洗检修的难易等做全面的考虑。

第五章　制冷设备

第一节　制冷技术基础知识

制冷是研究人工制取低温的原理、设备及其应用的科学技术。所谓人工制取低温的具体内容是利用制冷设备，消耗一定的外界能量，使热量从温度较低的被冷却物体转向温度较高的周围介质，通过被冷却物体而得到所需要的低温。

现代制冷技术是在18世纪中叶开始形成的。1755年爱丁堡的化学教授库仑（William Cullen）利用乙醚蒸发使水结冰，他的学生布拉克（Black）解释了融化和汽化现象，提出了潜热概念，发明了冰量热器。20世纪以来制冷技术又有新的发展，主要表现在：最低制冷温度已达到10^{-6}K；最大制冷量可达7000kW；新制冷剂的不断问世；新制冷方法也有所发明，但蒸气压缩式制冷装置仍是目前应用最广泛的制冷机。

制冷按冷冻温度范围可分为深度冷冻和普通冷冻两种。深度冷冻简称深冷，其冷冻温度范围在－120℃以下，主要应用于气体液化、超导、宇航等领域；普通冷冻简称冷冻，其冷冻范围在－120～5℃，主要应用于冷藏冷冻、化工制药生产和生化制品的生产。在制药工业中，有些反应条件处在0℃左右的低温，如制备氢化可的松的碘代反应，半合成青霉素的分步反应等；有些药品需在低温下析出，如氯霉素、异烟肼等；有些药品需在低温下贮存，如一些疫苗和血清等。为此很多制药厂都设有冷冻站，向全厂供应冷量，即使是小型药厂也多有单机的制冷装置。

一、制冷方法简介

制冷方法很多，可分为液体汽化制冷和非液体汽化制冷。属于液体汽化制冷的方法有：蒸气压缩式、吸收式、蒸气喷射式和吸附式制冷；而气体膨胀式制冷、涡流管式制冷和热电制冷则属非液体汽化制冷。下面仅就应用较多的几种方法做一简单介绍。

（一）蒸气压缩式制冷

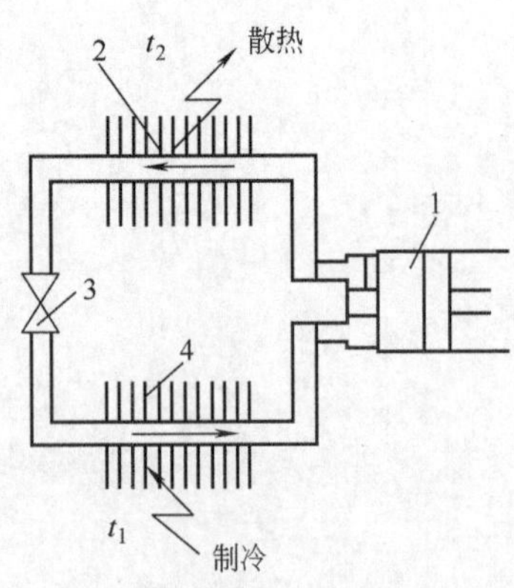

图5-1　蒸气压缩式制冷系统

1—压缩机；2—冷凝器；3—节流阀；4—蒸发器

前已述及人工制冷的本质在于人为地将热量从低温物体传向高温物体，换言之是从低温物体吸收其热量，再将热量向高温物体释放出去。今有两物体，其温度分别为t_1和t_2，且$t_2>t_1$，如图5-1所示，今再找一合适的液体物质（又称制冷剂），它在物体所在环境的压强下，t_1恰为该制冷剂的沸点，使其由液体状态汽化形成蒸气，而汽化所需的汽化潜热热量只能来自t_1物体，这样就实现了从较低温度的物体吸收热量；然后将气态的制冷剂进行压缩，使其压强提高，物体的沸点随压强的增大而提高，今将制冷剂压强增大到沸点高于t_2的程度，再让高压的制冷剂蒸气进入温度为t_2的环境，将热量释放给温度为t_2的物体，而自身也被冷凝成液体。这样就实现了向高温物体放出热量。制冷剂本身此时呈高压液体状态，通过一节流阀，使其降压后再进入 t_1 物体环境，再从低温物体吸收热量本身被汽化。如此通过制冷剂的状态变化，即从低温低压气态到高温高压气态，再到高温高压液态，再到低温低压液态，最后又到低温低压气态的循环变化，实现了由低温物体吸收热量（制冷）向高温物体释放热量的目的。低温物体所处的环境由于是制冷剂汽化的场合，固称其为蒸发器，也就是吸收热量放出冷量的设备；高温物体所处的环境因是制冷剂冷凝的场合，固称其为冷凝器。这样由蒸发器、压缩机、冷凝器、节流阀四个设备组成了蒸气压缩制冷系统。蒸气压缩制冷设备是目前制药行业应用最广泛的一种制冷装备。

（二）吸收式制冷

吸收式制冷属液体汽化制冷，与蒸气压缩式制冷相同点为：利用液态制冷剂在低压低温下汽化，以达到制冷的目的。其不同点为：蒸气压缩式制冷是靠消耗机械能使热量从低温物体向高温物体转移，而吸收式制冷则靠消耗热能来完成这一非自动的过程。在实现这一过程中，蒸气压缩式制冷的工质为单一组分，如 R717、R22 等；而吸收式制冷使用的工质为沸点相差较大的两种物质组成的溶液，其中沸点低的物质为制冷剂，沸点高的为吸收剂，固又称这两种物质为工质对，工质对的种类很多，但目前研究成熟且有大量实际应用的只有两种，一是氨吸收式制冷机，其工质对为氨-水溶液，其中氨为制冷剂，水为吸收剂，最低蒸发温度可达－55～－60℃，多用于生产过程的冷源；另一种是溴化锂吸收机，其工质对为溴化锂-水溶液，其中水为制冷剂，溴化锂为吸收剂，它的制冷温度只是在 0～10℃范围内，因此只能用于空调或制取制药生产用的冷盐水。

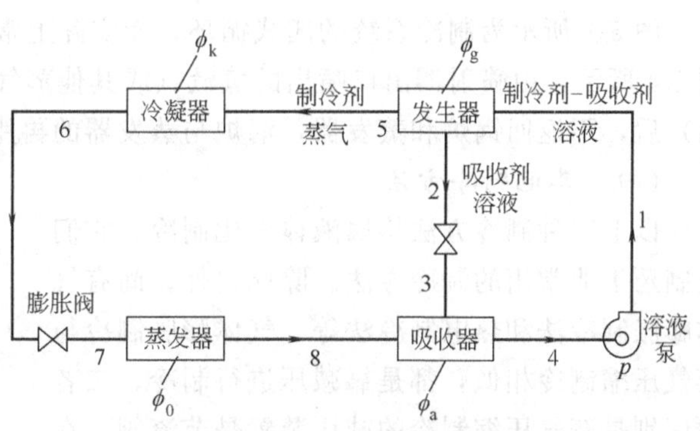

图 5-2　吸收式制冷的工作原理

吸收式制冷的工作原理如图 5-2 所示。吸收式制冷装置主要由四个换热器组成，即蒸发器、冷凝器、发生器和吸收器。它们与其他零件组成左、右两个循环回路。左半部为制冷剂循环，它由蒸发器、冷凝器和膨胀（节流）阀组成。工质在其中的状态变化过程如下：高压气态制冷剂在冷凝器中向冷却水放热，本身被凝结为液态后，经节流装置减压降温，进入蒸发器。在蒸发器内，液态制冷剂被汽化而成为低压的制冷剂蒸气，同时吸取被冷却介质的热量产生制冷效应。这些过程与没有压缩机的蒸气压缩式制冷是一样的，而压缩机的作用在吸收式制冷中是用图 5-2 中的右半部过程来实现的。右半部为吸收剂循环，主要由吸收器、溶液泵和发生器组成。在吸收器中，液态的吸收剂从蒸发器吸收低压气态制冷剂形成了两组分溶液，经溶液泵将其升压后进入发生器。在发生器中该溶液被加热至沸腾，溶液中沸点低的制冷剂从溶液中解吸出来而汽化形成高压气态制冷剂，然后去冷凝器液化，而吸收剂再次返回吸收器吸收低压气态制冷剂。在氨吸收制冷中，由于在大气压下，氨的沸点是－3℃，水的沸点是 100℃，因此氨是制冷剂，水是吸收剂。在溴化锂吸收制冷中，大气压下的溴化锂沸点是 1256℃，远高于水的 100℃，因此溴化理是吸收剂，水是制冷剂，因水的冰点是 0℃，故溴化锂吸收制冷的温度需在 0℃以上，只适用于空调或制取制药工艺冷却水。

（三）蒸气喷射式制冷

蒸气喷射式制冷机与吸收式制冷机一样，也是通过消耗热能来实现热量从低温传向高温

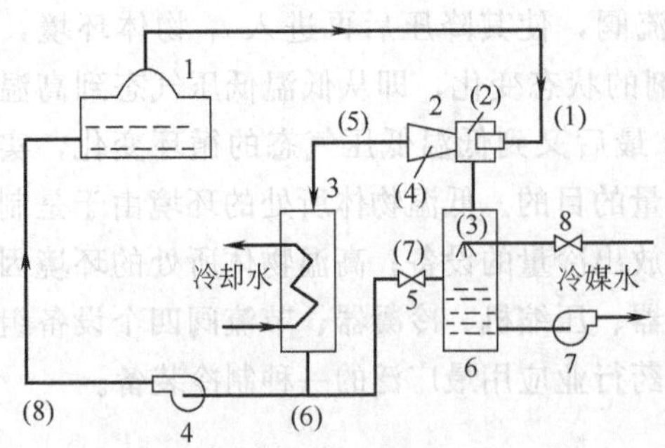

图 5-3　蒸气喷射式制冷机

1—锅炉；2—蒸气喷射器；3—冷凝器；4—凝结水泵；5—节流阀；6—蒸发器；7—冷媒水泵；8—节流阀

的目的。但吸收式制冷机的工质一个是制冷剂，另一个是吸收剂，二者组成溶液为循环工质，而蒸气喷射式制冷机吸收剂与制冷剂是一种物质，通常都是用水（也可用氨和氟里昂）作为工质，其优点在于无毒、无味、价廉、易得、汽化潜热大；但同样有真空度要求高，只能制取 0℃以上的低温等缺点。

蒸气喷射式制冷机如图 5-3 所示，是由蒸气喷射器、冷凝器、蒸发器、节流阀和凝结水泵组成。其工作过程如下。锅炉送来的高压蒸气（0.4～0.7MPa）在喷嘴出处具有很高的速度（超音速，可达 1000～2000m/s），在吸入室［图 5-3 的（2）］形成高真空，而将蒸发器内的低压冷蒸气抽吸进来。在此低压下，蒸发器内的一部分水会吸收另一部分水的热量而蒸发，未蒸发的水温自然会降低，这样就实现了制冷。蒸发器内被冷却的水用冷水泵输送到使用冷量的地方（如冷盐水换热器），在那里吸热升温后又返回蒸发器中继续蒸发冷却。在蒸气喷射器 2 的出口处，从锅炉房和蒸发室出来的水蒸气混合后，在喷射器扩压室中降低压力，然后进入冷凝器 3 形成冷凝水，该水又分为两路，一路作为锅炉给水，另一路经节流阀 5 进入蒸发器。

图 5-3 所示为制冷系统的闭式循环，而实际上常常使用开式循环来进行制冷，其原理如图 5-4 所示，由喷射器出口喷出的蒸汽（或其他蒸气）在直接冷凝器中冷凝成水（或其他溶剂）后，不返回锅炉和蒸发器，锅炉与蒸发器的再用水另行补给。

（四）其他制冷方法

以上三种制冷方法均属液体汽化制冷，它们是制药工业常用的制冷方法。除此之外，尚有气体膨胀制冷法和热电制冷法等。气体膨胀制冷与蒸气压缩制冷相似，都是靠减压进行制冷，二者的区别是蒸气压缩制冷的减压装置是节流阀，在工质制冷循环过程中有相变；气体膨胀制冷的减压装置是膨胀机（或节流装置和涡流管），工质在制冷循环过程中始终保持气体状态而无相变过程。气体膨胀多用于深度冷冻的低温工程。

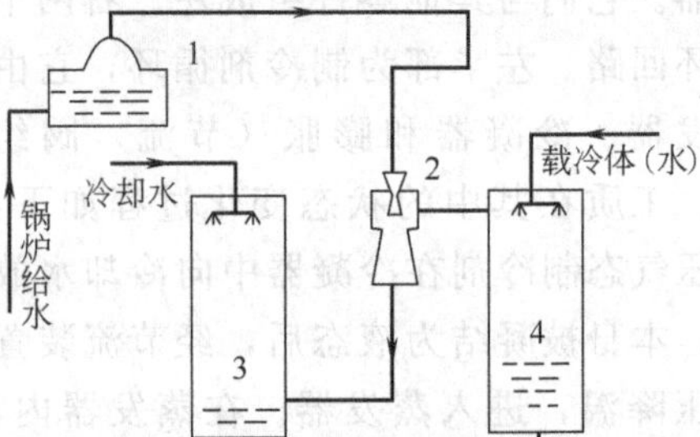

图 5-4　蒸气喷射式制冷的开式循环原理

1—锅炉；2—喷射器；3—冷凝器；4—蒸发器

热电制冷法的工作原理是利用了帕尔特效应。用两种金属组成闭合环路，中间接直流电源，则其中一个节点的温度降低，吸收外界热量；另一个节点温度升高，向外界放出热量。这种制冷的现象即是帕尔特效应。此现象与热电偶两节点处于不同温度时，产生电位差的热电效应刚好相反。由两种不同金属组成闭合回路产生的帕尔特效应十分微弱，无实用价值。如换成两种不同型（电子型或空穴型）的半导体材料时，则帕尔特效应十分明显，利用该效应进行制冷就称为热电制冷，又称半导体制冷，其原理如图 5-5 所示。

二、蒸气压缩式制冷的热力学基础知识

制冷方法有很多种，由于制药工业应用最为广泛（80%以上）的仍是蒸气压缩式制冷，

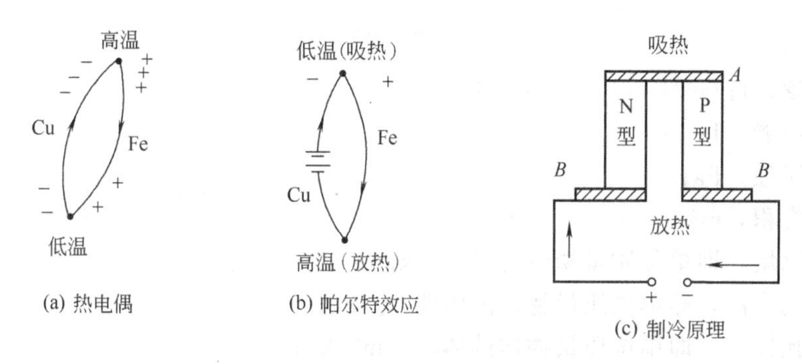

(a) 热电偶　(b) 帕尔特效应　(c) 制冷原理

图 5-5　热电制冷原理示意

故本章仅对蒸气压缩式制冷的主要设备的原理、结构和操作运行作一简单介绍。由于制冷设备的选用和操作运行都源于热力学，因此需要对热力学基础知识作一简单介绍。

（一）基本概念

（1）热力系　在分析热力学问题时，将所研究的对象用边界将其与周围环境分开，该研究对象称热力系。

（2）工质　工作介质的简称，工程上用工质来实现热能与机械能相互的转换。

（3）状态参数　工质呈现的物理状况称状态，表示工质所处状态的物理量称为状态参数。如温度、压强、体积、内能、焓、熵等。

（4）温度　说明物体冷热程度的物理量。衡量温度大小的参数称温标，常用温标有工程上常用的摄氏温标（符号为 t，单位是℃）、国际单位中的开氏温标（符号为 T，单位是 K）和英制系统的华氏温标（符号为 t_F，单位是℃），其关系如下：

$$T=t+273.15$$

$$t=5/9(t_F-32)$$

（5）比体积　单位质量工质所占据的体积（旧称比容）。

（6）内能　工质内部的热能，内能的变化量即为热量（用字母 U 表示，单位为 J）。单位质量的物质具有的内能称比内能，表示符号为 u，单位为 J/kg。

（7）热量　是能量的一种形式，它的传递动力是温度差。热量用字母 Q 表示，单位为 J，单位质量的热量用字母 q 表示，单位是 J/kg。

（8）比热容　单位质量的物质，温度升高一度所需的热量称为比热容，用字母 c 表示，单位为 J/(kg·℃)。

（9）过程　工质从一种状态变为另一种状态的经历称为过程。

（10）循环　工质从某种状态变换了一些状态后又回到原来的状态的经历称为循环。

（11）显热　物体在加热（冷却）过程中，温度升高（降低）所吸收（放出）的热量称为显热，该温度变化可以用温度计测量出来。

（12）潜热　单位能量物体吸收（放出）热量的过程中，温度不变，只是自身状态发生变化，如液体汽化成蒸气，固体液化成液体，这种热量的转移不表现温度变化，因此用温度计无法测出，故称潜热。

（13）推动功　用于压强及容积变化而做的功称推动功，即 $W_{推}=pV$，单位为 J。

（14）焓　是一复合状态参数，即内能与推动功之和。

$$H=U+pV$$

$$h = u + pv$$

式中 H——焓，J；

U——内能，J；

p——压强，Pa；

V——容积，m^3；

h——比焓，即单位质量物体的焓，J/kg；

u——比内能，即单位质量物体的内能，J/kg；

v——比体积，即单位质量物体的体积，m^3/kg；

pv——比推动功，即单位质量物体的推动功；J/kg。

（15）熵　是一导出的状态参数，表示工质状态变化时传递热量的多少。表示符号为 S，单位是J/K。熵可以确定过程是吸热还是放热，如 $S_2 - S_1 > 0$，表示状态变化时热量的增加，因此是吸热过程；反之，$S_2 - S_1 < 0$，则过程是放热过程；如 $S_2 - S_1 = 0$，则表示过程无热量的传递，即是一绝热过程。

（16）节流　流体的流动通道突然变小，使工质产生压降的现象。

（17）饱和液体与饱和蒸气　在密闭容器中的液体于某一温度下进行汽化，当从液体表面扩散到上方空间成为蒸气的分子数与空间中蒸气分子间相互作用又回到液体中的分子数相等时，液体与其上方蒸气处于动态平衡状态。此时蒸气的密度不再改变，即达到了饱和，故又称为平衡状态为饱和状态。在饱和状态下的蒸气称为饱和蒸气，而饱和状态下的液体称为饱和液体。

（18）饱和蒸气压和饱和温度　工质呈饱和状态时的蒸气压强称饱和蒸气压，此时的温度称为饱和温度，二者并非独立存在，而是有一定的对应关系，如果工质的温度或压强有一项改变，则动态平衡被破坏。如处在饱和状态的封闭系统，对其加热，并使其温度升高为某一值，此时液体扩散到气体的分子数目增加，蒸气密度加大，蒸气压强增大，但蒸气中分子碰撞机会也会相应增大，使液体汽化分子数在较高水平下与气体凝结分子数相等时，系统的气液两相达到了新的平衡，此时又呈饱和状态，但其饱和温度和饱和压强的数值均比原来有所提高。实验证明对任何一种制冷剂，它的饱和压强与饱和温度有关，温度越高，饱和压强越高。

（二）工况对制冷效果的影响

工况变化对制冷效果的影响如图 5-6 所示。

1. 蒸发温度 t_0 的降低

在实际工作循环中各个参数都不变化，只要求蒸发器温度降低，就是制冷温度降低。蒸发温度降低后导致制冷量减少，功耗增加，制冷系数（单位质量制冷剂的制冷量与耗功之比）下降。

2. 冷凝温度 t_k 提高

工作循环的各参数不变，但由于冷凝器的冷凝水的温度升高，即冷凝温度的提高，致使制冷量减少，功耗增加，制冷系数下降。

3. 冷凝温度 t_k 降低

当工作循环的各个参数不变，仅由于冷凝器的冷凝水温度降低，这样的循环称为液体过冷循环，它降低了节流前液体制冷剂的温度，减少节流后产生的蒸气，而使更多液体制冷剂在蒸发时汽化，故使单位制冷量提高，冷凝水的温度比理论循环的温度降低的量称过冷度。过冷循环的功耗没有变化，提高了制冷系数。采用过冷循环，可以提高循环的经济性，且能

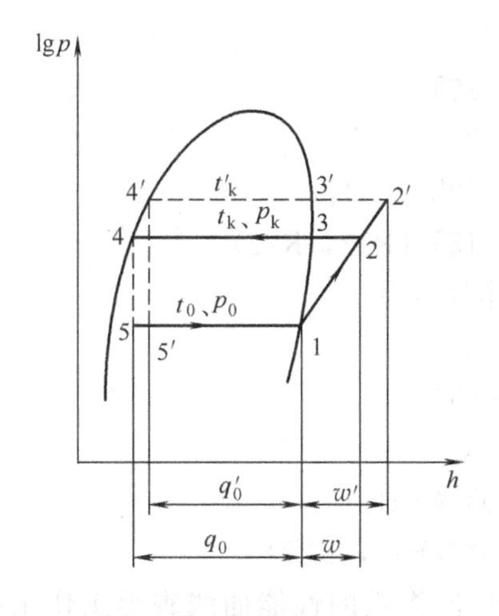

(a) 冷凝温度对制冷效果的影响

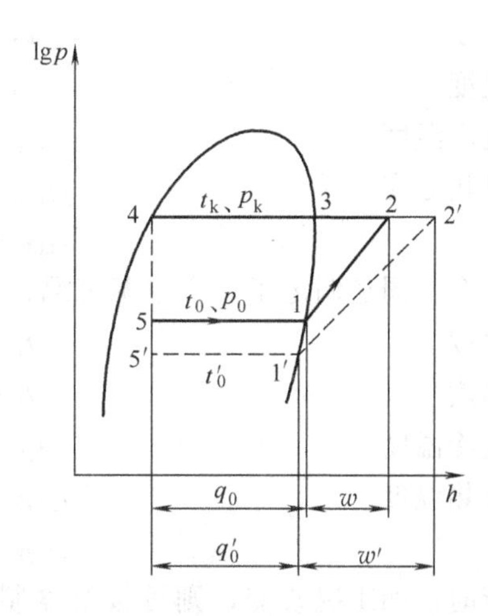

(b) 蒸发温度对制冷效果的影响

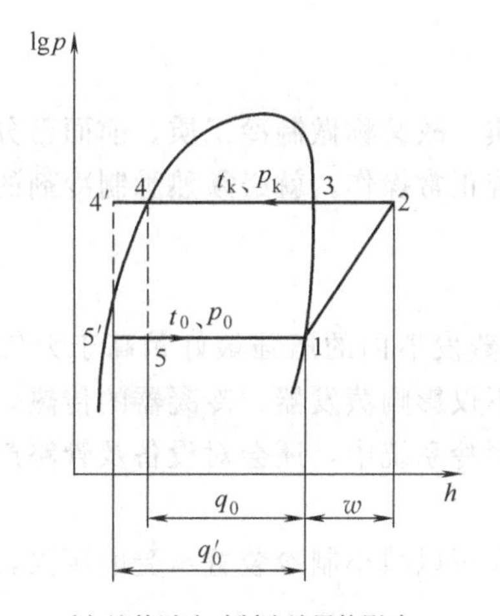

(c) 液体过冷对制冷效果的影响

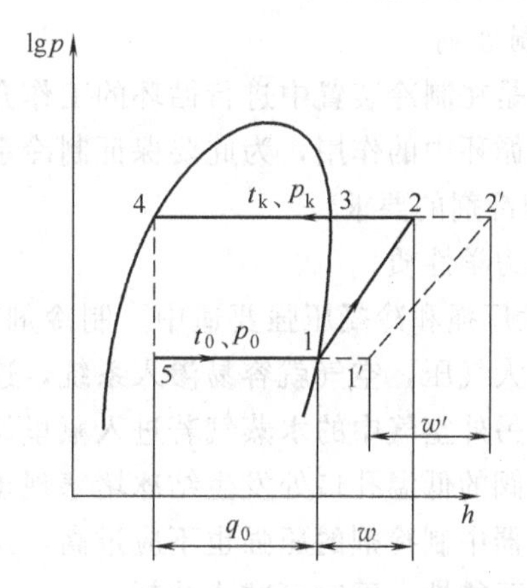

(d) 蒸气过热对制冷效果的影响

图 5-6 工况变化对制冷效果的影响

使进入节流装置前的制冷剂液体不会因为有流动阻力而降压，产生汽化，这样就提高了制冷剂循环状况的稳定。

4. 蒸气过热与液体过冷

当制冷剂的工作温度高于它的压强所对应的蒸气温度的状态，称蒸气过热，具有蒸气过热的循环称蒸气过热循环。从蒸发器出来的低压低温饱和蒸气在进入压缩机前的管路中吸取热量而过热，没在蒸发器吸取热量产生制冷效应，这种过热习惯上称“有害过热”。它的制冷量 q_0 没变，功耗 w 增加，制冷系数下降。同时由于压缩机进气温度提高，排气温度提高，冷凝器负荷加大，故蒸气过热对循环不利。蒸发温度越低，在压缩机进气管吸收热量越多，过热越严重。循环的经济性越差，故要特别注意压缩机吸气管路的保温。

通过以上分析可知，一台压缩机的制冷量是随 t_k 和 t_0 的改变而变化的。为说明制冷压缩机的性能需制定工况的统一标准，在工况一致的前提下，才能比较其制冷量、功耗和制冷系数，此标准称为标准工况，我国制冷压缩机在铭牌上标出的制冷量都是在标准工况时的制冷量，标准工况的具体数值为：

冷凝温度 $t_k=30℃$

蒸发温度 $t_0=-15℃$

液体过冷温度 $t_{过冷}=25℃$

蒸气过热温度 $t_{过热}=-10℃(NH_3)$

$t_{过热}=+15℃$(R12，R22)

另外根据场合不同还制定了一个空调工况，具体数值为：

冷凝温度 $t_k=40℃$

蒸发温度 $t_0=+5℃$

液体过冷温度 $t_{过热}=35℃$

蒸气过热温度 $t_{过热}=10℃(NH_3)$

$t_{过热}=15℃$(R12，R22)

在实际运行时，如工况改变，则可按机器制造厂家提供的性能曲线查得工作工况下的制冷量，也可根据工况改变时，压缩机理论输气量是定值的原则来计算。

三、制冷剂与载冷剂

（一）制冷剂

制冷剂是在制冷装置中进行循环的工作介质，故又称做制冷工质。前面已分析了制冷剂在蒸气压缩循环中的作用，为此要保证制冷系统正常操作，就必须熟悉制冷剂的性质。

1. 对制冷剂的要求

(1) 热力学性质

① 蒸发压强和冷凝压强要适中。制冷剂在蒸发器内的压强最好稍高于大气压，如果蒸发压强低于大气压，空气就容易渗入系统，这不仅影响蒸发器、冷凝器的传热，还增加压缩机的功耗。另外空气中的水蒸气若进入氟里昂制冷系统中，还会对设备及管路产生腐蚀，同时会在节流阀的低温孔口处发生结冰堵塞现象。

在冷凝器中制冷剂的压强也不应过高，这样可以减小制冷装置承受的压强，减小制冷剂向外渗漏的可能性，同时可减小功耗。

② 单位容积制冷能力要大。制冷剂的单位容积制冷量越大，对产生一定制冷量的要求来说，制冷剂的体积循环量越小，这样就可以减小压缩机的规格。

在标准工况下（蒸发温度为－15℃，冷凝温度为30℃，液体过冷度为5℃）几种常用制冷剂的单位体积制冷能力见表5-1。

表 5-1 常用制冷剂单位体积制冷能力

项目	制冷剂				
	氨	R 11	R 12	R 22	R 502
单位体积制冷能力/(kJ/kg)	2214.9	210.6	1331.5	2160.5	2243.5
比率(以氨为1)	1	0.095	0.60	0.98	1.01

对小型活塞压缩机或离心压缩机来说，单位体积制冷能力过大，则制冷剂的体积循环量很少，使压缩机尺寸过小，而带来制造上的困难，这时则要求单位体积制冷能力稍小一些才合理。

③ 制冷剂的临界温度要高。制冷剂的临界温度高，便于用一般的冷却水或空气将制冷剂冷凝成液体。同时，节流时液体汽化比例小，节流损失小，制冷系数高。

④ 凝固温度要低一些。这样可避免制冷剂在蒸发温度下凝固，从而得到较低的蒸发

温度。

（2）理化性质

① 制冷剂在润滑油中的可溶性。制冷剂能溶于润滑油的好处在于润滑油可随制冷剂一起渗透到压缩机的各个部件，为压缩机创造良好的润滑条件，同时不会在冷凝器、蒸发器的传热面上形成阻碍传热的油膜。缺点在于如果制冷剂从压缩机带出的油量多，则在蒸发器中产生的泡沫多，影响传热效率，引起蒸发温度升高。不溶或者微溶于润滑油的制冷剂优点是在蒸发器中的蒸发温度稳定，缺点是蒸发器和冷凝器的传热面上，形成难于清除的油膜，影响传热效率。二者各有优劣，氟里昂属于前者，氨属于后者。

② 热导率要高。可以提高换热器的传热系数，提高传热速率。

③ 密度和黏度要小。可使制冷剂在系统循环中流动阻力损失小。

④ 制冷剂对金属和其他接触的材质应无化学腐蚀作用。

⑤ 制冷剂在较高温度下应性能稳定，不分解，不燃烧爆炸。

⑥ 对人的生命健康应无危害，毒性尽可能小。制冷剂毒性可分为六级：1 级毒性最大，6 级最小。

此外制冷剂还应价格便宜，来源易得。能全面满足以上条件的制冷剂是不存在的，在选用时，要保证主要要求，不足之处能通过采取一些措施予以弥补即可。

2. 制冷剂的种类

目前使用的制冷剂按性质可归为四类，即无机化合物、卤代烃、烃 和混合溶液。

（1）无机化合物　属无机化合物的制冷剂有氨、水、二氧化碳等。它们的代号是 R7 后面加上相对分子质量的整数部分。R 是国际上规定用来表示制冷剂的代号，7 是无机制冷剂的代码。如 R757 表示氨，R718 表示水，R744 表示二氧化碳等。

（2）卤代烃　又称氟里昂，是饱和烃的卤族衍生物的总称。氟里昂的化学分子式通式为 $C_mH_nF_xCl_yBr_z$，而饱和烷烃的化学分子式通式为 C_mH_{2m+2}，在二者原子数之间有下列关系：

$$2m+2=n+x+y+z$$

氟里昂的代号规定为 R（$m-1$）（$n+1$）（x）B（z），见表 5-2。

表 5-2　氟里昂制冷剂的代号

化合物名称	分子式	m、n、x、z 的值	简写符号
一氟三氯甲烷	$CFCl_3$	$m=1,n=0,x=1$	R11
二氟二氯甲烷	CF_2Cl_2	$m=1,n=0,x=2$	R12
二氟一氯甲烷	CHF_2Cl	$m=1,n=1,x=2$	R22
五氟一氯乙烷	C_2F_5Cl	$m=2,n=0,x=5$	R115
三氟一溴甲烷	CF_3Br	$m=1,n=0,x=3,z=1$	R13B1
甲烷	CH_4	$m=1,n=4,x=0$	R50
乙烷	C_2H_6	$m=2,n=6,x=0$	R170
丙烷	C_3H_8	$m=3,n=8,x=0$	R290

（3）烃类　烷烃制冷剂（甲烷、乙烷）和烯烃制冷剂（乙烯、丙烯）均属于烃类制冷剂，它们的经济性能好，但易燃易爆，安全性差。

（4）混合溶液　目前多用二元的共沸溶液，它们的代号为 R5 后加命名顺序代号，如 R500、R501 等，R5 是指共沸溶液制冷剂。这类制冷剂的特点是冷凝压力较低，蒸发压力较高，单位功耗小，但在冷凝器中排放热量却较高，故适用于热泵系统。

3. 常用制冷剂的性质

目前常用的制冷剂有水、氨、氟里昂和一些烃类化合物，它们的一些物性参数见表5-3。

表 5-3 常用制冷剂及其物性参数

制冷剂名称	化学分子式	代号		相对分子质量	标准气压下沸腾温度/℃	临界点温度/℃	临界压力/MPa	标准气压下凝固温度/℃
		国内习用	国际通用					
水	H_2O	—	R718	18.016	100.00	374.15	22.114	0.0
氨	NH_3	—	R717	17.031	−33.35	132.4	11.290	−77.7
一氟三氯甲烷	$CFCl_3$	F11	R11	137.39	23.7	197.78	4.371	−111.0
二氟二氯甲烷	CF_2Cl_2	F12	R12	120.92	−29.8	112.04	4.112	−155.0
三氟一氯甲烷	CF_3Cl	F13	R13	104.47	−81.5	28.78	3.865	−180.0
四氟甲烷	CF_4	F14	R14	88.01	−128.0	−45.45	3.744	−184.0
一氟二氯甲烷	$CHFCl_2$	F21	R21	102.92	8.9	178.5	5.163	−135.0
二氟一氯甲烷	CHF_2Cl	F22	R22	86.48	−40.8	96.0	4.932	−160.0
三氟三氯乙烯	$C_2F_3Cl_3$	F113	R113	187.39	47.68	214.1	3.412	−36.6
四氟二氯乙烯	$C_2F_4Cl_2$	F114	R114	170.01	3.5	145.8	3.273	−94.0
五氟一氯乙烯	C_2F_5Cl	F115	R115	154.48	−38.0	80.0	3.234	−106.0
二氟一氯乙烯	$C_2H_3F_2Cl$	F142	R142	100.48	−9.25	137	4.116	−130.8
乙烯	C_2H_4		R1150	28.05	−103.7	9.5	5.057	−169.6
丙烯	C_3H_6	—	R1270	42.08	−47.7	91.4	4.596	−185.0

下面就对一些常用制冷剂的性能分别叙述如下。

(1) 水　无毒、不燃、不爆炸，汽化潜热约为2500kJ/kg，是常用制冷剂中最大的一种。但其最大缺点是常压下饱和温度高，达100℃，不易冷凝，而凝固点较高，蒸发温度在0℃以上，不能制得0℃以下的载冷体，因此应用范围受到限制，目前只有在蒸气喷射式制冷和溴化锂吸收制冷机中采用水制冷剂。

(2) 氨　氨在常温下和普通低温下的压强适中，单位容积制冷量大，黏度小，流动阻力小，传热性能好。但对人体有较大的毒性，有强烈的刺激性臭味，当氨气在空气中的容积浓度达0.5%～0.6%时，人停留半小时即可中毒。氨易燃易爆，在空气中的容积浓度达11%～14%时，即可点燃，燃烧时产生黄色火焰，浓度达16%～25%时，可引起爆炸，因此在冷冻车间内氨的蒸气浓度不得超过20mg/m^3。氨的水溶液会对金属造成腐蚀，故应控制氨中含水量在0.2%的范围之内。氨在油中溶解度很小，为防止润滑油进入系统后在热交换器上形成油膜影响传热，往往在氨压缩机后设置油分离器。氨对铜及铜合金（磷青铜除外）有腐蚀作用，因此在氨制冷系统中不得使用铜材质。

(3) R12　是氟里昂制冷剂中应用较广的一种。其大气压下的沸点为−29.8℃，凝固点为−155℃，可用于−70℃以上的制冷。

R12气味小，毒性小，冷凝压强较低，采用天然水冷却时，冷凝压力不超过1MPa，采用室外空气冷却（空冷）时只有1.2MPa，故特别适用于小型空冷式制冷机。

R12不溶于水、低温下水易析出结冰形成冰堵，故规定R12含水量不得超过0.0025%。R12能溶于矿物性润滑油，故需采用较黏的润滑油以保证压缩机的正常工作。R12对镁及镁铝合金有腐蚀作用，对天然橡胶及塑料有膨润作用，对R12接触的材质应避免使用上述材料。

R12 的最大缺点是单位容积制冷能力小，因此同等制冷能力的制冷机，R12 的功耗要大，制冷系数要低。

(4) R22　大气压下的沸点为－40.8℃，凝固点是－160℃，单位制冷量、制冷系数等热力学性能稍低于氨，但比 R12 大得多，无色、味小、毒性小，不燃烧、不爆炸，是一种安全性高的良好的制冷剂。R22 难溶于水，含水量仍限制在 0.0025%之内；R22 能部分地与润滑油互溶，温度高时溶解性好，但在蒸发器内则会出现分层。

R22 性质不如 R12 稳定，对橡胶、塑料的膨润作用更强，故对直接接触的电绝缘材料要求更高，如密封橡胶需要氯乙醇橡胶，封闭式压缩机中的电绕阻漆包线可采用改性缩醛漆包线（E 级）。

4. CFCs 的禁用问题

太阳在产生大量热能的同时，还会发出功率很大的紫外线，过多的紫外线辐射会伤害人类的免疫系统，使皮肤癌发病率增加，危及人类的生命健康；危及植物及海洋生物的生长与繁殖；产生附加的温室效应、破坏人类生存环境等重大危害，所幸的是地球外层存在一臭氧层，它阻碍了紫外线过多地辐射地面。

CFCs 称为含氯氟烃，由于它们的热力学性能和理化性能可以满足作制冷剂的要求，故广泛地应用于制冷和空调中。如 CFC12（R12）、CFC11（R11）等，它们在受到紫外线照射后，其中的氯原子会分离出来，氯原子与臭氧分子作用使臭氧变成普通氧分子，从而破坏了地球外层的臭氧层，使过量的紫外线辐射到地球上。为此禁用 CFCs 保护臭氧层成为全球性的紧迫任务。

1987 年 5 月在加拿大的蒙特利尔，23 个国家签订了《关于消耗臭氧层物质的蒙特利尔议定书》（简称《议定书》），规定了消耗臭氧层的化学物质生产与消耗量的限制进程，1990 年 6 月这些国家对《议定书》进行了修改，规定 2000 年停止消费，对于发展中国家控制进程可推迟 10 年。

为保证限用和停用一些制冷剂而不影响人们对制冷的需求，各国相继开展其他制冷方法的研究和使用，以及寻找不消耗臭氧层物质的替代制冷剂。目前 R12 的单一替代物有 R134a 和 R152a，它们的性能与 R12 接近，用它们替代 R12，制冷设备变动不大。对 R12 用二元、三元共沸混合制冷剂作替代物的研究更为活跃，但在不同程度上仍存在排气温度高、单位容积制冷量小等问题，有待进一步探索。

（二）载冷剂

在生化与化学制药工业中，需要冷却的物料往往不是在制冷循环的蒸发室内被制冷剂吸收热量，而是间接地将热量释放给一中间物质，通过该中间物质将热量在蒸发器内放出，该中间物质称载冷剂，又称冷媒。也就是说，由载冷剂在蒸发器内被冷却降温，然后再用它冷却需要降温的物料。

对载冷剂的一般要求是：使用温度范围内是液态（这样可加大传热系数）、对人体无害、对金属腐蚀性小、不燃烧、不爆炸、比热容大、价格低廉。

常用的载冷剂有水、盐水和一些有机物溶液，水作为载冷剂只适用于载冷温度在 0℃以上的空调系统。在蒸发器获得冷量降温后的水，可直接喷入空气中进行温度和湿度调节。有机物作载冷剂的主要有甲醇、乙醇、乙二醇的水溶液，它们的化学稳定性好，对金属的腐蚀作用很小，且凝固点较低（甲醇的凝固点为－97℃，乙醇的凝固点为－117℃），但多数有机物易燃有毒，一旦发生泄漏，则严重影响药物的安全性，故在制药工业中很少采用。

在多数生化与化学制药生产过程中，是用一些盐类的水溶液作载冷剂，工厂中习惯称其为冷冻盐水，工作时冷冻盐水在蒸发器内从制冷剂中吸收冷量，再将冷量传输给被冷冻（却）物体后，又回到蒸发器。通过冷冻盐水的循环，不断地将被冷冻（却）物的热量传给制冷剂，使被冷冻（却）物达到降温冷冻的目的。常用的载冷剂是氯化钠和氯化钙水溶液。二者的物理性能见表 5-4。

表 5-4　冷冻盐水 NaCl 和 $CaCl_2$ 的物理性能

类别	相对密度	盐分/%	冻结温度/℃	0℃时的比热/[kJ/(kg·K)]	各种温度下的黏度/(N·s/m²)			
					−30℃	−20℃	0℃	+20℃
氯化钙水溶液	1.00	0.1	0.0	4.200	—	—	17.66	10.30
	1.19	20.9	−19.2	3.044	—	—	32.77	20.01
	1.20	21.9	−21.2	3.002	—	86.13	34.43	21.09
	1.21	22.8	−23.3	2.943	—	90.15	36.20	22.27
	1.22	23.8	−25.7	2.931	—	94.76	38.16	23.54
	1.23	24.7	−28.8	2.897	—	99.96	40.22	24.82
	1.24	25.7	−31.2	2.868	148.1	105.7	42.58	26.29
	1.25	26.6	−34.6	2.838	158.9	111.7	45.22	27.76
	1.26	27.5	−38.6	2.809	171.7	118.5	48.07	29.33
	1.27	28.4	−43.6	2.780	188.4	126.9	51.21	31.39
	1.28	29.4	−50.1	2.755	212.9	137.9	54.94	34.04
	1.286	29.9	−55.0	2.738	225.6	143.9	56.90	35.12

类别	相对密度	盐分/%	冻结温度/℃	0℃时的比热/[kJ/(kg·K)]	各种温度下的黏度/(N·s/m²)			
					−20℃	−10℃	0℃	−20℃
氯化钠水溶液	1.00	0.1	0.0	4.191	—	—	17.66	10.30
	1.10	13.6	−9.8	3.588	—	—	21.48	12.26
	1.11	14.9	−11.0	3.551	—	33.45	22.37	12.65
	1.12	16.2	−12.2	3.513	—	34.92	23.25	13.15
	1.13	17.5	−13.6	3.475	—	36.79	24.33	13.73
	1.14	18.8	−15.1	3.442	—	38.75	25.60	14.32
	1.15	20.0	−16.6	3.408	—	40.81	26.88	14.91
	1.16	21.2	−18.2	3.375	—	43.07	28.28	15.50
	1.17	22.4	−20.0	3.341	68.67	45.62	29.63	16.19
	1.175	23.1	−21.2	3.324	70.44	47.09	30.41	16.68

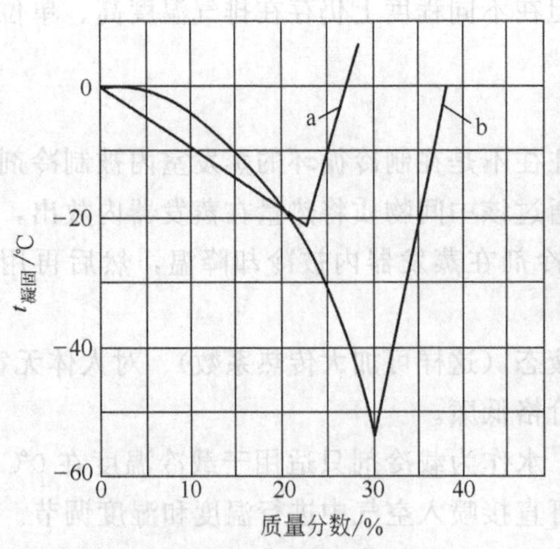

图 5-7　盐水的凝固曲线

a—氯化钠水溶液；b—氯化钙水溶液

从表 5-4 中可看出盐水的凝固温度取决于盐的种类和浓度，图 5-7 所示为氯化钠水溶液和氯化钙水溶液的凝固曲线。图中曲线上各点表示不同浓度盐水的起始凝固温度。曲线的形状为一弯曲向下的曲线和一向上的斜直线，二者的交点是曲线的最低点，该点称共晶点。共晶点左面的曲线称为析水线，右面的曲线称析盐线，氯化钠和氯化钙的共晶质量分数分别是 23.1% 和 29.9%，共晶温度分别为 −21.2℃ 和 −55℃。由析水线的形状可知，盐水浓度小于共晶质量分数时，随溶液浓度增加，凝固温度下降，在凝固时，析出的水分结成冰。由析盐线的形状可知，盐水浓度大于共晶质量分数时，随溶液浓度增加，凝固温度上升，且凝固时析出的是盐分，这样的盐水就不是纯液相状态，使盐水的流动状态和传热效果都受到影响，为此在配制盐水时，应使其浓度低于共晶浓度，盐水质量分数的确定，应使盐水的凝固温度比制冷剂蒸发温度低5～8℃，盐水在开式运行系统中，由于不断吸收空气中的水分，使盐的浓度降低，因此要定期测浓度，必要时补充盐分。

冷冻盐水对金属有一定的腐蚀性，根据经验，用来配制盐水的氯化钠、氯化钙越纯净越好。在15℃时，氯化钙溶液的相对密度在1.2～1.24、氯化钠溶液的相对密度在1.15～1.18之间腐蚀性较弱。盐水的pH值对腐蚀性的强弱也有影响，实践证明，当盐水呈弱碱性，pH值为8.5时，对金属的腐蚀性最小。

为延缓腐蚀，通常还采取加缓蚀剂的措施。常用的缓蚀剂为重铬酸钠（$Na_2Cr_2O_7$），若盐水呈中性还需加氢氧化钠（NaOH），通常在1m^{3}的氯化钙溶液中，加1.6kg的重铬酸钠和0.4kg的氢氧化钠；在1m^{3}的氯化钠溶液中，加3.2kg的重铬酸钠和0.8kg的氢氧化钠。在不同盐水密度时，缓蚀剂的使用量也不太相同，具体用量见表5-5。

表5-5 缓蚀剂与氯化钠和氯化钙之比

$CaCl_2$溶液			NaCl溶液		
盐水密度/(kg/L)	100kg $CaCl_2$应加$Na_2Cr_2O_7$量/kg	100kg $CaCl_2$应加NaOH量/kg	盐水密度/(kg/L)	100kg $CaCl_2$应加$Na_2Cr_2O_7$量/kg	100kg $CaCl_2$应加NaOH量/kg
1.160	0.695	0.188	1.118	1.79	0.483
1.169	0.656	0.177	1.260	1.67	0.451
1.179	0.621	0.168	1.340	1.57	0.424
1.188	0.587	0.159	1.420	1.47	0.397
1.198	0.556	0.150	1.150	1.39	0.375
1.208	0.528	0.143	1.158	1.32	0.356
1.218	0.502	0.136	1.166	1.24	0.335
1.229	0.478	0.129	1.175	1.18	0.319
1.239	0.455	0.123	—	—	—
1.250	0.453	0.122	—	—	—

第二节 蒸气压缩式制冷设备

蒸气压缩式制冷设备是由压缩机、冷凝器、节流机构、蒸发器四个主要设备组成，其中冷凝器和蒸发器均为热交换器，以下就对以上三种不同形式的设备分别做一下简单介绍。

一、制冷压缩机

制冷压缩机的形式很多，按照工作原理可分为容积型制冷压缩机和速度型制冷压缩机。容积型制冷压缩机是靠改变工作腔的容积，将周期吸入的气体进行压缩。常用的容积型制冷压缩机有往复活塞式制冷压缩机和回转式制冷压缩机。回转式制冷压缩机又可分为滚动转子式制冷压缩机、涡旋式制冷压缩机和螺杆式制冷压缩机。

速度型制冷压缩机的气体压强的增加是靠气体的动能转化为气体的静压能而得，它分为离心式和轴流式两种。

因压缩机在“流体输送设备”一章曾介绍过，此节仅介绍制冷系统所用的机型。

（一）活塞式制冷压缩机

1. 分类及型号

按压缩机汽缸分布形式可以分为直立式、卧式、V形、W形、S形（扇形）、Y形（星形），其中S形、W形和V形见图5-8所示。

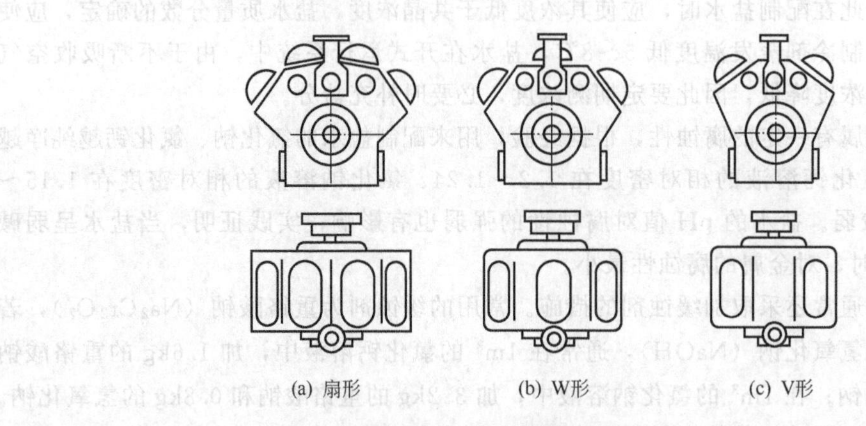

图5-8 制冷压缩机汽缸排列

按压缩机的级数可分为单级和双级压缩机。

按结构可分为顺流式和逆流式活塞压缩机。顺流式活塞压缩机的活塞为一圆筒形，内腔与进气管相通，进气阀设在活塞顶部，活塞下移时低压气体由活塞顶部进气阀进入汽缸；活塞向上移动时，缸内气体被压缩，自汽缸盖上的排气阀排出。由于这种结构使活塞的质量和长度都会加大，故影响压缩机转速的提高，使应用范围受到限制［见图5-9（a）］。

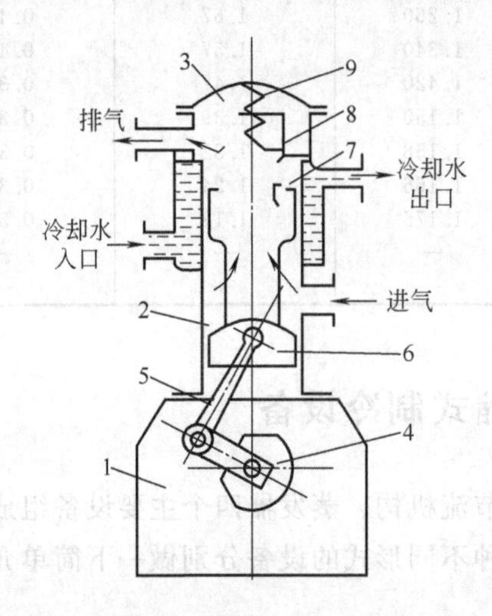

(a) 顺流式活塞压缩机

1—曲轴箱；2—汽缸体；3—汽缸盖；4—曲轴；5—连杆；6—活塞；7—进气阀；8—排气阀；9—缓冲弹簧

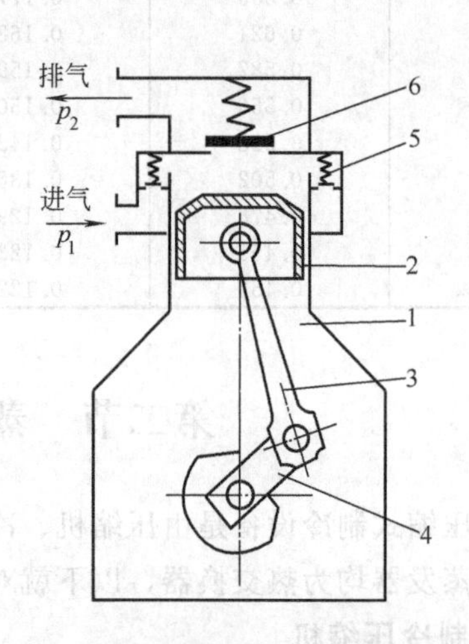

(b) 逆流式活塞压缩机

1—汽缸；2—活塞；3—连杆；4—曲轴；5—进气阀；6—排气阀

图5-9 不同结构的活塞式制冷压缩机

逆流式活塞压缩机的进气阀与排气阀均设置在顶部的汽缸盖上［见图5-9（b）］，活塞的质量和尺寸都可减小，有利于提高压缩机的转速。一般转速可达1000～1500r/min。在工业制冷中常有应用。

按使用的制冷剂不同可分为氟里昂、氨等制冷压缩机。按压缩机、曲轴、汽缸的封闭形式可分为开放式、半封闭式和封闭式。

活塞式制冷压缩机的型号是由汽缸数、制冷剂代号、汽缸布置形式、汽缸直径与封闭形式代号组成，具体内容及举例见表 5-6。

表 5-6 活塞式制冷压缩机型号表示法

压缩机型号	汽缸数/个	制冷剂	汽缸排列形式	汽缸直径/cm	结构形式
8AS12.5	8	氨(A)	S 形(扇形)	12.5	开启式
6FW7B	6	氟里昂(F)	W 形	7	半封闭(B)
3FY5Q	3	氟里昂(F)	Y 形(星形)	5	全封闭(Q)

2. 工作性能参数

(1) 吸气量 活塞式制冷压缩机的工作过程经吸气、压缩、排气三个过程，理想的工作过程如图 5-10 所示，当活塞由左向右运动，汽缸内压强降至吸气压强 p_1 时，吸气阀打开，排气阀关闭，压缩机在 p_1 压强下完成吸气过程 1～2。当活塞由右向左运动时，吸气阀关闭，缸内气体绝热压缩，即图中的 2～3 过程，当缸内压强达到 p_2 时排气阀打开，气体在压强 p_2 下排出（3～4 过程）。压缩机的曲轴每旋转一圈，活塞做一次往复运动，压缩机完成上述一次工作循环过程，因此理想工作的过程的理论吸气量应为：

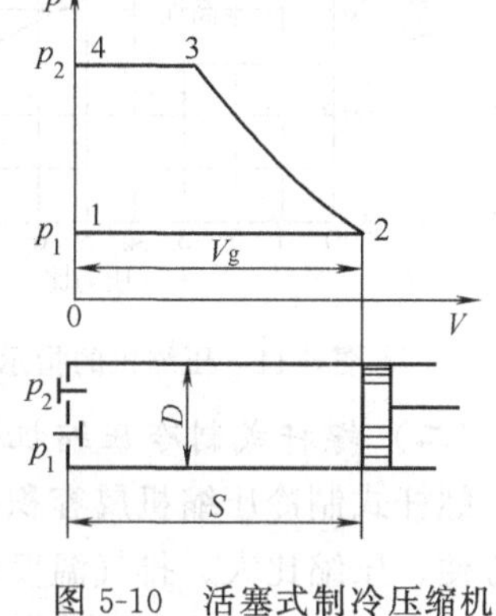

图 5-10 活塞式制冷压缩机理想工作过程

$$V_h = V_g nZ/60 = \pi D^2 SnZ/240 \qquad (5\text{-}1)$$

式中 V_g——汽缸工作容积，m^3；

D——汽缸直径，m；

S——活塞行程，m；

Z——汽缸数；

n——转速，r/min。

(2) 容积效率 由于压缩机在工作中有余隙容积、吸气阀与排气阀阀片阻力、吸入气体的热膨胀和泄漏等因素，实际工作过程比理想工作过程更为复杂，而实际吸气量 V_r 小于理论吸气量 V_h，二者之比称为容积效率 η_v 即：

$$\eta_v = V_r/V_h \qquad (5\text{-}2)$$

$$V_r = \eta_v V_h \qquad (5\text{-}2a)$$

(3) 制冷量 压缩机在某运行工况下的制冷量 Q_d 应为制冷剂的单位溶剂制冷量 q_v 与实际吸气量 V_r 的乘积即：

$$Q_d = V_r q_v = \eta_r V_h q_v \qquad (5\text{-}3)$$

(4) 轴功率 N_b 压缩机的轴功率是某一工况下对压缩机轴上输入的功率。轴功率主要耗用在压缩制冷机蒸气的指示功率和克服机器摩擦（包括油泵耗功率），因此轴功率与指示功率差一个机械效率 η_m。而通过制冷循环热力计算求得的压缩机功耗是理论功率 N_{th}；它与实际压缩蒸气的指示功率又差一个指示效率 η_i，因此压缩机消耗的轴功率为：

$$N_b = N_{th}/(\eta_i \eta_m) \qquad (5\text{-}4)$$

式中　N_{th}——理论功率由热力计算而得，kW；

N_b——压缩机轴功率，kW；

η_i——指示效率，%；

η_m——机械效率，%。

指示效率与机械效率如图 5-11、图 5-12 所示。

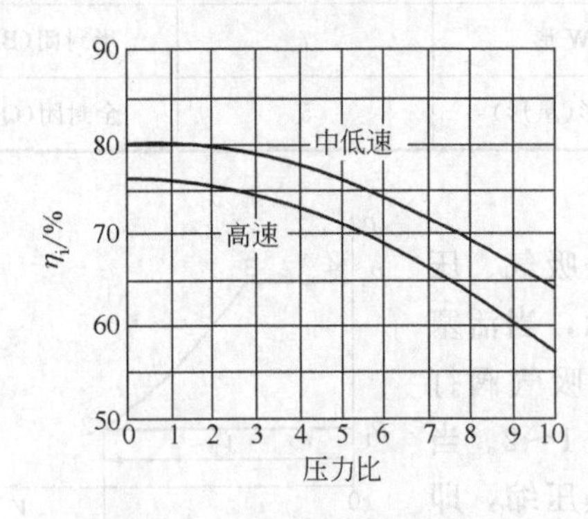

图 5-11　压缩机的指示效率

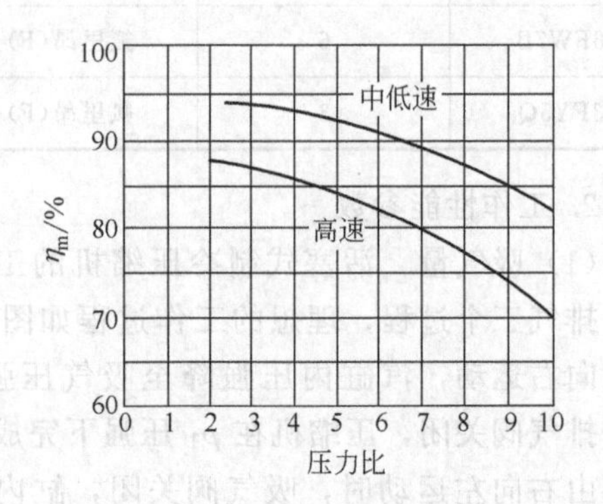

图 5-12　压缩机的机械效率

（二）螺杆式制冷压缩机

螺杆式制冷压缩机属容积型旋转式压缩机，与活塞式制冷压缩机相比，有结构简单、操作方便、压缩比大、排气温度低、对湿压缩不敏感 、振动小、能量可无级调节等优点，在大、中制冷量的压缩制冷范围中应用十分广泛。

螺杆式制冷压缩机有单螺杆与双螺杆之分，单螺杆制冷压缩机主要部件是一个带螺旋槽的转子和两个从动的星轮，当主动的转子旋转时，带动两星轮边转动边做轴向移动而压缩气体。目前常使用的是双螺杆制冷压缩机（见图 5-13），故仅对其作一介绍。

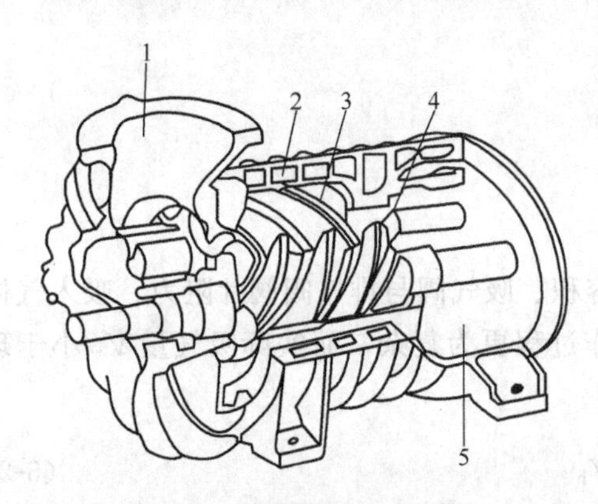

图 5-13　双螺杆制冷压缩机

1—吸气口；2—机壳；3—阴转子；4—阳转子；5—排气口

1. 双螺杆制冷压缩机的结构

双螺杆制冷压缩机主要部件是由一对相互啮合、旋向相反、具有螺旋的转子组成。齿形凸出的称阳转子，齿形凹进的称阴转子，阴阳转子的齿数不同，一般情况下，阳转子 4 个齿，阴转子 6 个齿。

2. 双螺杆制冷压缩机的工作过程

（1）吸气过程　当转子旋转至端面的齿槽与吸气口相通时，由蒸发器来的制冷剂蒸气经孔口进入齿槽，蒸气充满该螺旋形齿槽未与阳转子接触的空间，继续旋转至一定角度时，该齿槽空间与吸入孔断开，吸气过程结束［见图 5-14（a）］。

（2）压缩过程　如图 5-14（b）所示，转子继续转动时，被机体、吸气端座、排气端座和转子齿面所封闭于齿槽内的气体，由于阴、阳转子相互啮合而被压向排气端，在此过程中蒸气压强逐渐升高。

（3）排气过程　如图 5-14（c）所示，当转子继续转动到齿槽空间与排气端座上的排气孔相通时，蒸气被压出，从排气口排出，完成排气过程。

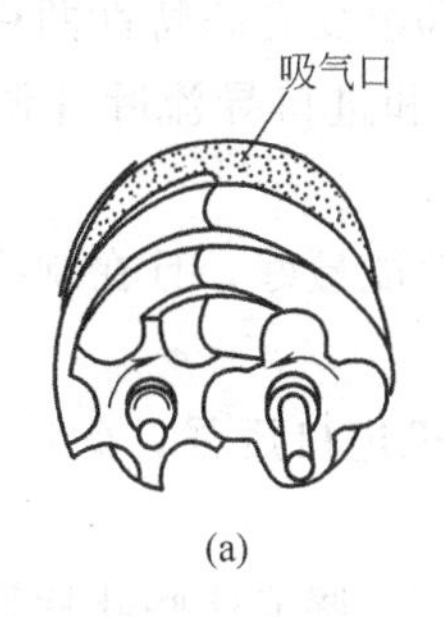

(a)

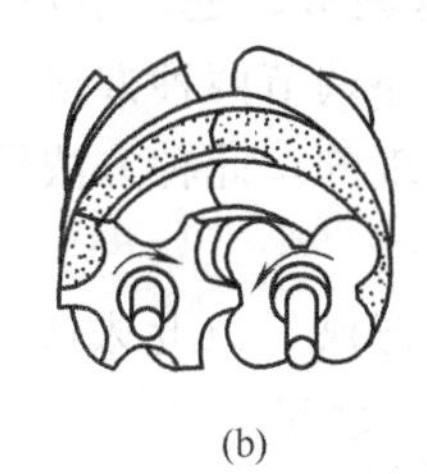

(b)

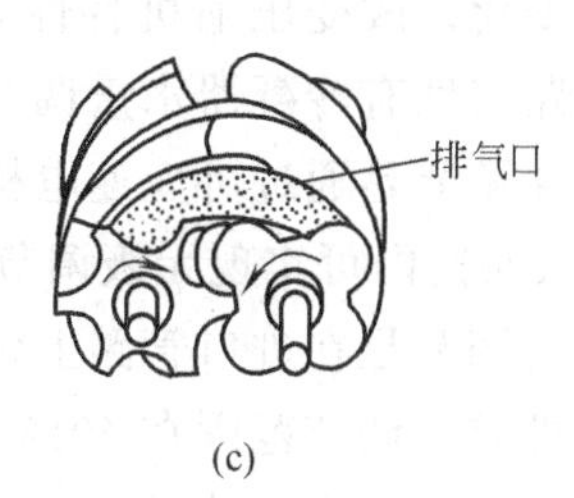

(c)

图 5-14　双螺杆制冷压缩机的工作原理

（三）离心式制冷压缩机

1. 离心式制冷压缩机的结构与工作原理

离心式制冷压缩机有单级与多级之分，单级离心式制冷压缩机的构造与离心水泵相似，低压气体由侧面中心处进入叶轮中心，通过叶轮高速旋转产生的离心力作用，使流向叶轮外缘的气体获得较高的动能和静压能，为提高压缩机出口压强，还在叶轮外缘设一扩压器，使叶轮流出的气体先通过通道渐渐增大的扩压器再进入蜗壳，使气体在扩压器和蜗壳中流速有较大的降低，而将动能进一步转化为静压能，最后排出压缩机的是压强较高的气体。

因为制冷设备运行工况不尽相同，压缩机就要在不同的蒸气压强和冷凝压强下工作，而单级离心式制冷压缩机的压缩比较小，因此它的结构像离心泵那样有单级与多级之分，多级离心式压缩机的构造是在单级压缩机的扩压器后设一弯道和回流器，将第一级增压后的气体引入第二级叶轮中心进口，重复第一级的压缩过程，直至被压缩气体从最后一级扩压器流出后进入蜗壳扩压至压缩机出口。

2. 离心式制冷压缩机的特点

(1) 离心式制冷压缩机的优点

① 体积小，制冷量大。气体在压缩机内高速流动，流量很大，因此单机制冷量很大，目前可达 2.8 万千瓦。

② 结构简单，制造简单。与活塞式压缩机相比结构相对简单，没有加工精度高的曲柄、连杆、汽缸以及进排气阀等。

③ 可靠性高。没有易损的阀片、活塞环等零件，故检修期长，一般在一年以上。

④ 便于安排多种蒸发温度。利用多级压缩中间可抽气的压缩机，可将不同压强的蒸发器出来的气体加到响应吸入压强的中间级去。

⑤ 制冷剂不被油污染。因为在离心式制冷压缩过程中，蒸气不与叶轮轴承润滑油接触。

⑥ 运转平稳。因机器做旋转运动，没有往复运动产生的惯性力，同时进气排气不是周期性的而是连续的，故工作平稳。

(2) 离心式制冷压缩机的缺点

① 制冷量不能太小。因机器高速旋转，流量若太小，流道截面积就要很小，液体阻力就会增加，效率就会降低。

② 单级压缩比不能很高。当压缩比比较大时，需要级数很多，影响机器的密封效果。

③ 在结构上需增加一增速器。离心式制冷压缩机的转速很高，一般都在 3000r/min 以上，所增加的增速器的制造工艺要求是很高的。

3. 离心式制冷压缩机的制冷量的调节

离心式制冷压缩机制冷量的调节可通过改变压缩机的特性和改变管路特性两种途径来适应制冷量的变化。改变压缩机特性有转速调节、进口节流调节和进口导流叶片调节三种方法。改变管路特性有冷凝器水量调节和旁路调节两种方法。

主轴转速调节是通过可变速电机来实现的，此种方法经济性能最好，且在制冷量调节范围为50%～100%内可实现无级调节。

进口节流调节是在进口管路上装一碟形阀，以此来改变主机进口压强，此法操作方便，缺点是经济性差，调节范围在40%～100%之间。

进口导流叶片是在叶轮进口前设置多个轴向或径向导流叶片，调节这些叶片的开度，可使进入叶轮的气流产生予旋，使主机产生的压强和流量有所变化而达到调节制冷量的目的。此种方法比进口节流要经济得多，调节的范围最低可以达到10%。

改变冷凝器容量的方法不经济，一般不使用。利用旁路调节尽管不经济，但由于它可在极小冷量时使用，所以往往和其他调节方法配合使用。

常用的制冷压缩机主要是以上三种，其主要性能特点见表5-7。

表5-7　三种制冷压缩机的主要性能特点

制冷机形式	使用主机	优　点	缺　点
活塞式制冷机	活塞式制冷压缩机	这种制冷机出现最早，使用最广泛，运行管理经验成熟，运行可靠，使用方便；冷量范围大，热效率高，单位冷量耗电少；加工比较容易，造价比较低廉	压缩机体积大，耗金属多，占地面积大；易损部件多，维护费用高；单机产冷量不能太大；能量无级调节比较困难
螺杆式制冷机	螺杆式制冷压缩机	压缩机结构简单，体积小，重量轻；易损部件少；振动小；容积效率高，对湿压缩不敏感；能实现无级调节	单位冷量耗电比活塞式稍高；喷油冷却螺杆式压缩机润滑油系统复杂、庞大，耗油高；噪声高，螺杆的加工精度要求高
离心式制冷机	离心式制冷压缩机	单机制冷能力大（国外空调用离心式制冷机单机制冷量达到28000kW）；结构紧凑，重量轻，占地面积小，没有磨损部件，维护费用低；运行平稳，振动小，噪声较低；能经济地进行无级调节和合理地使用能源	离心式压缩机的转速高，所以对材质、加工精度和制造质量均要求严格；小型离心式制冷机热效率低于活塞式制冷机

二、冷凝器与蒸发器

冷凝器与蒸发器是蒸气压缩制冷四个主要部件中的两个，而且同属热交换器。对于热交换器的传热过程以及传热速率和换热面积的计算前面已有介绍，现仅说明制冷换热器与其他传热过程的换热器相比的特点，这些特点如下。

① 制冷换热设备的工作压强和温度的变化范围较小。

② 冷热流体间的温差较小，若想达到要求的传热速率就必须强化传热过程，提高传热系数和加大传热面积，如氨制冷设备中，冷凝器与蒸发器的重量可占制冷装置总重的90%。

③ 制冷换热器要与制冷压缩机相匹配，一般换热过程的热交换器是以传热系数、流动阻力、单位传热面积的体积和材料耗量等参数来评价的，而对制冷热交换器来说，首先要确定换热器对制冷压缩机特性的影响。例如需更换一台冷凝器的冷却风扇时，不但要知道风扇本身的功率和全风压、风量的变化，而且必须考虑风量的变化是否使冷凝温度 t_k 的变化，

导致压缩机的压缩比、所耗功率及效率的变化。

三、节流机构

节流机构是组成制冷系统中四个主要设备之一。它的主要作用是对高压液体制冷剂进行节流降压，以保证冷凝器与蒸发器之间的压强差，既保证了高压气态制冷剂在冷凝器中放出热量而凝成液体，又能使低压液态制冷剂吸收热量，蒸发成气体。此外还能调节供蒸发器的制冷剂的流量，以满足蒸发器热负荷的变化。节流机构有效地调节控制进入蒸发器的液态制冷剂的流量是非常重要的，如果节流机构向蒸发器的供液量过大，使部分制冷剂尚未汽化就随同气态制冷剂进入压缩机，而压缩机温度较高，这部分液态制冷剂会迅速汽化膨胀，严重者会造成冲缸事故。反之，如节流机构向蒸发器供液量过小，则液体制冷剂在向蒸发器流动的途中就已蒸发，冷量散失给管道周围的环境而不能给蒸发器中的载冷剂，致使制冷系统的制冷量降低，制冷系数减小。

常用的节流机构有手动节流阀、浮球调节阀、热力膨胀阀、自动膨胀阀和毛细管等。

（一）手动节流阀

手动节流阀的结构与普通的截止阀相似，其不同之处在于密封圈结构是由针状锥体或带V形缺口的锥体取代截止阀的平面圆环；另一个区别在于阀杆上的旋进，旋退螺纹改为细牙螺纹，这样在同样旋转手轮一圈时，使阀门的开启度变化的更小，保证了节流阀良好的调节性能。

手动节流阀是一种较原始的节流装置，操作人员需不断调节阀门的开度，以适应负荷的变化，确保离开蒸发器的气态制冷剂有一合理的较小的过热度。如操作不当，就会导致运转工况失常。通常手动节流阀的开启度为手轮转 1/8～1/4 圈，最多不超过一圈，开启过大起不到节流作用，开启过小则使制冷剂蒸气过热太多，影响制冷量和制冷系数，故目前手动节流阀已多为自动控制阀所取代，仅是作为自动膨胀阀的旁路阀，以备检修自动膨胀阀时作辅助性的节流机构。

（二）浮球调节阀

浮球调节阀属自动节流装置。它的工作依据是保证蒸发器液面的一定高度，因此适用于满液式蒸发器，如管式、立管式和螺旋管式蒸发器等。

浮球调节阀按制冷剂在阀内的通道形式可分为直通式和非直通式两种，图 5-15 示出二者的结构示意。从图中可看出浮球室上下分别有连接管与蒸发器的气相和液相的空间连通，这样浮球室的液面与蒸发器的液面高度相等，随蒸发器液面的上升（下降）浮球也上升（下降），通过杠杆传动系统的作用，调节针阀孔的开度减小（或增大），针阀的供液量减小。当蒸发器的液面达设计最大高度时，浮球相应升起的高度，足以使针阀闭死而停止供液，这样就能始终保证蒸发器的正常工作。

直通式浮球调节阀的工作方式为：高压液态制冷剂首先进入节流阀孔节流后，即进入浮球室变成低压液态制冷剂和少部分气态制冷剂，液态制冷剂通过液体连接管，气态制冷剂则通过气体连接管分别进入蒸发器。

非直通式浮球调节阀的工作方式为；高压液态制冷剂进入节流阀孔后，不进入浮球室，而是由阀的出口进入蒸发器。浮球室另引气液连接管与蒸发器相通。如图 5-15（b）所示，它的管路系统见图 5-15（c）。

直通式浮球调节阀构造简单，价格便宜，安装方便；但浮球室液面波动大。浮球传给针阀密封件的冲击力大，故阀门寿命低。外直通式浮球调节阀的阀门结构与浮球室不为一体，

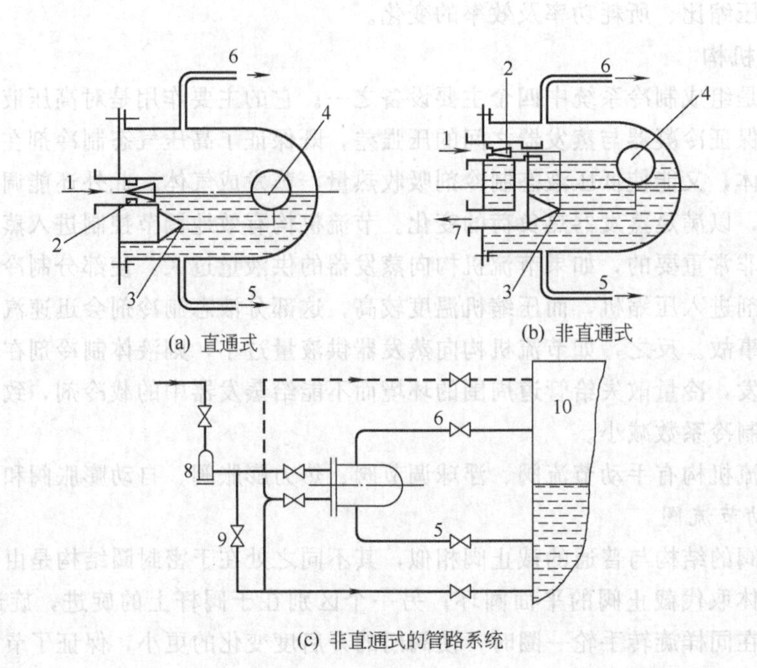

图 5-15　浮球调节阀的管路系统

1—液体进口；2—针阀；3—支点；4—浮球；5—液体连接管；6—气体连接管；

7—液体出口；8—过滤器；9—手动节流阀；10—蒸发器或中间冷却器

节流后的制冷剂不直接流入浮球室，固浮球室液面平稳，阀门密封件不受冲击载荷，但其构造复杂，安装不便。

（三）热力膨胀阀

以氟里昂为制冷剂的制冷设备一般都用热力膨胀阀来调节制冷剂流量，同时也起到节流的作用。热力膨胀阀的结构如图 5-16 所示，主要是由阀芯、阀体、膜片、导压毛细管、感温包、调节螺钉、弹簧、进出口接管组成。感温包安在蒸发器出气口附近。导压毛细管是连接阀门顶端气室与感温包的管子。

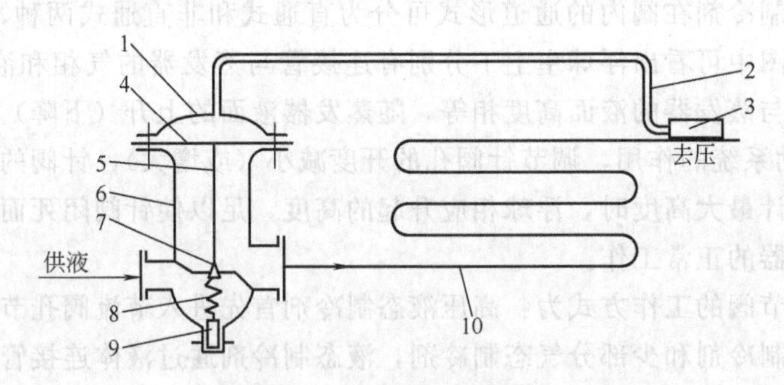

图 5-16　热力膨胀阀的结构

1—阀盖；2—导压毛细管；3—感温包；4—膜片；5—阀杆；6—阀体；

7—阀芯；8—弹簧；9—调节螺钉；10—蒸发器

热力膨胀阀的工作依据是以蒸发器出口制冷剂蒸气的过热度变化为信息源，来调节阀的开度，以确保合适的供液量。工作原理是建立在金属弹性膜片受力平衡的基础上的。阀门工作时，图 5-16 所示的膜片 4 受到感温包内工质（感温包充满与系统制冷剂相同的液体）的压强所形成向下的压力，在膜片的另一侧受到制冷剂的压力和弹簧作用力，此二力方向向上，膜片上固定着阀杆，当膜片受以上三力的合力作用向上向下鼓起时，带动阀杆上下移动，使阀孔开度变化，以调节蒸发器的供液量。当膜片受三力的合力为0时，阀孔开度保持不变，当蒸发器出口蒸气的过热度增大时，膜片上方的压强形成的压力大于下方二力的合力，膜片则会向下鼓出，阀杆向下运动将阀针顶开，使阀孔开度加大，供液量增大。反之，当蒸发器出口蒸气过热度减小，则膜片向上的作用合力大于向下的压力时，阀杆向上运动，使阀孔开度关小，供液量也就会减少。

根据工作条件的不同，热力膨胀阀具有不同的形式：按力平衡元件的不同，热力膨胀阀可分为膜片式和波纹管式；按感温包充注工质的状态不同可分为充液式和充气式；按热力膨胀阀的结构可分为内平衡式和外平衡式。内平衡的结构是阀后的蒸气直接作用于膜片的下部与弹簧力一起平衡感温包饱和蒸气的压力。外平衡的结构则是从蒸发器出口处另引一根平衡导管，将该点的压强引入膜片下方气室，如图5-17所示。

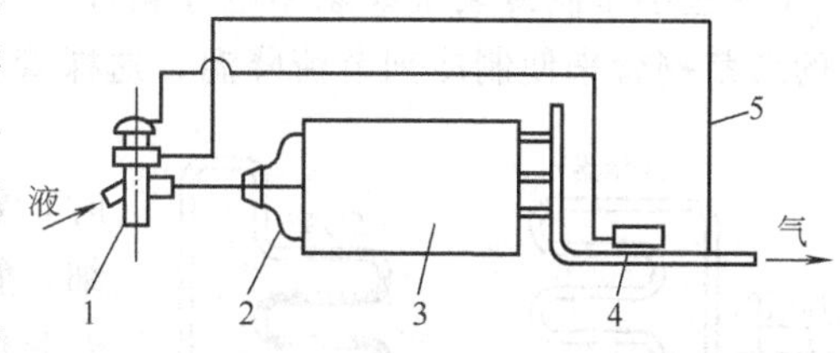

图5-17 外平衡式热力膨胀阀

1—热力膨胀阀；2—分液器；3—蒸发器；4—感温包；5—平衡导管

热力膨胀阀在工作中，由于种种原因会产生一些故障，最常见的故障是堵塞不通。表现为蒸发压强下降，高压排出温度降低。引起堵塞的原因有几种。其一是热力膨胀阀感温包系统充注工质泄漏，由于膜片、毛细管和感温包等处破裂，均会使工质泄漏，膜片上方压强下降，压力降低，阀杆则会上升，将阀针压在阀孔上。其二是热力膨胀阀产生冰塞或油堵塞，它的表现同样是压缩机的吸气压强下降，阀体结霜消失。出现这种情况时将膨胀阀拆开，在阀孔四周发现有黏性油状物即可确定为油堵塞，发现有冰粒可确定为冰塞。产生油堵塞的原因主要是冷冻机油凝固点温度太高，应该更换冷冻机油牌号；产生冰塞的原因是制冷剂中含有水分，应在制冷系统中装一干燥器，干燥器中最好是用变色颗粒硅胶为干燥剂，效果较好。

（四）自动膨胀阀

自动膨胀阀又称自动调节阀，结构如图5-18所示。在阀盖与阀体之间设一起到缓冲和隔离作用的膜片，膜片下方连一阀杆，阀杆下方是针状阀芯。膜片上方通过弹簧与调节螺钉贴紧。

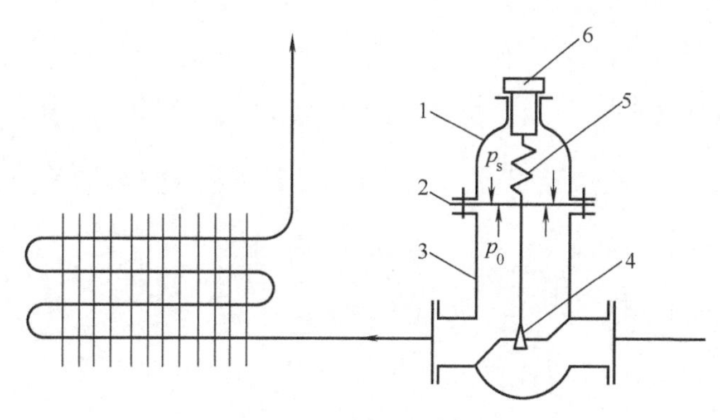

图5-18 自动膨胀阀

1—阀盖；2—膜片；3—阀体；4—阀芯；5—弹簧；6—调节螺钉

在膨胀阀正常工作时，阀体内来自蒸发器的压强 p_0 产生向上的力与弹簧向下的作用力相等，调整好调节螺钉，并保证阀孔开度满足蒸发器正常供液的需求。如果蒸发器液态制冷剂不足，蒸发压强降低，膜片下方压强产生向上的作用力就会小于弹簧的作用力，此时阀孔开度增大，则会增加蒸发器的供液量，这使得蒸发器的压强也会相应提高，使膜片上下的作用力再趋平衡，以保证蒸发器正常的供液量和相应的正常工作压强。

自动膨胀阀比热力膨胀阀结构简单，工作可靠；不足是调节性能相对较差，同此不适宜用在蒸发温度需要变化的场合。

（五）毛细管

在一些小型制冷装置如家用电冰箱和空调机上，常用一根内径约为 2.5mm，长度不到 1m 的细紫铜管来使制冷剂节流降温，这棵管就是最简单的节流装置——毛细管。

毛细管的工作原理是根据流体在毛细管中流动时，要克服沿程阻力而自身产生压强降低，管径越细，管线越长，产生的压强降低越大。毛细管具体安装位置如图 5-19 所示。毛细管的内径与长度一旦选定，它所产生的压强降和控制的流量则予确定，为此对其长度要精心计算并通过实验确定。毛细管的通道面积在工作中不能调节，因此只能适用一种工况，不能用于需要调节蒸发器压强和温度的场合。

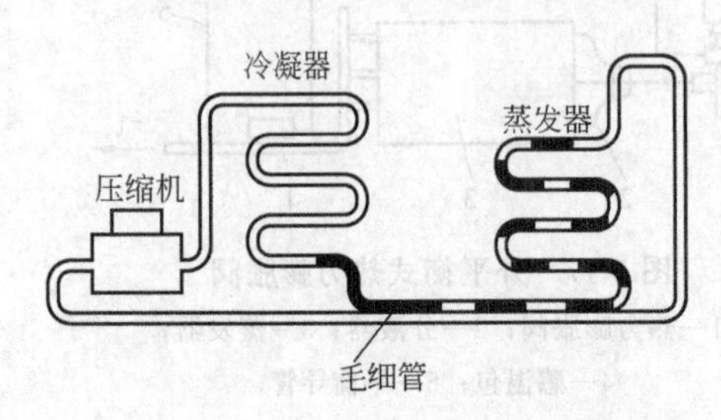

图 5-19　毛细管在压缩系统的位置

毛细管在停机后不能闭合，故无需使用贮液器，在制冷系统中，要适当充注制冷剂。充注太多，则使多余的制冷剂停滞在冷凝器内，使冷凝器压强升高。反之充注过少，则会使蒸发器供热面积不能充分吸收热量，制冷量会降低。

与膨胀阀、节流阀相比，毛细管具有结构紧凑，制造安装方便，工作可靠等优点。缺点是不能适应工况变化的场合，因此在实际应用中毛细管多用于工况稳定，泄露很小的封闭式制冷压缩机的制冷系统。

第六章　空气处理设备

第一节　概　　述

在医药行业中有空气预处理和除菌设备以及合理的操作制度以保证在抗生素以及生物药物生产过程中，为其提供大量的无菌空气，以确保符合药物生产和药物产生菌的生长、分泌产物所需要的环境。因此在医药行业，保持空气处理系统的正常运行是十分重要的。但在实际应用中，各药厂空气处理系统根据药厂的环境和生产需求而有所不同。

微生物一般很小，它们通常都是黏附在固体尘埃的表面和水蒸气的雾滴上，飘浮于空气中。空气中含微生物的数量随环境的不同而有很大差异。选择良好的取风位置和提高空气除菌系统的除菌效率，是保证医药工业正常生产的重要条件。

一、无菌空气的标准

医药工业的空气除菌系统工艺流程是按生产对无菌空气的要求，根据所在地的空气性质而制订的，同时还要求结合吸气环境和所用设备的特性进行考虑。

对于一般要求的低压无菌空气，可直接采用一般鼓风机增压后进入中、高效过滤器，经一两次过滤除菌而制得的无菌空气。这种空气除菌系统可以达到十万级，主要用于药品生产环境以及洁净工作环境（无菌室）等。而对抗生素以及某些需要发酵的生物药物来说，除要求无菌空气应具备的必要程度的无菌条件外，还需要具有一定高的压力，这就要用比较复杂的空气除菌系统。

一般说来，吸气口的位置越高，空气中固体尘埃颗粒也越少，但空气压缩机的负荷也越大。一般空气除菌系统的吸气口离地面5～10m为宜。吸入的空气在进入压缩机前应先通过粗过滤器过滤，减少进入空气压缩机的灰尘和微生物的数量，以减少因机械杂质造成往复式压缩机活塞与汽缸间的磨损，并减轻后面空气除菌介质的工作负荷。

由于在整个空气处理过程中，要达到始终保持无菌状态，这在实际上是很难实现的，因此，在整个生产过程中对无菌空气的要求按染菌概率为10^{-3}来计算，即在1000次发酵周期所用的无菌空气中只允许通过一个杂菌为准。

要精确测定空气中含菌量是比较困难的，一般用培养法或光学法来测定空气中含菌量的近似值。培养法测定微生物这里不做介绍。光学法目前已有仪器，它是一种利用微粒对光学散失作用来测量粒子大小和含量的仪器。光学法只是测定一定大小的微粒，而不能直接测出微生物的数量。

二、空气除菌方法

无菌空气：是指自然界空气通过除去或杀灭所含的微生物，使其含菌量降低到一个极限百分数的净化空气。

获得无菌空气的方法大致可分为两大类：一类是利用热能、化学药剂、射线等，使空气中微生物的细胞的蛋白质变性，以杀灭各种微生物；另一类是利用过滤介质及静电来捕集空气中的灰尘和杂菌，以除去空气中的各种微生物。工业上往往是将二者结合在一起应用。

工业发酵所需的无菌空气用空气过滤除菌为主要方法，因为工业发酵对无菌空气要求高、用量大，故要选择运行可靠、操作方便、设备简单、节省材料和减少动力消耗的有效除菌方法。

常用的除菌方法有以下几种。

(1) 辐射杀菌　从理论上说，声能、高能阴极射线、X射线、γ射线、β射线、紫外线等都能起杀菌作用。紫外线波长210～313.2nm范围，最常用的波长为253.7nm。在工业无菌室中常用紫外线照射，加甲醛蒸气、苯酚液喷雾或苯扎溴铵（新洁尔灭）擦洗等方法来保持无菌程度。

(2) 热杀菌　热杀菌是有效、可靠的杀菌方法之一。常用空气经压缩机压缩后，高温并保温一段时间来达到灭菌。采用此法压力较高，对设备的强度要求随之提高，操作费用相应提高。应用在工业发酵上有局限性，一般情况下使用不广泛。

(3) 静电除菌　静电除菌是利用静电引力来吸附带电粒子而达到除菌、除尘、除水雾、油雾的目的。静电吸附对很小的微粒效率较低，但对直径≥1μm微粒除尘效率可达99%以上。静电除菌具有阻力小、效率高以及能耗低的优点，但设备投资费用大，对安全技术措施和设备维护的要求较高。

(4) 过滤除菌法　过滤除菌法是目前发酵工业中较为经济实用的空气除菌方法。它采用定期灭菌的过滤介质来阻截流过空气中所含的微生物，从而得到无菌空气。

第二节　空气过滤除菌的流程、设备原理及结构

一、空气过滤除菌的流程

空气过滤除菌一般是把吸气口吸入的空气先经过压缩前过滤，然后进入空气压缩机。从空气压缩机出来的空气（一般压力在200kPa以上，温度在120～150℃），将其冷却后具有较高的相对湿度，并有可能析出水滴来。此外，用非无油润滑的往复式压缩机压缩后的空气中还带有一定量的油雾，这些都对空气除菌带来许多不利因素。为此，用过滤法除菌的空气预处理系统要将压缩机出口的空气进行必要的降温、减湿、除油后再升温。

医药工业所用的空气过滤除菌的工艺流程，随各地的气候条件不同而有所差别。下面是几个常用的典型设备流程。

(1) 将压缩空气通过二级冷却析水，再加热。这是一个比较完善的空气除菌流程，可适应各种气候条件。其工艺流程见图6-1。

(2) 压缩空气部分冷却析水，部分混合加热。此工艺流程适用于中等湿含量的地区。其特点是流程比较简单，对热能利用比较合理，但操作要求较高。如冷热空气直接混合式除

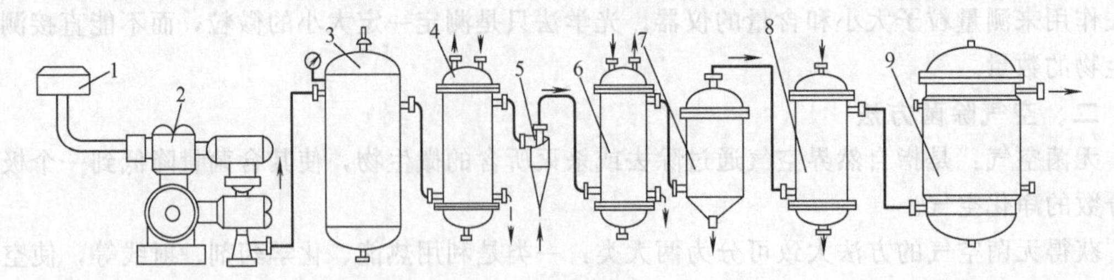

图6-1　二级冷却、加热除菌工艺流程

1—粗过滤器；2—压缩机；3—贮罐；4，6—冷却器；5—旋风分离器；7—丝网分离器；8—加热器；9—过滤器

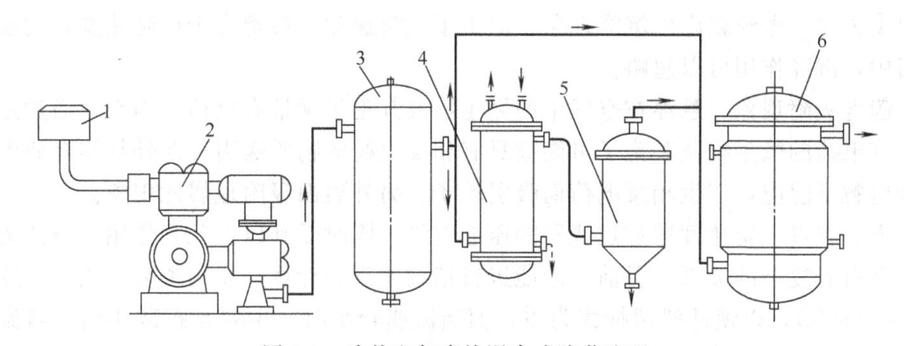

图 6-2　冷热空气直接混合式除菌流程

1—粗过滤器；2—压缩机；3—贮罐；4—冷却器；5—丝网分离器；6—过滤器

菌，其工艺流程见图 6-2。

此外还有高效前置过滤除菌等空气过滤除菌方法。

二、空气过滤除菌设备原理及结构

目前发酵工厂采用的空气过滤除菌设备大多数是传统的深层过滤设备，滤层厚度一般为 1～2m，所用的过滤介质一般是棉花、活性炭或者用玻璃纤维、维尼纶纤维等。对于不同介质、不同规格和使用条件，其除菌效果也会不同。为了制取适合要求的无菌空气，就得深入研究深层过滤设备的工作原理。

1. 深层过滤设备的工作原理

当含有悬浮颗粒的空气气流通过深层过滤设备时，存在着下列五种除菌作用。

（1）惯性冲击滞留现象　由于空气中的颗粒具有一定质量，当气流以一定速度运动时，气流中的微粒则具有一定的惯性力。当气流遇到过滤器中纤维过滤介质时，仅能从纤维的间隙通过，使空气被迫改变方向和运动速度才能通过过滤层。当微粒随气流以一定速度垂直向纤维方向运动时，空气受阻即改变运动方向，而微粒由于运动惯性仍作直线运动，以致与纤维介质相撞，将这种现象称为惯性冲击滞留现象。

在惯性冲击滞留现象中，空气流速是影响捕集效率的重要参数。在一定条件下改变气流的流速就是改变微粒的运动惯性，当气流速度下降时，微粒的运动速度及惯性力也随之下降。如气体流速下降到微粒的惯性力不足使微粒脱离气流与纤维产生碰撞，即微粒也随气流改变运动方向绕过纤维时，导致纤维的滞留效率为零，这时的气流速度称为惯性碰撞的临界速度。

（2）拦截滞留现象　气流速度降到惯性碰撞的临界速度以下，微粒不能以惯性碰撞而滞留在纤维上，捕集效率显著下降。但随着气流速度的继续下降，纤维对微粒的捕集效率又有回升，说明有另一种机理在作用，这就是拦截滞留作用。

如空气中微粒直径很小，质量很轻，当它随着低速气流流动慢慢靠近纤维时，因受到纤维的阻拦，而改变流动方向，绕过纤维前进，并在纤维的周围形成一层边界滞流区。滞流区的气流速度更慢，进到这滞流区的微粒慢慢靠近和接触纤维而被黏附滞留，该现象被称为拦截滞留现象。

（3）扩散现象　对于直径小于 1μm 的微粒，在气流中往往做一种不规则的微小直线运动，称之为布朗运动。正由于布朗运动的存在，使气流中较小的微粒凝集成较大的粒子，有可能被过滤介质接触滞留或发生重力沉降。

（4）沉降现象　空气中微粒虽小，但仍具有一定的质量，当微粒所受到的重力大于气流对它的拉曳力时，微粒就产生沉降现象。但由于气流速度一般都大于沉降速度，故通常在空气过滤器中，沉降作用可以忽略。

(5) 静电吸附现象　悬浮在空气中的微生物及其孢子常带有电荷。当空气通过过滤介质时，某些带电荷的微生物及其孢子可能被具有相反电荷的物质吸引。此外纤维介质也可能被流动的带电粒子感应，产生相反电荷而吸引粒子。另外表面吸附也属此现象。

实际上，在以一定速度通过过滤器的压缩空气，同时受到以上几种作用而被捕集。这几种作用机理有着复杂的关系，目前还未能进行精确的理论计算。总的说来，当气流速度较大时（约＞0.1m/s），以惯性滞留捕集为主；而当流速较小时，主要是扩散作用；当流速在二者之间，可能是拦截作用占优势。

2. 过滤介质与空气过滤器的结构

过滤介质是过滤除菌的关键，它的好坏不但影响到介质的消耗量、过滤过程动力消耗（压缩空气的压力降）、操作劳动强度、维护管理等，而且还决定除菌设备的结构以及过滤过程的可靠性。

空气过滤器一般可分为以纤维状或颗粒状介质为过滤床的过滤器和以微孔滤纸、滤板为介质的过滤器两种。前者介质层中的空隙一般要大于50μm，即远大于微生物的个体（球菌的直径为0.5～1μm），因此在这样介质层中的除菌不是真正的“过滤”，而是靠静电、扩散、惯性及拦截等作用除菌的，这样的过滤器也称深层过滤器。后者又可分为两种情况，一种是用超细玻璃纤维纸、石棉板、烧结金属板等，它们的空隙仍大于0.5μm，因此仍属深层过滤器的范畴。另一种是用微孔滤膜，其空隙一般小于0.5μm，空气中的微生物真正被滤掉，这样的过滤器也称绝对过滤器。

(1) 常用的过滤介质

① 棉花。常用的棉花是未经脱脂的（脱脂棉花易于吸水而使体积变小），最好选用纤维细长疏松的“本种棉”。为的是棉花可填放平整，即先将棉花弹成比过滤器筒径稍大的棉垫后再放入过滤器内。装填密度一般150～200kg/m^{3}为好。

② 玻璃纤维。应采用无碱的玻璃纤维作为过滤介质。常用的纤维直径一般为3～20μm。较细的玻璃纤维不易折断，但空气通过时阻力较大，故常用的玻璃纤维直径为10μm，装填密度为210kg/m^3。但玻璃纤维过滤介质在更换时，易刺激皮肤，甚至引起过敏，应小心操作。

③ 活性炭。活性炭具有非常大的表面积，通过表面物理吸附作用而吸附微生物。活性炭的质量好坏取决于它的机械强度和比表面积。一般采用直径3mm、长5～10mm的圆柱状活性炭。填充率为44%左右（虚密度为500kg/m^3±30kg/m^3）。活性炭一般不单独使用，常与纤维状介质分层堆放成过滤床。

④ 超细玻璃纤维纸。超细玻璃纤维纸是利用质量较好的无碱玻璃，采用喷吹法制成的直径为1～1.5μm的纤维。超细玻璃纤维纸属于高速过滤介质，具有较高的过滤效率和较低的过滤阻力。

⑤ 石棉滤板。石棉滤板采用20%纤维小而直的蓝石棉布和8%纸浆纤维混合打浆抄制而成。由于纤维直径比较粗，纤维间隙比较大，故过滤效率还是比较低。其特点是能耐受蒸汽的反复灭菌。

⑥ 烧结材料过滤介质。烧结材料过滤介质有烧结金属（如蒙耐尔合金、镍粉末、青铜等）、烧结陶瓷、烧结塑料等。制造时把这些材料微粒粉末加压成型，在熔点温度下黏结固

定，但只是粉末表面熔融黏结而保持粒子的空间和间隙，形成微孔通道，使其具有微孔过滤的作用。各种烧结材料过滤介质的性能各自不同。

总之，目前的过滤介质的性能还不完善。要评价一种过滤介质主要是看它的过滤效率和过滤阻力。要求过滤效率越高越好，同时过滤阻力要越小越好。

(2) 空气过滤器的结构

① 纤维状及颗粒状介质的过滤器。纤维状或颗粒状介质过滤器是由一直立的圆筒加上碟形封头作为外壳，圆筒最大直径一般不超过2.5～3m，过大时介质床横截面积上的空气流速分布常不够均一，易导致短路。过滤器内有上下孔板两块，各由支撑杆或架与顶和底焊接在一起，孔板的孔径为10～15mm。大直径过滤器的下孔板做成凸曲面的（曲面向上），这样可使底部的介质有一压向器壁的分力，以防止空气沿器壁走短路。这样的下孔板可直接焊于器壁上或用螺栓固定在内壁的法兰圈上，如图6-3所示。深层纤维-颗粒状介质过滤器的空气一般从下部圆筒切线方向通入，出口不宜安装在顶盖上，以免检修和更换介质时拆装管道困难。大型过滤器上的上孔板可由几块多孔板拼合而成以便于检修。为了使介质层在蒸汽灭菌后干燥得快些，一般在过滤器筒身外装有供蒸汽加热的夹套，但如加热不恰当，会使器内棉花炭化，玻璃纤维结团，活性炭引起焚烧，故有的过滤器无夹套装置。

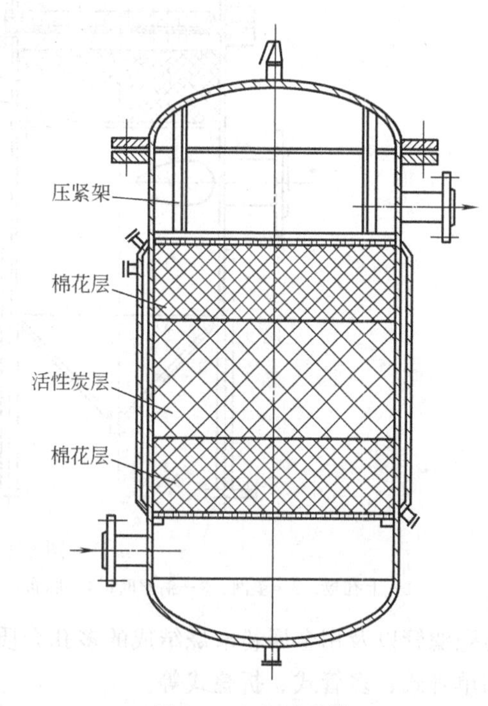

图6-3 空气过滤器

深层纤维-颗粒状介质过滤器上部应装有安全阀、压力表、排空接管及阀门，罐底应装有排污阀，以便检查预处理后空气的干燥程度。

② 滤纸过滤器。滤纸过滤器是一种采用过滤纸或过滤板的过滤器，它由筒身、顶盖、滤层、孔板等组成，空气从筒身切线方向进入，类似于旋风分离器，故也称为旋风式过滤器。过滤器以超细玻璃纤维纸为过滤介质，其孔径约为1～1.5μm，厚约0.25～0.4mm，其实密度为2600kg/m^3，填充率为14.8%，平时以3～6张滤纸叠合在一起使用。这种滤纸的除菌效率很高（对大于0.3μm的颗粒去除效率为99.9%以上），阻力很小，但强度不太大，特别是受潮后强度更差。因此滤纸常用酚醛树脂、甲基丙烯酸树脂、嘧胺树脂、含氢硅油等增韧剂或疏水剂处理，以提高其防湿能力和强度。也可在制造滤纸时，纸浆中混入7%～50%的木浆，这样滤纸强度就有显著改善。为了使滤纸能平整地置于过滤器内，能经受灭菌时蒸汽的冲击和使用空气的冲击，在过滤器筒身和顶盖的法兰间夹有两块相互契合的多孔板（板上开有很多ϕ8mm的小孔，开孔面积约占板面积的40%左右）以夹住滤纸。安装时还须在滤纸上下分别铺上铜丝网、细麻布和橡皮垫圈，如图6-4所示。

空气在滤器内的流速为0.2～1.5m/s，而阻力很小，未经树脂处理过的单张滤纸在气流速度为3.6m/s时仅3mm H_2O（1mmH_2O=9.80665Pa）。经树脂处理或混有木浆的滤纸，阻力稍大。

此外，还可用纤维素酯微孔滤膜、聚四氟乙烯微孔薄膜、聚乙烯醇滤板、石棉板、多孔

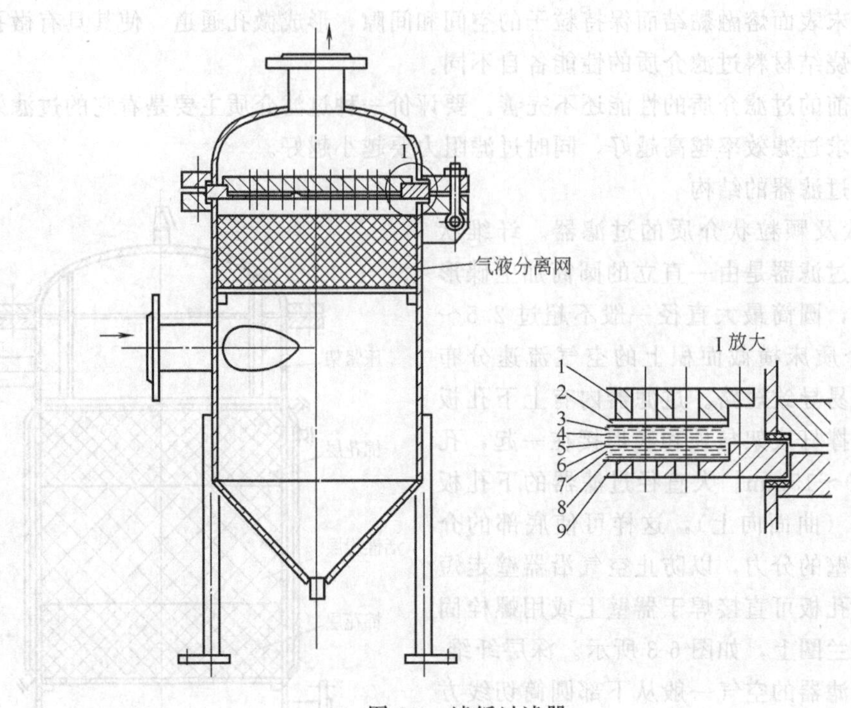

图 6-4　滤纸过滤器

1—上孔板；2—垫圈；3—铜丝网；4—麻布；5—滤纸；6—麻布；7—铜丝网；8—垫圈；9—下孔板

陶瓷滤管以及用金属粉末烧结成的多孔介质来过滤空气中的微生物。其设备形式也有多种，如单管式、多管式、折叠式等。

第三节　空气过滤除菌的其他设备

一、粗过滤器

粗过滤器是安装在压缩机前的过滤器，主要作用是捕集较大的灰尘颗粒，防止压缩机受磨损，同时也可减轻总过滤器的负荷。对粗过滤器的要求是过滤效率要高，阻力要小，否则会增加压缩机的吸入负荷和降低压缩机的排气量。

常用的粗过滤器有以下几种。

1. 布袋过滤器

布袋过滤结构最简单，它的过滤效率和阻力损失要视所选用的滤布材料和过滤面积而定。滤布要求定期换洗，以减少阻力损失和提高过滤效率。

2. 填料式粗过滤器

填料式粗过滤器一般用油浸丝、玻璃纤维或其他合成纤维等作为填料。其过滤效果比布袋过滤器稍好，阻力也较小，但结构复杂，占地面积比较大，操作比较麻烦。

3. 油浴洗涤粗过滤器

油浴洗涤粗过滤器是空气通过油箱中的油层洗涤，空气中的微粒被油黏附而逐渐沉降于油箱底部而除去，所带出的油雾经百叶窗和过滤网分离。这种洗涤效果比较好，阻力也小，有分离不净的油雾带入压缩机也无影响，但耗油较大。

4. 水雾除尘粗过滤器

水雾除尘粗过滤器是空气被从过滤器底部进口管吸入，经过滤器上部喷下的水雾洗涤，将空气中的灰尘黏附，沉降于底部排出。带有微细水雾的空气经上部滤网过滤后排出，进入压缩机。水雾除尘粗过滤器过滤效率较高，但空气流速不能大，否则会影响压缩机的排气量。

二、空气贮罐

空气贮罐的作用是消除往复式压缩机压缩空气所产生的脉动，又称稳压罐。空气贮罐的结构较简单，如图 6-5 所示，是一个装有安全阀、压力表的空罐壳体，其容积一般为压缩机排气量（m^3/min）的 0.1～0.2 倍。空气贮罐一般紧接压缩机安装，可使后面的管道、容器压力稳定，气流速度均匀。

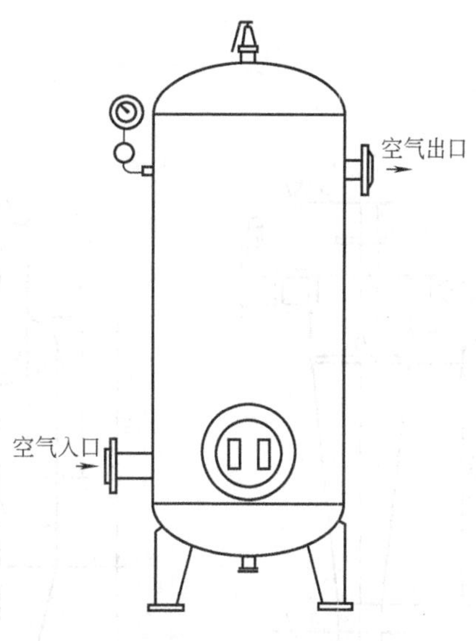

图 6-5　空气贮罐

三、压缩空气的冷却设备

压缩机输出的高温空气必须进行适当的冷却，否则通过空气过滤器时会损坏过滤介质，甚至引起介质焚烧炭化，同时过高温度的空气进入发酵罐会使发酵温度难以控制。但压缩空气经冷却将会使空气中的水汽部分凝结而析出，但压缩空气中的水汽仍呈饱和状态，为降低压缩空气冷却后的相对湿度，应将空气进行加热，然后再进入空气过滤器除菌后供发酵使用。

用于空气冷却的常用设备有：列管式换热器、喷淋式蛇管换热器以及板翅式换热器。由于空气的传热系数很低，常用增加空气流速来提高空气的传热系数。

在计算冷却器的热交换量时应注意，除了使压缩空气冷却外，在有水析出的情况，还应加上析出水分时所释放出的汽化潜热。

四、压缩空气的除水设备

在空气预处理过程中，常用的除水设备有两类：一类是利用离心力进行沉降的旋风分离器；另一类是利用惯性拦截的介质分离器。此外，也有用电除尘（雾）器来去除水雾和油雾的。

1. 旋风分离器

旋风分离器使空气从切向自中部入口管进入圆筒中部，并在器内做圆周运动，密度较大的冷凝水雾滴（或颗粒）受惯性离心力较大，被迅速抛向器壁，并旋转降至分离器底部，而气体则形成螺旋上升的内旋流，由上部中心排出，结构如图 6-6 所示。旋风分离器是一种结构简单、阻力较小、分离效果较高的气-固或气-液分离设备，一般对于粒径大于 10μm 的颗粒，其分离效果可达 70%～90%。一般冷凝水雾滴的直径为 10～200μm。

2. 丝网除沫器

丝网除沫器对于直径小于 10μm 的微小液滴效果更有效。当夹带有液滴的气体以一定速度通过丝网层，由于惯性作用，气体中的液滴与丝网相撞击而附着在丝网上，然后液滴沿着细丝往下流。当液滴聚集到一定程度就会离开丝网掉下来，这样就达到了分离的目的，结构如图 6-7 所示。丝网除沫器一般为立式圆筒形设备，可以与空气贮罐或旋风分离器组合在一起。丝网除沫器具有比表面积大、自由体积大、重量轻、压强较小、除沫效率高、使用方便等优点。常用的丝网所用的网丝直径一般为 0.25mm，是由镀锌铁丝、不锈钢丝、镍、铝、

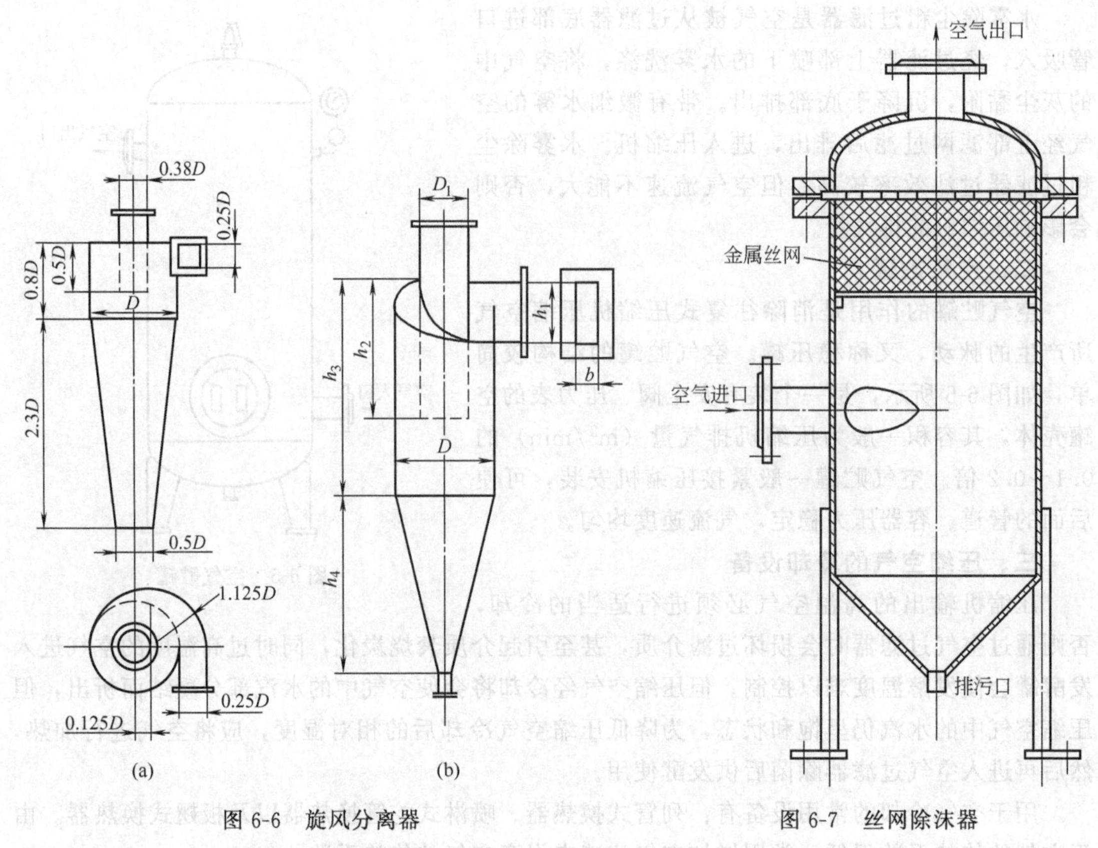

图 6-6　旋风分离器　　　　　　　　　　图 6-7　丝网除沫器

铜、聚乙烯、聚丙烯及涤纶等材料编织而成。丝网层的厚度一般为 100～150mm，折叠的方法有将丝网绕成消防带状或把丝网多层重叠在一起。

为了在空气预处理过程中确保空气的除菌效果，一般要求在除湿后进行加热，使加热后的空气相对湿度保持在 60%以下进入空气过滤器。加热设备一般用套管式、列管式换热器等。加热器具体内容见换热设备章节。

第四节　洁净工作室简介

目前在医药工业生产中的无菌室一般仍采用紫外光照射加甲醛蒸气熏、苯扎溴铵擦洗等手段，来达到无菌要求。无菌室所通入的空气须经过高效过滤器，以保持无菌室的无菌状态。

一、洁净度标准

目前美国、日本、西欧各国均采用美国洁净室指标 No209E《美国联邦标准》（1992年），见表 6-1。我国国家药品监督管理局也颁布了《中国药品生产洁净室（区）的空气洁净度标准》（1999 年 8 月 1 日发布实施），具体规定见表 6-2。

二、洁净室分类

按洁净室的气流形式可分为：层流洁净室和乱流洁净室；按气流方向又可分为垂直层流洁净室和水平层流洁净室。

（1）垂直层流洁净室　垂直层流洁净室一般是在洁净室天棚送风，格栅地板或侧墙下部回风。房间断面风速≥0.25m/s，洁净级别为 100 级。

表 6-1 美国联邦标准（1992 年）规定的洁净度级别/(尘埃允许数/m³)

洁净度级别	粒径/μm				
	0.1	0.2	0.3	0.5	5.0
1	35.0	7.50	3.00	1.00	NA
10	350	75.0	30.0	10.0	NA
100	NA	750	300	100	NA
1000	NA	NA	NA	1000	7.0
10000	NA	NA	NA	10000	70.3
100000	NA	NA	NA	100000	700

注：NA—不计数。

表 6-2 《中国药品生产洁净室（区）的空气洁净度标准》规定的洁净度级别

洁净度级别	每立方米尘埃最大允许数		微生物最大允许数	
	≥0.5μm	≥5μm	浮游菌/(个/m³)	沉降菌/[个/(皿·30min)]
100	3500	0	5	1
10000	350000	2000	100	3
100000	3500000	20000	500	10
300000	10500000	61800	NA	15

注：1. 洁净级别以动态测定为主。

2. 9cm 双碟露置半小时后培养测定的数值。

(2) 水平层流洁净室　水平层流洁净室室内一面送风，对面墙上则进行回风。房间断面风速≥0.35m/s，洁净级别为 100 级。

(3) 局部层流洁净室　局部层流洁净室只是在局部提供层流空气，供只需在局部洁净技术环境下操作的工序。局部层流装置可设在洁净室为 10000 级或 100000 级的环境内，这样可降低层流洁净室的造价。

(4) 乱流洁净室　乱流洁净室在洁净室的上层或侧墙送风，侧墙下部或走廊回风。

洁净级别与室内工作状况、换风次数有关。洁净度为 10000 级的人员入口处设有风淋室，洁净度为 100000 级的人员入口处设有气闸室。

三、洁净室的工艺参数控制要求

(1) 温度和湿度　洁净室一般控制温度为 293～297K，相对温度为 45%～60%。

(2) 换气次数　一般情况下，10000 级要大于等于 25 次/h，100000 级要大于等于 15 次/h。

(3) 压差　洁净室与非洁净区之间的静压差应大于等于 5Pa，洁净室与室外之间的静压差应大于等于 10Pa。

四、洁净度的检查方法

洁净度的检查方法除用尘埃粒子计数外，可用菌落检查。即每 5～7m² 放置一个 9cm 的双碟培养皿，暴露 30min 后，于 310K 培养相中培养 24h 后观察菌落数，不超过规定为合格，根据培养皿总检测数，合格率应大于等于 80%。

第七章 容器设备

第一节 概 述

在医药行业中，可以看到许多设备。这些设备有的是用来贮存物料，如各种贮罐、计量罐、高位槽等；有的用于进行物理变化，如换热器、蒸馏塔、沉降器等；有的用于进行化学反应，如反应釜、发酵罐、离子交换器等。这些设备的大小尺寸、结构形状更是多种多样，但它们都有一个外壳，这个外壳就叫做容器。所以，容器可看成是医药化工生产所用各种设备外部壳体的总称。

容器设备通常是由筒体（又称壳体）、封头（又称端盖）、法兰、支座、接管口及人孔、手孔、视镜等组成（见图 7-1）。它们统称为化工设备通用零部件。常、低压化工设备通用零部件大都已有标准，设计时可直接选用。

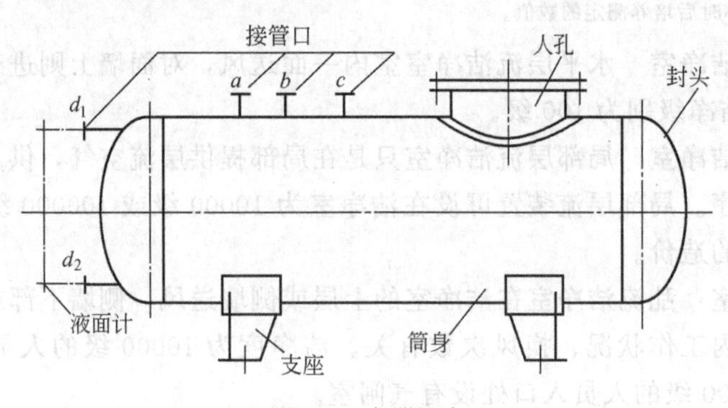

图 7-1 容器设备

常见的容器形状主要有三种。

(1) 方形或矩形容器 方形或矩形容器是由平板焊成，制造简便，但承压能力差，故只用作小型常压贮槽。

(2) 球形容器 球形容器是由数块弓形板拼焊成。承压能力好，但由于安置内件不便和制造稍难，故一般用作贮罐。

(3) 圆筒形容器 圆筒形容器是由圆柱形筒体和各种成型封头（半球形、椭圆形、碟形、锥形）所组成。作为容器主体的圆柱形筒体，制造容易、安装内件方便，而且承压能力较好，因此这类容器应用最广。在医药行业常看到的是这类容器设备。

按容器设备承压性质可将容器分为内压容器与外压容器两类。当容器内部介质压力大于外界压力时为内压容器。反之，则为外压容器。内压容器按其所能承受的工作压强，可划分为中、低压容器与高压容器两类。区分它们的压力界线没有统一的规定，习惯上常将设计压强低于 10MPa 的称为中、低压容器（习惯上将压强为 1.6～10MPa 的容器称为中压容器；将压强为 0.1～1.6MPa 的称为低压容器；低于 0.1MPa 的称为常压容器），高于 10MPa 的称为高压容器。高压容器的选材和制造技术及检验要求较中、低压容器高。

从容器设备制造所用的材料来看，容器有金属制的和非金属制的两类。金属容器中，目前应用最多的是低碳钢和普通低合金钢制的。在腐蚀严重或产品纯度要求高的场合，常使用不锈钢或复合不锈钢材料；不承压的塔节或容器，可用铸铁。非金属材料既可作容器的衬里，又可作独立的构件。常用的有硬聚氯乙烯、玻璃钢、不透性石墨、化工搪瓷、化工陶瓷以及橡胶衬里。

容器设备的结构与尺寸、制造与施工，在很大程度上取决于所选用的材料。不同材料的化工容器有不同的设计规定。

容器设备的结构与尺寸一般是根据生产工艺要求，通过工艺计算及生产经验等因素所决定。

第二节 反 应 釜

典型的反应釜通常是由釜体部分、传热、搅拌、传动及密封等装置组成，见图 7-2。釜体部分作为物料反应的空间，由筒体及上下封头所组成。传热装置是为了送入化学反应所需要的热量或带走化学反应生成的热量，一般有夹套式或蛇管式结构等。搅拌装置的作用在于使反应釜内物料浓度、反应温度尽量均匀，从而达到强化传质和传热的目的，通常由搅拌器及搅拌轴所组成，由电动机经减速机减速后，再通过联轴器带动搅拌装置转动。密封装置有静密封和动密封两种，静密封通常是管法兰和设备法兰密封，动密封主要有机械密封及填料密封。反应釜还根据工艺要求配有各种接管口、手（人）孔、视镜及支座等部件。

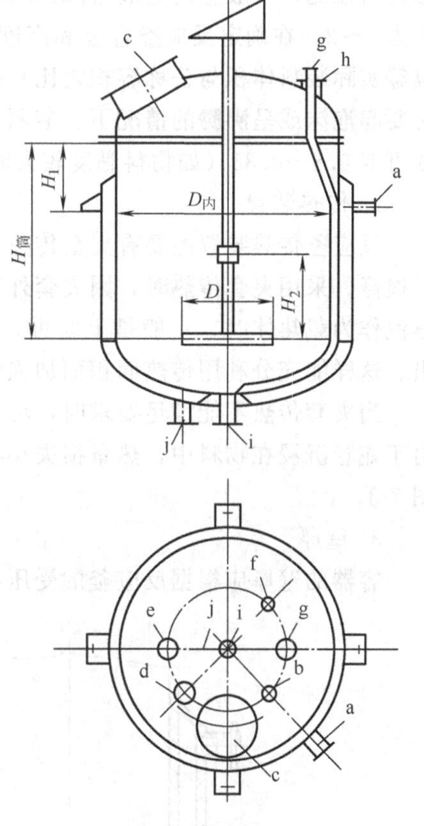

图 7-2 反应釜

反应釜的主要工艺条件通常包括反应釜的容积、最大工作压强、工作温度、工作介质及腐蚀情况、传热面积、搅拌形式、转速及功率、配装哪些接管口等。

根据生产工艺所提出的要求，确定反应釜主要包括以下几项内容。

（1）结构形式和几何尺寸的确定　反应釜的结构形式和几何尺寸应根据工艺要求，按物料的容积和质量、反应的特点、传热的形式和安装、维修的要求来确定。

（2）材料的选择　反应釜的制造材料应根据各零部件的工作情况，所处的压强、温度、化学腐蚀性等条件进行选择。

（3）强度的计算　反应釜要根据零件的结构形式、受力条件以及材料的力学性能和腐蚀情况，进行强度计算以确定其结构尺寸。

（4）零部件的选用　对于已经系列标准化的零部件，可以根据工艺要求等因素进行选用。

(5) 图纸的绘制　反应釜及其零部件需绘成各种图纸，如总装配图、部件图、零件图等，以供制造、装配和维护时使用。

(6) 技术要求的提出　提出制造、装配、检验和试车等技术要求。一般可以在图纸上用文字表达，当内容较多时亦可另编技术文件、设计说明书等。

一、釜体

反应釜的主要部分是容器，其结构形式一般是由筒体加上下封头组成。筒体的形状基本上是圆柱形，封头一般是椭圆形。反应釜的釜体结构与传热形式有关，最典型的是夹套壁外传热结构或釜体内部安装蛇管传热，也有将夹套和蛇管联合使用。此外，还根据生产工艺要求确定容器壁厚以及在釜体上安装各种接管口等。

1. 筒体的基本尺寸

反应釜筒体的基本尺寸首先决定于生产工艺的要求。筒体基本尺寸是指其筒体公称直径及筒体高度。对于带搅拌器的反应釜来说，由于搅拌功率与搅拌器的直径的五次方成正比，因此在同样的容积条件下，反应釜的直径太大是不适宜的。把反应釜的公称直径与高度之比称为高径比，一般釜内是液-固相或液-液相物料，其高径比为 1～1.3；气-液相物料其高径比为 1～2。在确定反应釜直径和高度时，还应该根据反应釜操作时所允许的装料系数（反应釜实际装料体积与公称容积之比）等综合考虑。通常装料系数可取 0.6～0.85。如在反应时要起泡沫或呈沸腾的情况下，装料系数应取低值，约为 0.6～0.7；如反应平稳，装料系数可取 0.8～0.85（如物料黏度较大时，可取最大值）。

2. 传热装置

反应釜传热装置主要有夹套传热和蛇管传热两种。夹套传热结构简单，基本上不需要进行检修。采用夹套传热时，因夹套外有热量散失，故需要在夹套体外壁包以保温材料。当用蒸汽作为载热体时，一般是上端进入夹套，底部排出；如用液体时则相反，即下端进上端出。这样能充分利用传热面积而加强传热效果。

当夹套传热不能满足要求时，可采用蛇管传热。蛇管传热形式的传热效果比夹套要好。由于蛇管沉浸在物料中，热量损失小，传热效果好，但检修较麻烦。夹套和蛇管传热装置见图 7-3。

3. 壁厚

容器的壁厚应根据反应釜的受压程度，按照高、中、低压容器的设计标准来确定。

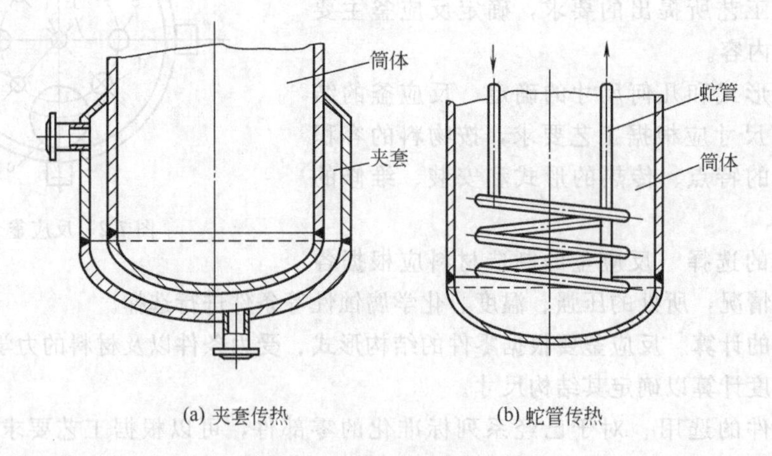

图 7-3　夹套和蛇管传热装置

4. 接管口

反应釜上的工艺接管口主要有进出料口、仪表管口、温度计及压力计管口等，其管径及方位布置是由工艺要求确定的。这些接管口一般都带法兰（进出料口）和螺纹接管（仪表管口）。此外还根据设备大小开设手孔（反应釜直径小于 900mm）或人孔（反应釜直径大于 900mm）。

二、搅拌装置

在反应釜中装有搅拌装置，能起到加快反应速率、强化传质和传热效果以及加强混合等作用。搅拌装置通常由搅拌器和搅拌轴组成。搅拌器的形式主要有桨式搅拌器、框式和锚式搅拌器、推进式搅拌器、涡轮式搅拌器等，应根据生产工艺要求来选择。

1. 桨式搅拌器

桨式搅拌器广泛用于促进传热、固体的溶解及需要慢速搅拌的场合。桨式搅拌器的转速较慢，一般为 20～80r/min。在料液层比较高的情况下，为了将物料搅拌均匀，常装有几层桨叶，相邻两层搅拌叶常交叉成 90°安装。

2. 框式和锚式搅拌器

框式和锚式搅拌器适用于中高黏度液体的混合、传热或反应等过程。由于使用这些搅拌器的反应釜直径较小，可起吊上封头进行安装和检修，因此需做成不可拆的。但如果反应釜直径较大（直径大于等于 1340mm）时，搅拌器常做成可拆式的，用螺栓来连接各搅拌叶，检修时可以从人孔中分别取出，如设备无上封头（敞开式），或搅拌器不需要进行检修时，也可以做成不可拆式。框式和锚式搅拌器的转速为 50～70r/min，最高也可达 100r/min，但较少应用。

3. 推进式搅拌器

推进式搅拌器在搅拌时能使物料在反应釜内循环流动，剪切作用小，上下翻腾效果好。推进式搅拌器的转速为 300～600r/min，甚至更快，一般来说直径与转速成反比。

4. 涡轮式搅拌器

涡轮式搅拌器能使流体均匀地由垂直方向运动改变为水平方向运动，从而使整个液体得到激烈的搅拌。涡轮式搅拌器和推进式搅拌器相似，搅拌速度也较大。

各式搅拌器如图 7-4 所示。

为了加强搅拌效果，有时还在反应釜中装置挡板。反应釜内挡板的安装形式有竖、横两种，竖挡板应用较多，而物料黏度较高时才使用横挡板。安装在液面上的横挡板还可起消泡沫作用。

三、传动装置

反应釜常带有搅拌器，并有一定的转速要求，这就需要有电动机和传动装置来带动其转动。传动装置通常设置在反应釜的顶部，一般采用立式布置，见图 7-5。电动机经减速机将转速减至工艺要求的搅拌转速，再通过联轴器带动搅拌轴旋转。减速机下设置一机座，以便安装在反应釜的封头上。

1. 电动机的选用

反应釜用的电动机绝大部分与减速机配套使用，只在搅拌转速很高时，才由电动机不经减速机而直接驱动搅拌轴，因此电动机的选用一般应与减速机互相配合考虑。很多场合下，电动机与减速机一并配套供应，设计时可根据选定的减速机选用配套的电动机。现在也有可变转速的电动机，可适应在生产过程中需要变速的或同一设备用于多种产品的生产。

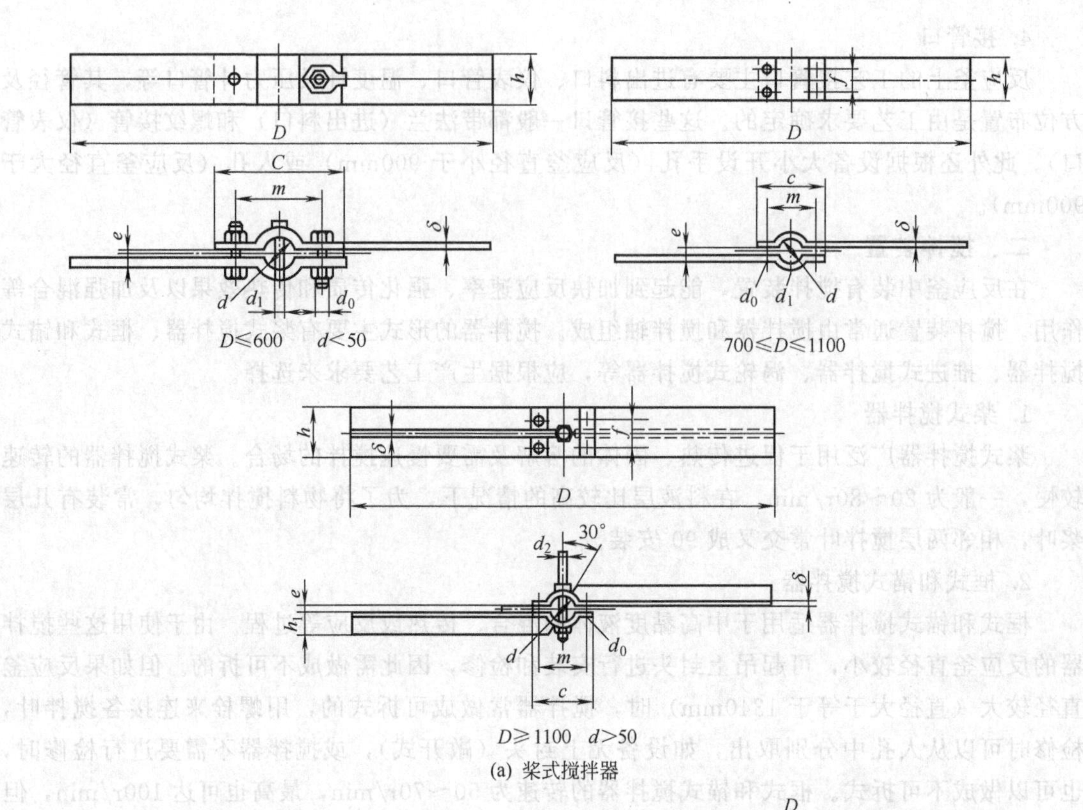

(a) 桨式搅拌器

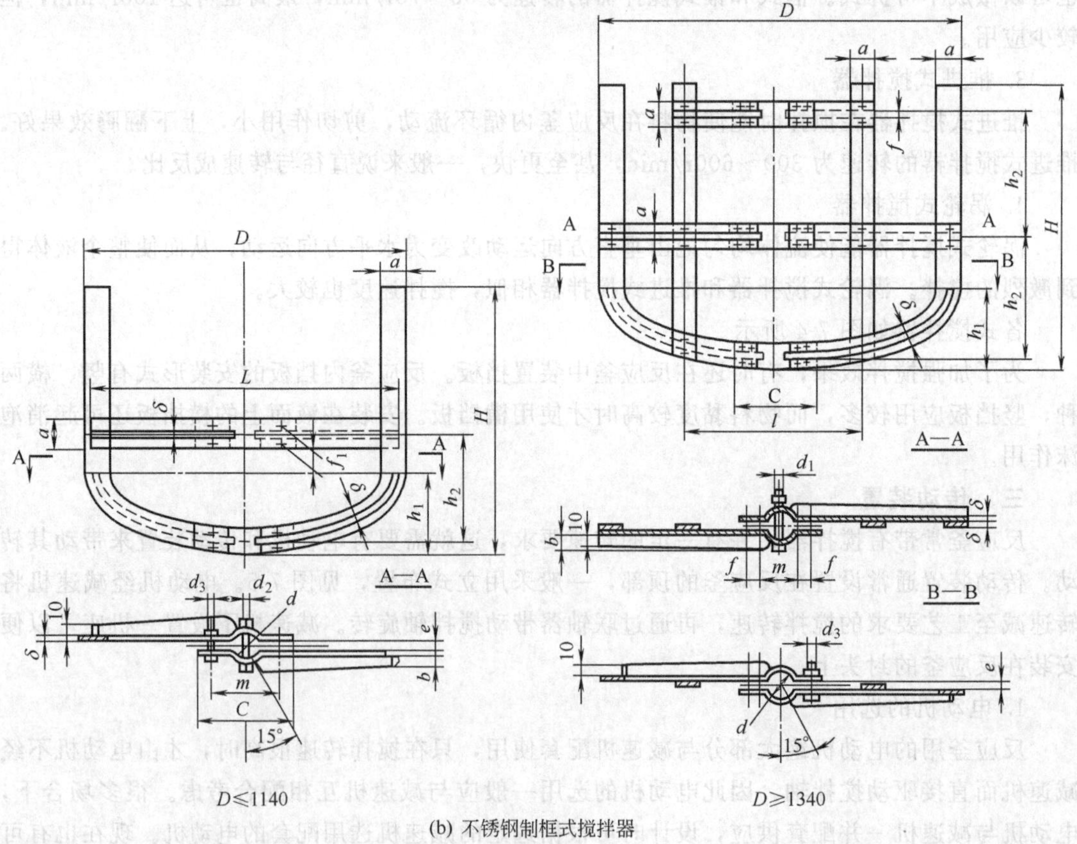

(b) 不锈钢制框式搅拌器

图 7-4

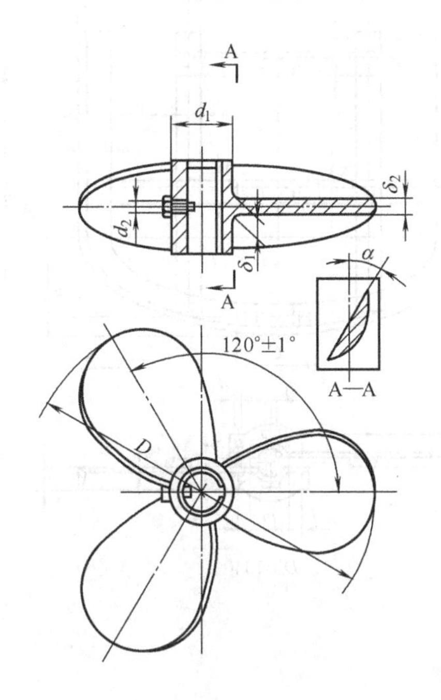

(c) 推进式搅拌器

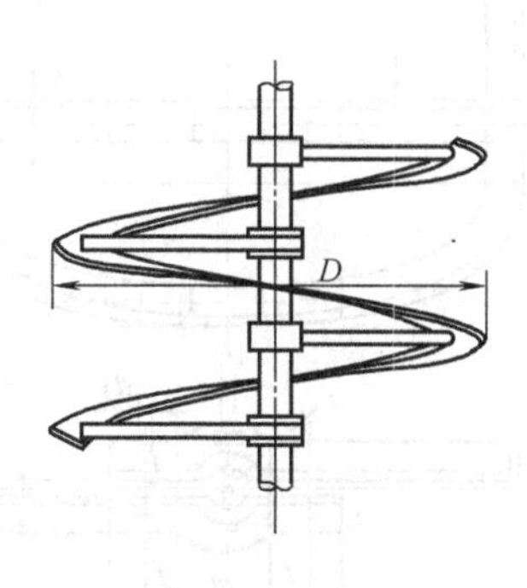

(f) 螺带式搅拌器

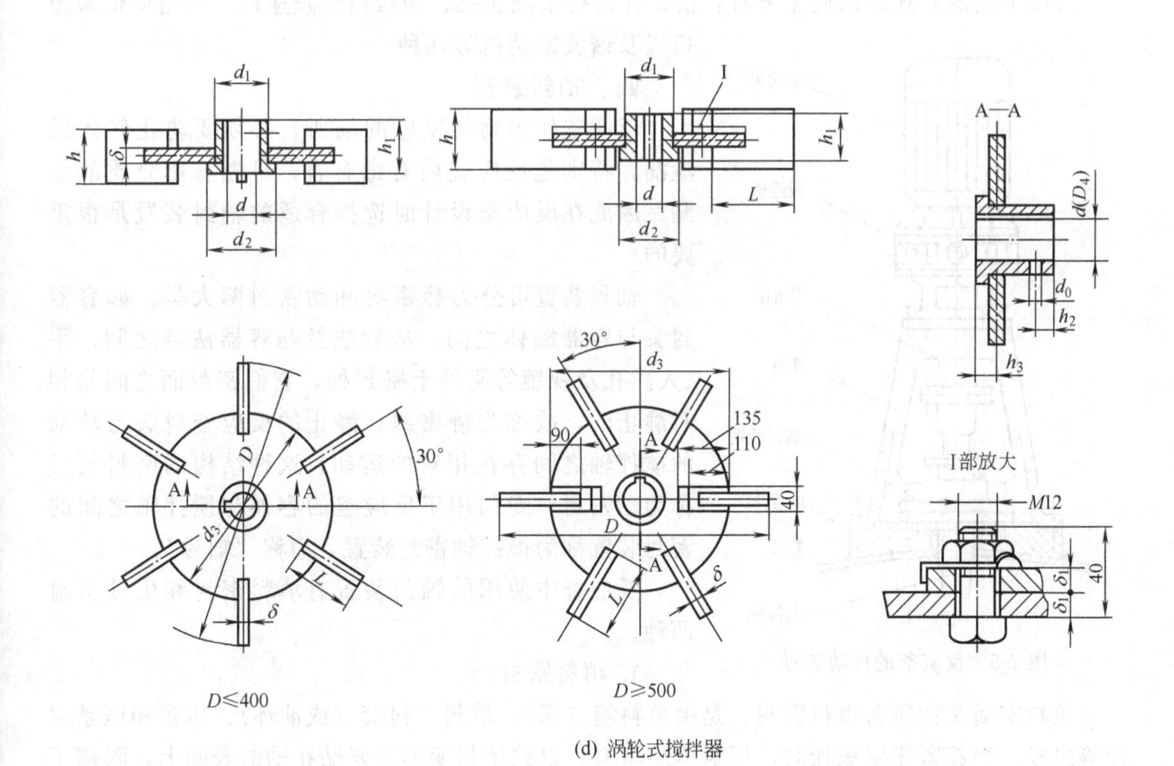

(d) 涡轮式搅拌器

图 7-4

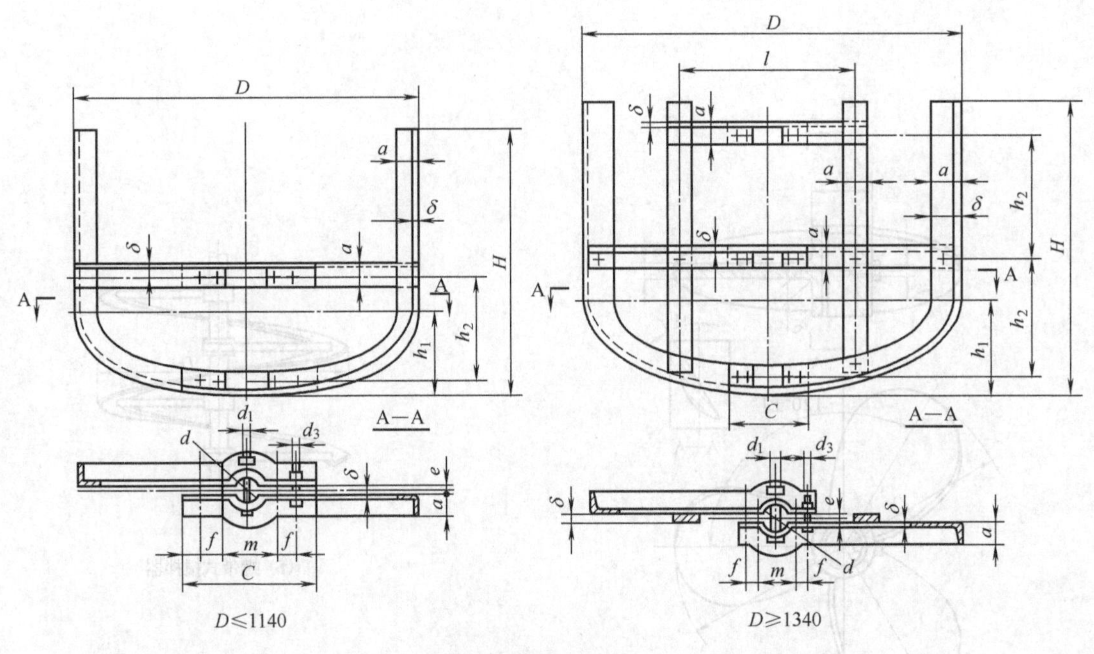

(e) 碳钢制框式搅拌器

图 7-4　搅拌器

2. 减速机的选用

反应釜用的立式减速机主要有：摆线针齿行星减速机、两级齿轮减速机，三角皮带减速机以及谐波减速机等几种。

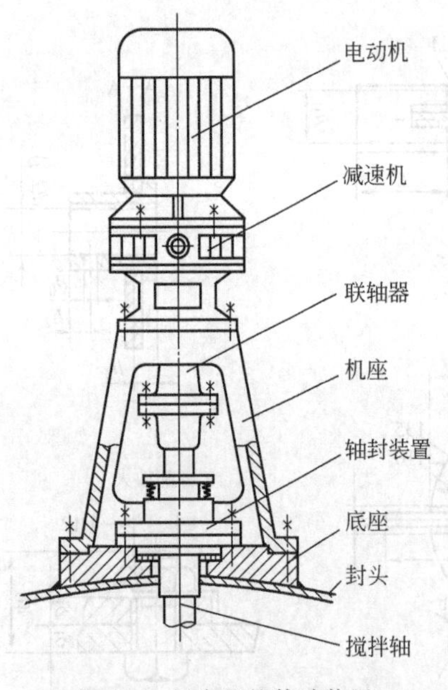

图 7-5　反应釜的传动装置

四、轴封装置

反应釜作为物料反应的场所，必须要防止气体的泄漏，特别是反应釜内有毒有害、易燃易爆介质的泄漏。因此在反应釜设计时选择合适的轴封装置是很重要的。

轴封装置可分为静密封和动密封两大类。如容器封头与容器罐体之间、接管法兰与容器法兰之间、手（人）孔及视镜等附件上密封处，它们密封面之间是相对静止的，故称为静密封；静止的反应釜封头与转动的搅拌轴之间存在相对的运动，这种结构的密封装置称为动密封。专门用于反应釜的容器与搅拌轴之间的密封装置称为搅拌轴密封装置，简称“轴封”。

反应釜中使用的轴封装置有填料密封和机械密封两种。

1. 填料密封

填料密封又称压盖填料密封，是由填料箱（函）、填料、衬套（或油环）、压盖和压紧螺栓等组成。当旋紧压紧螺栓时，压盖压缩填料，以致填料变形并紧贴在轴的表面上，阻塞了介质的泄漏通道，从而起到了密封作用。

填料密封结构简单，填料装拆方便，但使用寿命短，易磨损而造成微量泄漏。在压力较高、温度较高的反应条件下，需增加填料圈数，或增加填料的压紧力，来保证密封的可靠。

2. 机械密封

机械密封又称端面密封，广泛应用在反应釜、泵、压缩机等设备上。机械密封的结构和类型多种多样，不同的机械密封，适用于不同的设备和工作条件，其零件材料也各不相同，但它们的工作原理是相同的。

机械密封其基本原理是两块密封元件在其垂直于轴线的光洁而平直的表面相互贴和（依靠介质压力或弹簧力作用），并做相对转动而构成密封的装置。

第三节　结晶设备

结晶是从均一的溶液相中析出固相晶体的操作，是对固体物料进行分离、纯化的单元过程。由于结晶是从液相中析出固体晶体，产生新的物相，所以是传质过程。结晶过程是在医药生产中直接影响产品质量的重要环节之一。其主体设备结晶罐亦可属于容器类设备。

结晶操作作为一种分离方法，可以实现溶质与溶剂间的分离，也可以实现几种溶质之间的分离。结晶操作还可利用两种物质在不同溶剂中有不同的溶解度，反复进行溶解-结晶，就可以达到大致分离的目的。结晶操作同时又是一种固体物料纯化的单元过程，这种纯化方法常称做重结晶。

一、结晶的原理

结晶是溶解的逆过程，是从均一的溶液相中析出固相溶质的一种操作。溶质在不同温度下，对同一溶剂有不同的溶解度，将溶解度随温度变化的关系绘制成的曲线称溶解度曲线，如图 7-6 所示。溶解度是指在一定温度下，某物质在 100g 溶剂里，达到饱和状态时所溶解溶质的质量（g）。溶质的饱和溶液是指在一定温度下，一定量的溶剂里，不能再溶解某种溶质的溶液。过饱和溶液是指溶剂中所能溶解的溶质超过最大量。

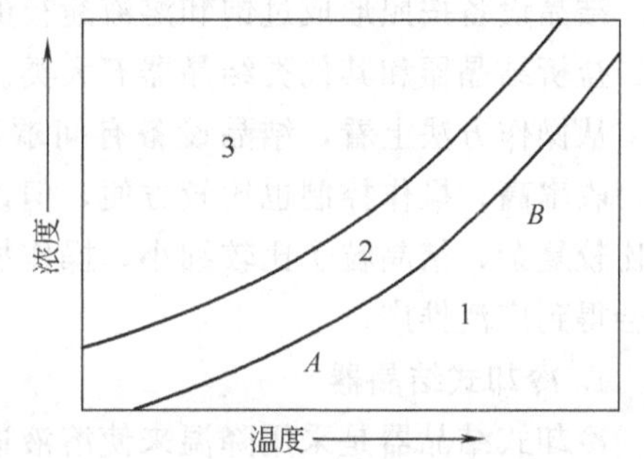

图 7-6　溶解度曲线

1—稳定区；2—介稳区；3—不稳区

在图 7-6 中粗实线是物料的溶解度曲线，在它左侧还有一条线，它们将溶液的状态分成三个区域：稳定区、介稳区和不稳区。如某一溶质在某温度和某浓度落在稳定区（如 A、B)，则表示溶液为稳定状态，不会有结晶析出；如该点落在介稳区，虽然是处于过饱和状态，但在缺少外界因素扰动下，不能自发地析出晶体；如该点落在不稳区，则溶液必然会有结晶析出。

可见溶液中析出结晶的必要条件是溶液先成为过饱和，然后再使其结晶析出。要使溶液达到过饱和的途径有四种：①将热饱和溶液冷却（适用于溶解度随温度降低而显著减小的物料)；②蒸发掉部分溶剂（适用于溶解度随温度变化不显著的物料)；③化学反应沉淀结晶（适用于加入某些化学反应剂或调节 pH 值就能使物料在溶剂中的饱和溶解度有非常明显改变的物料)；④盐析结晶（适用于当在溶液中加入另一种物质，能使物料在溶液中的溶解度降低的物料)。以上四种获得结晶的途径在生产实际中往往联合使用。

结晶是一个传质过程，结晶速率与过饱和率（在饱和溶液中所能溶解溶质的数量除在某温度时溶质的溶解数量）成正比。晶体的产生是先形成极细小的晶核，然后这些晶核再成长为一定大小形状的晶体。

在结晶的实践中可以观察到过饱和率愈大，结晶速率愈大的现象，而且在这种情况下往往获得的结晶颗粒数多且颗粒细微，即晶核的形成速度大于晶体的成长速度；在结晶速率缓慢而过饱和率不很大的情况下，则可以得到较少的颗粒数和较大的晶粒，即晶核的形成速率小于晶体的成长速率。

不是所有的结晶过程都是过饱和度愈大愈好，如过浓的蔗糖过饱和溶液，由于黏度过大等原因难以析出结晶，反而是适当的过饱和程度加上晶种，能使结晶过程发生。更多的情况是推动力过大将得到粒度细小而数量多的晶体，一般讲这是不希望的。因此，在结晶操作中，控制过饱和度是最主要的问题之一。

结晶本身是固体物料的纯化过程，为了达到较高的晶体纯度，往往对晶体进行重结晶。重结晶操作是将晶体重新溶解于新鲜溶剂，并再次结晶的过程。重结晶可以用同一种溶剂也可以用与结晶时不同的溶液，对于除去杂质、色素等物质时，常常是在结晶或重结晶的溶液中投入一定量的吸附剂（如活性炭），经加热回流、过滤，得到澄清的溶液，再进行结晶或重结晶。在结晶与母液分离后，往往要用少量冷、纯溶剂对结晶进行洗涤，并将晶体与洗涤液分离。洗涤的目的主要是将晶粒间的母液洗除，以保证晶体的纯度。

二、结晶设备

结晶设备按照形成过饱和溶液途径的不同，可分为冷却结晶器、蒸发结晶器、真空结晶器、盐析结晶器和其他类结晶器五大类。

从操作方法上看，结晶设备有间歇和连续两种。间歇式结晶设备比较简单，结晶质量好，收率高，操作控制也比较方便，但设备利用率较低，操作的劳动强度较大。连续结晶设备比较复杂，结晶粒子比较细小，操作控制也比较困难，消耗动力较多，若采用自动控制，将会得到广泛推广。

1. 冷却式结晶器

冷却式结晶器是采用降温来使溶液进入过饱和区，常用于温度对溶解度影响比较大的物质结晶。结晶前先将溶液升温浓缩。冷却搅拌结晶器比较简单，对于产量较小，结晶周期较短的，多采用结晶罐。对于产量较大，周期比较长的，多采用槽式结晶器。

（1）槽式结晶器　槽式结晶器通常用不锈钢制成，外部有夹套通冷却水以对溶液进行冷却降温，有间歇和连续操作两种。连续操作的槽式结晶器，为保证物料的停留时间，往往采用长槽并装有长螺距的螺旋搅拌器。槽式结晶器的上部有活动的顶盖，以保持结晶器内物料的洁净。但槽式结晶器有传热面积有限、劳动强度大、对溶液的过饱和度难以控制等不足。槽式结晶器的结构见图 7-7 和图 7-8。

（2）结晶罐　最常用的结晶罐结晶设备是带有搅拌的罐体，一般为不锈钢或搪玻璃设备，内壁要求十分光滑，以避免结晶体黏壁，便于清洗或灭菌，结构见图 7-9。罐体上附有传热夹套，以便根据工艺要求控制罐内温度。结晶罐是一种间歇结晶设备，其特点是结晶时间可任意调节，有利于得到较大的结晶颗粒，特别适用于有结晶水的物料的晶析过程。但缺点是生产能力低，过饱和度不易控制等。

2. 奥斯陆结晶器

奥斯陆结晶器是一种制造大粒结晶和连续作业的结晶器。奥斯陆结晶器有冷却式、蒸发

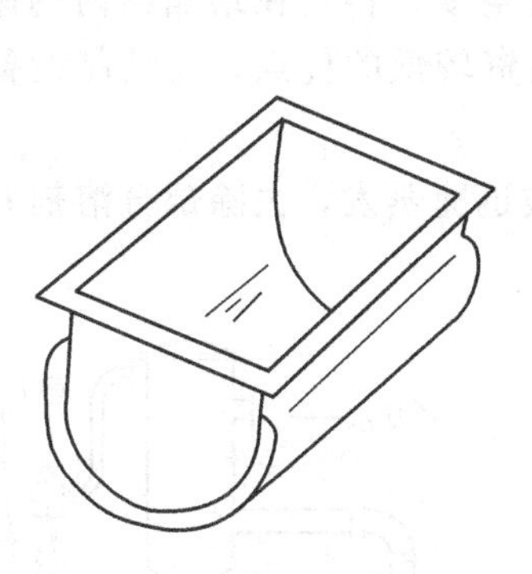

图 7-7　间歇槽式结晶器

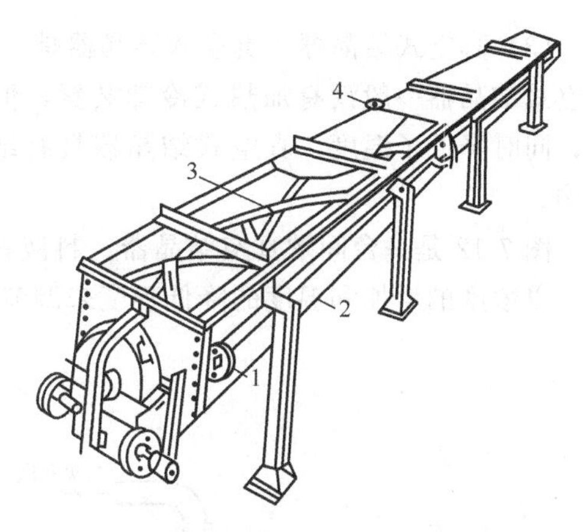

图 7-8　长槽搅拌式连续结晶器

1—冷却水进口；2—水冷却夹套；3—长螺距螺旋搅拌器；4—两段之间接头

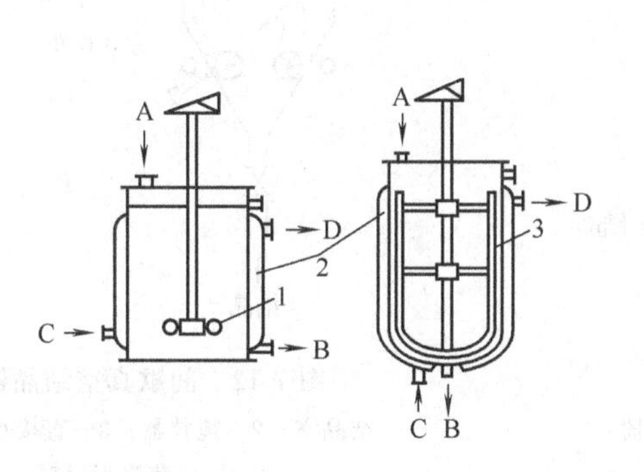

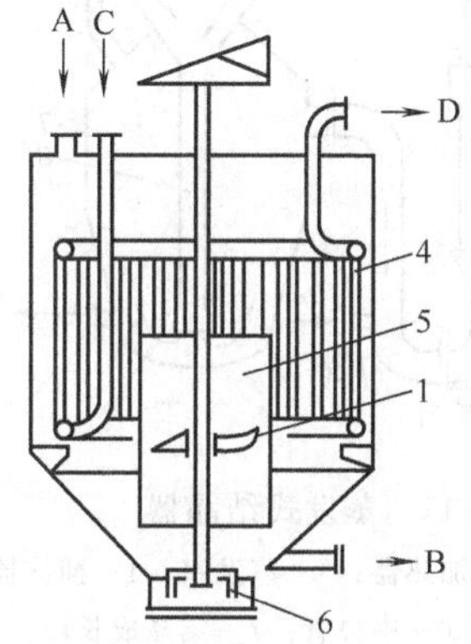

图 7-9　结晶罐

1—浆式搅拌器；2—夹套；3—刮垢器；4—鼠笼冷却管；5—导液管；6—尖底搅拌耙；A—料液进口；B—晶浆出口；C—冷却剂入口；D—冷却剂出口

式和真空式三种。其原理是过饱和溶液通过晶浆的底部然后再上升，过饱和度逐渐消失。接近饱和的溶液则由结晶器的上部溢流而出，由循环泵送入饱和发生器（如冷却器）产生过饱和后再送入结晶器底部，如此反复循环。细微的结晶由于悬浮在结晶器的上部，从而由外部专用装置捕集。

（1）冷却式分级结晶器　冷却式分级结晶器是一种由冷却产生过饱和溶液的结晶器，见图 7-10。

（2）蒸发式结晶器　蒸发式结晶器是一种用于对溶质溶解度随温度变化不大或单靠温度变化进行结晶比较困难的场合。结晶过程所需的过饱和度是靠蒸发溶剂得到的，是一类结晶为主、蒸发为辅的设备，见图 7-11。

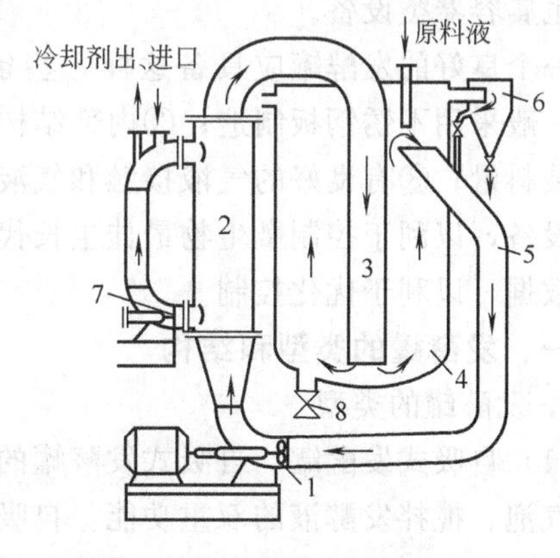

图 7-10　冷却式分级结晶器

1—循环泵；2—冷却泵；3—中心管；4—分级结晶段；5—溢流管；6—微晶分离器；7—冷却剂循环泵；8—晶浆放料阀

（3）真空式结晶器　真空式结晶器是一种兼有蒸发溶剂和降低温度的结晶器，这是由于真空式结晶器一般没有加热或冷却装置，但有较高的真空度，料液在结晶器内迅速蒸发浓缩，同时降低了温度。真空式结晶器具有结构简单、投资较低的优点，是结晶设备的首选结构。

图 7-12 是一台间歇真空结晶器。料液在结晶室里被迅速蒸发，去除部分溶剂并降低温度，以浓度的增加和温度的降低程度来调节过饱和度。

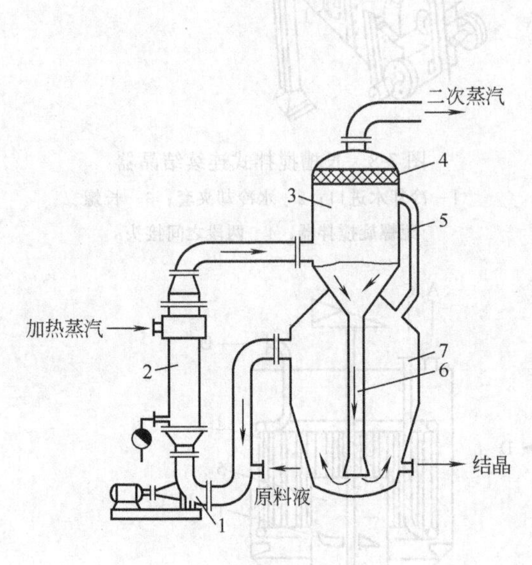

图 7-11　蒸发式结晶器

1—循环泵；2—加热器；3—蒸发室；4—捕沫器；5—通气管；6—中央管；7—结晶成长段

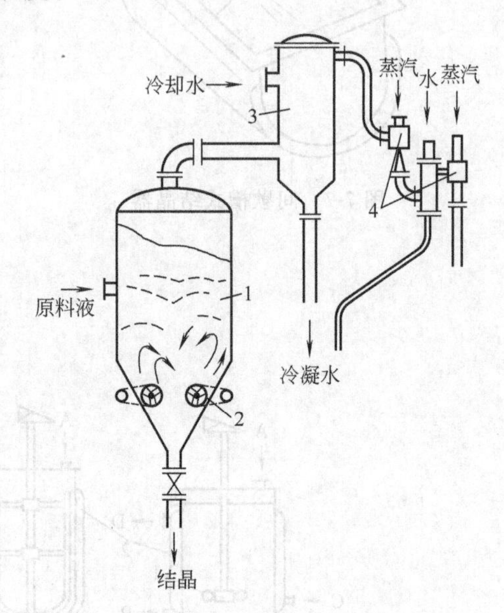

图 7-12　间歇真空结晶器

1—结晶室；2—搅拌器；3—直接水冷凝器；4—二级蒸汽喷射泵

第四节　通气发酵罐

发酵罐是微生物的生长、繁殖、代谢的生化反应场所。因而又把发酵罐称为生化反应器，也属容器类设备。

一个良好的发酵罐应具备这样一些条件：①发酵罐的结构必须严密，能承受一定的压力，一般采用不锈钢板制造；②内部结构尽量简单，附件尽量少，内壁要光滑，以利灭菌和提高装料量；③有良好的气液接触和气液及液固混合设备，以利质量传递和热量传递；④有传热设备，以利于控制微生物最佳生长代谢所需温度；⑤有检测和控制仪表，以便及时得到生化数据，以利于优化控制。

一、发酵罐的类型和结构

1. 发酵罐的类型

（1）自吸式发酵罐　自吸式发酵罐的搅拌轴由罐底伸入罐内，搅拌器兼有吸入空气和粉碎空气泡、搅拌发酵液的双重功能。自吸式发酵罐的特点是能耗低，虽然单位体积发酵液的搅拌功率较大，但省去了空压机系统，总耗电量节约很多。缺点是对空气过滤介质要求高，装料系数低，搅拌装置检修复杂。

（2）高位发酵罐　高位发酵罐类似塔式反应器，罐内不装机械搅拌器，靠压缩空气进行搅拌。高位发酵罐的氧利用率高，但需空气压力高，且易在罐底堆积固体培养基。

（3）回转喷射式发酵罐　回转喷射式发酵罐的搅拌轴制成空心状，搅拌叶制成十字形空心管状，并与搅拌轴相通，内通无菌空气。在桨叶上的同一侧钻若干小孔或装若干喷嘴，无菌空气从喷嘴高速喷出，靠反作用力带动桨叶旋转，达到搅拌混合作用。

（4）机械搅拌通气发酵罐　该类发酵罐有伍式发酵罐（目前已被淘汰）、强力循环式发酵罐和通用式发酵罐等。

目前国内医药行业大部分应用的是通用式发酵罐。该类型发酵罐采用电动机驱动的机械搅拌装置，罐壁装有若干块挡板，有夹套或立式蛇管传热装置，底部装有通气装置。

二、通用式发酵罐的结构

通用式发酵罐的主要部件包括罐体、搅拌器、轴封、搅拌桨、联轴器、中间轴承、通气管、挡板、冷却装置、手（人）孔以及辅助管路等。

通用式发酵罐的结构对氧的溶解有巨大影响。当发酵罐装料后，罐直径与罐高的比例、有无挡板、搅拌桨叶形式、搅拌转速、通风嘴位置、通风量大小以及搅拌功率等均影响氧的溶解，而且这些因素还互相关联、互相制约，关系极为复杂。典型通用式发酵罐的形式如图7-13所示。

1. 罐体

通用式发酵罐罐体为长圆柱形，与下封头之间用焊接来连接，与上封头则用法兰（小型发酵罐）或焊接（大型发酵罐）连接而成。发酵罐罐体的材料为碳钢或不锈钢。

发酵罐的罐体高度有三种表示方法：①指从罐底到罐顶的高度（$H_{全}$），称做全高；②指从罐底到罐内静止液面的高度（H_L），称做装料高度；③指罐体圆柱部分高度（H）。

发酵管的公称容积一般是指罐的圆筒部分的容积加上封头的容积之和。

罐体高 H（通常指圆柱部分高度）与直径 D（罐内径）之比，一般采用 $H/D=2\sim3$，国外资料报道 $H/D=2\sim5$。一般来说，H/D 的值越大，空气的利用率越高。但动力消耗也增加，同时造成 CO_2 在发酵液内溶解度提高。通过实践得知：当通风量和单位容积的功率消耗一定时，通风效率随 H/D 之比增长而增长。在 $H/D=2$ 时，通风效率约为 $H/D=1$ 的1.4倍。同时发酵罐容积大（几何形状相似），空气中氧的利用率高（可达7%～10%）；容积小，则氧的利用率低（仅3%～5%）。

发酵罐还设有便于清洗的手（人）孔，人孔则还有便于发酵罐内部部件的维修装卸作用。罐顶还应有能观察发酵情况的视镜及灯镜，在其内面装有压缩空气或蒸汽吹管，用于冲洗镜子玻璃。在罐顶上还需接有进料管、补料管、排气管、接种管和压力表管等接管，有时为了减少接管口，将进料管、补料管和接种管合并为一个接管口。在发酵罐罐体的接管有冷却水进出管、进空气管、温度计接管和测控仪表接管等。取样管视方便可安装在罐侧或罐顶。出料口可以在底部也可以利用通风管压出。

2. 搅拌器和挡板

（1）搅拌桨叶　搅拌桨叶的形式一般采用敞式圆盘涡轮式，其中采用较多的是六箭叶、六弯叶、六平叶敞式圆盘涡轮搅拌器。其作用是打碎空气气泡，促进液-液、气-液和液-固之间的混合，以及质量和热量的传递，延长气-液接触的时间。

桨叶直径与罐径之比值一般取 $d/D=1/2\sim1/3$。d/D 比值越大越有利于氧的传递。

发酵罐内的搅拌作用还与通气量有关。如果发酵罐通入的空气过大，就要形成“气泛”。所谓“气泛”就是在搅拌转速一定的情况下，通气量增加，则会使搅拌功率下降，当搅拌功

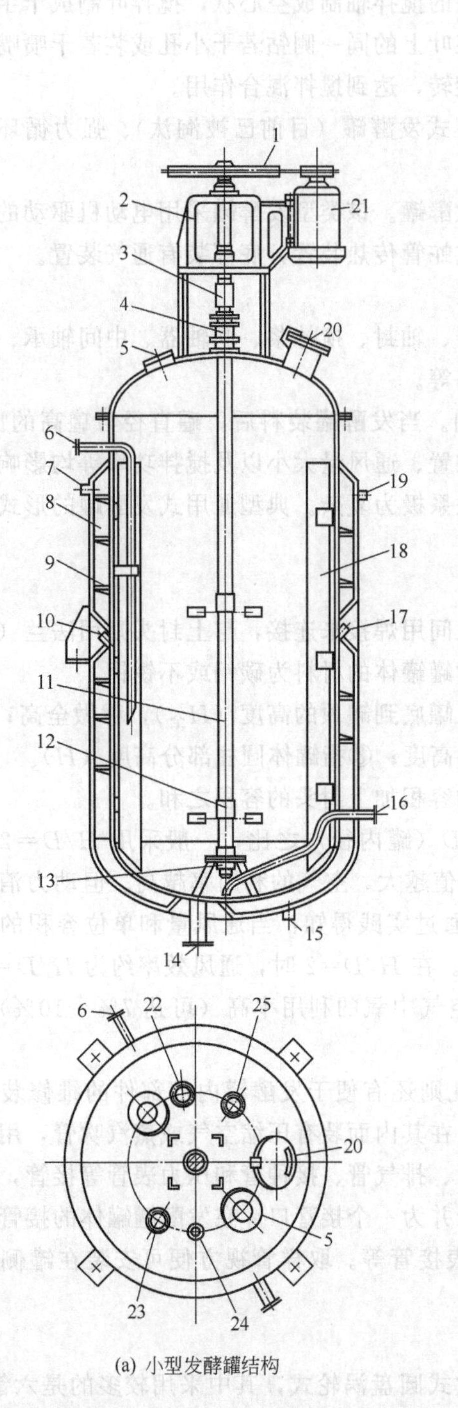

(a) 小型发酵罐结构

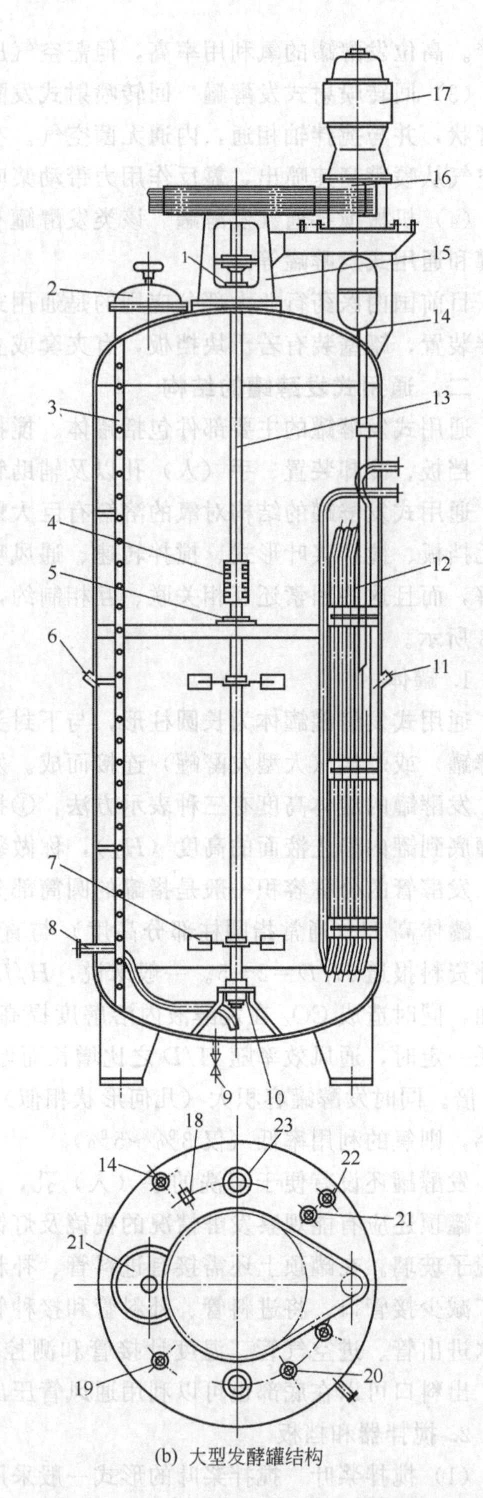

(b) 大型发酵罐结构

1—三角皮带转轴；2—轴承支柱；3—联轴节；4—轴封；5—窥镜；6—取样口；7—冷却水出口；8—夹套；9—螺旋片；10—温度计接口；11—轴；12—搅拌器；13—底轴承；14—放料口；15—冷水进口；16—通风管；17—热电偶接口；18—挡板；19—压力表接口；20—手孔；21—电动机；22—排气口；23—进料口；24—压力表接口；25—补料口

1—轴封；2—人孔；3—梯子；4—联轴节；5—中间轴承；6—热电偶接口；7—搅拌器；8—通风管；9—放料口；10—底轴承；11—温度计；12—冷却管；13—轴；14—取样口；15—轴承柱；16—三角皮带转轴；17—电动机；18—压力表；19—进料口；20—补料口；21—排气口；22—回流口；23—窥镜

图 7-13　发酵罐

率下降到最低，称做“气泛”。“气泛”产生的原因是空气包围了搅拌桨叶，大量气泡不能与发酵液混合，而是迅速上升到发酵罐顶部排出，从而使发酵液中的溶解氧降至最低。

（2）挡板　发酵罐的壁上一般安装4～6块挡板。挡板的作用是消除因搅拌而引起的叶面下凹的旋涡。所谓“全挡板条件”是指能达到消除液面旋涡的最低条件。

为避免发酵液中的固体物质堆积于挡板背侧，挡板与管壁之间应留有一定间隙，该间隙一般取挡板宽度的0.1～0.3倍。

3. 传热装置

发酵罐传热装置的作用是维持发酵罐内的温度。发酵罐内的热量是由发酵过程产生的。发酵罐传热装置的形式有：夹套式换热装置、竖式蛇管换热装置和竖式列管（排管）换热装置。

（1）夹套式换热装置　夹套式换热装置多应用于容积小于$5m^3$的种子罐或发酵罐。夹套的高度比静止液面高度稍高即可，无需进行冷却面积的设计。这种装置的优点是结构简单，加工容易，罐内无冷却设备，死角少，容易进行消毒灭菌工作。其缺点是传热壁较厚，冷却水流速低，发酵时降温效果差，传热系数较低。

（2）竖式蛇管换热装置　这种装置是竖式的蛇管分组安装于发酵罐内，有四组、六组或八组不等，根据管的直径大小而定，容积$5m^3$以上的发酵罐多用这种换热装置，这种装置的优点是：冷却水在管内的流速大，传热系数高。这种冷却装置适用于冷却用水温度较低的地区。

（3）竖式列管（排管）换热装置　这种装置是以列管形式分组对称装于发酵罐内。其优点是：加工方便，适用于气温较高，水源充足的地区。这种装置的缺点是：传热系数较蛇管低，用水量较大。

4. 通气装置

发酵罐通气装置是指将无菌空气导入发酵罐内，并使空气均匀分布的装置。

发酵罐中最简单、常用的通气装置是一单孔管，单孔管的出口位于最下面的搅拌器的正下方，开口往下，管口与罐底的距离约40mm，以免培养液中固体物质在开口处堆积和罐底固体物质沉淀。也可用开口朝下的多孔环管或其他由多孔材料制成的分布器作为通气装置。若采用环形多孔分布管时，环的直径一般为搅拌器直径的0.8倍。直径较大的发酵罐可采用在环管上伸出若干根（如4～6根）向内开口的径向单孔支管，从支管中导出的空气遇到中间的挡流圈后，折向上方而被搅拌器所破碎。也可在环管上分出若干作放射状排列的分支管（管的下侧开有小孔）作为大型罐的空气分布器。

第五节　培养基灭菌设备

微生物发酵要求避免杂菌污染，因此需事先对培养基及培养设备进行灭菌。培养基灭菌的方法很多，有物理、化学方法等。培养基的灭菌既要考虑经济实用，又要考虑保证产生菌的正常代谢，因此，最经济有效的方法是采用干饱和蒸汽加热灭菌。

最简单的灭菌方法是将饱和蒸汽导入已装有培养基的发酵罐（或种子罐）中将二者同时进行灭菌，此即所谓实罐灭菌法。为了提高培养基在灭菌后的质量和提高发酵罐的利用率，可采用连续灭菌法，即将培养基及发酵罐分别用蒸汽灭菌。此时，发酵罐应事前进行空罐灭菌，培养基则经过连续灭菌系统进入发酵罐，因此须增添一套连续灭菌的设备。

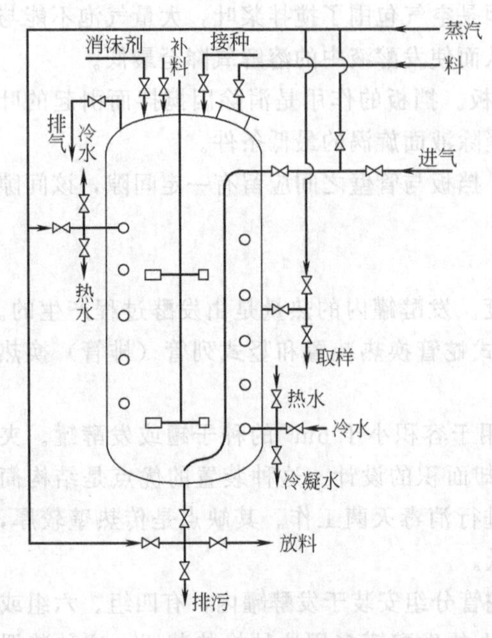

图 7-14　实罐灭菌

一、实罐灭菌

1. 实罐灭菌的管道布置

实罐灭菌具有所需设备少，操作简单等优点，在发酵生产中得以广泛应用。要保证实罐灭菌的成功，必须要具备以下几点。①发酵罐内部结构合理（主要是无死角），焊缝及轴封装置可靠，蛇管无泄漏现象；②用压力稳定的干饱和蒸汽；③合理的操作方法。

在实罐灭菌的发酵罐管路布置中，一般进料管不直接与罐体相接，而是在进料时用橡胶管通至罐顶人孔中。在实罐灭菌时，可从进气管、排料管和取样管等管路出口或发酵罐底部的管路通入蒸汽，而从其他各管路排气，即所谓"三进四出"或"三进五出"，见图 7-14。在灭菌过程中，与发酵罐连接的所有的管路必须使蒸汽畅通，也就是所谓的"活蒸汽"灭菌法。

2. 实罐灭菌的注意事项

在实罐灭菌中，为了保证灭菌的彻底，在发酵罐灭菌过程中，除了考虑管道和阀门本身不漏外，还要考虑以下几点。

(1) 各进汽管的蒸汽压力要均一，实罐灭菌所用的蒸汽压力不低于 2×10^5Pa（表压），发酵罐罐压控制在 $(1\sim1.4)\times10^5$Pa（表压）。各进汽管不能有的通畅，有的不甚通畅或有短路现象。除考虑各进汽口的管道管径的因素外，还要注意阀门的开启程度。

(2) 要保证蒸汽在发酵罐和相连的管路中流动通畅，除了有进汽管路外，必须要有排汽口。有些管道如空气进出口管、消沫剂进口管、前体进口、补氨管等，可在发酵罐、空气过滤器、消沫剂前体贮罐灭菌时同时进行灭菌，以后不需再灭菌。接种、中间补料管等管道要在合用前进行灭菌，这些管道的排汽问题可在主阀门的底部另焊上一专作排汽用的小阀门（俗称接小辫子），灭菌时主阀门关闭而打开小阀门，合用时关闭小阀门而打开主阀门。

(3) 要避免冷凝水排入已灭菌的发酵罐和空气过滤器中。蒸汽管道的蒸汽在下游阀门关闭情况下会产生冷凝水，由于管道和阀门不可能完全无缝隙，因此冷凝水不是绝对无菌的，如进入发酵罐会导致污染，如进入过滤器会使空气过滤器失效。为此蒸汽管道尽可能包有保温层。此外一些与无菌部分相连的蒸汽管道要有排冷凝水的阀门，例如冲视镜的蒸汽管就应有排冷凝水的阀门（也可在冲视镜阀的阀底接一小排汽阀）。用蒸汽对空气过滤器灭菌前必须先将蒸汽管道中的冷凝水排去。

(4) 管道在灭菌后应予保压。接种、补料等管道在灭菌后，切忌在合用前任其自然冷却，使管道内形成真空而吸入外界空气或污水，应用无菌空气保压。

(5) 在空气过滤器和发酵罐之间应装有单向阀（也称逆止阀），以免在压缩空气系统突然停气或发酵罐的压力高于过滤器时将发酵液倒压至过滤器，引起生产事故。

(6) 各发酵罐（种子罐）的排气管和罐底的排污管不能相互连接在一起，以免污染时引起"连锁反应"。发酵罐和管道灭菌时所排出的蒸汽则可考虑用小管道连接后排至室外的旋风分离器中。发酵罐的排气管及排污管均应分别接至室外，不能串联在一起，以免倒流或抽吸而引起污染。

（7）蒸汽总管道应安装分水罐、减压阀和安全阀，以保证蒸汽的干燥及避免过高压力的蒸汽在灭菌时造成设备压损事故。

3. 实罐灭菌的过程控制

实罐灭菌可以分为三个阶段：升温、保温灭菌及冷却。

（1）升温阶段　升温阶段是将培养基从环境温度加热到灭菌温度的阶段。

升温的方法有两种：一是先通过夹套或蛇管用蒸汽间接加热至培养基温度90℃左右，然后再将蒸汽直接通入培养基使之升温至灭菌温度；另一种是直接用活蒸汽通入罐内加热。

在升温阶段也有一定的灭菌效果，但为了灭菌的彻底一般不做考虑。

（2）保温灭菌阶段　当培养基在保温灭菌阶段中，为防止温度的下降，活蒸汽仍不断通入发酵罐，而由发酵罐顶部接口排出。

保温灭菌阶段的蒸汽用量一般用经验来估算，即为升温阶段时蒸汽用量的30％～50％。

（3）冷却阶段　灭菌后的培养基应尽快冷却至接种温度，以减少培养基营养成分破坏。

在冷却时，当发酵罐罐压降到低于无菌空气压强时，应及时通入无菌空气以保证罐压为正压，防止外界空气的吸入而引起污染。灭菌后的培养基冷却主要是用通过夹套或蛇管的冷水进行冷却，通入的无菌空气也可汽化一部分水而带走热量。

在冷却过程中，培养基的温度和冷却水的出口温度都是随时间而变化的，是属于不稳定传热。

二、连续灭菌

连续灭菌系将培养基在高温快速的情况下进行灭菌的，其优点是可以保存较高的有效营养成分，同时提高了发酵罐的利用率，也便于采用自动化控制系统。但需要增加一套连续灭菌设备及需要较高的蒸汽压力。

连续灭菌设备可由加热、维持及冷却三大部分组成，其流程如图7-15所示。现将连续灭菌的有关设备介绍如下。

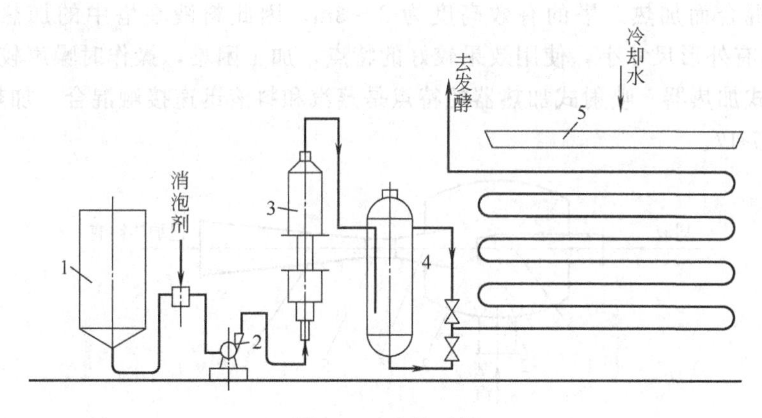

图7-15　连续灭菌

1—料液罐；2—连消泵；3—连消塔；4—维持罐；5—喷淋冷却器

1. 加热设备

培养基经配制后在配制罐或加热桶中用蒸汽预热（可以用活蒸汽或通过蛇管进行加热）至60～70℃，预热后的培养基用料泵打至连续灭菌系统中的加热设备内，要求在20～30s或更短的时间内将培养基加热至130～140℃。生产中一般用（5～8）×10^5Pa（表压），最低

不能低于 4×10^5 Pa（表压）的活蒸汽与预热后的培养基直接接触而加热。加热设备有塔式及喷射式两种。

（1）塔式加热器　塔式加热器，也称连消塔，见图 7-16。

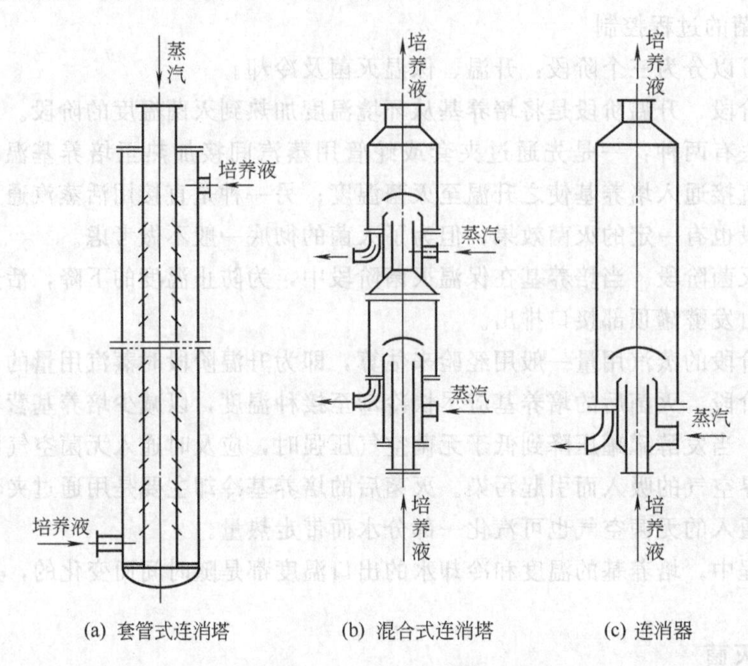

图 7-16　塔式加热器

塔式加热器具有多孔蒸汽导入管及一外套管，多孔管的孔径一般为 5～8mm，孔数决定于导入管的管径，一般使小孔的总截面积等于或略小于导入管的截面积，小孔与管壁成 45°夹角。小孔在导入管上的分布是上稀下密，使蒸汽能均匀地从各小孔喷出。培养基由泵从塔的下部进入，并使其在内外两管间的流速为 0.1m/s 左右，蒸汽则由塔顶导入，经小孔喷出后与料液激烈混合而加热。塔的有效高度为 2～3m，因此料液在塔中的加热时间为 20～30s。该设备具有外形尺寸小，使用效果较好的特点，加工困难，操作时噪声较大。

（2）喷射式加热器　喷射式加热器的特点是蒸汽和料液迅速接触混合，加热是在瞬时内完成的，见图 7-17。

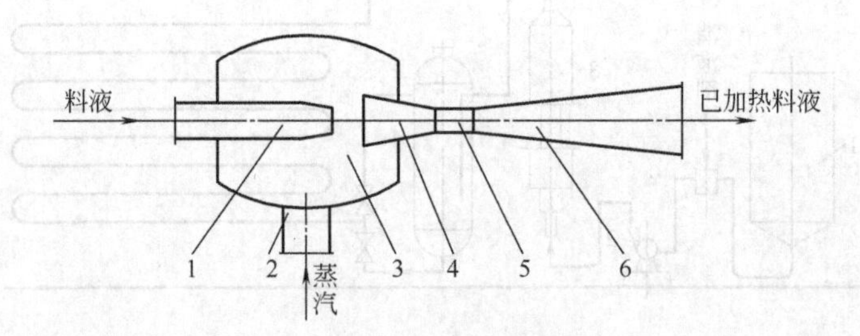

图 7-17　喷射式加热器

1—喷嘴；2—吸入口；3—吸入室；4—混合喷嘴；5—混合段；6—扩大管

工厂中较常见的是培养基从喷嘴中间进入，蒸汽则在周围环隙中进入，同时在喷嘴出口处有一个扩大管以使料液充分与蒸汽混合而加热。料液在进入加热器时的流速约为 1.2m/s 左右，蒸汽喷出口的环隙面积约与料液出口管的内截面积相同，扩大管的直径与喷嘴外径之比约为 2，扩大管高度一般为 1m 左右。此种加热器结构简单、轻巧省料且在操作过程中无噪声。

2. 维持设备

连续灭菌系统中的维持设备主要是起保温作用。加热后的培养基在维持设备中保温一段时间，以达到灭菌的目的。为了使维持设备达到保温灭菌作用，一般在其外壁用保温材料进行保温，以避免培养基迅速冷却。

常用的维持设备有罐式维持设备和管式维持设备两种。

(1) 罐式维持设备　罐式维持设备为一个立式密封容器，见图 7-18。

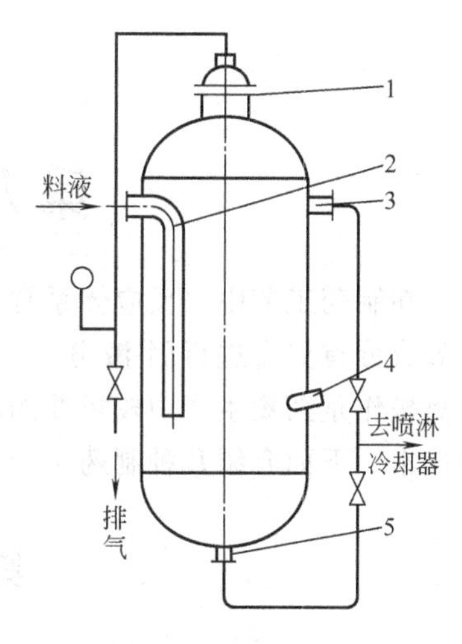

图 7-18　罐式维持设备

1—人孔；2—进料器；3—出料管；4—温度计插座；5—排尽管

操作时，培养基在罐内由下而上地通过。当来自加热设备的培养基进料完毕时，让培养基由罐底排出。罐的体积由灭菌所需时间及进料速度决定。罐高（圆筒部分）与罐径之比约为 1.2～1.5。

(2) 管式维持设备　管式维持设备可由无缝钢管制作，以 U 形管与水平直管组合而成，采用法兰连接。

由于罐式维持设备很难做到先进先出，为了达到灭菌效果，就需要较长的维持保温时间，造成培养基营养破坏得更多。而管式维持设备则较好地避免了罐式维持设备的缺点。

管式维持设备常做成蛇管状，外面用保温材料保温。管式维持设备的长度及管径也由保温时间及培养基流量决定，培养基在管内的流速可取 0.3～0.6m/s 左右。

3. 冷却设备

冷却设备是将灭菌的培养基迅速加以冷却的设备，通常采用的是喷淋冷却器、套管冷却器、板式冷却器和真空闪蒸冷却器。各种换热器的详细内容见换热设备一章。

第八章　分离设备

在制药工艺中，反应体系常为悬浮物，其中固体物质浓度在0.1%～60%之间，欲获得有效成分首先需进行固-液分离，有时甚至需对溶液中溶解状态的药物有效成分进行分离。分离操作是药物生产中较重要的单元操作，设备选择是否适当，往往涉及到产品产量、质量和成本。下面介绍几种制药生产常遇到的分离操作及其设备。

第一节　沉降过滤设备

液-固分离方法常采用沉降和过滤两种操作。在进行液-固分离时，究竟采用何种分离方法，需要根据悬浮液的性质和生产要求来确定。一般过滤通常形成含水量较低的滤饼，而沉降则得到含水量较高的浓缩物或浆液。

一、沉降

沉降是将悬浮液加入到无过滤介质的设备中，在外力作用下，利用固、液之间的密度差造成沉降速度不同而达到分离的方法。根据沉降推动力的不同可分为重力沉降和离心沉降两种。沉降设备按分离方法不同，可分为：①重力沉降设备，如沉降池；②离心沉降设备，如旋液分离器、自动出料沉降离心机等。

因在重力沉降中，固体颗粒沉降速度慢，设备占地面积大、效率低，所以在制药行业一般采用离心沉降方法。离心沉降得到的固体含液量较大，一般不易洗涤，滤液中含固形物较多，即澄清度较差。因此一般采用二级以上离心沉降才能达到工艺要求。

（一）重力沉降

1. 重力沉降的原理

重力沉降是单个固体颗粒在流体中靠重力作用的沉降；或是许多颗粒组成的颗粒群，在确保颗粒间不会引起碰撞或接触时，只受重力作用的沉降过程。在重力沉降中，颗粒群的自由沉降因彼此不接触，可视为多个单一颗粒的沉降过程。

2. 沉降设备的构造

重力沉降设备是利用重力沉降来分离散布于流体中固体颗粒的设备，按作用的物料可分为降尘室和沉降槽两种。

降尘室是分离气-固相悬浮物系的沉降设备；沉降槽则是分离液-固相悬浮物系的沉降设备。

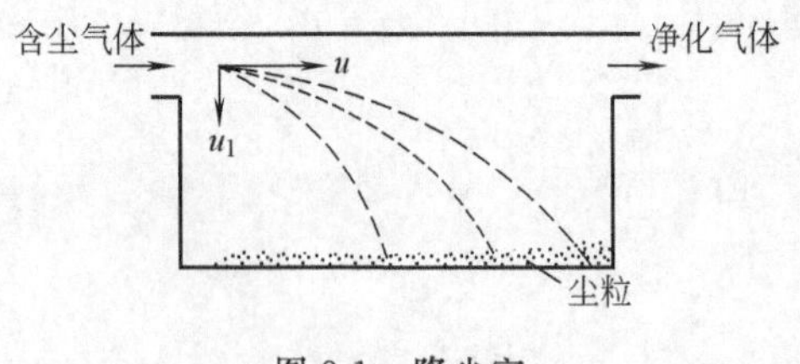

图 8-1　降尘室

（1）降尘室　降尘室是用重力沉降，从气-固混合物中分离出固体颗粒的设备，见图 8-1。其工作原理为：含尘气体进入降尘室后，因流道面积扩大，流速大为降低，当气体通过降尘室所经时间大于或等于尘粒由室顶沉降到室底的时间时，尘粒便可从混合物中分离出来。

（2）沉降槽　沉降槽是分离液-固相悬浮物系的重力沉降设备。

沉降槽可从悬浮液中分出清液留得稠厚的沉渣，所以又称为增稠器。增稠的过程又称沉聚过程。

沉降槽可分为间歇式和连续式。

① 间歇式沉降槽即把需处理的悬浮液静止足够的时间后，从上部抽出清液，底部排出沉渣。适用于处理量较小、料液浓度变化范围较大的场合，缺点是耗费时间较长，有时操作周期达数周之久。

② 连续式沉降槽把需处理的物料缓慢送入沉降槽，以减少对沉降的扰动，见图 8-2。聚集在底部的沉渣在转耙的作用下，缓慢集拢在卸渣口被排出。上清液则由顶部溢流槽流出。连续式沉降槽适用于处理量大而浓度低、固体颗粒较粗的料液。

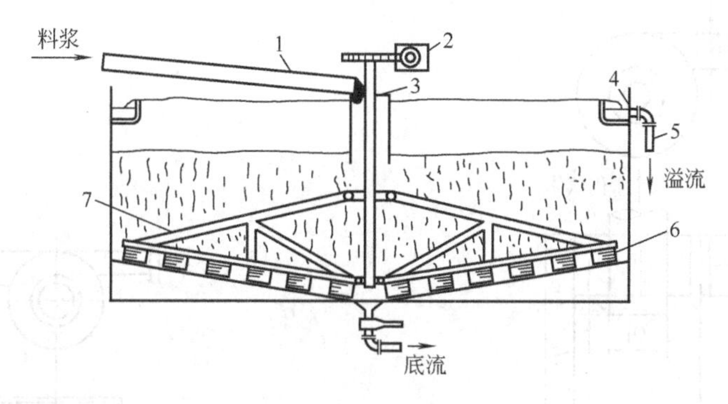

图 8-2 连续式沉降槽

1—进料槽道；2—转动机构；3—料井；4—溢流槽；5—溢流管；6—叶片；7—转耙

（二）离心分离的基本原理

离心分离是利用质量不同的颗粒在离心力场中所受离心力不同，从而达到分离两种密度不同而又互不相溶的悬浮液的过程。由于离心力的作用而实现悬浮液分离的设备称离心分离设备。离心分离设备其形式有离心沉降和离心过滤两种。

目前通常用离心力与重力（$W=mg$）的比值来表示离心机的离心能力，称为相对离心力，也称为分离因数，用符号“Xg”或“g”表示。分离因数越大，则物料所获得的离心力也越大，也就越容易分离。

当悬浮液中的颗粒在离心力的作用下移动的方向与密度有关：当 $\rho>\rho_0$ 时，颗粒沿离心力方向移动；$\rho=\rho_0$ 时，颗粒处于某一位置，达到平衡状态；$\rho<\rho_0$ 时，颗粒沿逆离心力方向移动（ρ，ρ_0 分别为颗粒与溶剂的密度，kg/m^3）。在特定溶剂中，颗粒的密度越大，移动速度越大，密度不同的颗粒移动速度不同。

这里先介绍离心沉降设备，离心过滤设备将在“过滤”中进行介绍。

离心沉降设备是利用质量不同的颗粒在离心力场中所受离心力不同，从而达到分离两种相对密度不同而又不相溶的料液的设备。离心沉降与重力沉降相比，由于固体颗粒在做旋转运动时，所获得的离心力比它的重力大得多，因此，对于两相密度差较小，颗粒较细的气-固相或液-固相物料，利用离心沉降比重力沉降更容易分离。

1. 旋风分离器

(1) 旋风分离器的原理　旋风分离器是利用离心分离的原理进行气-固物料分离的设备。由于其结构简单，造价低廉，阻力较小，没有运动部件，操作条件适应范围大，分离效率较高，因此，得到广泛的应用。

(2) 旋风分离器的结构　图 8-3 所示为一典型用于气-固分离的旋风分离器。

当含颗粒气体从进气口沿切线方向进入旋风分离器，受旋风分离器器壁的限制和后续气体的推动，在器内做向下螺旋运动。固体颗粒因惯性离心作用而被甩向器壁，并沿器壁降落至锥底。而除尘后的气流则由下而上旋转至顶部的排气管排出。

旋风分离器有各种形式，并对其中几种已制成标准系列形式。各种形式均具有一定的使用特点和适用场合，可根据生产工艺要求进行选择。

2. 旋液分离器

旋风分离器也可用于液-固分离，称为旋液分离器，又称水力旋流器，见图 8-4。

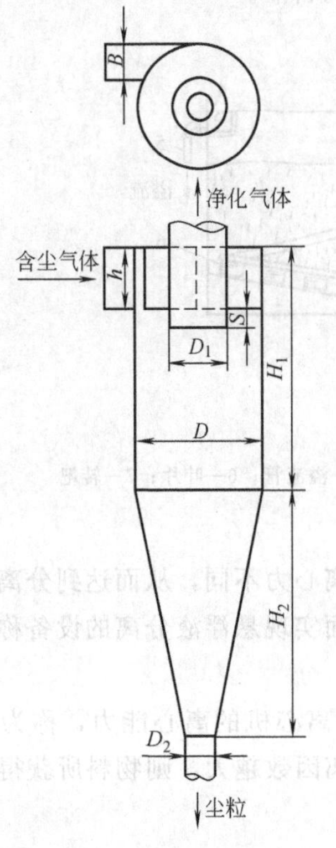

图 8-3　旋风分离器的结构

$h=\dfrac{D}{2}$；$B=\dfrac{D}{4}$；$D_1=\dfrac{D}{2}$；$H_1=2D$；

$H_2=2D$；$S=\dfrac{D}{8}$；$D_2\approx\dfrac{D}{4}$

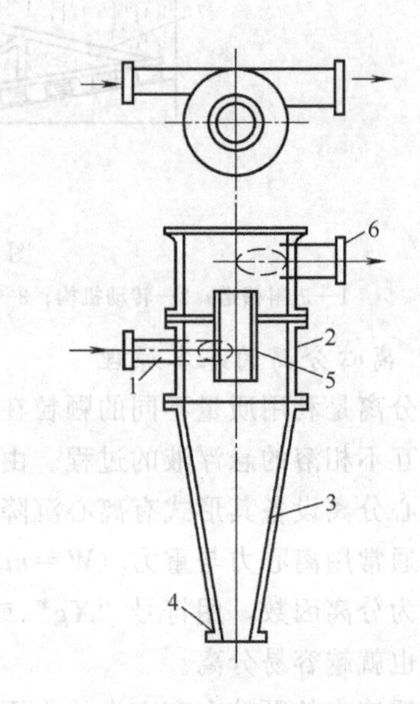

图 8-4　旋液分离器

1—悬浮液入口；2—壳体；3—锥体；4—底流出口；5—中心管；6—溢流管

旋液分离器是利用离心沉降原理从悬浮液中分离固体颗粒的设备，它的结构与操作原理和旋风分离器相类似。设备主体也是由圆筒和圆锥两部分组成。悬浮液经入口管沿切向进入圆筒，向下做螺旋形运动，固体颗粒受惯性离心力作用被甩向器壁，随下旋液流降至锥底的出口，由底部排出的增浓液称为底流，清液或含有微细颗粒的液体则成为上升的内旋流，从顶部的中心管排出，称为溢流。旋液分离器不仅可用于悬浮液的增浓，而且还可用于不互溶液体的分离、气液分离以及传热等操作中。

旋液分离器具有体积小、结构简单、生产能力大的特点。其缺点是阻力损失较大，设备磨损严重。

3. 管式高速离心机

管式高速离心机如图 8-5（a）所示。管式高速离心机是一种分离效果很高的离心分离设备，可用于分离乳浊液及含细颗粒的稀悬浮液。

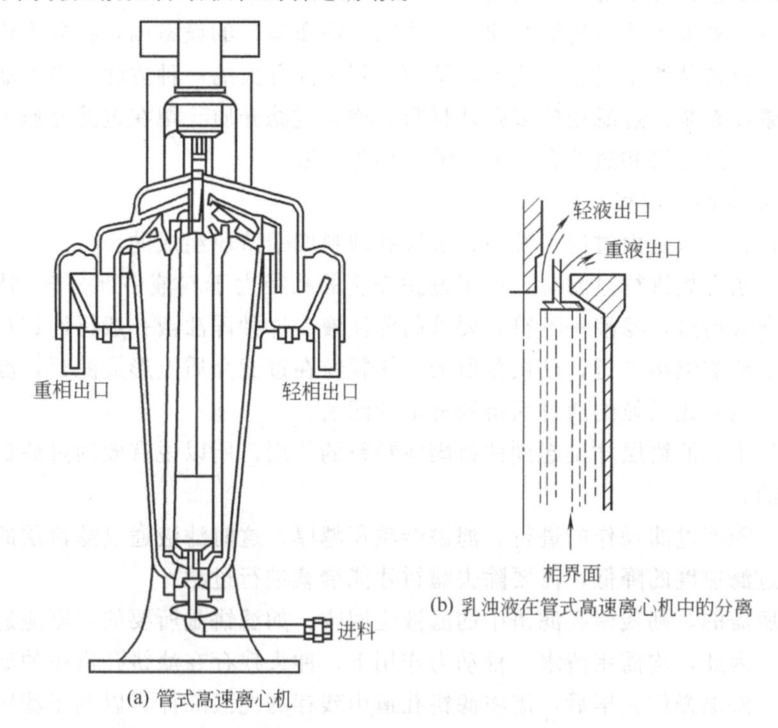

(a) 管式高速离心机

(b) 乳浊液在管式高速离心机中的分离

图 8-5　管式高速离心机

管式高速离心机的工作原理是由转轴带动转鼓旋转。乳浊液由底部进入，在转鼓内从下向上流动过程中，由于两种液体的密度不同而分成内、外两液层。外层为重液层，内层为轻液层。到达顶部后，轻液与重液分别从各自的溢流口排出。见图 8-5（b）。

4. 碟片式高速离心机

碟片式高速离心机如图 8-6 所示。碟片式高速离心机的转鼓内装有许多薄金属的碟片，碟片数一般为 500～100 片，两个碟片的间隙为 0.5～1.25mm。碟片式高速离心机可以分离乳浊液中轻、重两液相，例如油类脱水、牛乳脱脂等；也可以澄清含少量细小固体颗粒的悬浮液。

分离乳浊液的碟片式高速离心机，碟片上开有小孔。乳浊液通过小孔流到碟片的间隙。在离心力作用下，重液沿着每个碟片的斜面沉降，并向转鼓内壁移动，由重液出口连续排出。而轻液沿着每个碟片的斜面向上移动，汇集后由轻液出口排出。

澄清悬浮液用的碟片式高速离心机，碟片上不开孔。只有一个清液排出口。沉积在转鼓内壁上的沉渣，间歇排出。这种碟片式高速离心机只适用于固体颗粒含量很少的悬浮液。

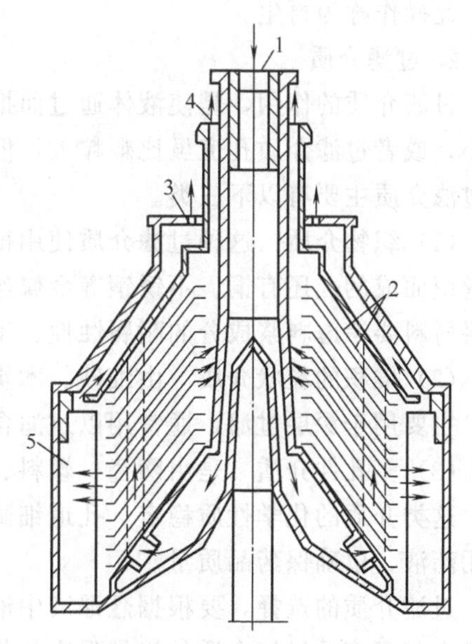

图 8-6　碟片式高速离心机

1—乳浊液入口；2—倒锥体盘；3—重液出口；4—轻液出口；5—隔板

二、过滤

（一）过滤的基本操作过程、过滤介质及助滤剂

过滤是将悬浮液加入装有过滤介质（如滤网、滤布等）的设备内，在外力作用下液体通过介质，而固形物被截留于过滤介质上，从而达到液固分离的一种方法。在过滤中，悬浮液通常又称为滤浆或料浆。过滤用的多孔性材料，称为过滤介质。留在过滤介质上的固体，称为滤饼或滤渣。通过滤饼和过滤介质的清液，称为滤液。

1. 过滤的基本操作过程

过滤操作过程一般是由过滤、洗涤、去湿和卸料四个阶段组成的。

（1）过滤　刚开始进行过滤时，由于过滤介质的孔径大于料液中部分较细颗粒的粒径，往往不能阻止微粒通过，滤液是不符合要求的浑浊液。这种浑浊液一般再回到料液中再次进行过滤。随着过滤的继续进行，已被截留的固体颗粒在过滤介质上形成滤饼，滤饼的孔道要比介质孔道细，能阻止微粒的通过而得到澄清的滤液。

在过滤操作中，滤饼层才是起到截留固体颗粒的作用，所以说有效的过滤操作是在滤饼层形成后开始的。

（2）洗涤　随着过滤操作的进行，滤饼会越积越厚，这时滤液通过滤饼层的阻力也越来越增大，造成过滤速度的降低，需要除去滤饼才能继续进行过滤。

如滤液是所需的，则残留在滤饼中的滤液应回收；如滤饼是所要的，则应避免内含滤液而影响其纯度。因此，均需用清水在推动力作用下，冲去残存在滤饼孔道中的滤液。

（3）去湿　洗涤操作完毕后，需将滤饼孔道中残存的洗液除掉，以利于滤饼后续处理的进行。

常用的去湿方法是将压缩空气通入滤饼以排出残留洗液。

（4）卸料　卸料是将滤饼从滤布上卸下来的操作。

卸料应力求彻底干净。当过滤介质在使用一段时间后，应彻底进行清洗，以减小过滤阻力，此操作称为再生。

2. 过滤介质

过滤介质的作用，是使液体通过而把固体颗粒截留住。因此，要求过滤介质的孔道比颗粒小，或者过滤介质孔道虽比颗粒大，但颗粒能在孔道上架桥，只使液体通过。工业上常用的过滤介质主要有以下三类。

（1）织物介质　这种过滤介质使用得最多，有由棉、麻、毛等天然纤维或合成纤维和金属丝织而成的。还有铜、不锈钢等金属丝编织的滤网。此类介质价格便宜、清洗方便。选择滤饼材料要考虑料浆成分的耐腐蚀性、工作温度适应性、强度和耐磨等因素。

（2）堆积的粒状介质　由细砂、木炭、石棉、硅藻土和石块等的一种或几种材料堆积而成。主要用于深层过滤，通常用以过滤含固体颗粒很少的悬浮液，如水的净化处理。

（3）多孔性介质　是由陶瓷、塑料、金属等粉末烧结成型而制得的多孔性板状或管状介质。这类介质的化学性质稳定，孔道细微，可截留的微粒直径达1～3μm，故常用来过滤注射用药液，以确保药品质量。

过滤介质的选择，要根据悬浮液中液体性质（例如酸碱性）、固体颗粒含量与粒度、操作压力与温度及过滤介质的机械强度与价格等因素考虑。

3. 助滤剂

当悬浮液中的颗粒很细时，过滤时很容易堵死过滤介质的孔隙，或所形成的滤饼在过滤

的压力差作用下，孔隙很小，阻力很大，使过滤困难。为了防止这种现象发生，可使用助滤剂。助滤剂应具有以下条件：能悬浮于料液之中，具有化学稳定性，不溶于料液中的流体并具有一定的刚度。

常用的助滤剂有以下几种。

（1）硅藻土　硅藻土是由硅藻土经干燥或煅烧、粉碎、筛分而得到粒度均匀的颗粒，其中主要成分为含80%～95%SiO_2的硅酸。

（2）珍珠岩　珍珠岩是珍珠岩粉末在1000℃下迅速加热膨胀后，经粉碎、筛分得到粒度均匀的颗粒，其主要成分为含70%SiO_2的硅酸铝。

（3）石棉　石棉为石棉粉与少量硅藻土混合而成。

（4）其他　如炭粉、纸浆粉等。

助滤剂有两种使用方法。其一是先把助滤剂单独配成悬浮液，使其过滤，在过滤介质表面上先形成一层助滤剂层，然后进行正式过滤。其二是在悬浮液中加助滤剂，一起过滤，这样得到的滤饼较为疏松，可压缩性减少，滤液容易通过。由于滤渣与助滤剂不容易分开，若过滤的目的是回收滤渣，就不能把助滤剂与悬浮液混合在一起。助滤剂的添加量，一般在固体颗粒质量的0.5%以下。

（二）过滤设备

过滤设备按分离方法不同，可分为：①加压过滤设备，如板框过滤机、滤棒式过滤器、立式多层加压过滤器等；②真空过滤设备，如鼓式真空过滤机、圆盘式真空过滤机、叶片式真空过滤机、真空过滤机、真空抽滤器等；③离心过滤设备，如三足式离心过滤机、卧式螺旋卸料离心过滤机等。

1. 加压过滤设备

加压过滤一般采用离心泵等输送悬浮液进入过滤设备，推动力可达$(3\sim6)\times10^5$Pa，一般悬浮液中固形物含量较大，得到的固形物可以洗涤，固形物不易破损，而且滤饼含液量较少，而滤液的澄清度较优良。它适用于黏度较大、固体颗粒较细的悬浮液的分离。

（1）板框过滤机　板框过滤机由若干滤板和滤框交替排列而组成。有立式和卧式两种，国内大部分采用卧式，板、框的材料大部分采用铸铁或铸钢，也有用不锈钢、硬聚氯乙烯或玻璃钢制造，板框的性状有正方形或圆形，板框过滤机上板框数目根据型号不同而不同，见图8-7。

板框过滤机的板框压紧的方式有三种：手动压紧，用符号“S”表示；电机带动机械传动装置压紧，用符号“J”表示；液压传动装置压紧，用符号“Y”表示。

板框过滤机是由许多块滤板和滤框交替排列组装的，实际使用板框数是由板框过滤机的生产能力和需过滤物料的浓度等因素决定的。滤板和滤框的上角开有孔，孔和孔组成进料和洗涤液的进料通道。悬浮液由离心泵打入，滤框是方形框，其右上角的圆孔是滤浆通道，此通道与框内相通，使滤浆流进框内。滤框左上角的圆孔是洗水通道。滤板两侧表面做成纵横交错的沟槽，而形成凹凸不平的表面，凸部用来支撑滤布，凹槽是滤液的流道。滤板右上角的圆孔是滤浆通道，左上角的圆孔是洗水通道。过滤时，用泵把滤浆送进右上角的滤浆通道，由通道流进每个滤框里。滤液穿过滤布沿滤板的凹槽流至每个滤板下角的阀门排出。固体颗粒积存在滤框内形成滤饼，直到框内充满滤饼为止。

若需要洗涤滤饼，则将洗水送入洗水通道，经洗涤板左上角的洗水进口，进入板的两侧表面的凹槽中。然后，洗水横穿滤布和滤饼，最后由滤液出口排出。

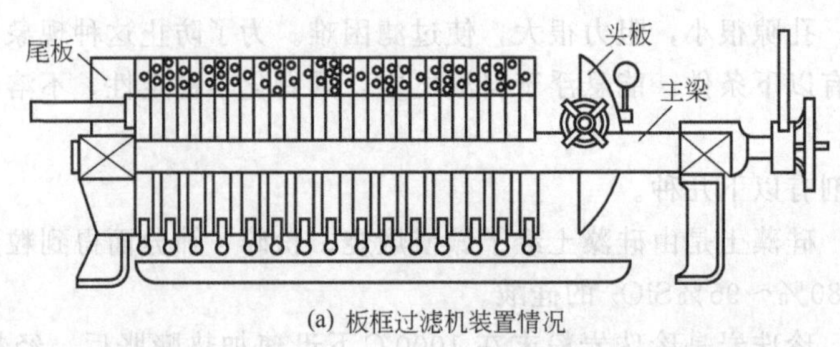

(a) 板框过滤机装置情况

(b) 板框过滤机的滤板与滤框

图 8-7 板框过滤机

1—滤板；2—滤框；3—洗涤板

滤液的流出方式有两种：①明流，用符号“M”表示，每个滤板下方有出料嘴，滤板由每块板的出料嘴直接流入机外的滤液长槽内；②暗流，用符号“A”表示，滤液通过滤板下方开孔组成的通道流到尾板出料孔流出。当物料过滤完后，为了提高收率或质量，一般通入水洗涤滤渣（工厂中称做顶洗）。洗涤后，旋松压紧装置，将各板、框拉开，卸下滤饼，清洗滤布，整理板框，重新装好，以进行下一个操作循环。

在用板框过滤机过滤物料之前，必须对物料进行预处理，以提高滤速、降低黏度、增加收率，根据工艺要求一般要加水稀释，并用水顶洗滤渣。

板框过滤机虽是一种较古老而笨重的设备。由于具有结构简单、价格低廉、占地面积小、过滤面积大并可根据需要增减滤板的数量调节过滤能力、对物料的适应能力较强等优点，在制药生产中仍有应用。但由于间歇操作，生产能力低，卸渣清洗和组装阶段需用人力操作，劳动强度大，大型过滤机的板、框密封困难，而易造成漏失所需产物等问题，所以它只适用于小规模生产。近年出现了半自动和全自动操作的板框过滤机，使劳动强度得到减轻。

因为板框过滤机中的物料滤饼是可压缩性的。因此用提高压力来加快滤速的办法是不可取的。往往压力增加，滤饼被压缩严重，过滤阻力增加到某一数值后，滤速反而会迅速降低。板框过滤机的操作压力一般不超过 4×10^5Pa。

(2) 滤板式过滤器（加压过滤器） 滤板式过滤器常用在药物精制中脱色液过滤，以去除活性炭，见图 8-8。

滤板式过滤器是由一个水平放置的焊

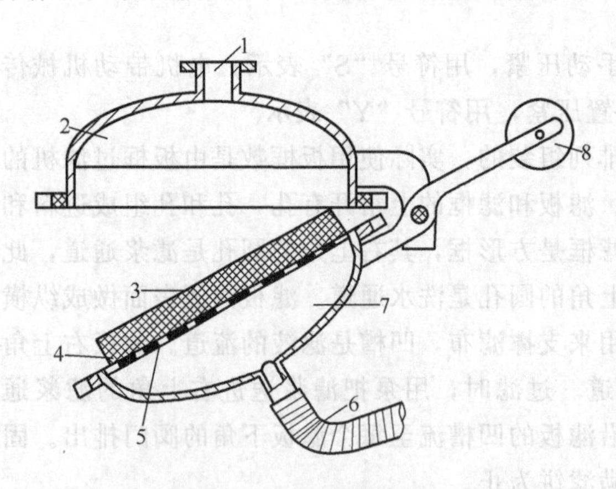

图 8-8 滤板式过滤器

1—悬浮液进口；2—盖；3—滤渣；4—过滤介质；5—花板；6—滤液出口软管；7—底；8—平衡锤

有多孔不锈钢滤板（花板）、两个中心开有料孔的封头组成。滤板上铺滤布，上下盖用罐法兰连接。当盖上上盖后，在上盖进料孔进悬浮液，精制液经滤布、滤板孔集于下盖出料孔排出，活性炭则留在滤布上。

滤板式过滤器操作时劳动强度大，处理量小，有厂家参照板框过滤机，制成立式多层过滤机用于精制液过滤，滤板拉开和压紧采用机械自动操作，该机处理量大，劳动强度小，占地面积小。

2. 真空过滤设备

真空过滤是过滤设备一侧产生一定的真空度，一般不超过 0.85×10^5 Pa 真空度，过滤后的固体可洗涤，滤饼含液量较少，滤液的澄清度尚可。

(1) 真空转鼓过滤机　真空转鼓过滤机在转鼓旋转过程中完成过滤、滤饼洗涤、干燥、卸渣过程。因此该机为连续操作，产量较大，适用于处理量大且固体颗粒含量较多的物料，是工业上应用较广的连续操作的过滤机，见图 8-9。

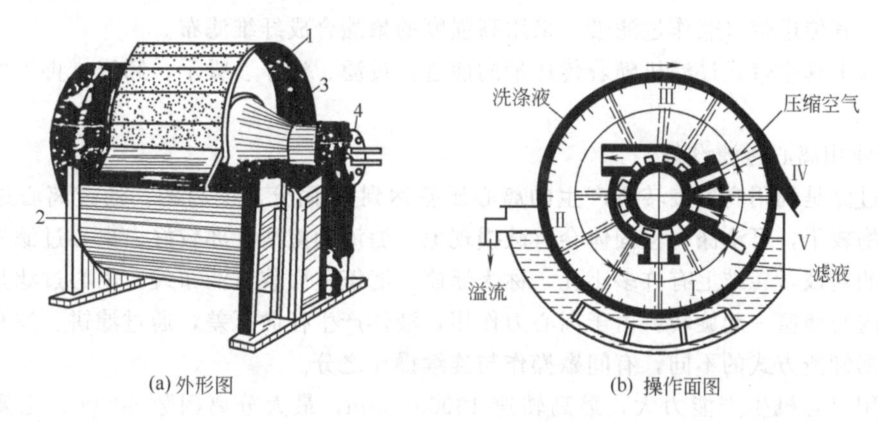

(a) 外形图　　(b) 操作面图

图 8-9　真空转鼓过滤机

1—转筒；2—槽；3—主轴；4—分配头

Ⅰ—过滤区；Ⅱ—预干区；Ⅲ—洗涤区；Ⅳ—吹松区；Ⅴ—滤布复原区

真空转鼓过滤机其主要部件为转筒（转速约为 0.1～3r/min），转筒表面有一层金属网，网上覆盖着滤布。筒的下部浸入物料槽中。沿转筒的周边用隔板分成若干个小过滤室，每个室分别与转筒端面圆盘上的一个孔用细管连通。此圆盘随着转筒旋转，故称为转动盘。转动盘与安装在支架上的固定盘之间的接触面，用弹簧力紧密配合，保持密封。在与转动盘接触的固定盘表面上，有三个长短不等的圆弧凹槽，分别与滤液排出管（真空管）、洗水排出管（真空管）及空气吹进管相通。因此转动盘上的小孔，有几个与固定盘上的连接滤液管的凹槽相通，有几个与连接洗水管的凹槽相通，另几个与连接空气吹进管的凹槽相通。由于转动盘与固定盘的这种配合，能使过滤机转筒的各小过滤室分配到固定盘上的三个圆弧凹槽上。故转动盘与固定盘合在一起，称为分配头。转筒旋转时，借分配头的作用，能使转筒旋转一周的过程中，每个小过滤室可依次进行过滤、洗涤、吸干、吹松卸渣等项操作。而整个转筒圆周在任何瞬间都划分为几个区域，有过滤区、洗涤区、吸干区及吹松卸渣区。固定盘上的三个圆弧凹槽之间有一定距离，这是为了从一个操作区过滤到另一个操作区时，不致使两个区域互相串通。

真空转鼓过滤机的缺点是滤液的澄清度没有板框过滤机的滤液好，因此，有的工厂将真空过滤机得到的滤液加入原料液中再经板框过滤机复滤，以达减少板框过滤机台数，提高过滤速度的目的。还由于在真空下操作，其过滤推动力最高约 10^5 Pa，故对于滤饼阻力较大的物料适应能力较差。

(2) 真空圆盘式过滤机　真空圆盘式过滤机的工作过程与真空转鼓过滤机类似。其过滤元件为多个圆盘。

真空圆盘式过滤机过滤面在圆盘的两个侧面，因而过滤面积较大，结构较紧凑，能耗也较少。若某个圆盘上的滤布破损时，可以单独更换，不影响其他过滤圆盘，由于过滤面积大，因此生产能力较大。该机若干圆盘并列安装在同一根水平转轴上，每个圆盘由 12 个互不相通的扇形过滤元件组成，扇形侧面装有过滤筛板，筛板上敷设滤布，从而构成滤室。水平转轴为空心轴，有内外两层壁，壁间的环隙用肋板先分割成 12 个通道，每个通道与圆盘上的一个滤室相通。分配阀平装在空心转轴的一端，内部分成三个室。当圆盘旋转一圈时，依次进行抽吸过滤悬浮液、反吹滤饼、疏松滤饼、刮板卸渣及再生等操作。

(3) 连续水平真空带式过滤机　连续水平真空带式过滤机是一种迅速脱水和洗涤的高效过滤设备。其传送带（兼作过滤带）采用高强度的聚酯合成纤维滤布。

连续水平真空带式过滤机随着传送带的前进，过滤、洗涤、吸干、卸渣、再生各过程连续进行。

3. 工业用离心过滤设备

离心过滤是利用高速旋转所产生的离心压差达到液-固分离的目的。通过离心过滤分离后的固形物较干，可洗涤，但固体会有破损现象，滤液的澄清度亦较好。离心过滤机具有悬浮过滤用的转鼓，转鼓上有许多小孔，称为滤筐。滤筐里面装有滤布袋。离心过滤是使悬浮液在滤筐内与滤筐一起旋转，由于离心力作用，液体产生径向压差，通过滤饼、滤布及滤筐流出。根据卸渣方式的不同，有间歇操作与连续操作之分。

工业用离心机生产能力大，最高转速 16000r/min，最大分离因数 50000，主要用于制药、食品、发酵及化学工业生产。

(1) 三足式离心机　三足式离心机属间隙操作离心过滤设备（见图 8-10）。三足式离心机在使用过程中可视具体情况停车装料或边转动边装料，但应力求装得均匀。由于转鼓的高速转动，受离心力的作用，滤液通过滤布和转鼓壁上的小孔，抛至外壳上，汇集于底盘，自底盘上出液口排出。而固体颗粒则被截留在转鼓滤布之内形成滤饼，滤饼的含湿量达到要求

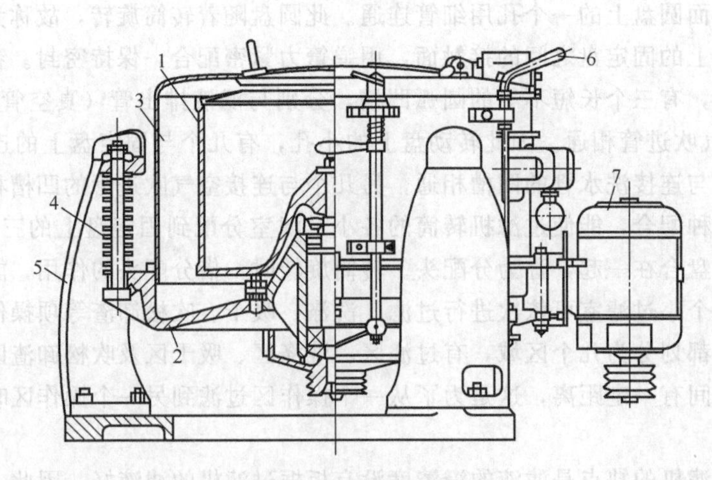

图 8-10　三足式离心机

1—转鼓；2—机座；3—外壳；4—拉杆；5—支脚；6—手制动器；7—电机

后，停车，人工卸料，清洗滤布准备下一次操作使用。如滤饼需要洗涤时，可在适当时候，向转动着的转鼓内加洗涤水，待洗涤液被甩干后再停车卸料。

三足式离心机的特点是结构简单，操作平稳，转鼓转速高，占地面积小，过滤推动力大，过滤速率快，滤饼的湿含量可以用过滤时间长短来控制，且可对滤饼进行洗涤，特别对结晶状或纤维状固体物料的脱水效果较好。但由于滤饼从转鼓上方人工卸料，滤布需人工进行清洗，劳动强度较大，生产能力较低。

(2) 悬筐式离心机　悬筐式离心机也是一种间歇操作的离心机，原理同三足式离心机相似。滤筐悬挂在挠性旋转轴上。悬筐式离心机操作时，悬浮液通过进料管送到旋转轴上的圆盘，靠离心力作用飞溅到滤筐，滤液向滤筐外侧流出。当滤筐内的滤渣达到允许厚度时，停止加料。继续运转一段时间，滤渣经过洗涤和干燥阶段后卸渣。这种离心机的分离因数约为500～1000，能分离颗粒直径为0.05～5mm的悬浮液。

(3) 往复活塞推渣离心机　往复活塞推渣离心机是悬浮液由进料管进入旋转的圆锥形加料斗中，在离心力作用下液体沿加料斗的锥形面流动，均匀地沿圆周分散到滤筐的过滤段。滤液透过滤网而形成滤渣层。活塞推渣器与加料斗一齐做往复运动，将滤渣间断地沿着滤筐内表面向排渣口排出。排渣器的往复运动是先向前推，马上后退，经过一段时间形成一定厚度的滤渣层后，再次向前推，如此重复进行推渣。活塞的行程约为滤筐全长的1/10，往复次数约为每分钟30次。这种离心机的分离因数约为300～700，其生产能力大，适用于分离固体颗粒浓度较高、粒径较大（0.1～5mm）的悬浮液，在生产中得到广泛应用。

(4) 离心力自动卸料离心机　离心力自动卸料离心机，又称为锥篮离心机。悬浮液从上部进料管进入圆锥形滤筐底部中心，靠离心力均匀分布在滤筐上而形成滤渣层。滤渣靠离心力作用克服滤网的摩擦阻力，沿滤筐向上移动，经过洗涤段和干燥段。最后从顶端排出。这种离心机结构简单，造价低廉，功率消耗小。但对悬浮液的深度和固体颗粒大小的波动敏感。其生产能力较大，分离因数约为1500～2500，可分离固体颗粒浓度较高、粒径为0.048～1mm的悬浮液。在各种结晶产品的分离中广泛应用

第二节　膜分离设备

一、膜分离技术概述

利用膜的选择透过性实现料液的不同组分的分离、纯化、浓缩的过程称做膜分离。膜分离的基本原理是利用天然或人工合成的、具有选择透过性的薄膜，以外界能量或化学位差为推动力，对双组分或多组分体系进行分离、分级、提纯或富集。膜分离与传统过滤的不同在于，膜可以在分子范围内进行分离，并且这一过程是一种物理过程，不需发生相的变化和添加助剂。随着科学技术的进步，人们用人工制造的薄膜过滤介质实现了分子（离子）级水平的过滤分离。其中有透析法、超过滤、反渗透和电渗析等，另外还有微孔滤膜过滤，这些都被称做膜分离技术。

膜分离技术所用的膜的孔径一般为微米级，依据其孔径的不同，可将膜分为微滤膜、超滤膜、纳滤膜和反渗透膜；根据材料的不同，可分为无机膜和有机膜。无机膜目前还只有微滤级别的膜，如陶瓷膜和金属膜；有机膜是由高分子材料做成的，如醋酸纤维素、芳香族聚酰胺、聚砜、聚丙烯腈等。

膜分离技术的优点：处理效率高，设备易于放大；可在室温或低温下操作，适宜于热敏

性物料的分离浓缩；化学强度损害小，减小生物制品失活；无相转变，节能；有相当好的选择性，可在分离、浓缩的同时达到部分纯化的目的；选择合适的膜与操作参数，可得到较高回收率；处理系统可密闭循环，防止外来污染；不外加化学物质，透过液（酸、碱或盐溶液）可循环使用，降低了成本，并减少对环境的污染。

二、膜分离技术的种类

1. 透析

（1）透析的原理　透析是应用最早的膜分离技术。透析法是利用溶液中的小分子物质可通过半透膜，而大分子物质不能通过半透膜的特性，达到分离溶液中不同组分的方法。透析的特点是可用于分离两类分子量差别较大的物质，即将相对分子质量在 10^3 级以上的大分子物质与相对分子质量在 10^3 级以下的小分子物质分离。透析法都是在常压下依靠小分子物质的扩散运动来完成的。

透析法多用于去除大分子溶液中的小分子物质，称脱盐。其次常用来对溶液中小分子成分进行缓慢的改变，这就是所谓的透析平衡、透析结晶。例如分离和纯化皂苷、蛋白质、多肽、多糖等物质时，可用透析法除去无机盐、单糖、双糖等杂质。反之也可将大分子的杂质留在半透膜内，而使小分子的物质通过半透膜进入膜外溶液中，而加以分离精制。

为了加快透析速度，还可应用电透析法，即在半透膜旁边纯溶剂两端放置两个电极，接通电路，则透析膜中的带有正电荷的成分如无机阳离子、生物碱等向阴极移动，而带负电共荷的成分如无机阴离子、有机酸等则向阳极移动，中性化合物及高分子化合物则留在透析膜中。

膜分离优点如下。

① 在常温下进行有效成分损失极少，特别适用于热敏性物质，如抗生素等药品、果汁、酶、蛋白的分离与浓缩。

② 无相态变化，保持原有的风味，能耗极低，其费用约为蒸发浓缩或冷冻浓缩的1/3～1/8。

③ 无化学变化，是典型的物理分离过程，不用化学试剂和添加剂，产品不受污染。

④ 选择性好，可在分子级内进行物质分离，具有普遍滤材无法取代的卓越性能。

⑤ 适应性强，处理规模可大可小，可以连续也可以间歇进行，工艺简单，操作方便，易于自动化。

（2）透析膜　一般透析膜可以自制，可以充当透析膜的材料很多，如禽类嗉囊、兽类膀胱、羊皮纸、玻璃纸、硝化纤维薄膜等。动物半透膜如猪、牛的膀胱膜，用水洗净，再以乙醚脱脂，即可供用；羊皮纸膜可将滤纸浸入50％的硫酸内15～60min，取出铺在板上，以水冲洗制得，其膜孔大小与硫酸浓度、浸泡时间以及用水冲洗速度有关；火棉胶膜系将火棉胶溶于乙醚及无水乙醇，涂在板上，干后放置水中即可供用，其膜孔大小与溶剂种类、溶剂挥发速度有关，溶剂中加入适量水可使膜孔增大，加入少量醋酸可使膜孔缩小；蛋白质胶（明胶）膜可用20％明胶涂于细布上，阴干后放水中，再加甲醛使膜凝固，冲洗干净即可供用。人工制作透析膜多以纤维素的衍生物作为材料。近来有透析膜管成品出售，包括各种大小厚度规格，可供不同分子量的多糖、多肽透析时选用。

（3）透析方法及装置　透析方法较简单，可将已处理及检查过的透析袋用棉线或尼龙丝扎紧底端，然后将待透析液（1～100mL）从管口倒入袋内。但不能装满，常留一半左右的空间，以防膜外溶剂大量渗入袋内时将袋胀裂，或因透析袋膨胀，而引起膜孔径的大小发生改变。装透析液后，即紧扎袋口，悬于装有大量纯净溶剂（水或缓冲液）的大容器内（量筒或玻璃缸）。常用透析装置有以下几种。

① 旋转透析器。旋转透析器装置简单，可放多个透析袋，见图 8-11。

② 平面透析器。平面透析器是把透析管张开成很薄的平面透析管，然后将两端连接到转动装置上。具有使用方便、效率较高、孔径易控制的优点，但透析面积较小。

③ 连续透析器。连续透析器的原理是加大透析膜内外的浓度差，提高透析速率，见图 8-12。连续透析器除用于分离、浓缩外，还能在酶反应上使用。

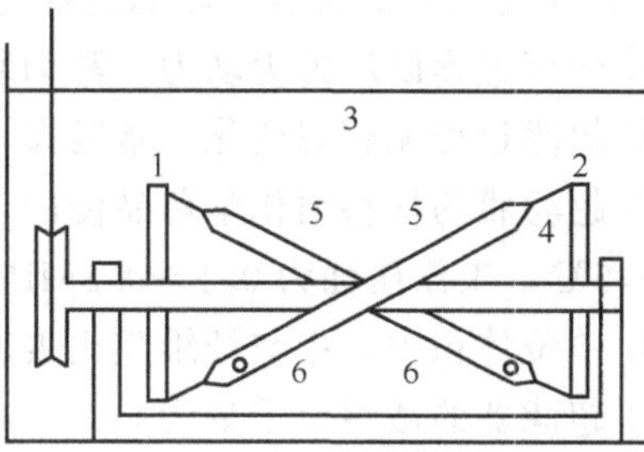

图 8-11　旋转透析器

1，2—木轮；3—盛水或缓冲液的容器；4—横轴；5—透析袋；6—玻璃

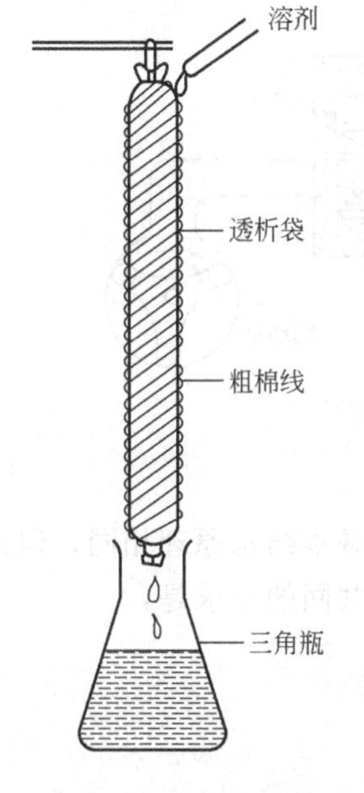

图 8-12　连续透析器

2. 超滤技术

（1）超滤的特征和用途　超滤技术是最近几十年迅速发展起来的一项分子级薄膜分离手段，它以特殊的超滤膜为分离介质，以膜两侧的压力差为推动力，将不同分子量的物质进行选择性分离。超滤的过滤精度在 0.005～0.01μm 范围内，可有效去除水中的微粒、胶体、细菌垫层及高分子有机物质。超滤可广泛应用于物质的分离浓缩、提纯。

超滤过程无相转化，常温操作，对热敏性物质的分离尤为适宜，并有良好的耐温耐酸碱和耐氧化性能，过滤速度较快，便于做无菌处理。

由于超滤技术有以上诸多优点，故常被用作：

① 大分子物质的脱盐和浓缩，以及大分子溶剂系统的交换平衡；

② 小分子物质的纯化；

③ 大分子物质的分级分离；

④ 生化制剂或其他制剂的去热处理。

（2）超滤膜　超滤膜是超滤的关键器材，为了提高滤液的透过速度，膜表面单位面积上能穿过某种分子的“孔穴”应该多，而孔隙的长度应该小。

超滤可根据超滤的不同用途、不同容量，选用相应规格的超滤膜组件，组成多种形式的超滤装置。目前，国内外均以截留分子量的大小来划分超滤膜规格。

超滤膜的选用主要从截留分子量、流动的速率、操作温度、化学耐受性等几方面考虑。

3. 超滤过程与装置

（1）浓差极化现象　浓差极化是指在超滤过程中，由于水透过膜而使膜表面的溶质浓度增高，在浓度差的作用下，溶质与水以相反方向向本体溶液扩散，在达到平衡状态时，膜表面形成一溶质浓度较高的边界层的现象。它对水的透过起着阻碍作用，所以浓差极化会降低膜的透水率。为了减小浓差极化，通常采用错流操作。这种操作是使悬浮液在过滤介质表面作切向流动，利用流体的剪切作用将过滤介质表面的固体移走。当移走固体的速率与固体沉降的速率相等时，过滤速度就近似恒定。

（2）超滤装置的特点　超滤装置的特点有：

① 分离过程以压力为动力，驱动装置简单，不易损坏，耗能低；

② 超滤过程无相态变化，常温操作，对热敏性物质的分离尤为适宜；

③ 超滤膜的材料耐化学药品侵蚀，无毒无害，适宜的 pH 值的范围是 2～13，工作温度为 5～45℃，工作压强为 0.1～0.2MPa；

④ 单位体积中，中空纤维膜比表面积大，通量也大，因此，超滤装置的占地面积小；

⑤ 超滤器的截留分子量为 6000～100000，截留率大于 95%；

⑥ 设备投资少，操作简便，超滤膜的寿命一般为 3～5 年。

（3）实验用超滤器　实验用超滤器装置种类较多，主要是根据外力和膜的种类不同而区别，但其基本原理是相同的。实际使用时可根据实验目的、要求进行选用。见图 8-13。

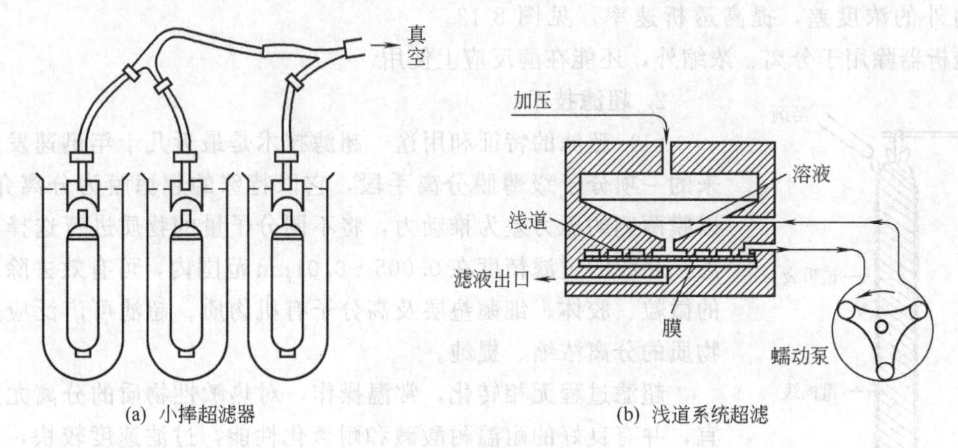

图 8-13　实验用超滤器

（4）工业用超滤装置　工业用超滤设备与实验室用超滤装置的基本结构原理相同，但比实验室用超滤装置更大型，强度要求较高，且多为连续操作。它们共同的要求是：

① 具有尽可能大的有效过滤面积；

② 为膜提供可靠的支撑装置；

③ 提供引出滤过液的路径；

④ 尽可能清除或减弱浓差极化现象。

目前工业上使用较多的膜装置形式有板式、管式、螺旋卷式和中空纤维式。图 8-14 所示为中空纤维过滤器。

三、微孔膜过滤技术

1. 微孔膜的特点和应用范围

微孔膜（或称微孔滤膜）过滤技术是指在压力驱动下，溶液中水、有机低分子、无机离子等直径小的物质可通过微孔滤膜上的微孔被传递到膜的另一侧，溶液中菌体、悬浮物、胶体、颗粒物、有机大分子等大直径物质则不能透过中空纤维壁而被截留，从而达到溶液中组分分离纯化的目的。该过程为常温操作，无相变且不产生二次污染。

微孔膜过滤又称“精密过滤”，是最近 20 年发展起来的一种薄膜过滤技术，主要用于分离亚微米级颗粒，是目前应用最广泛的一种分离分析微细颗粒和超净除菌的手段。微孔膜过滤的优点是：

① 设备简单，只需要微孔滤膜和一般过滤装置便可进行工作；

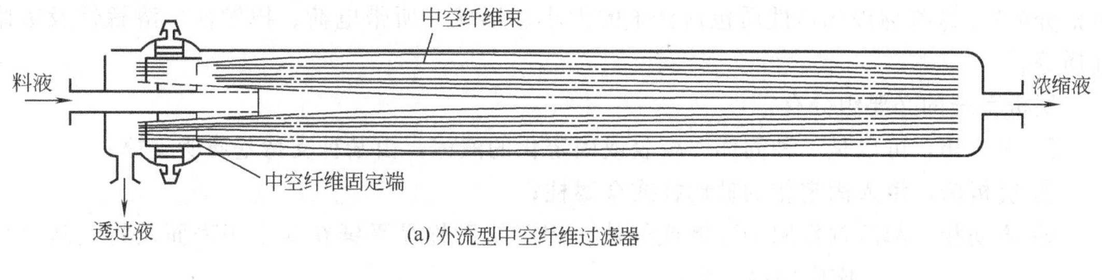

(a) 外流型中空纤维过滤器

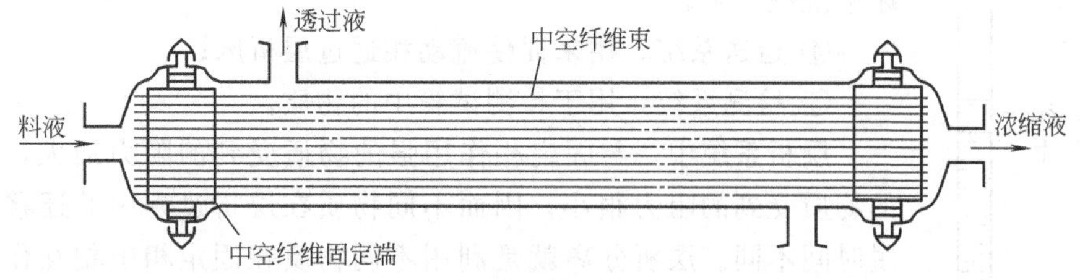

(b) 内流型中空纤维过滤器

图 8-14 中空纤维过滤器

② 操作简便、快速，适于同时处理多个样品；

③ 分离效率高，重复性好；

④ 一些微孔滤膜具有结合生物大分子的特殊能力，根据这种选择结合作用建立的相应的结合测度分析方法，已经应用于基因工程等许多领域。

2. 微孔滤膜

微孔滤膜有各种规格，其材质包括纤维素、纤维素酯、聚氯乙烯、聚四氟乙烯、聚乙烯、聚酰胺、丙烯腈/氯乙烯聚合物及聚碳酸酯，甚至玻璃纤维等。用各种材料以不同方法制造的微孔滤膜能够适应多种分离和测定的需要。

微孔滤膜的选用主要从孔径、孔隙率及水提取率、厚度和质量、阻力和流速等各种理化性质上进行考虑。

微孔滤膜必须在湿态下使用与保存。长期停用时，用 0.5% 甲醛或次氯酸钠水溶液保存。微孔滤膜装置系统可用双氧水、次氯酸钠、氢氧化钠等水溶液灭菌消毒。

3. 微孔膜过滤设备

微孔膜过滤设备的过滤机理和设备结构都是非常简单的。它主要是根据不同的待滤物料的性质选用不同的滤芯（滤膜），使待滤物料的分子能通过滤膜而净化，而物料中的杂质及细菌等则被截留。微孔膜过滤设备主要由滤器及其他附件组成，其中滤器是关键设备，它是由滤膜及其他附件构成的膜组件，如注射器式滤器、玻璃滤器、平板滤器、筒式滤器及多管式滤器等。

根据用途又可分为实验室用滤器及工业用滤器。

平板滤器是由输出、输入端，圆孔垫圈，滤膜及多孔支持网等构成的，两端由螺丝固定。

注射器式滤器有丢弃式与可拆式之分，主要用于实验室中少量样液的除菌及除尘的超净处理，也适用于医疗单位注射用。

第三节 层析分离设备

层析是利用混合液中各组分物理化学性质的差异，使各组分以不同程度分布在固定相和流动相两相中，由于各组分随流动相前进的速率不同，从而把它们分离开来的技术（也称为色谱分离)。这些物理化学性质包括分子的大小、形状、所带电荷、挥发性、溶解性及吸附性质等。

层析系统的必要组分有:

① 固定相,可以是一种固体、凝胶或固定化的液体,由某种支持基质所支撑;

② 层析床,填入固定相的玻璃柱或金属柱;

③ 流动相,起溶剂作用的液体或气体,用于协助样品平铺在固定相表面及将其从层析床中洗脱下来;

④ 运送系统,用来促使流动相通过层析床;

⑤ 检测系统,用于检测试管中的物质。

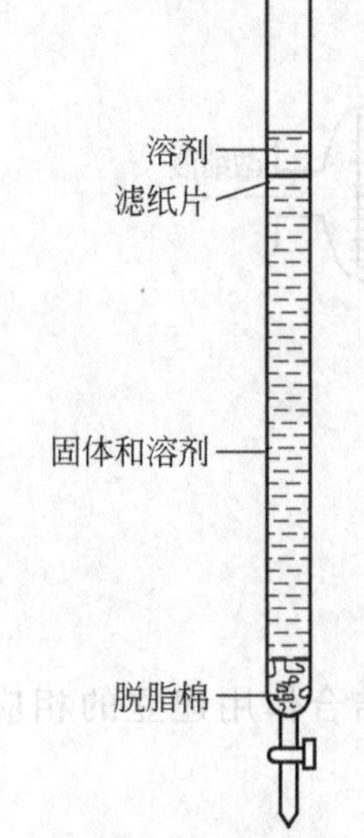

图 8-15 层析柱

层析系统中,与固定相作用强的物质受到的阻力最大,而作用弱的物质受到的阻力很小,因而不同物质在层析过程中的迁移距离和洗脱时间不同。层析分离就是利用不同物质在固定相中相互作用力的强弱不同,从而使得分离目的得以实现。

层析分离的主要设备就是能填入固定相的层析床以及辅助设备。层析床(层析柱)一般是一个由金属或玻璃制成的柱,根据固定相的不同而起不同的层析作用,见图 8-15。层析分离设备将在“离子交换层析设备”中介绍。

一、吸附法

(一) 吸附法的概念和特点

1. 吸附法的概念

将物质从流体相(气相或液相)浓缩到固体表面从而达到分离的过程称为吸附作用,而把在表面上能发生吸附作用的固体称为吸附剂,将被吸附的物质称为吸附物。每单位质量吸附剂所具有的表面积,称为比表面积。吸附剂吸附溶液中的有效成分,称做“正吸附”;吸附剂吸附溶液中的杂质,叫做“负吸附”。

2. 吸附法的特点

① 操作简便、设备简单、价廉、安全。

② 少用或不用有机溶剂。

③ 吸附与洗脱过程中 pH 值变化小,较少引起生物活性物质的变性失活。

但吸附法的选择性差,收率也不高,特别是无机吸附剂性能不稳定,不能连续操作,劳动强度大。

(二) 吸附法的分类和影响因素

1. 吸附法的分类

吸附法根据吸附作用可分为物理吸附、化学吸附和交换吸附。

(1) 物理吸附　吸附剂和吸附物通过分子间力(范德华力)产生的吸附称为物理吸附。

(2) 化学吸附　化学吸附是由于吸附剂和吸附物之间的电子的转移,发生化学反应而产生。

(3) 交换吸附　吸附剂表面如为极性分子或离子所组成,则它会吸引溶液中带相反电荷的离子而形成双电层,这种吸附称为交换吸附(或极性吸附)。

2. 吸附的影响因素

吸附现象在界面发生,因此吸附剂表面积愈大,吸附量愈多。

吸附剂的粒度与吸附面积有关，能够影响吸附容量但对吸附性质没有影响。吸附剂颗粒的大小对溶液经过吸附柱的渗滤的均匀与否影响极大。颗粒愈小，吸附柱流速愈低，也愈均匀。将粉末吸附剂人工集合成疏松的聚集体可兼得吸附均匀和高流速的效果。影响吸附的其他因素还有以下几点。

(1) 温度　一般来说温度升高，会使吸附达到平衡的时间缩短，但也会使吸附剂的吸附量降低。

(2) pH 值　吸附时的 pH 值往往会影响吸附剂或吸附物的解离程度。对于两性吸附物一般选择在其等电点附近。

(3) 盐的浓度　盐的浓度对吸附的影响比较重要，也比较复杂。盐的浓度的影响在实际生产中需要通过实验来确定。

(4) 吸附剂　吸附剂的理化性质对吸附的影响很大。吸附剂的性质与其原材料、合成方法和再生条件等因素有关。一般要求吸附容量大、吸附速度快和机械强度好。吸附剂的吸附容量除其他外界条件外，主要与比表面积有关。比表面大，空隙度高，吸附容量就越大。吸附速度主要与颗粒度和孔径分布有关。颗粒度越小，吸附速度就越快，但压头损失要增大。孔径适当，有利于吸附物向空隙中扩散。吸附剂的机械强度则影响其使用寿命。一定的吸附剂在某一溶剂中对不同溶质的吸附能力是不同的。

常用的吸附剂有活性炭、大网格聚合物吸附剂、人造沸石和磷酸钙凝胶。此外，常用的还有白陶土（白土、陶土、高岭土）、氢氧化铝凝胶、氧化铝、硅胶、滑石粉、硅藻土、皂土以及聚酰胺粉等。

二、凝胶层析

凝胶层析法的别名很多，如也称分子筛层析、凝胶扩散层析、排阻层析、限制扩散层析等。凝胶层析法是指混合物随流动相经过凝胶层析柱时，其中各组分按其分子大小不同而被分离的技术。该法设备简单、操作方便、重复性好、样品回收率高，除常用于分离纯化蛋白质、核酸、多糖、激素等物质外，还可以用于测定蛋白质的相对分子质量以及样品的脱盐和浓缩等。

(一) 凝胶层析的基本原理

1. 凝胶层析分离原理

随着溶质分子尺寸的减小，可以占有的孔体积迅速增加，当具有一定分子量分布的高聚物液从柱中通过时，较小的分子在柱中停留的时间比大分子停留的时间要长，于是整个样品即按分子大小顺序而分开，最先淋出的是最大的分子。

凝胶是一种不带电的具有三维空间的多孔网状结构、呈珠状颗粒的物质，每个颗粒的细微结构及筛孔的直径均匀一致，像筛子，小的分子可以进入凝胶网孔，而大的分子则排阻于颗粒之外。当含有分子大小不一的混合物样品加到用此类凝胶颗粒装填而成的层析柱上时，这些物质即随洗脱液的流动而发生移动。大分子物质沿凝胶颗粒间隙随洗脱液移动，流程短，移动速率快，先被洗出层析柱；而小分子物质可通过凝胶网孔进入颗粒内部，然后再扩散出来，故流程长，移动速度慢，最后被洗出层析柱，从而使样品中不同大小的分子彼此获得分离。

大于该种凝胶的排阻限（粗略地讲就是 A 物质分子的直径大于凝胶的孔径），完全不能进入颗粒内部，只能从颗粒间隙流过，称为“全排阻”。分子量小于该种凝胶的渗入限，其分子可以自由进出凝胶颗粒，称为全渗入。分子量介于渗入限与排阻限之间，其分子能够部分地进入凝胶颗粒之中，不能全部地不受限制的通过，称为“部分排阻”或“部分渗入”。

2. 凝胶层析的特点 ①操作简便，设备简单；②分离效果较好，重复性高，样品回收率高；③分离条件缓和；④应用广泛；⑤分辨率不高，分离操作较慢。

（二）凝胶的类型和选择

1. 凝胶的类型

常用的凝胶类型有交联葡聚糖凝胶，琼脂糖凝胶，聚丙烯酸酯凝胶等。

（1）葡聚糖凝胶 葡聚糖凝胶又称交联葡聚糖凝胶，是最早的分子筛，也是目前凝胶层析中最为常用的材料。

葡聚糖凝胶能被强酸、强碱和氧化剂破坏。但对稀酸、稀碱和盐溶液稳定。此外，它还能经受高压灭菌。葡聚糖凝胶可以多次重复使用，保存的方法有湿法、干法和半缩法三种。

湿法：用过的凝胶洗净后悬浮于蒸馏水或缓冲液中，加入一定量的防腐剂再置于普通冰箱中做短期保存（6个月以内）。

干法：一般是用浓度逐渐升高的乙醇分步处理洗净的凝胶，使其脱水收缩，再抽滤除去乙醇，用60～80℃暖风吹干。

半缩法：这是以上两法的过渡法。

（2）琼脂糖凝胶 琼脂糖凝胶来源于一种海藻多糖琼脂。琼脂糖凝胶的化学稳定性较差，凝胶颗粒的强度也较低，所以在操作时要十分小心。但琼脂糖凝胶分离的分子量范围很大，远远大于生物凝胶和葡聚糖凝胶。

（3）聚丙烯酸酯凝胶 聚丙烯酸酯凝胶为疏水性凝胶。聚丙烯酸酯凝胶只适用于在有机溶剂中操作，而且只适用于分离分子量较小的物质。

2. 凝胶层析柱的制备

（1）层析柱的选择 凝胶层析用的层析柱，其体积和高径比与层析分离效果的关系相当密切。层析柱的长度与直径的比值一般称做柱比。

层析柱的有效体积（凝胶柱床的体积）和柱比的选择必须根据样品的数量、性质以及分离目的加以确定。

对于分类分离，柱床体积一般为样品溶液体积的5倍或略多一些就够了，柱比5∶1到10∶1即可。这样流速快，节省时间，样品稀释程度也小。

对于分级分离，则要求柱床体积大于样品体积25倍以上，甚至多达100倍。柱比也在25～100之间。

（2）凝胶柱的装填 凝胶柱正确的装柱是清除不良影响的关键和前提。正式装柱前必须检查柱底的凝胶支持物是否符合要求。此外，对较细的层析柱要注意防止装柱时“管壁效应”干扰。

开始装柱时，为了避免胶粒直接冲击支持物，空柱中应留约1/5的水溶剂。进胶过程须连续、均匀，不要中断，并在不断搅拌下使胶粒均匀沉降，也不发生凝胶分层和胶面倾斜。

（3）凝胶床的检查和维护 首先观察装就的凝胶柱有无凝胶分层、沟流和气泡现象。如表现无毛病，就用相当于2倍以上柱床体积的洗脱液（分离介质）按正常操作流速过柱，以稳定柱床。

凝胶柱可因使用时间过长、一时流速过大或柱高太大而造成凝胶颗粒变形，流速逐渐下降，甚至无法继续进行分离操作。为保证凝胶柱处于良好的状态，满足对分离效果和流速的要求，操作中要减低操作压，其办法是分柱串联或采用简单减压装置。

（三）凝胶层析操作

（1）样品上柱　由于凝胶层析的稀释作用，似乎样品浓度应尽可能大才好，但样品浓度过大往往导致黏度增大，而使层析分辨率下降。样品上柱是凝胶层析中的一步关键性操作。

理想的样品色带应是狭窄且平直的矩形色带。为了做到这一点，应尽量减少加样时样品的稀释以及样品以非平流流经层析凝胶床体。否则会造成层析带扩散、紊乱，严重影响分离效果。加样时应尽量减少样品的稀释及凝胶床面的搅动。

（2）加样　加样的方法有两种：一种是直接将样品加到层析床表面。这种方法在操作中，必须时时注意层析床表面的均匀性，防止样品或洗脱液对凝胶床面的冲击；另一种则可用微量泵控制加样。

（3）洗脱与收集　为了防止柱床体积的变化，造成流速降低及重复性下降。整个洗脱过程中始终保持一定的操作压是很必要的。流速不宜过快且要稳定。洗脱液的成分也不应改变，以防凝胶颗粒的涨缩引起柱床体积变化或流速改变。

在许多情况下可以用水作为洗脱剂，但为了防止非特异吸附，避免一些蛋白质在纯水中难以溶解（析出沉淀）以及蛋白质稳定性破坏等问题的发生，常采用一些缓冲盐溶液进行洗脱。洗脱剂的流速对分离效果也有很大影响。流速较低，分辨率较高，样品稀释较轻。洗脱时的流速与操作压有关，与凝胶的型号和粒度也有关。有些比较精细的分离分析工作须在恒温条件下操作，一方面是为了防止温度的变化干扰分离，降低分辨率，另一方面也是为了防止蛋白质的变性失活。恒温范围一般为4～10℃。

洗脱液的收集多采用分布收集器。

（4）凝胶柱的再生　凝胶柱在合理的使用下一般无需再生便可多次重复使用。

对流速下降的板结凝胶柱，最简单的处理法是反冲。将凝胶颗粒取出漂洗后重新装柱也是恢复流速的好方法。

薄层凝胶层析的特点：分析用样量甚微；设备简单，操作方便，分离迅速；分辨率高；同一薄板可做几个样品，以分析比较之用；与参照物同时层析，可鉴别层析物的性质。

（四）凝胶层析的应用

（1）脱盐和浓缩　在凝胶层析法脱盐、浓缩操作中，溶液中的蛋白质等大分子为全排阻，小分子盐类为全渗入。

（2）分子量测定　用凝胶过滤层析测定生物大分子的分子量，操作简便，仪器简单，消耗样品量也少，而且可以回收。

（3）分离纯化　用凝胶层析法将溶液中的大小分子分离，是生物药物中常用的分离纯化方法。

（4）去热原　去热原往往是生产注射液用生化药品的一个难题。用凝胶过滤法有时则比较方便。

三、亲和层析

（一）亲和层析的基本原理和过程

1. 亲和层析的基本原理

亲和层析是利用待分离物质和它的特异性配体间具有特异的亲和力，从而达到分离目的的一类层析技术。

具有专一亲和力的生物分子对主要有：抗原与抗体、DNA与互补DNA或RNA、酶与它的底物或竞争性抑制剂、激素（或药物）与它们的受体、维生素和它的特异结合蛋白、糖蛋白与它相应的植物凝集素等。可亲和的一对分子中的一方以共价键形式与不溶性载体相连作为固定相吸附剂，当含有混合组分的样品通过此固定相时，只有和固定相分子有特异亲和力的物质，才能被固定相吸附结合，其他没有亲和力的无关组分就随流动相流出，然后改变流动相成分，将结合的亲和物洗脱下来。亲和层析中所用的载体称为配基（即与基质共价连接的化合物）。

2. 亲和层析的过程

亲和层析的设计原理和过程大致分为以下三步。

（1）配基固定化　选择合适的配基与不溶性的支撑载体偶联，或共价结合成具有特异亲和性的分离介质。

（2）吸附样品　亲和层析介质选择性吸附酶或其他生物活性物质，杂质与层析介质间没有亲和作用，故不能被吸附而被洗涤去除。

（3）样品解析　选择适宜的条件使被吸附的亲和介质上的酶或其他生物活性物质解析下柱。

（二）亲和层析的特点

亲和层析技术的最大优点在于，在粗提液中经过一次简单的处理便可得到所需的高纯度活性物质。由于具有简便、快速、专一和高效等特点，应用已普及到生命科学的各个领域。

这种技术不但能用来分离一些在生物材料中含量极微的物质，而且可以分离那些性质十分相似的生化物质。此外亲和层析法还有对设备要求不高、操作简便、适用范围广、特异性强、分离速度快、分离效果好、分离条件温和等优点。其主要缺点是亲和吸附剂通用性较差，故要分离一种物质差不多都得重新制备专用的吸附剂。另外由于洗脱条件较苛刻，需很好地控制洗脱条件，以避免生物活性物质的变性失活。

（三）亲和层析的吸附和洗脱

亲和层析一般采用柱层析法。在亲和吸附时，亲和柱使用的平衡缓冲液的组分、pH 值和离子强度都应选择对亲和双方作用最强、最有利于形成复合物的条件。根据生物大分子的特点，一般选取接近中性 pH 值作为亲和吸附条件。上柱时样品液一般应与亲和柱平衡缓冲液一致，通常是上柱前样品先对平衡缓冲液进行充分透析。上柱流速尽可能缓慢，对流出液需进行定量测定，以判断亲和吸附效率。样品通过亲和柱后，用大量的平衡缓冲液洗去杂质，直至流出液中不含蛋白。然后再用洗脱液洗脱，洗脱液能减弱配体和亲和物之间的亲和力，使该结合物完全解离。洗脱结束后，亲和柱仍需继续用洗脱剂洗涤，直到无亲和物存在时为止。再用平衡缓冲液使亲和柱充分平衡，加入防腐剂，存放于冰箱（4℃）中，以备下次再用。

1. 影响吸附的因素

亲和吸附的强弱除与亲和吸附剂及配体的性质密切相关外，还与缓冲液的种类、离子强度、pH 值、温度和层析流速有关。亲和吸附的具体条件需要摸索，无特定规律可循。

2. 亲和层析的洗脱

洗脱是指改变条件，使亲和络合物完全解离，从吸附剂上脱落下来并回收目的物的操作。洗脱方法最常用的是非专一性洗脱，即通过改变洗脱剂的 pH 值来影响电性基团的解离程度而洗脱。此外，还有靠离子强度的分步和梯度变化而进行的洗脱。

有些抗原-抗体复合物的形成是由疏水作用引起的，因此用降低缓冲液极性的物质能达到洗脱目的。

3. 再生

通常情况下亲和吸附剂经洗脱后，只需用亲和吸附缓冲液充分平衡后即可重复使用，无需特殊再生处理。不过有的吸附剂在使用数次后亲和力下降，非特异吸附增加，这大多由变性蛋白沉积造成，用 6mol/L 脲洗柱除去沉积蛋白可恢复原来的吸附量和专一性。

（四）亲和层析技术的应用

亲和层析技术的应用大致可归纳为：①提取、分离、纯化、浓缩各类生物分子；②分离纯化各种功能细胞、细胞器、膜片段和病毒颗粒；③用于各种生化成分的分析检测；④与亲和层析原理相关的特殊技术应用。

四、离子交换层析设备

（一）离子交换层析设备的分类

根据离子交换层析的操作方式不同，其设备可以分为静态交换设备和动态交换设备两大类。前者一般系一带有搅拌器的反应罐，反应罐仅作静态交换用，然后利用沉降、过滤或水力旋风等方式将饱和树脂取出，装入解吸罐（柱）中进行洗涤和解吸；后者系离子交换层析罐（柱）。

动态交换设备又可因其操作方式不同而分固定床系统和连续逆流系统两大类。固定床又可分单床（单柱或单罐操作）、多床（多柱或多罐串联操作）、复床（阳、阴树脂串联操作）及混合床（阳、阴树脂混合在同一柱或罐中操作）等，均系间歇分批操作；若以溶液进入交换罐的方向来分，又可分正吸附（溶液由上向下流动而进行吸附）及反吸附（溶液由下向上通过交换柱或罐）两种。连续逆流操作是指溶液及树脂均不断连续进入和离开系统，一般也有单床、多床之分，若根据树脂流动的动力来分，则又有重力流动式和压力流动式之分。

（二）离子交换层析设备的结构

1. 一般离子交换层析罐

一般的离子交换层析罐为具有椭圆形顶及底的圆筒形，其圆筒体的长与筒径之比一般为2～3。树脂层高度约占圆筒高度的 50%～70%，需留有充分空间，以备反冲时树脂层的膨胀。在交换罐的上部有溶液分布装置，以使含有被交换离子的溶液、解吸液或再生剂能在整个罐截面上均匀地通过树脂层。圆筒体的底部与椭圆形底之间常装有多孔板、筛网及滤布以支持树脂层，也有不安装支持板而是用块石英石或卵石直接铺于罐底作支持树脂用。石块大的在下，小的在上，一般分五层。罐顶上应有人孔或手孔，大型交换罐的人孔也可以装在罐壁上，以便于装卸树脂。视镜孔和灯孔可以在罐顶上，也可以在罐壁上（用条形视镜）。罐顶部的被吸附溶液、解吸液、再生剂、软水进口可合用一个进口管与罐顶连接，另外罐顶上应有压强表、排空及反洗水出口。罐底的各种液体出口及反洗水进口和压缩空气（疏松树脂用）进口也可合用一个总进口。

交换罐一般用钢板制成，内壁衬橡胶。小型交换罐可用硬聚氯乙烯板或有机玻璃板制成，交换柱一般以玻璃筒（管）制作。

2. 常用的离子交换层析罐的结构

常用的离子交换层析罐的结构见图 8-16。

在离子交换层析设备中，也常将几个单床串联起来操作形成多床设备。串联操作时溶液用泵或高位槽压入第一罐，然后靠罐内空气压力将溶液压入下一罐。为了使溶液能连续自上一罐流入下一罐，罐中压强应逐个减小。

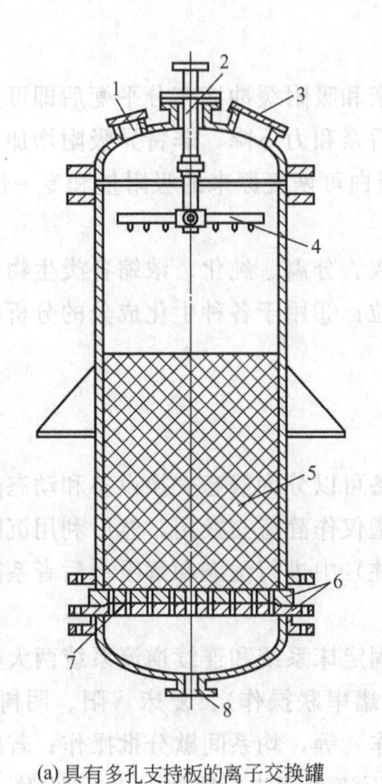

(a) 具有多孔支持板的离子交换罐

1—视镜；2—进料口；3—手孔；4—液体分布器；5—树脂层；6—多孔板；7—尼龙布；8—出液口

(b) 具有块石支持层的离子交换罐

1—进料口；2—视镜；3—液位计；4—树脂层；5—卵石层；6—出液口

图 8-16　常用的离子交换层析罐的结构

离子交换层析罐的附属管道一般用硬聚氯乙烯管，阀门可用塑料、不锈钢或橡胶隔膜阀门。溶液的流量一般用转子流量计测量。一般在阀门和交换罐之间装有一段玻璃短管。

3. 反吸附离子交换层析罐

在反吸附离子交换层析罐中，被交换的溶液由罐的下部导入，其流速及黏度以使树脂在罐内呈沸腾状而不溢出罐外为宜，交换后的溶液则由罐顶的出口溢出。反吸附除可以省去菌丝过滤这一工序外，还具有液固两相接触面大而且较均匀，操作时不产生短路、死角，以及流速大和生产周期短等优点，因此解吸后所得的抗生素产品质量较高。

反吸附离子交换层析罐的结构见图 8-17。反吸附离子交换层析罐的结构是为了避免或减少树脂外溢而设计的，其上部扩口成锥形，是为了使流体流速降低而减少对树脂的夹带。

4. 混合床交换罐

混合床系将阳、阴两种树脂混合而成，脱盐效果较完全。在制备无盐水时，可将水中更多的阳、阴离子除去，而树脂上交换出来的 H^+ 及 OH^- 则结合成水。若将混合床用于抗生素精制，则可避免采用复床时溶液变酸（通过阳离子柱时）及变碱（通过阴离子柱时）的现象，因而可减少抗生素的破坏。混合床操作时溶液由上而下流动。再生时，先用水反冲，使阳、阴树脂借重度差分层，然后将碱由罐的上部引入，酸由罐底引入，废再生剂则在中部引出。再生及洗涤完毕后，用空气将两种树脂重新混合，亦可将两种树脂分柱后分别再生——柱外再生法。阳、阴离子交换树脂常以体积比 1∶1 混合，制备无盐水时流速约为 25～30m/h。混合床制备无盐水的流程可见图 8-18。

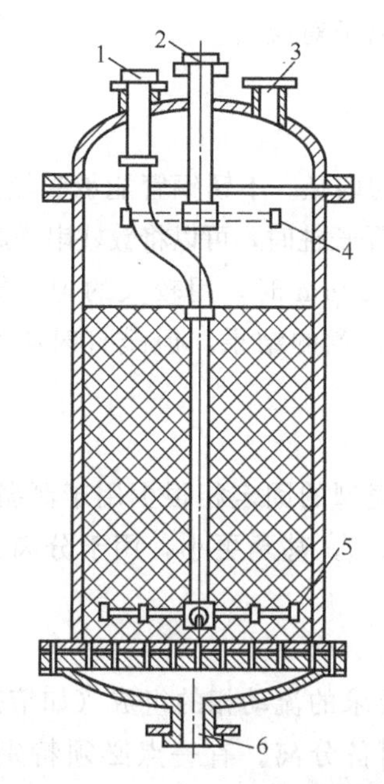

图 8-17　反吸附离子交换层析罐的结构

1—被交换溶液进口；2—淋洗水、解吸液及再生剂进口；3—废液出口；4，5—分布器；6—淋洗水、解吸液及再生剂出口，反洗水进口

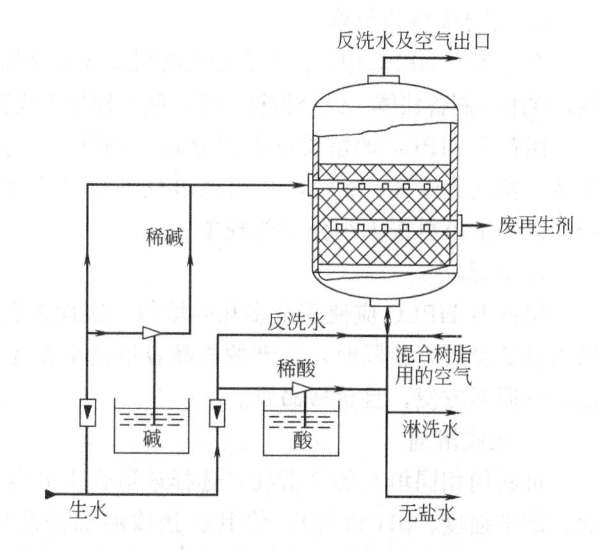

图 8-18　混合床制备无盐水的流程

五、制备型高效液相层析

高效液相层析法（HPLC，又称高效液相色谱法）是近二十年来发展起来的一项新颖快速的分离技术。它是在经典液相层析法基础上，引进了气相层析的理论，具有气相层析的全部优点。由于 HPLC 具有分离能力强、测定灵敏度高、可在室温下进行等优点，故应用范围极广，无论是极性还是非极性、小分子还是大分子、热稳定还是不稳定的化合物均可用此法测定。对蛋白质、核酸、氨基酸、生物碱、类固醇和类脂等尤为适用。制备型 HPLC 技术是利用大直径柱，分离制备大量纯物质（>0.1g）。通常情况下，区分制备型 HPLC 与分析型 HPLC，是就分离的过程与目的而言，而不是单纯指分离物质量的多寡。

HPLC 的分离依据是样品中各组分之间带电性、极性、疏水性、分子大小、等电点、亲和性、螯合性等理化性质的差异。

（一）HPLC 的类型与应用

1. 液-固吸附层析

固定相是具有吸附活性的吸附剂，常用的有硅胶、氧化铝、高分子有机酸或聚酰胺凝胶等。液-固吸附层析中的流动相依其所起的作用不同，分为“底剂”和洗脱剂两类，底剂起决定基本层析的分离作用，洗脱剂起调节试样组分的滞留时间长短的作用，并对试样中某几个组分具有选择性作用。流动相中底剂与洗脱剂成分的组合和选择，直接影响层析的分离情况，一般底剂为极性较低的溶剂，如正己烷、环己烷、戊烷、石油醚等，洗脱剂则根据试样性质选用针对性溶剂，如醚、酯、酮、醇和酸等。本法可用于分离异构体、抗氧化剂与维生素等。

2. 液-液分配层析

固定相为单体固定液构成。将固定液的官能团结合在薄壳或多孔型硅胶上，经酸洗、中和、干燥活化，使表面保持一定的硅羟基。这种以化学键合相为固定相的液-液层析称为化学键合相层析。另一种利用离子对原理的液-液分配层析为离子对层析。

（二）实验条件的选择

1. 柱的选择和装填

在制备型 HPLC 中，样品容量的增加通常需要加大柱子的内径。不锈钢管能承受较大的压强，常用作制备柱体。像分析柱一样，制备柱加工成直型，当需长柱时，可以将数柱串联起来。

制备型 HPLC 的填装技术和分析型相同。当粒度小于 20μm 时，用较大的匀浆罐湿法填装。粒度大于 30μm 时，利用轻敲柱外壁的干填法可获满意的结果，但敲打时必须相当轻，以减少填料按大小分层的现象。

2. 柱填料

制备型 HPLC 应使用全多孔的填料。表面多孔的或薄壳型的固定相很少用于制备层析，因为在键合类型相同时，二者的样品容量是全多孔填料的 1/5，甚至更小，用于分离大量物质，不但不方便，且价格昂贵。

3. 洗脱溶剂

可利用相同填料的分析柱，选择最适合于分离目的和要求的流动相的组成（如溶剂的配比、离子强度、pH 值等），将其直接或略加修改后用于制备分离。有一点必须特别注意，即要防止强保留的杂质缓慢洗脱下来，因为它会污染随后分离的样品。

和使用分析型 LC（液相层析）一样，在进行一个新的分离过程以前，必须确保制备柱和流动相之间的平衡。

与分析型 LC 一样，制备型 LC 宜利用黏度相对低的流动相（保持高的柱效），且溶剂必须和检测器相匹配。

为了能方便地从收集部分中去除流动相，流动相应相对易挥发。

制备型 LC 的目的往往是获取高的产量，为此希望提高样品的上柱量。

（三）制备型高效液相层析的应用

1. 肽的分离

分离纯化肽的最常用和最成功的方法是反相高效液相层析（RP-HPLC）。这不仅是因为它对肽的分辨力很高，还因为它以水为主体的流动相与肽的生物学性质相适应。

2. 蛋白质的分离

与其他 HPLC 方法相比，人们普遍认为反相高效液相层析是分离纯化蛋白质的有效方法。

但是蛋白质的情况比肽复杂，因此需要某些特殊的考虑，需在填料、流动相、仪器三方面进行适当的选择。

3. 多糖的分离

分离多糖的 HPLC 多为高效体积排阻层析（HPSEC）。

它具有快速、高分辨和重现性好的特点。这种方法完全按分子筛原理分离，样品分子与固定相之间无相互作用，目前最常见的商品柱是 μ Bondagel 柱系列和 TSK 柱系列，常用水、缓冲液和含水的有机溶剂如二甲亚砜作流动相。

4. 核酸与核苷酸的分离纯化

用 HPLC 分离核酸时多用反相层析法，填料有 Super Pac 或 Mono RPC 等。分离核苷酸还可使用离子交换层析的填料 Mono Q 等。

5. 脂类的分离

分离脂类时，LSC（液-固层析）是首选的方法，特别适用于异构体的分离。

第九章 粉碎与过筛设备

粉碎是对固体物料施加机械力使其经撞击、摩擦、挤压而产生剪切、弯曲扭转等变形，进而碎裂成微细粉末的单元操作过程。粉碎后的产品经过筛、分级就成为需要的成品。因此，粉碎与过筛是药物生产过程的一个重要环节。本章重点介绍粉碎机械设备的工作原理和结构组成。

第一节 粉碎概述

固体药物由于其体积、形状大小、几何性质而不能直接用作生产过程中的原料。中药材、原料药及一些化合物在制成药物的过程中，或在进行有效成分的提取分离时，均颗粒越细小、溶解或解吸越快。因此，必须通过粉碎与过筛将固体药物分成粒径大小不同的药粉。固体药物的粉碎一般是通过机械装置，将其粉碎成适用程度，再通过筛分设备将合格的微细粉末分级后投入使用，不合格的大颗粒可再次粉碎直至合格为止。

固体物质的形成依赖于分子间的内聚力，并因内聚力的大小而显示出不同的硬度和性能。粉碎，就是用外力施加在固体药物上，使固体之间发生挤压、碰撞、摩擦、碎裂、研磨等机械作用，使之发生剪切、扭转、弯曲等反复变形，最终破裂，从而获得微细粉末的方法。所用外力的大小、形式，应随药物的特性而变化，如晶体类药物的石膏、硼砂等性脆，易粉碎。植物性药物有木质结构，动物类药物油性较大，需经处理后才可粉碎。

一、粉碎的目的

① 增加药物的比表面积，使药物体积缩小，以利于制成各种剂型；

② 有益于药物中各有效成分的浸出提取；

③ 有利于药物的混合均匀及与其他成分共同粉碎后的均匀化；

④ 可以直接生产出如粉剂、散剂等剂型药物；

⑤ 微细药粉的固态流化有利于药物的进一步生产、输送等。

二、粉碎的要求

① 粉碎后应保持药物的组成和药理作用不变；

② 应控制适当的粉碎度，使微粒达到生产工艺或药典规定的要求；

③ 应随时防止异物的混入，特别是使用机械粉碎时，应防止和排除由于机械磨损产生的金属或异物粉末进入药物；

④ 应及时过筛排除过细粉末，以免过多消耗能量或使药物产生损失。

三、粉碎的方法

1. 干法粉碎

是将干燥药物直接粉碎的方法。一般对于软硬适中的药物，常将全部药料混合在一起进行粉碎，在粉碎过程中达到均匀混合。对差异较大，性质特异的药物一般进行单独粉碎后再行配药。特殊性质的药物，还需经特殊处理后才能进行粉碎。干法粉碎是应用较为广泛的粉碎方法。

2. 湿法粉碎

是指在固体药物中加入适量的液体后，再进行研磨粉碎的方法。它可得到细度较高的极细粉末，并能防止药物的飞扬损耗。如樟脑、冰片常加入醇或醚，有利于粉碎。牛黄麝香等贵重、细料药物，一般都采取更为精细的湿法研磨来进行粉碎。

3. 低温粉碎

一般情况下，物料在低温状态时，会产生低温脆性，韧性和延伸率大为下降，低温粉碎可获得更为微细的粉粒体，同时可保持药物的有效成分不变。对软化点或熔点较高的材料、热塑性材料、强韧性、热敏性、挥发性物料均有较好的效果。如蜂蜡、硬脂酸等适宜采用低温粉碎；对血液抗生素等的低温粉碎可同时冷冻脱水。低温粉碎所用制冷剂有液态气体、液氮、干冰等。低温粉碎所得产品粒度均匀一致，并能提高生产能力，降低能源消耗。

4. 混合粉碎

两种以上的物料同时粉碎的操作称为混合粉碎。混合粉碎可避免黏性物质或热塑性材料在单独粉碎时容易发生的黏壁现象，又可使粉碎与混合操作简化。对于一些药物制剂，可按处方配好药物，进行一次性混合粉碎，使其在粉碎的同时得到更为均匀的混合，直接得到成药，可更方便使用。但应注意，混合粉碎时，各物料的硬度、密度等物理性质需相对接近，这样才能达到产品粒度的一致性和混合的均匀性。

四、粉体的性质

1. 粉体的密度

密度是指单位体积物质的质量。粉体由众多粒子组成，粒子本身有孔隙或裂缝，粒子之间具有空隙，因此，测定粉体体积的方法不同，测得的密度也不同。

真密度（true density）：真密度是物质本身的密度，是物质质量与排除了粒子本身及粒子间空隙的真实体积的比值。

粒密度（granule density）：排除了粒子之间的空隙，但不排除粒子本身的孔隙求得的密度。是物质质量（含粒子本身空隙）与实际体积的比值。

堆密度（bulk density）：又称为松密度，是包括粒子本身的孔隙及粒子间空隙的全部体积而计算到的密度。可用量筒或量杯测定粉体的体积，轻轻地装入求得的密度为松装密度；多次振实而体积不变后计算到的密度为紧密度。堆密度是粉体使用较多的实用性较强的一种物理性质。在药物的包装、计量和使用方面有重要的意义。

2. 流动性

粉体物质性质松散，在一定条件下可像流体似的自由流动。粉体物质的流动性决定于物质本身的性质，同时与粒子间的作用力有关。

第二节　粉碎机械设备

粉碎的单元操作过程是使用粉碎机械将药物进行粉碎。对于干式粉碎，是以机械运动为主对药物实施粉碎的，湿法粉碎则伴有研磨和摩擦。常用的粉碎机械有以下几种。

① 以研磨作用为主的粉碎机械，包括以手工研磨用的乳钵和杵棒、研船和古老的磨盘粉碎，及用机械的双头或多头研磨机，多用于精细粉的粉碎。

② 以撞击作用为主的粉碎机械，这部分机械设备以撞击力为主，在离心力的作用下，一般同时伴有挤压、摩擦力的作用；在相对密闭的粉碎室内，由于高速旋转的转子对相对静

止的药物产生撞击、挤压、摩擦而使之破碎成微细粉末。高速旋转的转子在粉碎室中心部分产生负压真空，原料由此能连续进入粉碎腔。由于离心力的作用，在边缘产生强大压力，可以将成品连续排出而完成生产过程。

③ 其他类型的粉碎机械或机械组合，这类设备有粉碎机组、气流粉碎、振动磨等。

一、锤击式粉碎机

其工作原理是在机壳的内部衬有坚硬耐磨的衬板，在主轴上固定能承受高速运动的击锤，对药物实施冲击，使干燥药物发生碎裂；物料破碎后，借相互间的相对运动，产生摩擦，生成更为微细的粉粒。由于机械运动产生空气流，粉粒在机械力和气流的双重作用下运动，依靠压力和惯性力通过设计好的固定在机壳底部的圆弧形筛网，来收集成品。就锤击的结构方式，在生产中常用的有以下两种。

(1) 固定式锤式粉碎机　击锤固定在主轴上，衬板均固定在机壳上，主轴高速运动时实施对药物的粉碎作用，是机械结构最简单的一种粉碎机。固定式锤式粉碎机的结构如图 9-1 所示。

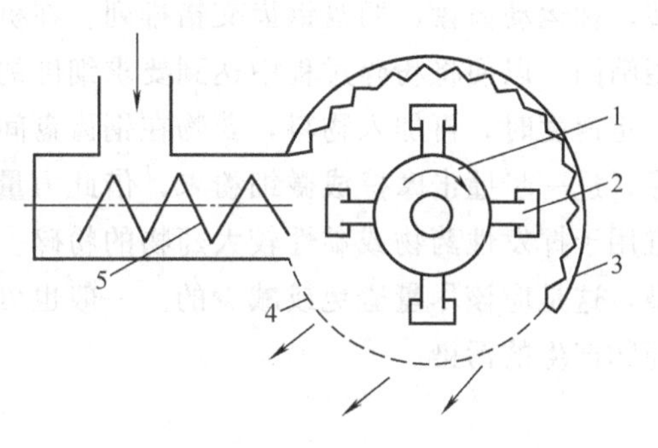

图 9-1　固定式锤式粉碎机的结构

1—圆盘；2—锤头；3—衬板；4—筛板；5—加料器

(2) 活动锤式粉碎机　如图 9-2，与固定锤式粉碎机不同的是把钢锤片悬挂在回转盘的支撑架上，锤片可绕轴自由地旋转，由于在离心力的作用下，使钢锤片竖立，对药物进行强烈撞击，又由于钢锤片本身是活动悬挂的，反作用力可使其反向运动，以减少撞击力对主轴的冲击，避免了机件的反冲击损坏，一次击不碎，可进行再次重复锤击，直至完成粉碎度的要求。锤片可制作成各种形状，根据不同的物料可选择不同的锤片，粉碎机的出口配有筛板，鼓风

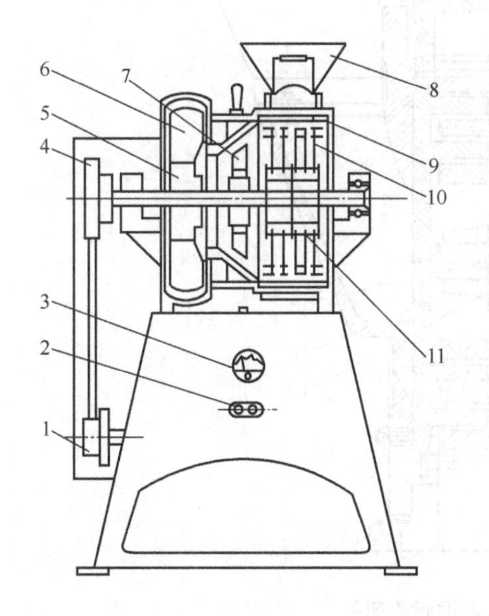

图 9-2　活动锤式粉碎机

1—电机轮；2—按钮；3—电流表；4—机器轮；5—正风头；6—正风叶；7—斜风扇；8—料斗；9—牙板；10—锤片；11—锤轴

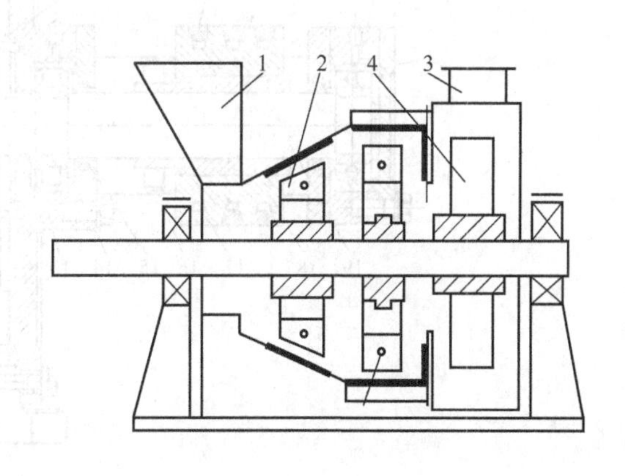

图 9-3　刀式（柴田式）粉碎机

1—加料斗；2—打板；3—出粉管；4—风扇

机使达到一定细度的粉末自行从筛网排出，而粗粉则继续粉碎，直至达到标准，因此本机可获得的粉末较细。但锤片易磨损，磨损产物会污染药物，应及时更换。

二、刀式粉碎机

又称为柴田式粉碎机。是粉碎能力较大，药厂普遍使用的适用性较广的粉碎机。刀式粉碎机如图 9-3 所示，由机体、锥形内壳钢齿衬板、主轴、轮幅式打板（打板上装有方形钢齿，正方形可更换 8 次位置，梯形板可更换 2 次位置，便于磨损后调整更换）、风扇、加料斗及出粉管等组成。由于撞击力摩擦力较大，在粉碎某些药物时，可能产生微细铁粉。因此，常在出料口加磁铁装置以清除铁末杂质。

三、齿式粉碎机

又称为万能粉碎机。是一种应用较广，机械构造较为简单的粉碎机，如图 9-4 所示，由两个带有钢齿的圆盘组成，一个固定在机座上，称固定齿盘，另一个连接在主轴上随主轴旋转，称运动齿盘，两盘钢齿交错排列。在机座的下半部，设有与粉碎腔内壁形状一致的半圆型筛网，以便将粉碎过程中达到要求细度的药粉及时排出机外。开机时，首先空转，待达到一定速度时，再加入物料，药物在钢齿盘间被粉碎，由于离心力和气流的双重作用，甩向边缘，进一步撞击摩擦成微细粉末，借此力量通过固定在机壳下部的筛网，收集成品。此机不宜用于挥发性药物或黏性较大药物的粉碎。此机摩擦磨损也较大，磨损产物会对药物产生污染，这是应该尽量避免或减少的。一般也可采用出料口加磁铁装置的方法来消除磨损产物对药物产生的污染。

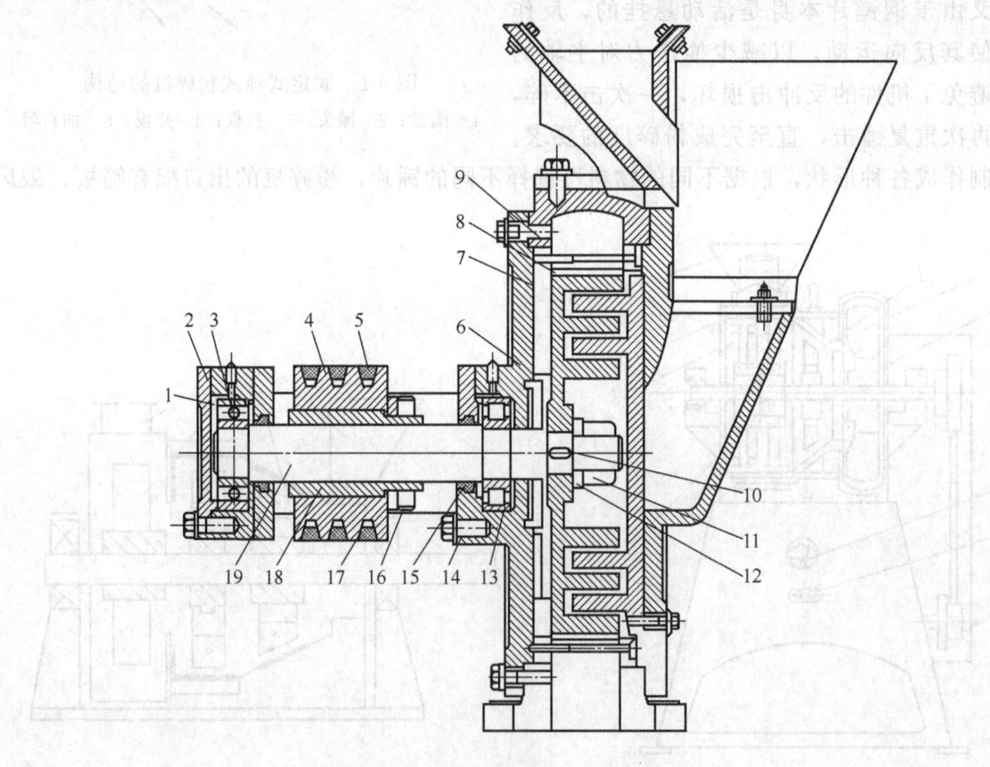

图 9-4　齿式粉碎机（万能粉碎机）

1—防油垫；2—盖；3—轴承；4—三角皮带轮；5—三角皮带；6—盖；7—固定齿盘；8—活动齿盘；9—螺钉；10—链；11—螺母；12—垫片；13—轴承；14—盖；15—防油垫；16—螺母；17—垫片；18—套筒；19—轴

四、涡轮式粉碎机

又称高速粉碎机。如图 9-5 所示，主要是由固定在主轴上的高速旋转的涡轮叶片与固定在机壳上的齿衬组成，在 3000～4000r/min 的相对运动中，叶片与齿衬间由于高速气流产生的涡流和超声高频高压振动，使药物经受撞击、剪切、研磨，而得到良好的粉碎，达到规定细度的药粉在机械和气流的双重作用下，从筛网排出；达不到细度的粗粉在机内继续接受研磨和摩擦，直至达到细度要求后排出。涡轮式粉碎机效率高，粉碎粒度可达 60～320 目，是一种使用较为广泛的新型粉碎机，可适用于一般物料和纤维类物料及有机化合物的粉碎，因在高速运动和物料的膨胀形成中具有自冷作用，还可解决热敏性物料的发热问题。

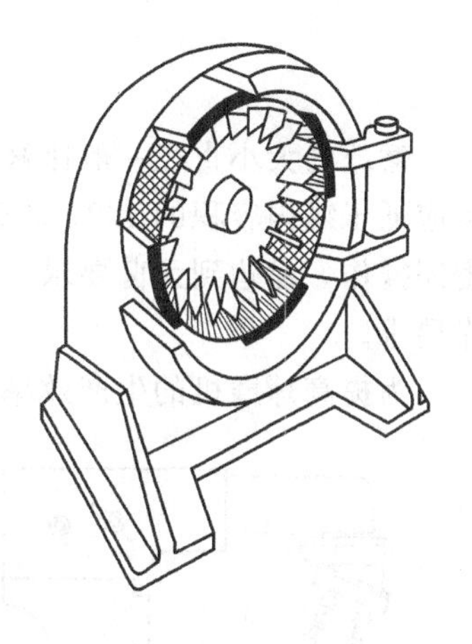

图 9-5　涡轮式粉碎机

五、铣削式粉碎机

是针对韧性角质类药物设计的专用粉碎机械设备，工作台上的夹具使药物相对固定，高速旋转的锉铣刀具对药物表面进行刨、锉、铣，使其成为粉末。按旋转方向与物料运动方向的不同，可分为顺铣、逆铣等不同铣削形式。铣削式粉碎机的工作原理如图 9-6 所示，铣削式粉碎机的粉碎程度不高，一般产品是粗粉或小片，需经球磨或研磨才能得到细粉。

六、球磨机

是一种在各种工艺生产中广泛使用的机械，但药用球磨机体积和功率均较小。采用不锈钢或陶瓷制作球罐，罐内装有一定数量的大小不等的磨球（钢球或陶瓷球、花岗岩球），当球罐绕轴旋转时，由于受重力 $\boldsymbol{G}$、摩擦力 $\boldsymbol{F}$ 和离心力 $\boldsymbol{P}$ 的同时作用（见图 9-7），当转速一定时，在罐体内侧面的磨球从一定高度落下，对物料产生撞击和研磨，使药物被粉碎成微细粉末。转速太快时，向心力和摩擦力过大，惯性力使磨球随罐运动不止，不下落而无法粉碎物料；转速太慢，磨球仅在罐内滚动而无撞击产生。因此，要选择恰当的转速，以保证磨球从最佳位置以最大速度落下，产生较好的粉碎效果。

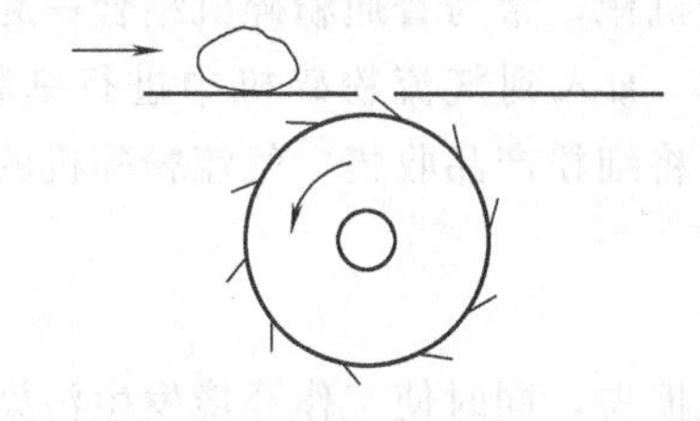

图 9-6　铣削式粉碎机

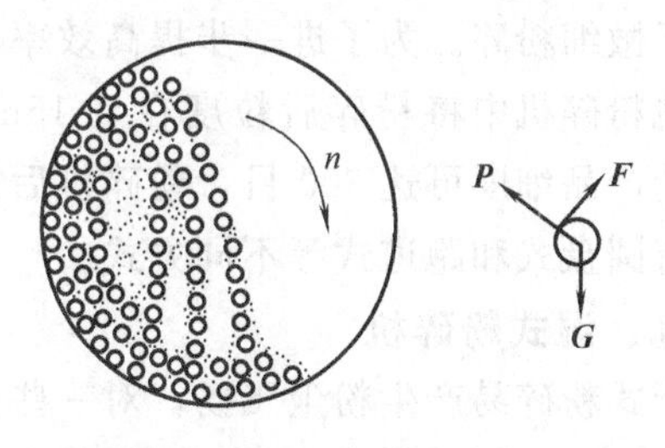

图 9-7　球磨机工作原理

机体内的受力分析为：物质本身的重力 $\boldsymbol{G}$，球磨机运动而带动物体运动的摩擦力 $\boldsymbol{F}$，旋转物体的惯性力 $\boldsymbol{P}$，三力平衡时物体保持原有运动状态，合力向下时物体下落。为使被磨物质得到最大的撞击力，应使磨球在某一适当的高度自由下落，此时球磨机的运转速度称为临界速度 n_c；高于临界速度时，则由于惯性力的作用，物料一直旋转不再下落，不能粉碎；一般地说，药物的被粉碎速度 n 应低于临界速度 n_c。

$$n=(60\%\sim80\%)n_c$$

临界速度 n_c 与球磨机的球罐直径有关，经验证明

$$n_c\approx0.705D^{-\frac{1}{2}}$$

磨球的大小直径一般比被粉碎药物大 4～9 倍，数量为球罐容积的 65%左右，药物的装量应低于罐内容积的 1/2。球磨机既可适用于干法粉碎，也可适用于湿法粉碎。由于球罐可密闭操作，易达到无菌要求。可充填惰性气体，能满足易燃易爆等性质不稳定物料的粉碎操作要求。

为提高球磨机的生产效率，近年来，可将物料粉碎到微米级的振动球磨粉碎机已投入生产，其原理是使罐体在高速运动的同时，产生高频振动，磨球产生比一般球磨机大 6～10 倍的冲击加速度，物料及磨球在罐内均呈悬浮状态，不与罐体摩擦，磨球和物料相互间的冲击研磨使药物粉碎细化，粉碎时因速度很高和物料快速膨胀而不发热，结构紧凑，生产能力高，产品细度好。

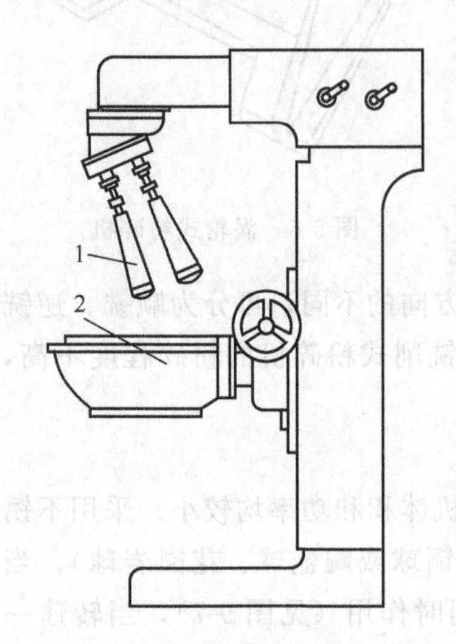

图 9-8　乳钵研磨机

1—磨头；2—乳钵

七、乳钵研磨机

是由传统的手工研磨转化而来的机械设备，用磨头与乳钵的相对运动对药物实施研磨，常用于中药细料（牛黄、麝香、珍珠、冰片等）的粉碎研磨、套色混合等操作（见图 9-8）。

八、气流粉碎机

气流粉碎借助于高速运动的气流，使药物互相碰撞、摩擦进而被粉碎的方法。是一种较为先进，且不用机械构件的粉碎（见图 9-9）。由于是药物间相互撞击，不与机体摩擦，因而不产生污染。由于高速气流的作用，细粉呈流体状，经过滤，达到标准的被分离回收，不达标的粗粉继续在机内粉碎，如此反复进行，可获极细的粉末。因此，气流粉碎机多用于微细粉碎。为了进一步提高效率，充分利用各种机械，常与普通粉碎机结合一起，先在其他粉碎机中将粉碎后粒度在 0.15mm 左右的粗粒，加入到气流粉碎机中进行细粉碎，所得的产品细度可达 300 目，粉碎机后加气固分离装置将细粉产品收集。气流粉碎机的结构形式有圆盘式和跑道式等不同方式。

九、湿式粉碎机

干式粉碎易产生粉尘飞扬，对一些贵重药物易造成损失，同时使工作环境发生污染，对要求细度较高的生产难度更大，在粒度为 50μm 以下的微粉生产时常采用胶体磨粉碎。胶体磨的基本工作原理是依靠两个齿形锥面的相对运动来磨碎药物，物料在两齿间承受剪切、研磨及高速搅拌作用，从而有效地得到粉碎。结构组成为一对做相对运动的转子和定子（见图 9-10），两个锥面以 3000r/min 的高速相对转动，其中一个高速旋转，另一个静止，物料通过齿面之间的间隙，受到极大的剪切力及摩擦力，同时又在高频振动、高速旋涡等的作用下使物料得到有效的分散、乳化、粉碎、均质和乳化研磨，达到细度的物料在离心盘的作用下从出口排出。本机有立式和卧式两种。

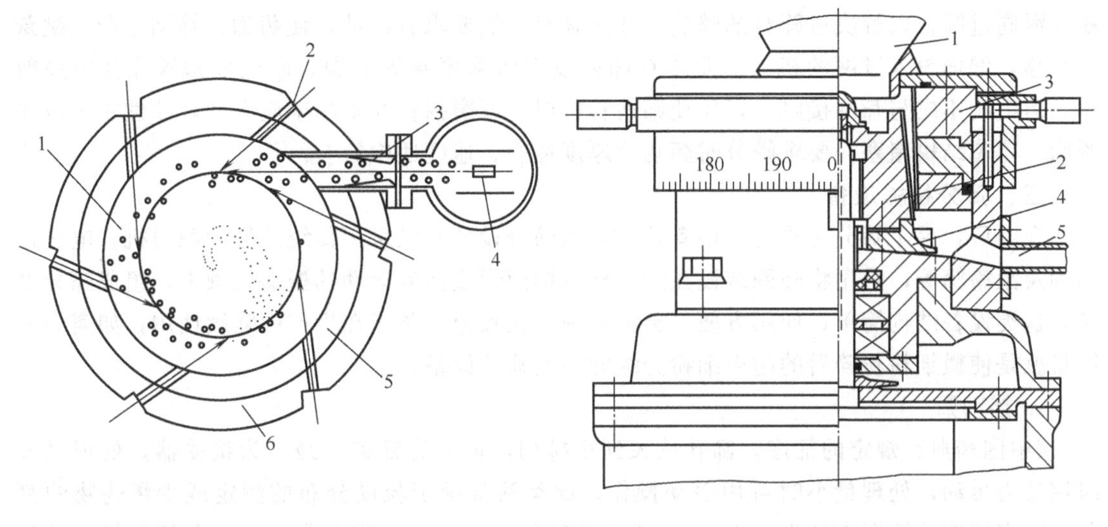

图 9-9　气流粉碎机工作原理

1—粉碎带；2—研磨喷嘴；3—文丘里喷嘴；4—推料喷嘴；5—铝补垫；6—外壳

图 9-10　胶体磨

1—料斗；2—转子；3—定子；4—离心盘；5—出口

第三节　筛分与过筛设备

粉碎以后的药物通过一种孔网工具，使其颗粒直径大小一致、符合一定要求、分类取舍的工作过程是筛分。筛分可将粒度不同的松散物料分离为两种或更多的粒级，以去除杂质、去除粗粒，有利于提高药品质量。将粗粒及细粉过筛得到粒度均匀一致的产品称为整粒，经过整粒可得到成品颗粒剂，细粉可直接包装成粉剂药品。

一、药筛

按制作方法可分为：在金属薄板上冲压形成圆形筛孔而制成的筛，称冲孔筛或模压筛，由于其孔眼坚固，孔径固定不变，多用于高速运转及有轻微撞击的筛选场合；用具有一定机械强度的金属丝（如铜丝、不锈钢丝等），或其他化纤丝（尼龙丝）、绢丝、马尾丝、竹丝采用经纬编织而制成的筛，称编织筛，由于筛线受力后易移位变形，造成孔眼大小变化，常用金属筛线在交叉处压扁固定，非金属编织筛由于化学性能稳定，对药物无任何影响，故在生产中广泛使用。

按筛孔大小可分为一至九号筛［见表 9-1，是《中华人民共和国药典》（简称《中国药典》）2005 年版的标准］，每级孔眼的内径大小从 2mm 到 0.075mm，以几何级数排列递减，共分九个种类。旧的传统有用目来进行分级的，这是英制标准，现在已废弃不用。目是指每英寸长度上存在的间隙（孔）数，1 英寸为 25.4mm，从 4 目递增到 400 目共有约三十多个等级。

二、筛分的使用要求

药物，特别是药粉在静止情况下受相互摩擦及表面能的影响，易形成粉块。粉末中含水量较高时易于堵塞粘连；富含油脂的药物易结成团块；药粉太多，粉层太厚，则不易移动。此外，药物的性质、形状和带电性、粉粒的表面结构对过筛也有较大影响，如表面愈粗糙，相互间摩擦力愈大，愈难于过筛；晶体类药物较纤维性药物易于过筛，因此有时将二者共同粉碎混同过筛，以解决过筛难的弊病。在过筛时一般要求有振动，使药物在筛网上产生跳跃与滑移，增加粉末过网的机会。要求在筛内设有清除堵塞的毛刷，以充分暴露筛孔提高效率，但毛刷不应与筛网接触，以免使筛线移位或造成磨损；要求粉末应干燥，油性粉末应先脱脂，以免结块堵塞；要求筛分时药物层厚度适中、速度适中。

三、筛分机械设备

在药厂，手工筛分药物时使用套筛。机械筛分设备一般采用传统的振动筛粉机，电磁振动筛及滚筒筛等，采用将筛网装设在经连杆机构而形成往复运动的振动机械上，组成筛分设备，这类设备结构简单，使用方便。新型的现代化筛分设备正在生产中陆续使用，如离心分级机就是使微细粉粉碎后的超微细粉分级的新型筛分设备。

1. 摇动筛

《中国药典》规定的筛序，筛孔从大到小排列，最上为筛盖，最下为接受器，处理量大时用动力带动，处理量小时可用手动操作。此类筛常用于粒度分布的测定或少量药物的筛分。国家标准的筛框直径为200mm，筛框高度为50mm。《中国药典》2005年版所规定的筛号标准与筛网构造对照见表9-1。

表 9-1 筛号标准与筛网构造对照

筛 号	相当于筛目号（孔目数/英寸长度）	筛孔内径（平均值）/μm	筛网材料	筛网丝径/mm
一号筛	10目	2000±70	低碳钢丝、黄铜丝、紫铜丝平纹编织	碳钢 0.457
二号筛	24目	850±29		碳钢 0.234，铜丝 0.254
三号筛	50目	355±13		碳钢 0.2，铜丝 0.132
四号筛	65目	250±9.9	黄铜丝、紫铜丝	平纹编织铜丝 0.122
五号筛	80目	180±7.6		平纹编织铜丝 0.112
六号筛	100目	150±6.6		平纹编织铜丝 0.091
七号筛	120目	125±5.8		平纹编织铜丝 0.071
八号筛	150目	90±4.6		斜纹编织铜丝 0.061
九号筛	200目	75±4.1	磷铜丝	斜纹编织铜丝 0.051

注：目是英制标准，一英寸等于公制25.4mm。以100目为例，1英寸长度上有100个间隙，约占15mm；铜丝101根，约占10mm；每平方英寸应有一万多个孔眼。

《中国药典》2005年版对粉末等级标准规定见表9-2。

表 9-2 粉末等级标准

粉末等级	要 求
最粗粉	指能全部通过一号筛，但混有能通过三号筛不超过20%的粉末
粗粉	指能全部通过二号筛，但混有能通过四号筛不超过40%的粉末
中粉	指能全部通过三号筛，但混有能通过五号筛不超过60%的粉末
细粉	指能全部通过五号筛，并含能通过六号筛不少于95%的粉末
最细粉	指能全部通过六号筛，并含能通过七号筛不少于95%的粉末
极细粉	指能全部通过八号筛，并含能通过九号筛不少于95%的粉末

2. 振动筛

振动筛是利用机械或电磁方法使筛或筛网产生振动而造成药粉快速分级的筛分设备。按振动方式可分为机械振动筛和电磁振动筛等两种形式。

(1) 机械振动筛　一般采用偏心机构或凸轮机构来得到机械振动，由于运动中强烈的不平衡而产生噪声很大，粉尘飞扬，对机件造成磨损；但分离效率较高，处理量较大，结构简单，维修方便，常在一些较粗放的生产环境使用。普通药物生产常使用的往复式振动筛、转动筛、滚筒筛等均属于机械振动筛。

(2) 电磁振动筛　振幅较小，频率较高，结构小巧玲珑，振动规律而稳定，噪声较小，药粉在筛面上微微跳动，使粉粒易于通过筛网，对黏性较强的药粉更为适宜，可在较精密的生产场合使用。

(3) 新型振动筛　新型的声波振动筛分、超声波振动筛分、真空气流过筛等筛分形式已经在医药生产中出现，将对传统筛分起积极的推动作用。新发展的电沉积筛网可以筛分 5μm 粒径的粉体物料，对微细粒子的湿法分级则是另一个新的研究课题。

3. 离心机械式气流微细分级机

离心机械式气流微细分级机是由高速旋转的框架式叶轮作为主导，因粉粒的大小不同、质量不同、在叶轮离心力的作用下，进入不同的分级区，而使较粗的粒子与微粉或超细粉分开。如图 9-11 所示，药物原料由进料管口 1 从下部经可调伸缩管 9 进入下部分级室，气流同时从进料管口 1 进入，带动物料上升，二次气流从入口 8 进入分级室，由锥形体 11 推动进到分级区，主轴带动框架式叶轮 3 作高速旋转，旋转的速度不同则分级的细度也不同，速度是可调的。框架式叶轮 3 由叶片 10 和空档间隙 6 组成，形成框架式格筛，物料在上升过程中，粗粒被叶片所阻，沿机体中外壁 5 向下运动，经环形锥体 7 下落，从粗粒排出口排出；细物料由于离心力的作用小，趋向中心，在气流的带动下，向上运动，从细料排出口 2 经捕集器收集。

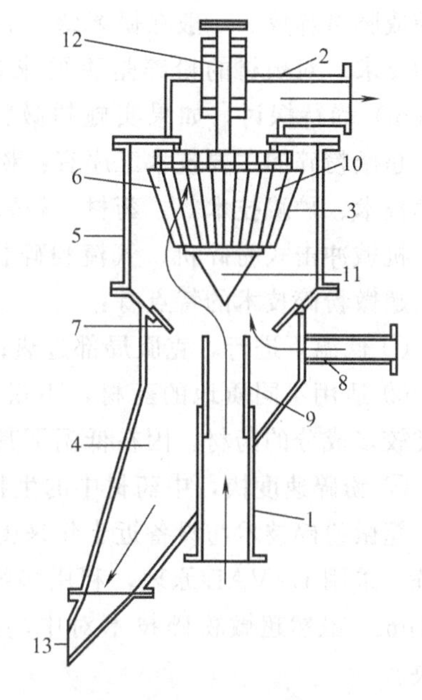

图 9-11　离心机械式气流微细分级机原理

1—进料管口；2—细料排出口；3—框架式叶轮；4—下部分级室；5—机体中外壁；6—空档间隙；7—环形锥体；8—二次气流入口；9—可调伸缩管；10—叶片；11—锥形体；12—主轴；13—粗粒排出口

离心机械式气流微细分级机有如下特点：分级范围宽广，产品细度可在 5～150μm 之间任意选择，粒子形状不限；分级精度高，可保证微细粉中不混有粗粒，产品的质量和纯度均有所提高；可以与各种粉碎机配套使用，筛分粉碎成品；结构简单，维修保养容易、操作方便、调节准确而多样；叶轮转速、叶片、物料上升管的高低、加料速度均可以调节；进风量可分两次从两个方向进行，风量的大小也可调；环形锥体 7 的调节可使物料的分散更为细致；因而，可随微细药粉的分级要求而进行调节，得到各种级别的微细药粉，使其使用范围更为广泛。

第四节　微细粉碎与纳米材料简介

一、微细粉碎

随着我国化工、医药、食品、饲料、农药、非金属矿及高新技术材料产业的发展，对粉碎成品的粒度及品质要求越来越高。超微粉体材料日益广泛应用于各行业的尖端技术领域。

药材微细化与固体药物的溶解释放、药物在体内的吸收和生物利用度之间有密切的关系。因此超微粉碎技术是一项提高药材利用效果的关键技术。传统药物制造的粉碎，一般中心颗粒在150～200目（75μm以下），现提高到5～10μm，使一般药材的细胞破壁率在95%以上，所以又视为细胞级粉碎。细胞破壁使有效成分直接释放，而不是细胞内的成分通过细胞壁或膜再释放。一般在微米级（1～100μm）范围内，可实现药材细胞级粉碎，以满足制药的要求。对药材的粉碎是否要求进一步达到亚微米级（100nm～1μm）或纳米级（1～100nm）尚待探讨，如果实施超微粉碎技术，工艺、设备、检测与成本、投资等相应要考虑。超微粉碎的主要技术工序有：粉碎技术、冷却技术、检测技术、粉末分级技术、传输与收集技术、贮藏技术等。药材一般采用超声粉碎、超低温粉碎机械加工技术。粉碎机械主要有：机械冲击式粉碎机、气流粉碎机、球磨机、振动磨、搅拌磨、雷蒙磨、高压辊式磨机等。超微粉碎技术的特点有：

① 低温下进行，克服局部过热；

② 适用不同质地的药材，不仅是含木质、纤维较多的药材可采用，对含胶质、脂肪、糖类较多成分的药材，因在低温下其物理性能的变化不大也可采用；

③ 粉碎速度快，中药材中的生物活性物质等可以最大程度地保留。

超微粉碎技术与设备近十年来得到较快发展。我国研制的CF超音速气流超细粉碎分级系统，采用LAVAL原理，利用多喷管技术、流化床技术与卧式分级技术，使微粒平均小于1μm。虽然超微粉碎技术对中药现代化应用前景十分广阔，但还有一些问题尚需研究解决。

① 微粉化的药材粉末，细胞破壁，成分直接暴露，活性成分易氧化变质。

② 药材微粉化是在低温下进行，后续生产加工或制剂是在常温进行，容易发生结块、糊化、黏结现象，因而要采取一些防护措施。

③ 粉末的分级技术与粉末检测技术尚待提高完善。

④ 更换品种清理工序麻烦。

⑤ 实现规模化生产，设备投资较大。

现将微细粉碎的机械设备介绍如下。

1．气流微细粉碎机组

为了达到微细粉碎的要求，常用传统的机械设备组成气流粉碎机组，其工作形式为压缩空气经过冷却、过滤、干燥后，经喷嘴形成超音速气流射入粉碎室，使物料流态化，被加速的物料在数个喷嘴的交汇点汇合，产生剧烈的碰撞、摩擦、剪切而达到颗粒的超细粉碎。粉碎后的物料被上升的气流输送至叶轮分级区内，在分级轮离心力和风机吸力的作用下，实现粗细粉的分离，合格的细粉随气流进入旋风收集器、袋式除尘器收集，净化的气体由引风机排出（见图9-12）。

2．圆盘式气流粉碎机

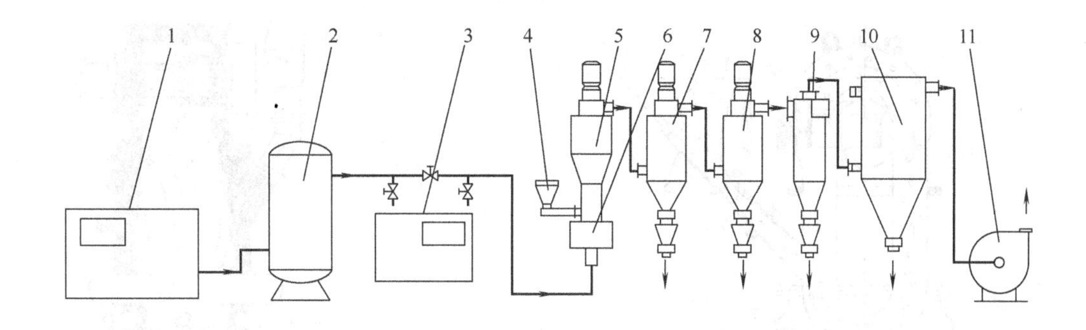

图 9-12 气流微细粉碎机组工艺流程

1—空气压缩机；2—贮气罐；3—冷干机；4—进料系统；5—分级机主机；6—粉碎机主机；7—分级机Ⅰ；8—分级机Ⅱ；9—旋风收集器；10—布袋除尘器；11—引风机

圆盘式气流粉碎机由加料口、粉碎室、主气入口、喷嘴、喷射环、上盖、下盖及出料口等部件组成。物料经喷嘴加速，以超音速导入粉碎室，高压气体通过研磨喷嘴形成高速喷射气流，气流入口与固定的喷射环管成一定角度，使喷射气流所产生的旋转涡流与颗粒之间、颗粒与机体之间产生强烈的冲击、碰撞、摩擦、剪切而粉碎。同时粗粉在离心力作用下甩向粉碎室做循环粉碎，而微粉在离心气流带动下，被导入粉碎机中心出口管，进入旋风分离器，经捕集而达到分级。由于空气的绝热膨胀作用，可使粉碎室在较低温度下工作。

3. 循环管式气流粉碎机

循环管式气流粉碎机由进料装置、循环管道、粉碎区、进气喷嘴、排料口、排气口等部件组成。物料经加料器进入循环管式粉碎区，高压气体经一组研磨喷嘴加速后，高速射入不等径跑道形循环管式粉碎室，由于管道内外径不同，因此气流及物流在管道内的运行轨迹不同、运行速度不同，致使各层颗粒间产生摩擦、剪切、碰撞而粉碎。在离心力的作用下，大颗粒靠外层运动，细颗粒靠内层运动，达到一定细度后，在喷射气流绕环形管道产生的向心力作用下向内层聚集，最后由排料口排出机外。而粗颗粒则继续沿外层运动，在管道内再次循环再粉碎。循环管式气流粉碎机由于内部形状的特点，导致循环管各处的截面不一，分级区和粉碎区的圆弧曲率半径不同，加快了颗粒运动速度，加大了离心力场的功能，提高了粉碎和分级的能力，使粉碎的粒度达到 0.2～3μm。由于研磨作用较强，所以又称为气流磨（见图 9-13）。

4. 流化床对撞式气流粉碎机

流化床对撞式气流粉碎机是将净化干燥的压缩空气导入特殊设计的喷管，形成超音速气流，通过多个相向放置的喷嘴进入粉碎室，物料由料斗送达粉碎室被各喷嘴的气流加速，并撞击到射流的交叉点上实现粉碎，粉碎室内形成高速的两相流化床，粉体悬浮翻腾自我碰撞，在多向对撞气流的作用下，摩擦而粉碎，而后随气流上升，经过涡流高速超微分级机，在离心力的作用下，按照设定粒度范围准确分离，实施分级，尾气进入除尘器排出，达不到细度的粗物料回到物料进口再次粉碎，直至达到要求为止（见图 9-14）。

5. 贝利微粉机

贝利微粉机是实现细胞级微粉碎的设备，属于国产振动磨类型。其结构如图 9-15 所示，

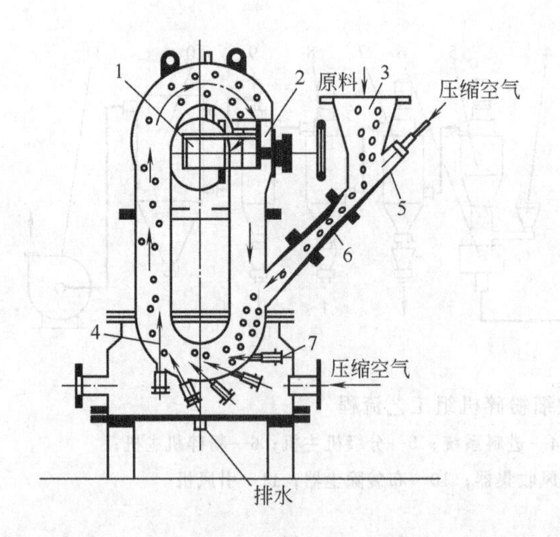

图 9-13　循环管式气流粉碎机的工作原理

1—出口；2—导叶（分级区）；3—进料；4—粉碎；5—推料喷嘴；6—文丘里喷嘴；7—研磨喷嘴

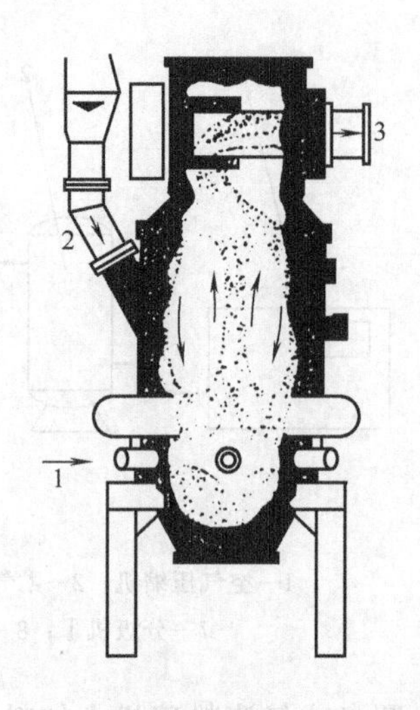

图 9-14　流化床对撞式气流粉碎机

1—高压空气入口；2—物料入口；3—产品出口

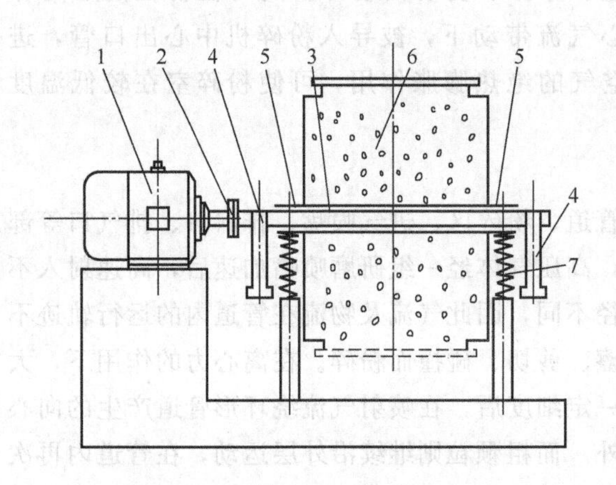

图 9-15　贝利微粉机振动磨结构示意

1—电动机；2—挠性轴套；3—主轴；4—偏心锤；5—轴承；6—筒体；7—弹簧

在电动机的带动和弹簧的作用下，筒体6边旋转边高速振动，在筒体内部装有球、棒、段等研磨介质和待研磨物料，研磨介质和待研磨物料在此条件下产生自转和公转运动；再由于圆形筒体的转动类似于球磨机的作用，研磨介质在筒体内抛掷，物料在研磨介质间时而聚拢、时而分离，产生激烈的碰撞而撕裂破碎，产品的粒度可达3μm以下。贝利微粉机具有以下特点：①损耗小，几乎无损耗，粉碎率可达100%；②适应性强，对各种药物均可适用，韧性的、脆性的、高硬度的、低硬度的、含纤维量大的、含油率高的、含糖量高的多门类、多品种、特性各异、差别很大的各类药物，在配合一定的工艺措施后都可以粉碎至细胞级微粉；③全封闭作业，无粉尘污染，符合GMP要求；④粉碎温度低，可避免高温使药物变质；⑤粉碎效率高；⑥型号齐全，有适应工业化生产的大中型设备，也有前店后厂式加工，适合科研需要的小型设备；⑦操作简单，维护清洗方便。

6. 机械微粉碎机

按工作形式可分为轧辊式、高速冲击式、媒体搅拌式、剪切式等多种。各种粉碎机产品的粒径都有一定的粒度范围。一般讲，剪切式粉碎机要比冲击式粉碎机粉碎物料更微细。软性物料如纤维性物料宜用剪切式粉碎机，弱热敏性物料一般采用喷射式或高速冲击式粉碎机。粉碎处理能力与生产产品粒度成反比，当粉碎度要求比较大时，要选择若干不同类型粉碎机进行二级或三级粉碎。

二、纳米材料

纳米材料科学为材料科学的一个新分支。从材料的结构单元层次来说，它介于宏观物质和微观原子、分子的中间领域。在纳米材料中，界面原子占极大比例，而且原子排列互不相同，界面周围的晶格结构互不相关，从而构成与晶态、非晶态均不同的一种新的结构状态。在纳米材料中，纳米晶粒和由此而产生的高浓度晶界是它的两个重要特征。纳米晶粒中的原子排列受到长度的影响，已不能无限长地连续，晶体的排列规则有序，通常大晶体的连续能带，分裂成接近分子轨道的能级，高浓度晶界及晶界原子的特殊结构，导致材料的力学性能、磁性、介电性、超导性、光学乃至热力学性能的改变。纳米相材料跟普通的金属、陶瓷及其他固体材料都是由同样的原子组成，只不过这些原子排列成了纳米级的原子团，成为组成这些新材料的结构粒子或结构单元。

纳米中药是指运用纳米技术制造的、粒径小于 100nm 的中药有效成分、有效部位、原药及其复方制剂。纳米技术处理的传统中药可以提高生物利用度，改变其理化性质、生物活性及功效，增强靶向性，降低毒副作用，呈现新的药效，拓宽原药的适应证，丰富中药的剂型选择，减少用药量，节省资源。

粉碎是药物制剂的一项技术和工艺过程，是固体药物微细化处理的方法，粉碎对于药物的提取、分离、药物含量的均一性、成品质量的稳定性、溶出速度、吸收等有重要的作用。微粉中药可增强药效，提高制剂质量，降低用量，改善环境卫生。由此看来药物的微细化及纳米药物的发展将有着更加灿烂的前景。

第十章 提取设备

从天然或合成药物中将所需的有效成分提取分离出来，使其能加工制成医药产品的单元操作称为药物的提取。一般来说，从天然药物（植物、动物、矿物）中获取有效成分的生产已有悠久的历史，这就是传统的中药生产。然而随着现代科学技术的发展，中药生产的现代化已进入一个新的时代，高科技的新技术已在天然药物的提取中发挥日益重要的作用。在化学制药和药物合成生产中，将所得合成产物分离提取，是药物生产的重要环节；在化合物的溶液中，使溶质中的有效成分利用溶解度的差异，自一种液相转移到另一种液相的操作是液-液提取；在固体药物中，将有效成分由固相转入液相或从细胞内的生理状态转入特定溶液的过程称为固-液提取。本章主要介绍液-液提取、固-液提取、提取工艺流程与设备、天然药物的提取方法以及超临界流体提取方法的发展等。

第一节 药物提取方法

各种原料药物根据提取物和原料性质（如提取物的成分、存在方式、含量、稳定性等）的不同，所采用的提取方法也不尽相同。

一、药物提取方法分类

从原料或化合物中提取有效成分，主要依据是药物本身的物理、化学性质，其次是用来提取的中间物质或溶剂的性质。从天然药物中提取有用活性成分，一般使用的方法有溶剂法、水蒸气蒸馏法和固体升华法等。

溶剂法提取可分为以下几类。

① 用酸、碱、盐水溶液或纯水提取。可以提取各种水溶性、盐溶性的原生物质。因为本类溶剂具有一定的离子强度、pH 值和相当的缓冲能力，对某些与细胞结合较牢固的生物大分子物质，用盐解法提取，则更为有效。

② 用表面活性剂提取。表面活性剂分子兼有亲水与疏水基团，在分布于水-油界面时有分散、乳化和增溶作用。适用于水、盐系统无法提取的蛋白质或酶的提取，也常用于核酸的提取。

③ 有机溶剂的提取可分为固-液提取和液-液提取两大类。

④ 中药生产中的提取则是另一种形式，在中成药的生产中常采用综合一次性提取的方式来进行。

二、原料药物的性质

目前需要提取有效物质的原料药物大体可分为以下几种。

（1）生物类原料药物的提取　动物脏器，血液、分泌物或其代谢物，海洋生物，植物和微生物等。这类原料中存在生物活性物质，其化学组成十分复杂，有效成分含量较低，杂质含量很高。在提取过程中应注意保存有效成分的生物活性，了解物质溶解度的一般规律，控制影响提取的各种因素。

（2）中草药有效成分的提取　植物成分中，萜类、甾体等脂环类及芳香类化合物因为极性较小，易溶于氯仿、乙醚等亲脂性溶剂中；而糖苷、氨基酸等成分则极性较大，易溶于水及含水醇中；酸性、碱性及两性化合物，其存在状态随溶液的 pH 值而变。所以，从中药材中提取有效成分，存在多种成分间的相互助溶，情况较为复杂，很难有固定的模式。

(3) 化学合成药物的提取　这类药物种类繁多，性质各异，首先应该了解其是极性还是非极性化合物，再进一步确定是酸性、碱性或两性，强弱程度，知道它的 pH 值和化学结构，然后选择各类适合的溶剂，选定提取的环境条件，确定提取方法。

(4) 中成药生产的提取　由于中成药传统生产的影响，现代中成药的生产，主要是综合提取，传统的中药汤剂处方更是多种药物的混合提取，因而，中成药生产的提取过程，往往采用多能提取罐等设备一次性综合提取。由于最新高科技的发展，提取的原理及方法也有了大幅度的变化，新的提取理论和方法不断出现，进一步地推动了中成药生产的现代化和规模化。

三、物质的溶解与溶解度

(1) 溶解过程　一种或一种以上的物质，以分子或离子状态分散于液体中的过程称为溶解，被分散的物质称为溶质，液体称为分散媒或溶剂。只有溶质与溶剂分子间的吸引力大于溶剂分子间力时，溶质才能溶解到溶剂中去。因此，物质的溶解是一个化学过程，而不是简单的物理过程。

(2) 溶剂的分类　药物的提取中，对溶剂的溶解作用有“相似者相溶”的说法，所谓相似，主要是指其极性程度相似。溶剂按极性大小可分为：极性溶剂，如水；非极性溶剂如苯、四氯化碳、植物油等；乙醇、丙酮等称为中间溶剂或半极性溶剂。溶质也可以分为极性物质和非极性物质两种。

(3) 溶解度及影响溶解度的因素　溶解度是在一定条件下，一般是在特定温度和压强的环境下，一种溶剂对溶质的溶解所能达到的最大限度，亦即形成饱和状态下的溶液的溶解能力。《中国药典》2005 年版对溶解度的术语概念作了严格的界定，分为极易溶解、易溶、溶解、略溶、微溶、极微溶解、几乎不溶或不溶等不同程度。温度、物质的粒子大小和晶型、溶剂的特性和 pH 值等是影响溶解度的主要因素。可以用制成盐类、加入增溶或助溶剂的方法提高药物的溶解度。各种溶剂的溶解性质可查表了解。物质的溶解度对药物的提取有着重要的作用。

第二节　液-液提取工艺流程与设备

利用某一特定物质在各种不同类型的溶剂中的溶解度的不同，用一种溶剂将物质从另一种溶液（料液）中提取出来的方法是液-液萃取。这一物质称为溶质，即药物的有效成分，被提取的溶液称为料液，而用来进行提取的溶剂称做提取剂，得到的新溶液称为提取液（相），被萃取出溶质以后的料液称做提余液（相）。

一、液-液提取工艺流程

(一) 单级液-液提取

单级液-液提取是一种最简单的提取工艺，是多级提取和微分提取的基础。由于使用的设备简单，易于操作而在工业生产中广泛采用。一般均实施间歇操作，即在提取器中先加入提取相（二元混合物），再加入提取剂，经充分混合、搅拌均匀后获得提取液。

单级液-液提取工艺在实际生产中的应用如下。

① 加入纯提取剂进行提取。

② 加入的提取剂含有少量溶质，这是目前大多数生产中常见的情况，由于多级提取的使用，末级提取液中溶质的含量低，不宜浓缩，而用作下一批提取时的提取剂，则很有价值，生产上把这种生产方式称做套用。

③ 多次提取。由于一次提取后的提余相并不为零，达不到生产工艺对溶质提取率的要求，就需要对提余相反复多次提取，使有用的昂贵成分得到最大限度的利用。

④ 连续操作。单级液-液提取器同样可用于连续操作，在间歇操作时液-液之间有充分的接触时间和接触面积，可以看作已经达到液-液平衡。连续操作时一般加以搅拌，以加快接触，提高效率。

（二）多级液-液提取

多级液-液提取是单级液-液提取的发展，常见的有逆流和错流两种方式。

(1) 多级错流液-液提取　其流程为前一级的提余相作为原溶液，送入后一级提取器，直至 n 级提取后，才作为提余相回收溶剂。特点是每一级均使用新鲜溶剂，分别加入各级提取器，在提取分离后，合并一起进行溶剂回收，有利于溶质的提出率和提取速率的提高。但需要的提取剂量大，适用于用水作为提取剂时的提取（见图 10-1）。

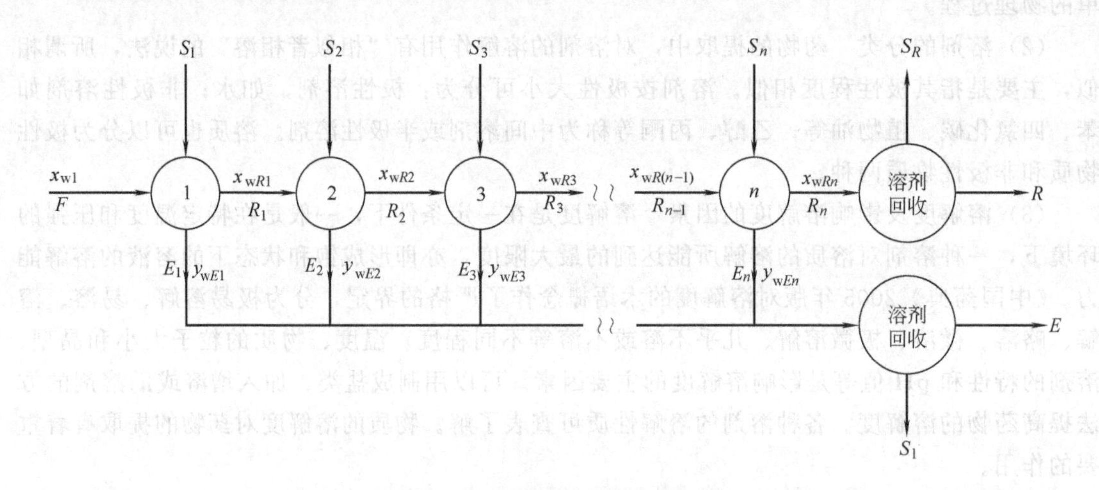

图 10-1　多级错流液-液提取流程

(2) 多级逆流液-液提取　原溶液 F 和提取剂 S 以相反的方向依次通过串联的各一提取级，其中 F 自第一级流向第 n 级，而 S 由第 n 级流向第一级。这样一来，提取相的浓度、提余相的浓度均是自提取级的第一级向第 n 级递降，保证了平均传质推动力和各级的传质推动力最接近，提取剂得到充分利用且用量最少，因此多级逆流液-液提取在生产上应用最广，而且常用于连续操作（见图 10-2）。

（三）双水相提取

双水相提取是目前所有的蛋白质分离纯化技术中，最有发展前景的一类。其最大的优势在于双水相体系可为生物活性物质提供一个温和的活性环境，因而可在提取过程中保持生物物质的活性及结构。双水相体系最早发现于高分子溶液，高分子双水相体系通常由两类不同的高分子溶液（如葡萄糖和蔗糖）或一种高分子与无机盐溶液（如聚乙二醇和硫酸盐）组成。自从瑞典隆德大学 Albertsson 等于 20 世纪 50 年代首次将其用于蛋白质的提取分离以来，高分子双水相提取已经发展成为一种适合于大规模生产的、经济简便、快速高效的分离

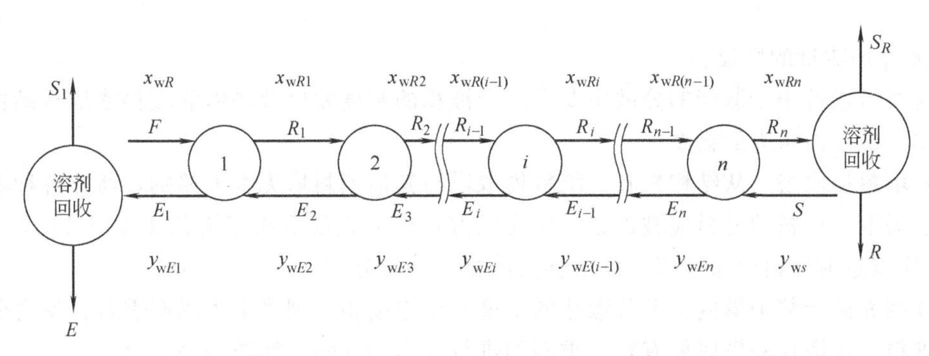

图 10-2 多级逆流液-液提取流程

纯化技术。但是，由于高分子溶液的高黏度给实际的工艺操作带来很大的不便，在提取过程完成之后，蛋白质与高分子分离更为困难。对于非水溶性蛋白质（如膜蛋白）的分离，高分子双水相体系是无能为力的。

研究表明，当正、负离子表面活性剂以一定浓度混合时，水溶液自发地分离成两个互不相溶的，具有明确的相界面的水相，称为表面活性剂双水相。由于该体系两相均为普通的水溶液（含水量高达 99%），可将其作为一种新的提取体系，用于蛋白质等生物活性物质的提取分离及分析，具有明显的技术优势，与高分子双水相及其他提取体系相比，可作为一种新的提取体系，替代高分子双水相来广泛应用于生物物质的提取分离。

（1）表面活性剂双水相具有更高的含水量，因而成为更为温和的生物物质提取体系。由于表面活性剂双水相黏度低及分离时间短而快速，使实际工艺操作更为简便。

（2）表面活性剂溶液的促溶作用，使表面活性剂双水相体系不仅可用于水溶性蛋白，而且可用于水不溶性蛋白（如膜蛋白等）的提取分离。

（3）表面活性剂胶团具有自组、可变的性质，可以通过调节胶团形状及大小来控制和优化体系的分离行为。

（4）表面活性剂胶团能同时提供亲水和憎水的环境，从而为基于生物物质疏水性质的分离提供了选择性。表面活性剂双水相提取还易于发展成为多步提取程序，即可简单地通过对某一相的稀释来完成。

（5）通过调节正离子和负离子表面活性剂的摩尔比，可使胶团带有不同电荷，因而可根据胶团和蛋白质的静电作用极大地提高提取的选择性，尤其是可望通过利用不同蛋白质表面静电荷的差异将其分离。

（6）表面活性剂双水相提取最大的优势在于：当提取过程完成之后，可以容易地将生物活性物质从双水相中分离出来。将表面活性剂双水相用适量水稀释后，正负离子表面活性剂就会沉淀出来，而且生成的表面活性剂沉淀又可通过加入新的表面活性剂组分形成新的双水相体系，因而表面活性剂可以循环使用。

目前，双水相已成为现代化的新型提取方式而广泛应用在医药工业生产中。

二、液-液提取设备

（一）提取塔

液-液提取过程中也广泛使用塔设备如填料塔、转盘塔、振动筛板塔等。在这类设备中原料液和提取剂逆流流动，并在连续逆流过程中进行提取，而两相的分离是在塔顶和塔底分别实现的。提取塔的这种连续传质的特点与多级逆流提取的提取-分离-提取……的传质方式截然不同。

1. 无外加能量的塔设备

在这类塔设备中分散相的分散主要靠两个液相的密度差以及塔内的填料或塔板结构来实现，适用于低界面张力的物系。

（1）填料提取塔　从结构来看，填料提取塔与其他填料塔无太大差别，通常各种填料均可适用于提取，填料的材料应被连续相优先润湿，填料直径应小于塔径 1/10～1/8，每 3～5m 填料要设置液体再分布装置，以改善两液相的均匀分布。

连续相充满于整个塔内，若分散相的密度小于连续相，则可由塔底部进料；反之分散相从塔顶进料。在塔顶和塔底要有轻、重两相进行分离的空间。如图 10-3 所示。

填料提取塔由于结构简单，操作方便，造价低廉，处理量较小，在工业上仍在使用，它不适合处理带有固体的物料，但可处理腐蚀性液体。工业填料提取塔的高度一般为 20～30m，在理论级数不超过 3 时，可考虑选用。新型填料对于液-液提取应该是同样适用的。

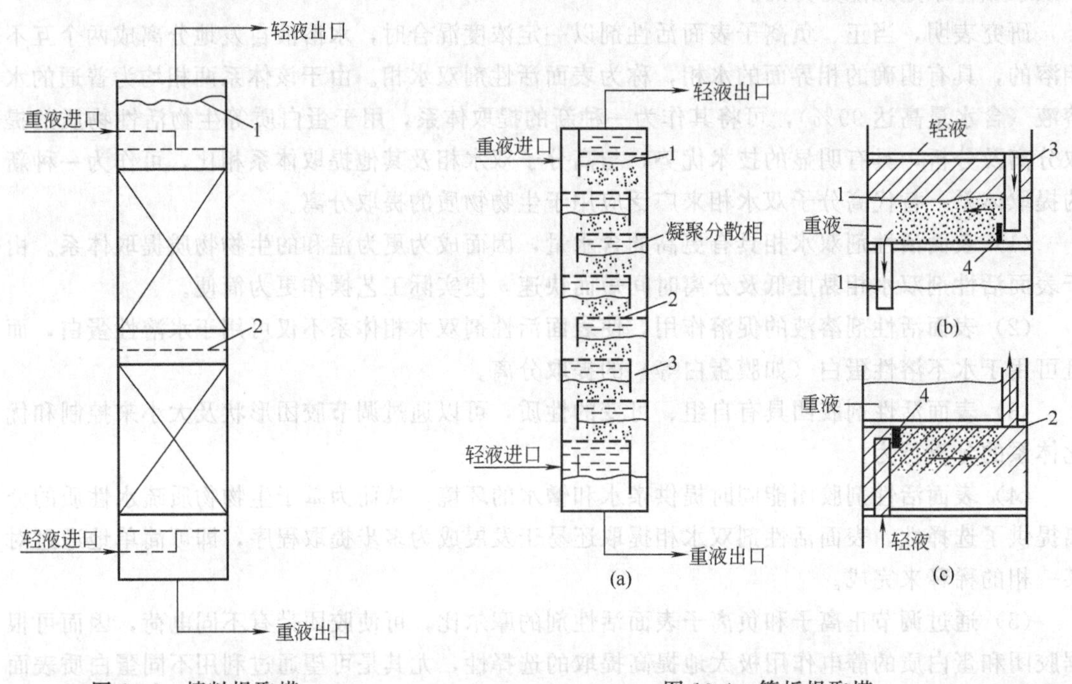

图 10-3　填料提取塔

1—界面；2—再分布器材

图 10-4　筛板提取塔

1—界面；2—筛板；3—降液管；4—挡板

（2）筛板提取塔　塔的结构如图 10-4 所示。与筛板精馏塔相比，筛板提取塔塔板的筛孔直径要小些。在每块筛板上连续相与分散相要有充分接触，而在分散相上升或下降至相邻塔板之前又要实现分离，因此筛板提取塔是多级逆流提取器。轻相作为分散相时，降液管在筛板上的结构与精馏塔一样。

由于分散相液滴在每一块筛板上分散和凝聚，使液滴的表面得以反复更新，因此筛板提取塔的提取效率高于填料提取塔。筛板提取塔结构简单，造价低廉，处理量大，可使用耐蚀性材料制造，在所需理论级数较少时常常采用。

2. 有外加能量的塔设备

当物系的界面张力较大、黏度较大，在前一类塔设备中不能达到良好的分散时，要考虑加入外加能量以改善两液相的充分接触。

(1) 转盘提取塔　转盘提取塔的构造如图 10-5 所示。在圆筒形塔体内壁装有固定环，将塔分隔成盘距为 H_T 的等高圆柱形空间。在塔顶穿入的中心转轴上装有随轴转动的转盘，转盘的位置在每两层固定环中间，因此相邻两转盘的距离也是 H_T。转盘的外径 D_R 略小于定环的内径 D_S，形成自由空间以提高提取效率，增加流通量，同时便于转轴的装、拆。

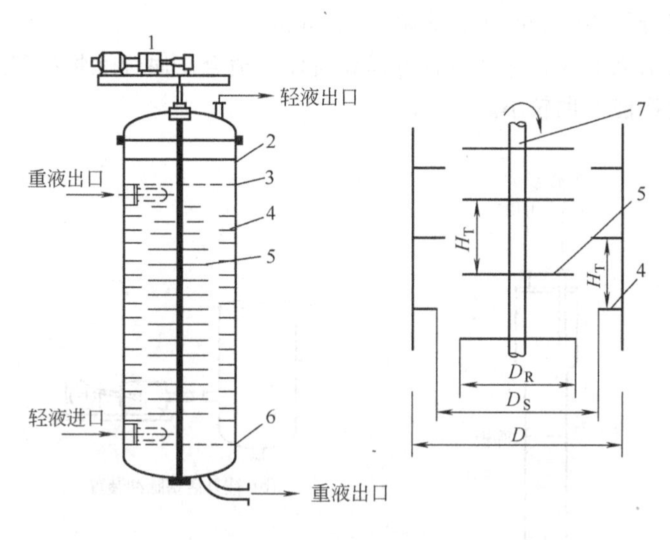

图 10-5　转盘提取塔

1—驱动器；2—界面；3，6—格栅；4—定环；5—转盘；7—转轴

塔顶和塔底是澄清区，逆流操作时重液从塔顶进入，而轻液从塔底进入。为避免对流型的扰动，当塔径在 0.6m 以上时，液体最好从转盘转动的切线方向进入。

转盘高速转动时带动两相一起转动，在液体中产生剪应力，使连续相增强了湍动而分散相破裂，形成许多大小不等的液滴，从而增大了传质系数和接触界面，因此转盘提取有较高的提取效率。

转盘提取塔结构简单，除动力、传动装置外所需投资不大，维修方便。它的操作弹性较大，处理能力较高，并适合于含固体物料的场合，在医药工业中有开发前途。

(2) 往复振动筛板塔　图 10-6 所示为往复振动筛板塔，塔的中心轴上装有许多筛板，中心轴通过曲柄机构的运转产生上下往复运动，筛板随轴振动使液体从筛孔喷射产生分散和混合，筛板的振动也增加了液体的湍动，强化了提取过程。

筛板结构、板间距、往复振动频率及行程对提取均有影响。筛孔直径约 14～16mm，塔板间距一般在 25～50mm 左右。沿塔高方向，两液相的浓度不等，板间距需要加以调整。在溶质浓度较低的区域，界面张力较大，需较多的能量，板距要减小一些。往复振动频率一般取每分钟 150 次，振幅取 12.5～25mm。

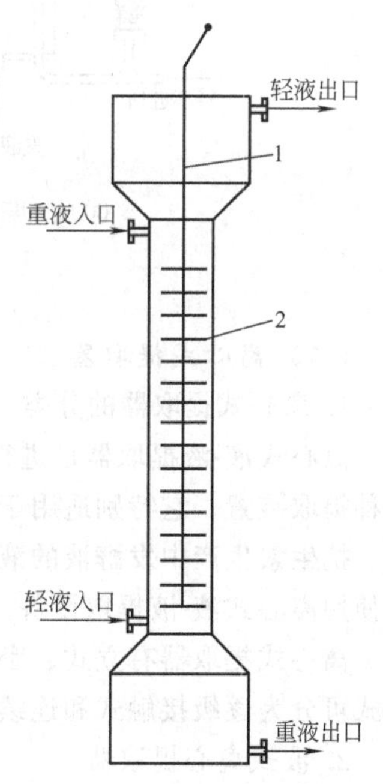

图 10-6　往复振动筛板塔

1—中心轴；2—振动筛板

振动塔的特点是效率高，一个理论级相当于0.11～0.45m。能量消耗亦不太高，但塔径不能过大。

(3) 脉冲塔　如图10-7所示，这是一个无降液管的筛板塔，通过脉冲装置使塔内液体产生脉冲式运动以强化提取过程。筛孔直径很小，一般在3mm左右，板间距约为50mm。可借助往复活塞［图10-7 (b)］、软波纹管［图10-7 (c)］、气垫［图10-7 (d)］来使流体产生脉动，频率每分钟30～250次、振幅6～25mm。

脉冲塔塔体无活动部件，脉动装置可远离塔体，适合于腐蚀性物料和放射性物料。缺点是分离效率差、生产能力也较小。

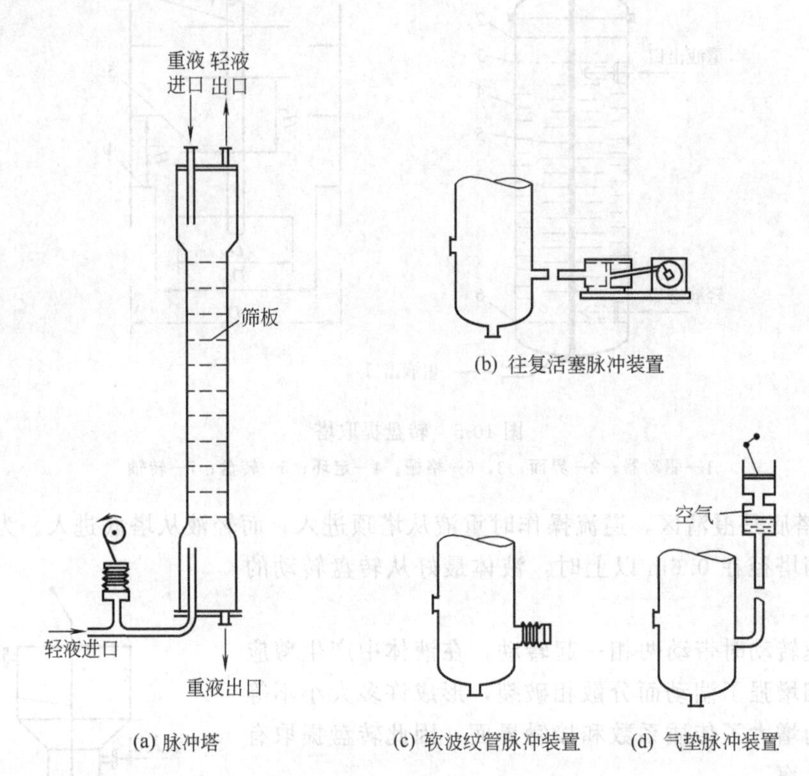

图10-7　脉冲塔和脉冲装置

(二) 离心式提取器

1. 离心式提取器的分类

离心式液-液提取器是进行两相快速充分混合，并利用惯性离心力代替重力快速分离的一种提取装置。它特别适用于要求接触和停留时间短、容易乳化因而较难分离物系的提取过程。抗生素生产中发酵液的液-液提取过程恰好具有上述的特点，因此抗生素液-液提取广泛地使用离心式液-液提取设备。

离心式提取器有立式、卧式；高速、低速；单级、多级之分。按照两相在提取器的接触方式可分为逐级接触式和连续接触式两类。离心式提取器的分类见表10-1。

2. 波式离心提取器

波式 (Podbielniak) 离心提取器自20世纪50年代就应用于工业生产，是典型的连续接触式多级离心提取设备。由于物料的停留和接触时间短，需借助于离心力场，从而可以迅速分层，对抗生素发酵液的液-液提取尤为适合，因而在抗生素工业中应用较广。

表 10-1 离心式提取器的分类

项目	逐级接触式(立式)		连续接触式	
分类	单台单级	单台多级	立式多级	卧式多级
形式	SRL 型 ANL 型 WAK 型 路韦斯塔(Luwesta)式 MEAB SMCS-10 型	路韦斯塔式 Robatel LX 型	Alfa 式 UPV 式	波(Podbielniak)式 Quadronic 式

波式离心提取器由一根主轴和内有几十层带筛孔的同心圆筒的转鼓组成。主轴除以高转速（约 2000～5000r/min）带动转鼓旋转以产生惯性离心力场外，还设置了特殊的密封装置，使中空的轴兼有轻、重两相进出提取器的导管作用。转鼓内几十层有筛孔的同心圆筒，是液-液提取的反复混合和分离的场所。由轴引入的重相进入转鼓的偏中心部位，在离心力场中向转鼓的外侧面方向流动，最终在重相澄清区澄清，并经过重相引出管自中心轴引出。轻相经过中空轴引入后，通过管道进入转鼓偏外侧的部位，重相的离心倾向迫使轻相向中心轴的方向移动，最终到达了轻相澄清区，经澄清后自中空轴引出。由此可知轻、重两相互为逆流流动，每通过一层筛孔就有分散、接触、分离的过程发生，因此是多级的逆流连续接触式提取装置，其理论级数超过两级。

3. 路韦斯塔式离心提取器

路韦斯塔（Luwesta）式离心提取器是一种逐级接触式多级提取器。它采用立式结构，中央是一根中空立轴，轴上装有圆形分散盘。并开有喷嘴或装有分配环和收集环。壳体绕轴作高速转动，固定在壳体上的环形盘也随着运动。轻、重两液相的进出，均在轴的上方，沿空心轴内管线到达提取器下部。而轻相则进入提取器的上部，它们成逆流流动，分别沿实线和虚线的路线在提取器内进行混合-澄清、再混合-再澄清……的多级提取过程（图 10-8）。两相的分离借助于离心力，分离的两相分别进入自己的分配环，重相向上进入上一级，轻相向下进入下一级，最后也从空心轴内各自的管道空间从轴上部排出。这类提取器的转速为 4500r/min，处理能力为 7.6m^3/h（3 级）、49m^3/h（单级）。

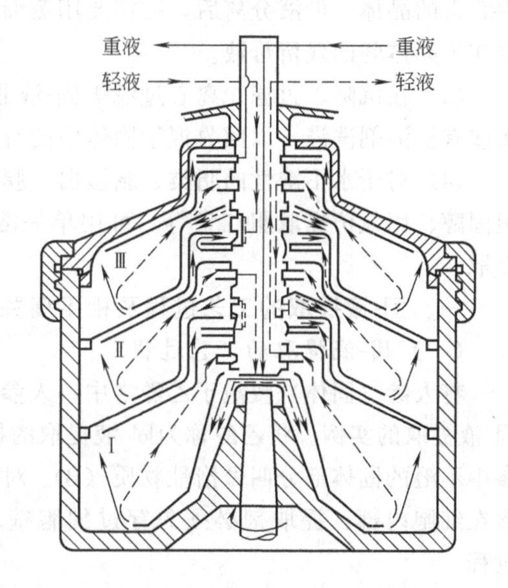

图 10-8 路韦斯塔式离心提取器

第三节 固-液提取设备

固体有机物中的药用成分，一般存在于其细胞组织中。干燥后的药材，有效成分由于细胞已经干枯，在细胞内可以呈结晶状态或无定型状态存在。因而，中药材中的有效成分的提取，需要经过将原药材润湿，使溶剂由外向里逐渐渗透，使细胞内的有效成分与其他成分之间的亲和力降低减小，有效成分在溶剂中溶解，然后完成解吸、扩散、置换过程，才能得到需要的物质，这就是固-液提取过程。生物体中的药用成分由固相转入液相，也是由生理状态转入特定溶液的过程，也属于固-液提取过程，由于固-液提取过程大多数使用在中药材或生物制药的提取过程中，因此在本节中一并讨论。

用提取剂（S）自固体（B，也称做载体或惰性物质）中溶解某一种（或多种）组分（A，又称溶质）的单元过程是固-液提取。由于它广泛地使用于各领域且方法不同，因此有着各种不同的名称，如浸取、浸渍、渗滤、渗漉、水洗等。固-液提取是溶质从固相转移至液相的传质过程，在操作过程中首先是萃取剂与固体的充分混合接触，然后是溶液与固体残渣的分离。

固液提取在生物化学制药工程中有着广泛的应用。

（1）从固体中将有价值的可溶性物质提出，然后加以提纯。例如，用汽油从黄姜提取薯芋皂素作为合成各种激素药物的原料；从中药材浸出各种有效成分，然后将所得的水或醇溶液浓缩成浸膏用作中药制剂的原料。如何从中药浸出液中制得纯度较高的有效成分仍是研究开发的重要课题。

（2）用溶剂洗去固体中的少量杂质，以提高固体产品或中间体的纯度。许多从结晶操作中获得的晶体与母液分离后，往往要用蒸馏水或其他纯有机溶剂对晶体进行洗涤，以除掉包藏在干晶体间的残留母液。

（3）在沉降、过滤、离心过滤等固-液非均一系的分离操作中，对分离所得固体物质用水或有机溶剂洗涤，以回收混于固体中的有价值的物质或提高固体滤饼的纯度。

（4）对于水不溶性的脂类、脂蛋白、膜蛋白结合酶等的提取。如用丙酮从动物脑中提取胆固醇、用氯仿提取胆红素等。可用单一溶剂分离法，也可用多种溶剂组合分离法来实施提取。

一、固-液提取的工艺过程及相平衡关系

（一）固-液提取的工艺过程

将人参（固体）浸泡于乙醇之中，人参的有效成分人参皂苷逐渐溶解于乙醇，这是一个固-液提取的实例。将乙醇称为固-液提取的提取剂（S），将人参皂苷称为溶质（A），而将人参中不溶的固体部分叫做惰性物质（B）。对于如人参那样具有细胞结构的固体物料，溶质包含在细胞内部，提取剂必须先穿过细胞壁才有可能将溶质提出，一般认为有如下的提取过程：

① 提取剂通过固体颗粒内部的毛细管道向固体内部扩散；

② 提取剂分子穿过细胞壁进入细胞的内部；

③ 提取剂在细胞内将溶质溶解并形成溶液，由于细胞壁内、外的溶液浓度差，提取剂分子继续向细胞内扩散，直至细胞内的溶液将细胞胀破；

④ 固体内溶液的溶质向固-液界面扩散；

⑤ 溶质由固-液相界面扩散至液相主体，达到新的平衡。

无细胞的固体的固-液提取流程要简单些，可分为 4 个阶段：①提取剂穿过液-固界面向固体内部扩散；②溶质自固相转移至液相，形成溶液；③毛细通道内溶液中的溶质扩散至固-液两相界面；④溶质由固-液界面向液相主体扩散。

由此看来固-液提取时固-液体系中存在着两相：溶液相和以惰性的固体物质为基质的固体相，在固体相中除惰性固体外还存在有溶液。

（二）固-液提取的相平衡关系

固-液提取的相平衡关系，是溶液相的溶质浓度与包含于固体相中溶液的溶质浓度之间的关系，固-液提取过程达到平衡的条件是二者浓度相等，而只有在前一浓度小于后一浓度时，提取过程才能发生。固-液提取的基本原理与液-液提取同样是由于浓度的差异而导致物质的转移，最后达到新的平衡的过程。

二、固-液提取过程的传质速率

不论是哪一种传质历程，固-液提取总是提取剂由液相主体向固相的扩散，及溶质自固体内部向溶液的扩散。提取剂扩散的推动力，是液相和固相内部溶液的浓度差，液相的提取剂浓度大于固相内部溶液中的提取剂浓度；而溶液扩散的推动力是固相内部溶液与液相主体之间溶质的浓度差。

对于多步骤的固-液提取，传质总阻力仍等于各部分阻力之和，而其中起控制作用的一两个步骤的分阻力在总阻力中有决定性影响。

影响固-液提取速率的因素有以下几个。

（1）颗粒度　颗粒度愈小，固液界面就愈大，传质速率也愈高；另一方面，固体颗粒愈小，使液体的流动阻力愈大而不利于提取，同时也不利于分离，因此颗粒度应当适中。

（2）提取剂　提取剂的黏度大小对于提取有较大的影响，黏度愈大湍动程度愈差，传质速率愈小。

（3）温度　提高提取操作的温度增大了提取剂、溶质的扩散速率；一般讲溶质在提取剂中的溶解度也随温度的升高而增加，而溶液的黏度也随温度的升高而降低。

（4）流体的湍动程度　液体湍动有利于降低传质阻力从而增加传质速率，此外对于细小的固体颗粒，则可用搅拌的方法阻止其沉积，使颗粒的表面积得到有效的利用。提取设备的结构应当有利于液体的湍动。

三、提取剂的选择

对于固-液提取溶剂的选择基本上是根据其选择性、溶质的溶解度以及是否有利于分离、价廉易得、化学性能稳定、毒性小、黏度低等。中药制剂生产往往首先考虑用水作提取剂，对于非水溶剂则要求易挥发、方便回收。

四、固-液提取设备

固-液提取设备可分为单级与多级，多级按固-液流向又分为错流和逆流。按照操作方式又有间歇、连续与半连续之分。间歇操作时固、液物料都是一次投入，待充分接触后进行分离。连续操作时固液两相均以一定的流量通过提取器，对于固体物料做到这一点需要专门的输送机械，而且这种连续、定量的移动与流体的流动有着本质的区别。制药工业因为其生产规模一般较小，故较多地采用间歇或半连续固-液提取。

所谓半连续固-液提取指液体为连续、定量流动（注意液体的组成、物性等不一定随时间而变化），而固体原料在提取时并没有在提取器内发生移动。这种方式可以有较好的传质效果，而且溶剂用量少、热量消耗少、设备构造也比较简单，因此使用广泛。

现仅介绍广泛使用于中药制剂工业的多能提取罐。图 10-9（a）所示的罐体是斜锥形，称做斜锥式多能提取罐。下半部分配置有夹套，可通蒸汽加热。罐体下部是带有筛板的活底，提取液可从筛板流下，而被提取的固体物料堆放在筛板上面，因此筛板起固-液分离和支撑固体物料的作用，活底借助于气动系统进行启闭。固体物料从上部加料孔投入，如果加入的提取剂为水，可在罐内用直接蒸汽加热至沸腾，再用夹套蒸汽间接加热。冷凝器、冷却

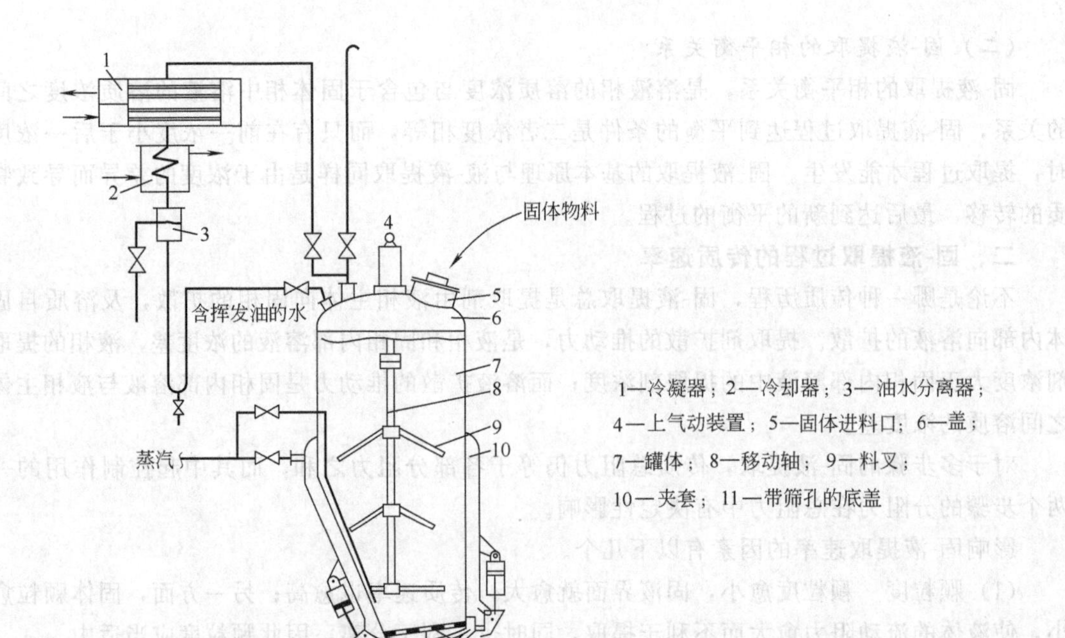

(a) 斜锥式多能提取罐及工艺流程

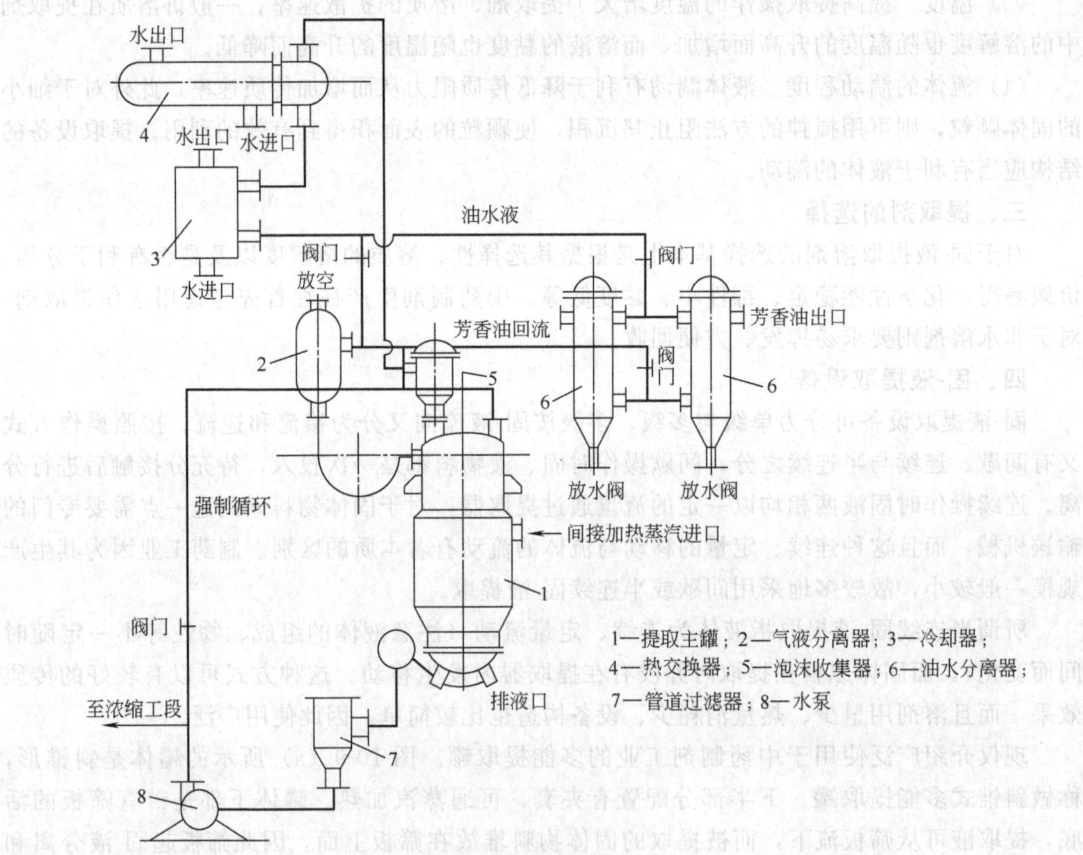

(b) 直锥式多能提取罐及工艺流程示意

图 10-9　多能提取罐

器和油水分离器是为水蒸气蒸馏获取挥发油的过程而设置，没有挥发油成分的固体物料在提取时可将管线阀门关闭而将放空阀门打开。提取液在达到规定浓度时可从罐底放出，送去过滤和浓缩。提余的残渣可自底部卸出，通过气动装置开启活底，利用上气动装置使中心轴发生上下移动，轴上的料叉帮助料渣自罐内卸出。斜锥式多能提取罐由具有多个接口连接短管的罐顶、圆柱形的筒状主体、斜圆锥体并带有夹套的罐体、底盖和底盖运动机构以及内部可提升旋转的带有桨叶的搅拌器组成。在顶上设有加料口，挥发组分提取装置、升降汽缸、旋转动力传动装置。下部设有出渣门、底盖启闭汽缸、锁紧汽缸机构。中部由夹套加热或冷却装置及辅助构件、罐体支座以及人孔、手孔、观察孔等辅助装置组成，一般容积较大，可有 $3m^3$，$5m^3$，$6m^3$ 等多种规格，需搭建离地 4～5m 左右高的工作台，用支座架在工作台上，配套有管道、阀门、运送泵，空压机等辅助设施，才可进行操作。小型多能提取罐常采用直锥式罐体，按容积分，有 $0.5m^3$，$1m^3$，$2m^3$ 等多种规格。可组成密闭循环系统。适用于中药的水煎、温浸、热回流、强制循环渗滤，芳香油提取及煎制残渣中有机溶剂回收、真空蒸馏、减压浓缩等多种工艺。应用范围广泛，操作方便。

斜锥式多能提取罐适用于生产量较大、提取时间较长、物料的体积较大的固-液提取；当生产批量不大，且需要连续进行操作时，一般采用直锥式多能提取罐，其结构形式与斜锥式多能提取罐完全一致，其工艺流程如图 10-9（b）所示。

第四节　天然药物提取的新方法

天然药物品种繁多，有效成分各不相同，传统的中药生产往往是综合提取，整体使用，对于纯物质的提取，研究不多。目前，所知道的天然药物中的药用物质就有：糖和苷、香豆素、木质素、游离醌类、黄酮类、鞣质、萜类挥发油、三萜化合物、三萜皂苷、强心苷、生物碱等许多药物成分。这些单质或化合物大多数是有机物质，因而在提取或分离时，使用的方法就不全相同，除上节固-液提取及设备中提到的以外，还有一些新方法，现介绍如下。

一、超声提取技术

是近年来发展起来的新技术，是利用超声波在介质中传播时产生振动、辐射压力，沿声波方向可使细胞组织变形、植物蛋白变性，使液体中的介质分子与悬浮体分子产生相对运动，产生摩擦，使生物分子解聚，从而使细胞上的有效成分更快地溶解于溶剂之中。

使用超声提取技术可不必加热，适宜于热敏性物质的提取，提高提取率，减少溶剂用量，过程中无化学反应，不影响有效成分的生理活性。

超声提取技术使用的设备极其简单，只需在提取设备中增加超声发生器就能实施超声提取技术工艺。

二、微波协助提取技术

微波协助提取技术是在传统的有机溶剂提取技术基础上发展起来的一种新型提取技术。微波是波长介于 1mm～1m（3G～3MHz）的电磁波，微波在传输过程中遇到不同的物料会依物料性质不同而产生反射、穿透、吸收现象。极性分子接受微波辐射能量后，通过分子偶极以每秒数十亿次的高速旋转产生热效应。微波辐射使细胞内的极性物质吸收微波能量而产生大量的热量，使细胞内温度迅速上升，液态水产生的压力将细胞膜和细胞壁冲破，形成微小的孔洞。再进一步加热，细胞内部和细胞壁水分减少，细胞收缩，表面出现裂纹。孔洞和裂纹的存在使细胞外的溶剂易于进入细胞内，溶解并释放细胞内的产物，使位于细胞内的物质有效成分自由流出，进入提取剂而被溶解，过滤除去残渣，即可达到提取的目的。微波具有很强的穿透力，可在透过提取剂在物质内外同时均匀、迅速地加热，简便、快速、高效，是又一提取新技术，但不适用于热敏性成分的提取。联合微波提取系统 Microwave-Asisted Extraction Process (MAP) 已经在工业生产中使用。

微波协助提取可对体系中的一种或几种组分进行选择性加热，故可使目标组分直接从基体分离，而周围的环境温度却不受影响。与传统的提取方法相比，具有如下优点：①快速；②无须干燥，可简化工艺，减少投资；③节省能源，降低人力消耗；④降低溶剂用量，从而减少排污量，改善环境条件；⑤选择性好，产品纯度高；⑥可在同一装置中采用两种以上提取剂分别抽提或分离所需成分；⑦有利于热不稳定物质的提取。

在微波协助提取中，提取剂、微波作用时间、温度、操作压强对提取的效果影响较大，而提取剂是首要的因素。常见的提取剂有甲醇、丙酮、乙酸、二氯甲烷、正已烷、苯等有机溶剂和硝酸、盐酸、氢氟酸、磷酸等无机溶剂及一些混合溶剂。微波的剂量以有效提取出目标成分为原则，一般所选用的微波能功率在 200～1000W，频率在 2000～300000MHz。微波辐射时间不可过长，一般在 10～100s 之间，对不同物质最佳提取时间不同。

微波协助提取的操作步骤一般有：①将物料切碎，使其能更充分地吸收微波能；②将物料与适宜的提取剂混合，放进微波设备中，接受辐照；③从提取相中分离除去残渣；④获得目标产物，以供使用。如需离析，可采用反渗透、色层分离等方法获得所需组分。

三、超临界流体提取

物质处于其临界温度（T_c）和临界压强（p_c）以上状态时，形成的既非液体又非气体的单一流体相态称为超临界流体（supercritical fluid)，即 SF。物质在超临界流体中的溶解度，由于分子间相互作用加强而大大增加。在超临界温度条件下，压强的微小变化，即可改变超临界流体的极性，因而其溶解特性也大为改变。利用不同压强可将不同极性的药物成分进行分步提取，这种提取方法称为超临界流体提取（supercritical fluid extraction)，即 SFE。

超临界流体提取具有如下特点：

① 如 SF 选择 CO_2，则提取可以在常温下进行，特别适合高挥发性和热敏性物质的提取，并能保证提取物的纯天然性；

② 选择性好，且产品中没有溶剂残留，因而产品纯度高；

③ 能耗低，提取速度快又无溶剂处理问题，因此运行费用低；

④ 所用的溶剂（超临界流体）大多数为环境友好物质，如 CO_2 和水，不污染环境，故被称为“绿色分离技术”。

常用作超临界流体的物质有二氧化碳、氧化亚氮、乙烷、乙烯及甲苯等，其中二氧化碳应用于天然产物的提取较多。因为二氧化碳具有以下特点：①临界温度近于室温为 31℃，其临界压力在 7.4MPa 易于操作；②安全，不燃烧，化学性能稳定；③可防止被提取物的氧化；④无毒，价廉，且易获得。

图 10-10 所示为 SFE-CO_2 提取工艺流程示意。由 SF 提取装置、联结夹带剂加入泵、固相槽收集系统和手动流速限制系统组成。提取系统由双头往复泵提供超临界状态的 CO_2，在进入提取器前，在混合室中将纯 CO_2 与夹带剂混合，用调速机调节限速器的流速。在 SF 减压以后，收集提取相。

由于 CO_2 超临界流体密度小，一般采用下部导入的方法，提取后进入分离槽，减压时

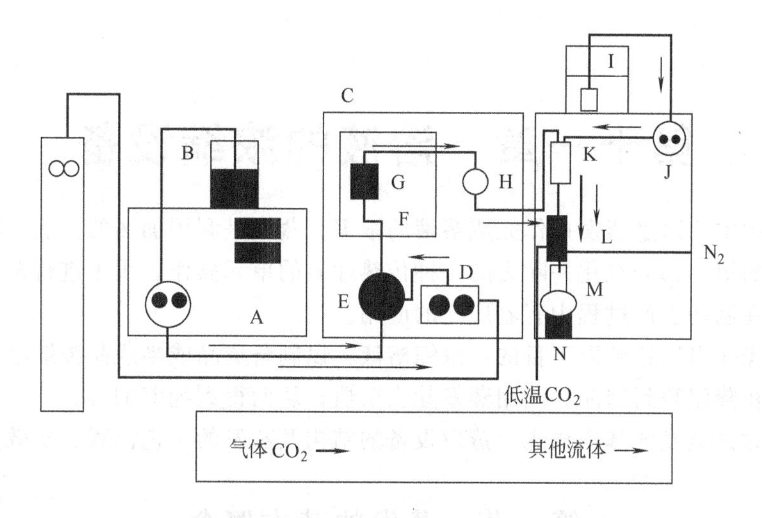

图 10-10 SFE-CO_2 提取工艺流程示意

A—夹带剂加入泵；B—夹带剂溶剂贮槽；C—SFE 萃取单元；D—往复式 CO_2 泵；E—混合室；F—热控萃取室；G—萃取器；H—静态/动态开关阀；I—冲洗溶剂槽；J—冲洗溶剂泵；K—流速可变限制器；L—固相槽；M—溶剂冲洗收集瓶（量瓶）；N—SF 萃取物收集单元

CO_2 挥发并可循环使用，提取物在分离槽中获得。现已有定型的连续提取装置可供选用。

近年来发现，在超临界流体（SF）中加入少量极性液体可增加 SF 溶剂的极性，如加入乙醇、甲醇、戊醇或水等，这些物质在超临界流体萃取技术中称为夹带剂（entrainer），可以明显增加 SF 的溶解能力，还可使操作压强降低，使用夹带剂时需增加一专门回收系统。

因为超临界流体提取技术具有诸多优点，所以在医药保健、食品饮料、化学合成、材料加工、生物技术以及环境保护等方面具有广泛的应用前景。在医药行业可用于药物提取、成分分析、复方开发、剂型开发、工艺改革、药物检验、药物标定等。

使用超临界 CO_2 提取生物碱常见的有马钱子中的士的宁、洋金花中的东莨菪碱、马蓝中的靛玉红、光菇子中的秋水仙碱等。

第十一章　溶液的浓缩设备

制药生产中主要通过蒸发操作完成溶液的浓缩。蒸发是利用加热的方法，在沸腾的状态下，将溶液中的溶剂部分汽化并除去的一种传热性质的单元操作。用来进行蒸发的设备称为蒸发器。蒸发在制药生产过程中有着广泛的应用。

通过蒸发操作可以达到以下目的：浓缩溶液，以制备成品或半成品浓缩液；浓缩制备饱和溶液，进一步降温得到结晶；利用蒸发除去杂质，从而得到纯溶剂等。

本章主要讨论蒸发的基本概念、蒸发设备的结构及蒸发的工艺流程、多效蒸馏水机。

第一节　蒸发的基本概念

一、加热蒸汽、二次蒸汽、蒸发的分类及工艺流程

（一）加热蒸汽和二次蒸汽

饱和水蒸气是蒸发操作常用的热源，称为加热蒸汽也叫生蒸汽或一次蒸汽。工业上蒸发水溶液过程中溶液沸腾所生成的水蒸气称为二次蒸汽。

要维持蒸发连续不断地进行下去，必须不断地供给热量和不断地排除二次蒸汽。二次蒸汽多采用冷凝法排除，即将二次蒸汽引入一个直接混合冷凝器中，与冷却水直接接触变成冷凝液而排除。

（二）蒸发的分类

根据二次蒸汽的利用情况，蒸发可分为单效蒸发和多效蒸发。如果对蒸发产生的二次蒸汽不再利用，经直接冷凝后而排除，这样的蒸发称为单效蒸发。若二次蒸汽被引入到另一个蒸发器内作为加热剂使用，至少有两台以上的蒸发器串联操作，这样的蒸发称为多效蒸发。

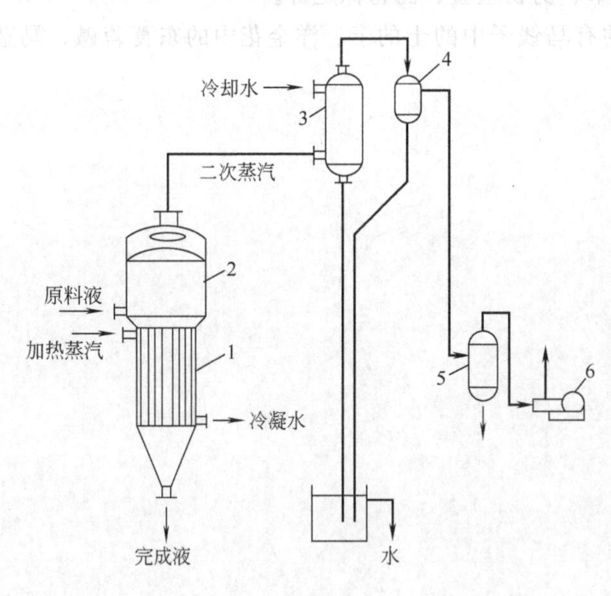

图 11-1　单效真空蒸发流程

1—蒸发器；2—二次蒸汽分离器；3—混合冷凝器；4—冷凝水排除器；5—汽水分离器；6—真空泵

根据操作方式，可分为间歇操作和连续操作两种。小规模多品种的场合，多采用间歇操作，大规模生产则采用连续操作。根据蒸发操作压强的不同，蒸发可分为加压蒸发、常压蒸发和减压蒸发。

（三）蒸发的工艺流程

生产上蒸发常在减压下进行，图 11-1 所示为单效真空蒸发流程。溶液加入蒸发器中，加热蒸汽在加热室放出热量将溶液加热至沸腾，产生的二次蒸汽夹带着雾沫与液滴升入分离

室，经分离后不含雾沫与液滴的二次蒸汽引至冷凝器与冷水直接混合而被冷凝，冷凝液从冷凝器的底部排出。二次蒸汽中的不凝性气体经分离器和缓冲罐由真空泵抽至大气中。经蒸发浓缩达到浓度要求的完成液从蒸发器底部排出。

减压蒸发又称真空蒸发，它的优点是：减压后溶液的沸点下降，传热温差加大，蒸发器的加热面积可节省；操作温度低，可以浓缩不耐高温的溶液，蒸发器损失的热量也相应地减小；由于沸点下降，可以利用低压蒸汽或废气作为热源，对提高热能的利用率具有显著的意义。

二、单效蒸发的蒸发量和蒸汽用量

（一）蒸发量

蒸发量是单位时间内从溶液中蒸发出来的二次蒸汽的量，也称为蒸发器的生产能力。取1h为基准，以整个蒸发器为衡算范围，列物料衡算方程为：

$$Fx_1=(F-W)x_2 \tag{11-1}$$

式中 F——原料液量，kg/h；

W——蒸发量，kg/h；

x_1——溶液中溶质的质量分数；

x_2——完成液中溶质的质量分数。

由此可求得蒸发量及完成液的浓度，即

$$W=F\left(1-\frac{x_1}{x_2}\right) \tag{11-2}$$

$$x_2=\frac{Fx_1}{F-W} \tag{11-3}$$

（二）加热蒸汽消耗量

蒸汽消耗量通过对蒸发器进行热量衡算求得。当忽略溶液的稀释热、加热蒸汽的冷凝液在饱和温度下排出，则加热蒸汽释放的潜热主要用于供给产生二次蒸汽所需要的潜热、供给溶液从进料温度加热到沸点所需要的显热量及损失到外界的热量，单效蒸发器的热量衡算式为：

$$Dr=Wr'+Fc_m(t_1-t_0)+q' \tag{11-4}$$

式中 D——加热蒸汽消耗量，kg/h；

r——加热蒸汽的冷凝潜热，kJ/kg；

W——蒸发量，kg/h；

r'——二次蒸汽的汽化潜热，kJ/kg；

F——溶液量，kg/h；

c_m——溶液的平均比热容，kJ/(kg・K)；

t_1——蒸发器中溶液的沸点，K；

t_0——溶液的进料温度，K；

q'——蒸发器的热损失，kJ/h。

由式（11-4）得：

$$D=\frac{Wr'+Fc_m(t_1-t_0)+q'}{r} \tag{11-5}$$

当沸点进料且忽略热损失时，则

$$D = Wr'/r \tag{11-6}$$

(三) 蒸发器传热面积

蒸发器所需的传热面积，可根据传热方程式求得：

$$A=\frac{q}{K\Delta t_{\mathrm{m}}} \tag{11-7}$$

或

$$A=\frac{Wr'+Fc_{\mathrm{m}}(t_1-t_0)+q'}{K\Delta t_{\mathrm{m}}} \tag{11-8}$$

式中 A——蒸发器的传热面积，m^2；

q——蒸发器的传热速率，W；

K——蒸发器的总传热系数，$W/(m^2 \cdot K)$，具体数值见表 11-1；

Δt_{m}——平均传热温差，K。

表 11-1 蒸发器的总传热系数 K 值

蒸发器的形式	总传热系数 K /[$W/(m^2 \cdot K)$]	蒸发器的形式	总传热系数 K /[$W/(m^2 \cdot K)$]
标准式(自然循环)	600～3000	外加热式(强制循环)	1200～7000
标准式(强制循环)	1200～6000	升膜式	1200～7000
悬筐式	600～3500	降膜式	1200～3500
外加热式(自然循环)	1400～3500		

(四) 评价蒸发过程经济性的指标

常用来评价蒸发过程经济性的指标，一个是蒸发器的生产强度，另一个是蒸汽的经济性。

1. 蒸发器的生产强度

蒸发器的生产强度是衡量蒸发器性能优劣的一个指标，它是指单位时间、单位传热面积的蒸发量，用 U 表示，单位为 $kg/(m^2 \cdot h)$，即：

$$U=\frac{W}{A} \tag{11-9}$$

以单效蒸发为例，忽略溶液的稀释热，若沸点进料，不计压强对蒸汽潜热的影响，并且蒸发器保温良好，则传热速率为：

$$q=Wr=KA\Delta t_{\mathrm{m}} \tag{11-10}$$

因此，蒸发器的生产强度可表示为：

$$U=\frac{W}{A}=\frac{K\Delta t_{\mathrm{m}}}{r} \tag{11-11}$$

从式 (11-11) 可知，蒸发器的生产强度与平均传热温差及总传热系数成正比。因此，如果提高平均传热温差和总传热系数，均可增大蒸发器的生产强度。

理论上讲，提高加热蒸汽的压强或降低冷凝器中二次蒸汽的压强，都有利于提高传热温差。但是，提高加热蒸汽的压强会受锅炉及管路耐压条件的限制。如降低冷凝器的压强，不仅会增加真空泵的功率消耗，还可因为压强下降引起溶液沸点的下降，进而导致溶液的黏度增大，使溶液的流动性变差，造成传热效果的下降，因此，提高传热温差是受限制的。

一般说来，增大总传热系数是提高蒸发器生产强度的最佳途径。可采取以下措施提高总传热系数 K 的值。

(1) 根据溶液特性选择合适的蒸发器，增大溶液的流动速度或提高溶液流动的湍流程度，防止溶液产生沉淀。

(2) 严格控制溶液的加热温度，防止烧焦结垢，并注意除垢。

(3) 通过放空阀及时排除加热蒸汽冷凝后出现的不凝性气体。

2. 蒸汽的经济性

蒸发是一个热能消耗量很大的单元操作。完成蒸发过程要汽化大量的溶剂就要消耗大量的加热蒸汽，因此蒸发的操作费用主要受加热蒸汽用量多少的控制。为降低操作费用，应尽可能用少量的加热蒸汽汽化大量的二次蒸汽。蒸汽的经济指标是指消耗 1kg 加热蒸汽所能蒸发的溶剂量，用 E 表示

$$E=\frac{W}{D} \tag{11-12}$$

式中 E——蒸汽的经济性，kg/kg；

W——单位时间汽化的溶剂量，kg/h；

D——单位时间消耗的加热蒸汽量，kg/h。

蒸汽的经济性是蒸发过程是否经济的重要指标。若溶液预热到沸点进料、加热蒸汽与二次蒸汽的汽化潜热近似相等，忽略蒸发器的热损失，从理论上可以认为，单效蒸发时，$\frac{W}{D}=1$；二效时，$\frac{W}{D}=2$；三效时，$\frac{W}{D}=3$，依此类推。明显看出，采用多效蒸发可节约蒸汽用量，提高蒸汽的经济性。

三、多效蒸发

（一）多效蒸发简述

在单效蒸发实际操作过程中，每蒸发 1kg 的水蒸气就需要消耗 1kg 以上的加热蒸汽，因此在蒸发处理大量的溶液时，就必然要消耗大量的加热蒸汽，同时也会产生大量的二次蒸汽，当二次蒸汽需要冷凝时又要使用大量的冷却水。因此必须考虑蒸发操作的节能问题。

单效蒸发产生的二次蒸汽的压强和温度虽然比加热蒸汽的低，但仍具有一定的压强和温度，带有大量的热量，只要控制后一效蒸发器在较低的压强下操作，就可使得前一效二次蒸汽的温度与后一效溶液的沸点有足够的传热温差，故可将前一效的二次蒸汽作为后一效的热源使用。这样可节省加热蒸汽用量，起到节能的作用。

多效蒸发的原理是，除第一效的加热室通入外来加热蒸汽外，其余各效均将前一效产生的二次蒸汽作为后一效的加热蒸汽，后一效的加热室相当于前一效的冷凝器，最后一效的二次蒸汽进入冷凝器用水冷凝而排除，不凝性气体用真空装置抽走。根据这个道理将多个蒸发器串联操作，就组成了多效蒸发流程。

（二）多效蒸发的流程

根据溶液与蒸汽流向的不同，多效蒸发的流程主要有以下三种。

1. 并流加料流程

图 11-2 所示为并流加料三效蒸发的流程。溶液与加热蒸汽的流向相同，每个蒸发器

为一效，加热蒸汽通入第一效的加热室，蒸出的二次蒸汽引入第二效的加热室，依此类推。溶液加入第一效，顺次通过第一效、第二效、第三效，从第三效底部放出浓缩后的完成液。

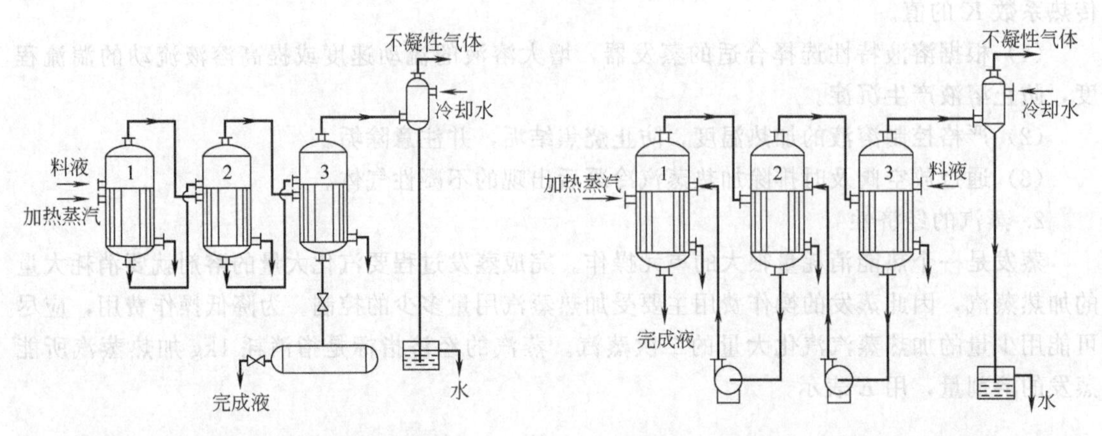

图 11-2　并流加料三效蒸发的流程　　　　图 11-3　逆流加料三效蒸发的流程

并流加料法的优点：溶液能自动从压强和温度高的前效蒸发器流向压强和温度低的后效蒸发器，不需要用泵输送，操作简便。

其缺点是：溶液逐效流向后面各效时，溶液浓度升高，沸点反而降低，黏度会依次增高，传热系数逐渐下降，使蒸发操作的生产能力下降。

并流加料法不适用于处理黏度随浓度增加而增加较快的溶液。只适用于黏度不大的溶液。

2. 逆流加料流程

图 11-3 所示为逆流加料三效蒸发的流程。溶液与蒸汽流向相反，溶液从最后一效加入，各效间用泵将后效的溶液送入前效，完成液从第一效排出。加热蒸汽先通入第一效，各效二次蒸汽依次向后流动，三效的二次蒸汽进入冷凝器。

逆流加料法的优点：随着溶液的不断浓缩，加热温度也相应升高，所以各效溶液的黏度变化不大，各效的传热系数比较均衡，有利于传热。

逆流加料法的缺点：溶液在效与效之间需用泵输送，增加了操作费用，而且还使设备复杂。

逆流加料法宜用于处理溶液的黏度随浓度增加而迅速增大的溶液的蒸发。但不宜用于处理高温易分解的溶液。

3. 平流加料流程

平流加料三效蒸发的流程如图 11-4 所示。原溶液分别加入每一效，分别从每一效底部排出完成液。蒸汽的流向仍是从第一效流至末效。

平流加料法适用于处理蒸发过程中有结晶析出的溶液。也可用于同时浓缩两种以上的不同的水溶液。

（三）多效蒸发效数的限制

多效蒸发通过多次利用二次蒸汽，节约了加热蒸汽的用量，提高了热能的利用率。效数越多，节约的蒸汽越多。但增加效数就要增大传热面积，生产强度就要大幅度下降，设备费用反而要成倍增加。因此，从经济上考虑多效蒸发的效数是不可能无限增多的。

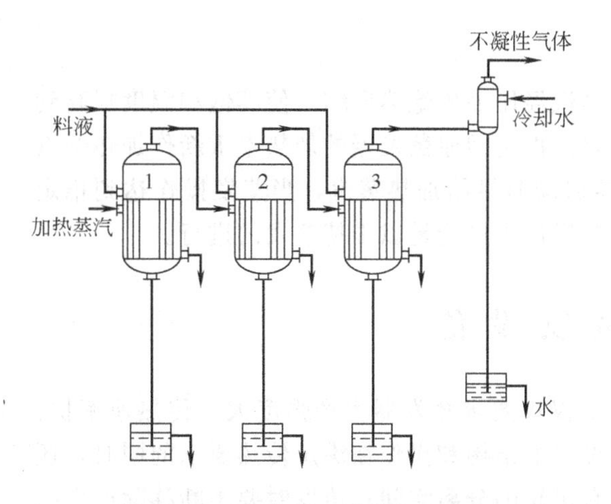

图 11-4　平流加料三效蒸发的流程

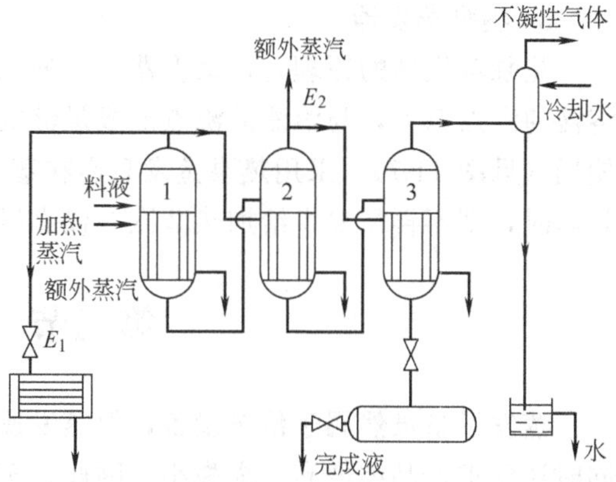

图 11-5　引出额外蒸汽的蒸发流程

因此，生产实际上所用多效蒸发设备，蒸发强电解质溶液时常用 2～3 效，蒸发弱电解质溶液时最多为 6 效。

四、蒸发操作的其他节能措施

节约加热蒸汽的用量，降低能耗，减少操作费用，对蒸发来说是十分重要的。工业上蒸发操作除选用多效蒸发并强化热量传递外，还可采取以下节能措施。

1. 引出额外蒸汽

在单效蒸发过程中，将二次蒸汽移至其他加热设备中，以预热原料，能提高进料的温度，可使蒸发过程的加热蒸汽用量下降。在多效蒸发过程中，也可将蒸发器中的二次蒸汽引出用作其他加热设备的热源，此法引出的蒸汽称为额外蒸汽，如图 11-5 所示。从蒸发器中适当的位置引出具有一定温度的额外蒸汽，必须结合实际情况，以满足其他加热设备的需要。

2. 蒸汽冷凝水的自蒸发

如图 11-6 所示，多效蒸发中会产生大量的蒸汽冷凝水，从前一效加热室排出的冷凝水可通过一个减压蒸发装置进行自蒸发，自蒸发产生的蒸汽与二次蒸汽混合，一同作为后一效

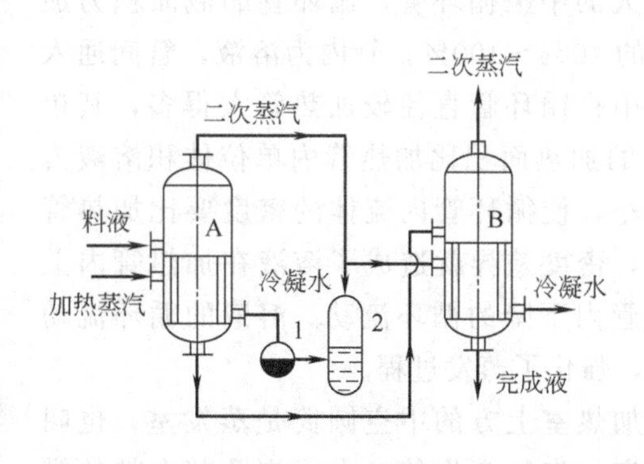

图 11-6　蒸汽冷凝水的自蒸发

A，B—蒸发器；1—汽水分离器；2—冷凝水自蒸发器

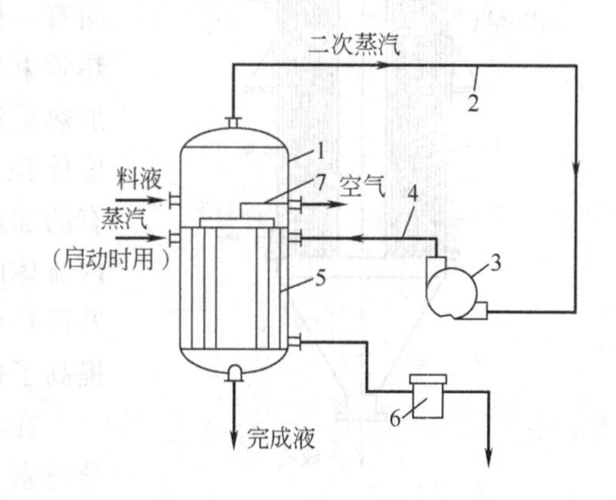

图 11-7　热泵蒸发器

1—蒸发室；2，4—二次蒸汽管；3—压缩机；5—加热管；6—冷凝水排出管；7—空气放出管

蒸发器的热源使用。

3. 热泵蒸发器

热泵蒸发器的原理是，蒸发器产生的二次蒸汽经压缩机绝热压缩，使其饱和温度提高到溶液的沸点以上，与溶液的沸点形成足够的温差，再送回原蒸发器的加热室重新作加热蒸汽使用（见图 11-7）。采用热泵蒸发只需在蒸发器启动时供给加热蒸汽，当蒸发操作达到稳定状态时，则不再需要供给加热蒸汽，仅靠压缩机提供少量能量以维持蒸发的进行。

第二节　蒸发设备

蒸发设备虽然属于传热设备，但蒸发操作不仅仅要求蒸发器生产强度大、传热速率快，同时还要求产品纯度高、损失小。因此，蒸发设备的结构和操作在满足传热要求的同时，还要满足蒸发操作的特性。蒸发器的蒸发室需要有足够的分离空间；蒸发时要不断移除产生的二次蒸汽，为减少二次蒸汽的雾沫和液滴夹带量，还应增设除沫装置，以进行分离回收二次蒸汽中的雾沫和液滴，减少物料的损失，保证回收溶剂的纯度；还需配置冷凝器将二次蒸汽全部冷凝；减压蒸发时，还应配备真空装置。

生产中应用的蒸发器种类很多，目前常用的蒸发器，按溶液在蒸发器中运动情况，大致可分为循环型（非膜式）和单程型（膜式）两大类。

一、循环型蒸发器

循环型蒸发器的特点是，溶液都在蒸发器内不断做循环流动。根据产生循环的原因不同，可分为自然循环型和强制循环型两大类，前者是由于溶液受热程度不同产生了密度差异而引起循环流动；后者是由于使用机械迫使溶液循环流动。

（一）自然循环型蒸发器

1. 中央循环管式蒸发器

中央循环管式蒸发器又称为标准式蒸发器，如图11-8所示，主要由加热室、蒸发室和除沫器组成。该蒸发器加热室的结构与列管式换热器相似，在直立加热管束中间有一根直径较大的中央循环管，循环管的截面积为加热管束总截面积的 40%～100%。管内为溶液，管间通入加热蒸汽。由于中央循环管直径较加热管大得多，其单位体积溶液占有的加热面积比加热管内单位体积溶液占有的加热面积要小，使循环管内流体的密度要比加热管内流体的密度大，密度差异就造成了溶液在加热管内上升而在中央循环管内下降的循环流动。溶液的循环流动提高了传热速率，强化了蒸发过程。

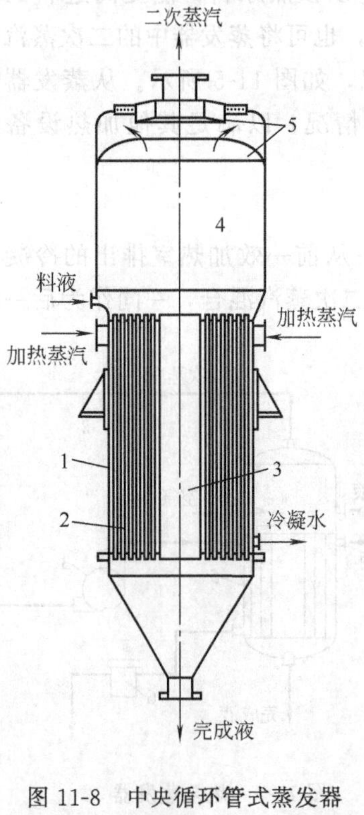

图 11-8　中央循环管式蒸发器

1—外壳；2—加热室；3—中央循环管；4—蒸发室；5—除沫器

在蒸发器内加热室上方的中空圆筒是蒸发室，也叫分离室。此室除容纳沸腾产生的二次蒸汽及其夹带的雾沫外，还起气液初步分离的作用。二次蒸汽再经蒸发器顶部的除沫器而进入冷凝器。

中央循环管式蒸发器的优点是，结构比较简单，制造方便，操作可靠。它的缺点是检修麻烦，溶液循环速率低。该蒸发器适于黏度适中、结垢不严重、有少量结晶析出及腐蚀性较小的溶液的浓缩。

2. 悬筐式蒸发器

悬筐式蒸发器是标准式蒸发器的变形，如图 11-9 所示。悬筐式蒸发器是把由加热管束组成的加热室悬挂在蒸发器的内部，并在加热室与外壳间留有一个较宽大的环形间隙，环隙截面积一般为加热管总截面积的 100%～150%，此环隙作为溶液的循环降液通道，环隙内溶液的密度高于加热管内的密度，溶液循环速度比标准式快（循环速度约为 1～1.5m/s），减缓了溶液在加热管内的结垢现象，提高了传热效果。另外，由于在环隙流动的溶液温度低，使得通过蒸发器壳体损失的热量也相应减少。

悬筐式蒸发器的加热室，可在打开壳体顶盖后取出，便于清洗检修。它的缺点是结构复杂，单位传热面的金属消耗量大。适用于有结晶析出或黏度较大但结垢不甚严重的溶液蒸发。

3. 外加热式蒸发器

外加热式蒸发器的结构如图 11-10 所示。该蒸发器是由列管加热器、蒸发室及循环管等组成。

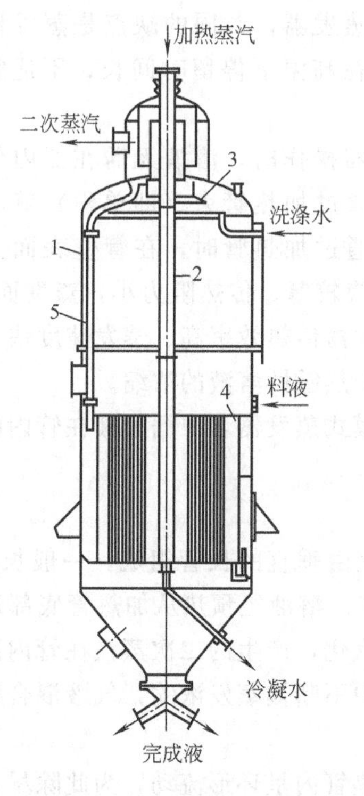

图 11-9　悬筐式蒸发器

1—外壳；2—加热蒸汽管；3—除沫器；4—加热管；5—液沫回流管

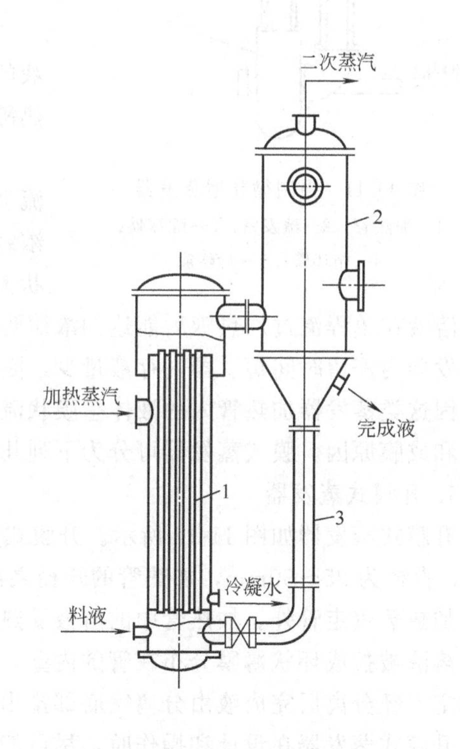

图 11-10　外加热式蒸发器

1—加热室；2—蒸发室；3—循环管

外加热式蒸发器的特点是把加热室单独设置，一方面可采用较长的加热管使传热面积增加而又不会使蒸发器高度过分增加；另一方面也便于加热室的清洗和检修。循环管装在加热室的外面不受蒸汽的加热，且分离了气泡，溶液通过循环管时又因散热使溶液温度降低，溶液密度较大，更有利于溶液的循环流动，循环速度比标准式高。

外加热式蒸发器的适应性较大，且加热面积不受限制，但它的设备较高，热损失较大。

（二）强制循环型蒸发器

强制循环型蒸发器的结构如图 11-11 所示。它是由列管加热器、蒸发室和循环泵等组成，溶液经循环泵加压以 2～5m/s 的流速通过加热管，在管中受热上升到蒸发室内蒸发，避免了加热面上的结晶和结垢，传热效果好。增浓的溶液由蒸发室底部进入循环管，在蒸发器内做强制循环流动，完成液在蒸发室底部的出口排出。

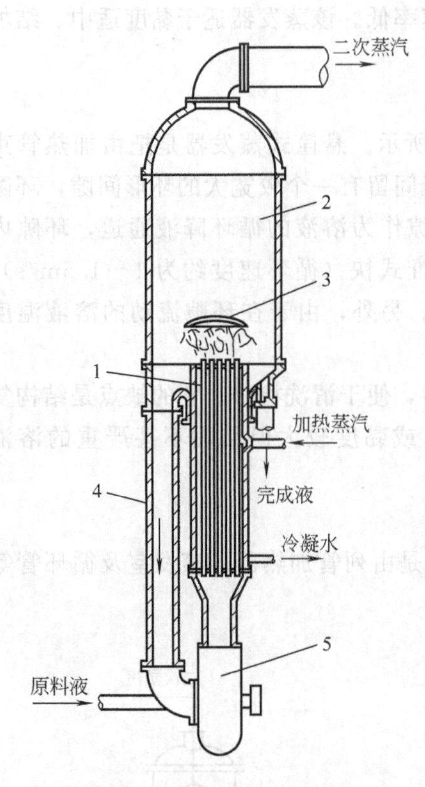

图 11-11　强制循环型蒸发器

1—加热管；2—蒸发室；3—除沫器；4—循环管；5—循环泵

强制循环型蒸发器适用于有结晶和易结垢溶液的蒸发，且在传热温差较小（3～5℃）时仍可进行操作。该蒸发器的缺点是动力消耗大，使其应用范围受到限制。

二、单程型蒸发器

上述循环型蒸发器，共同的缺点是蒸发器内溶液的滞留量大和在高温下停留时间长，不适宜处理热敏性的溶液。

单程型蒸发器操作时，溶液无需在器内作循环流动，溶液一次通过加热管束（即单程）就能达到浓缩要求。溶液通过加热管时，在管壁表面上呈膜状流动，由于液膜较薄，传热阻力小，蒸发面积大，可使溶液在单程流过加热管后能达到浓缩要求。这类蒸发器传热效率高、蒸发速度快、溶液在蒸发器内停留时间短、器内存液量少，因此特别适用于热敏性溶液的浓缩。

因这类蒸发器加热管内的液体呈膜状流动，故又称膜式蒸发器，根据溶液在管内的流动方向和成膜原因，膜式蒸发器可分为下列几种形式。

1. 升膜式蒸发器

升膜式蒸发器如图 11-12 所示。升膜式蒸发器加热室由垂直的长管组成。一般长为 3～10m，直径为 25～50mm，加热管的长径之比为 100～300。溶液经预热从加热管底部通入管内，加热蒸汽走管外。加热管中的溶液受热后迅速沸腾汽化，产生的二次蒸汽在管内高速上升，溶液被拉成环状薄膜分布在管的内壁，在上升过程中不断被蒸发浓缩，气液混合物进入分离室，经分离后完成液由分离室底部排出。

升膜式蒸发器在设计和操作时，尽可能使溶液在加热管内呈环形流动，为此除尽量缩小预热段外（可采用沸点进料），还应控制适宜的汽速才能达到良好操作的目的。在常压下加热管内上升的二次蒸汽的速度，应控制为 20～50m/s，在减压下的速度要达 100～160m/s，甚至更高。

升膜式蒸发器适用于稀溶液、热敏性及易生泡沫的溶液。不适用于处理黏度大于 0.05Pa·s、易结晶、易结垢的溶液。

2. 降膜式蒸发器

图 11-13 所示为降膜式蒸发器。降膜式蒸发器的结构与升膜式蒸发器大致相同，溶液自

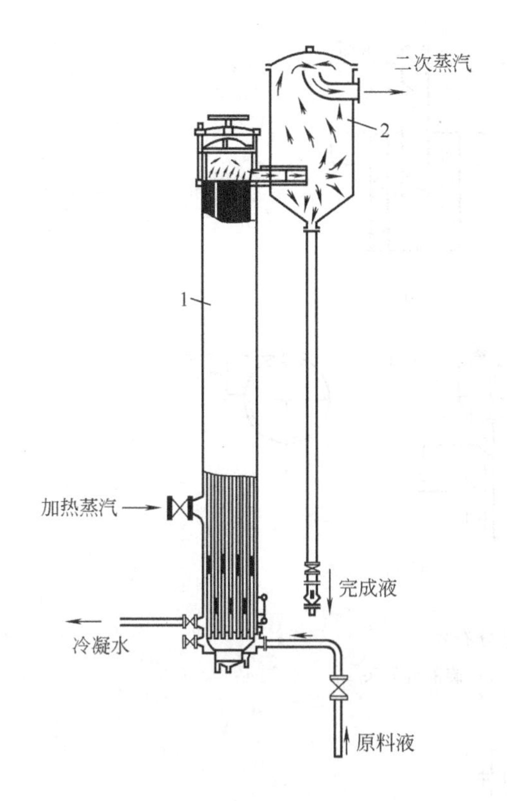

图 11-12　升膜式蒸发器

1—蒸发器；2—分离室

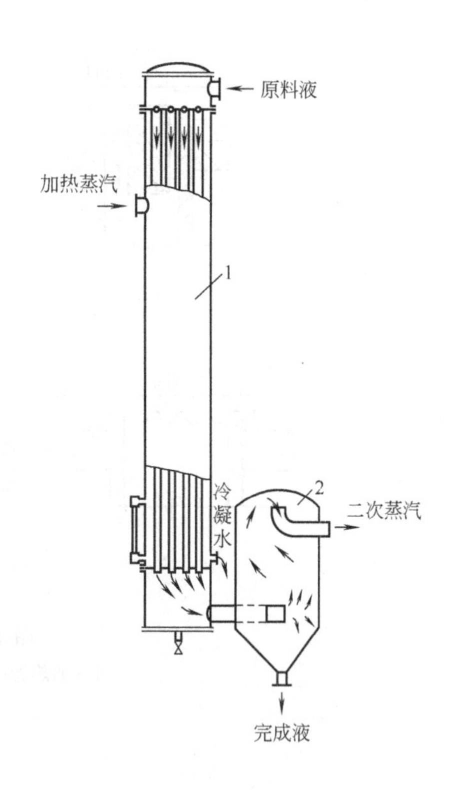

图 11-13　降膜式蒸发器

1—蒸发室；2—分离室

蒸发器顶部加入，经液体分布装置使溶液均匀地流入加热管中，受加热沸腾，在重力和二次蒸汽的共同作用下沿壁面呈膜状向下流动，在下降过程中被蒸发浓缩，汽液混合物由加热管底部进入分离室，经汽液分离后即得完成液，完成液从分离室底部排出。

溶液的自重有利于液膜向下流动，故降膜式蒸发器可用于黏度较大的溶液浓缩（升膜式蒸发器则不宜）。

为保证溶液在加热管内壁形成均匀的薄膜，且能阻止二次蒸汽从管内上方排出，因此，要求加热管进口处必须安装液体分布器。常用的液体分布器，如图 11-14 所示。

图 11-14（a）所示为有螺旋沟槽的圆柱体导流器：液体沿着沟槽旋转流下均匀分布在管壁上。图 11-14（b）所示为无沟槽导流器：无沟槽导流器下部圆锥体的底部向内凹进，可防止向下流的液体聚集在管中央。图 11-14（c）所示为管端齿缝状导流器：液体从齿缝沿壁流下，均匀成膜。强制降膜蒸发器使用图 11-14（d）所示的旋液式分布器，溶液经泵加压后进入分布器，沿切线方向进入加热管内产生旋流，有助于液膜的形成。

物料在降膜式蒸发器中的停留时间很短，可用于蒸发热敏性的物料及黏度在 0.05～0.45Pa·s、浓度较高的溶液。但不适宜处理易结晶或易结垢的溶液。

3. 升-降膜式蒸发器

将升膜式蒸发器与降膜式蒸发器装置在一个外壳内，即构成升-降膜式蒸发器，如图 11-15 所示，原溶液经预热达到沸点或接近沸点先经升膜式蒸发器上升，产生的气液混合物在蒸发器顶部折流向下进入降膜式蒸发器，最后进入分离器中分离，完成液从分离器底部排出。

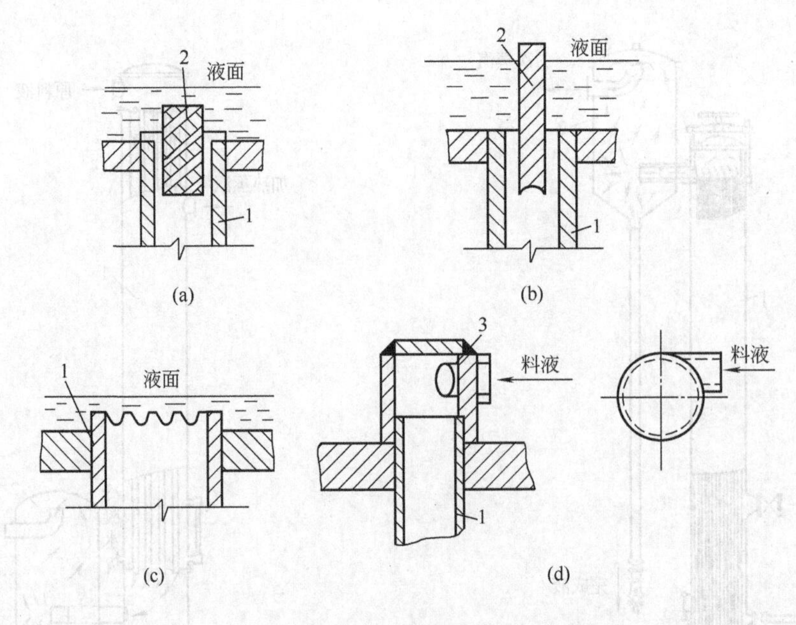

图 11-14　液体分布器

1—加热管；2—导流管；3—旋液分配头

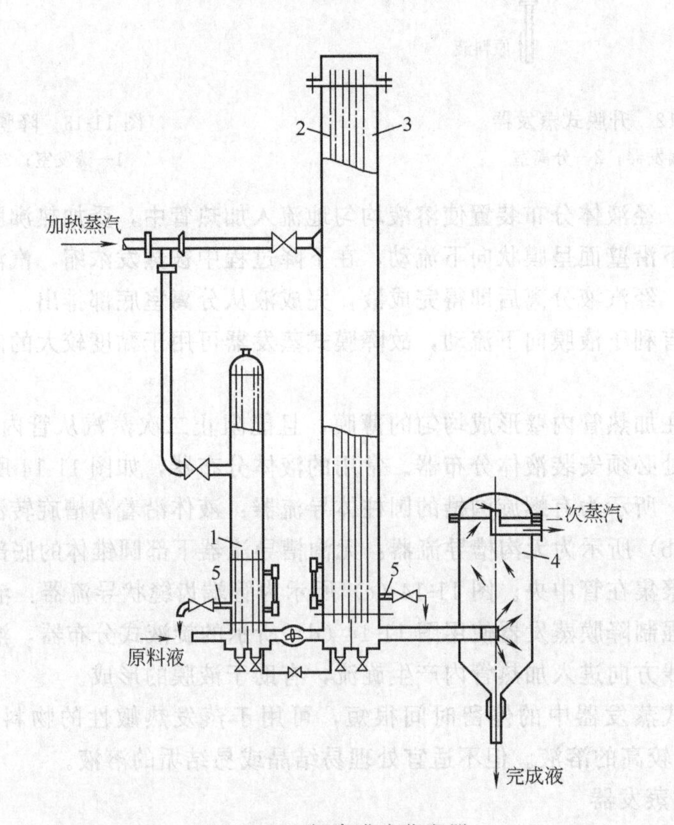

图 11-15　升-降膜式蒸发器

1—预热器；2—升膜加热器；3—降膜加热器；4—分离室；5—加热蒸汽冷凝液排出口

该蒸发器用于在浓缩过程黏度变化不大的溶液，或厂房高度有一定限制的场合。

4. 旋转刮板型蒸发器

旋转刮板型蒸发器是利用机械驱动的刮板使溶液成膜的单程蒸发器。其结构如图 11-16 所示，该蒸发器的加热管为一直立圆管，圆管的中、下部有两个加热夹套可通入蒸汽加热，圆管中心的转轴经传动装置由电机驱动，轴上装有刮板，刮板外缘与圆管内壁的间隙约为 0.8～2.5mm，有时刮板上装有挠性部件，紧贴液膜表面，使液膜薄而均匀。

操作时，原溶液由蒸发器顶部沿切线方向进入器内，或经固定在轴上的料液分配盘，将料液均匀布洒到圆管内壁上，在离心力、重力以及刮板刮带下，溶液在加热管内壁上形成液膜并旋转下降，同时进行蒸发浓缩，二次蒸气由顶部排出，完成液由底部排出。

这种蒸发器内的料液被刮板带动旋转，因而具有较高的传热系数，料液的停留时间短。所以，特别适用于高黏度、易结晶、易结垢或热敏性溶液的蒸发。

其缺点是结构复杂、制作与安装要求高、动力消耗较大，且加热面积不大，最大不超过 $40m^2$。

5. 离心薄膜蒸发器

离心薄膜蒸发器的结构原理如图 11-17 所示。离心薄膜蒸发器的加热器为一随空心转轴旋转并具有中空腔体的锥形盘，操作时加热蒸汽从底部进入蒸发器，由边缘小孔进入锥形盘内，释放热量后变成的冷凝水在离心力的作用下经边缘小孔流出。溶液由蒸发器顶部进入，经分配管均匀喷至锥形盘蒸发面上，在离心力作用下溶液迅速由中心向外分散至整个加热面上，形成很薄的液膜从而进行快速蒸发浓缩，完成液被甩至盘外边缘，经汇集后向上通过出料管（完成液出口）而排出。二次蒸气在离心力作用下和溶液分离后，从蒸发器中部引至二

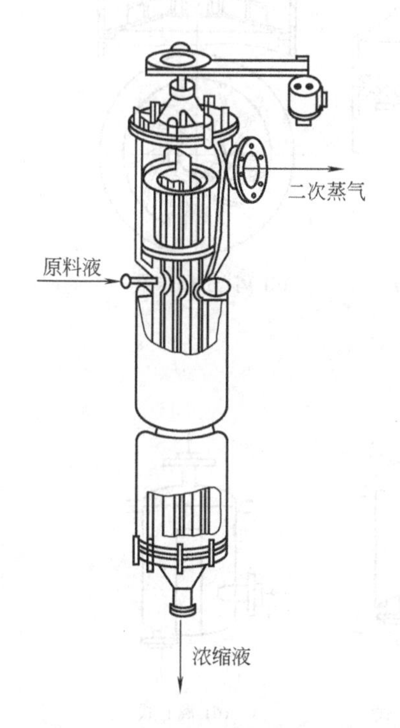

图 11-16　旋转刮板型蒸发器

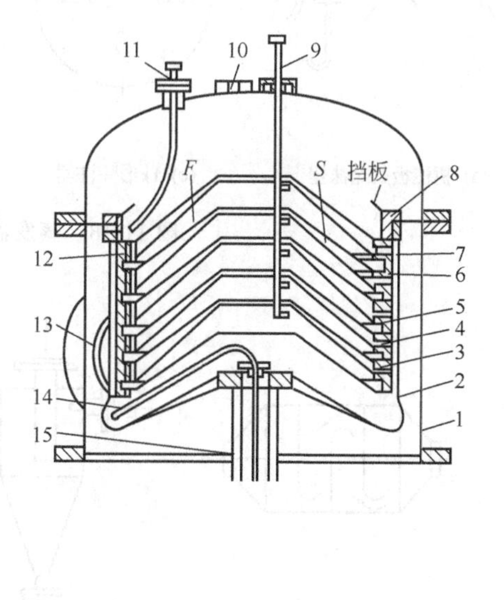

图 11-17　离心薄膜蒸发器

1—外壳；2—转鼓；3—密封圈；4—加热蒸汽通道；5—套环；6—下碟片；7—上碟片；8—加紧环；9—进料管及喷嘴；10—视镜；11—完成液出口；12—套环垂直通道；13—二次蒸气排出管；14—冷凝水排出管；15—空心转轴

次蒸气出口排出。

离心薄膜发器具有离心分离和薄膜蒸发的双重优点，设备体积小，传热系数大，浓缩比高，受热时间短（仅约 1s），适宜于热敏性物料的蒸发。

三、蒸发器的辅助设备

蒸发器的辅助设备主要有除沫器和冷凝器等。

（一）除沫器

蒸发时，为了分离二次蒸气夹带的液滴，减小产品的损失、防止污染冷凝液和阻塞管路，需在蒸气出口设置除沫装置。常用的除沫器有两类：直接安装在蒸发器内部的除沫器和安装在蒸发器外部的除沫器。

安装在蒸发器内部的除沫器如图 11-18 所示，其中（a）和（b）是碰撞型除沫器，当液滴或雾沫由于惯性碰撞到挡板上时被捕集；（c）为丝网除沫器，当二次蒸气夹带着液滴通过时，被截留在丝网上，该除沫器效率高；（d）为离心式除沫器，利用离心力的作用将雾沫与二次蒸气分离。图 11-19 中的除沫器均是安装在蒸发器外部的，其中（a）为折流式（隔板式）除沫器，（b）、（c）和（d）为离心式除沫器。

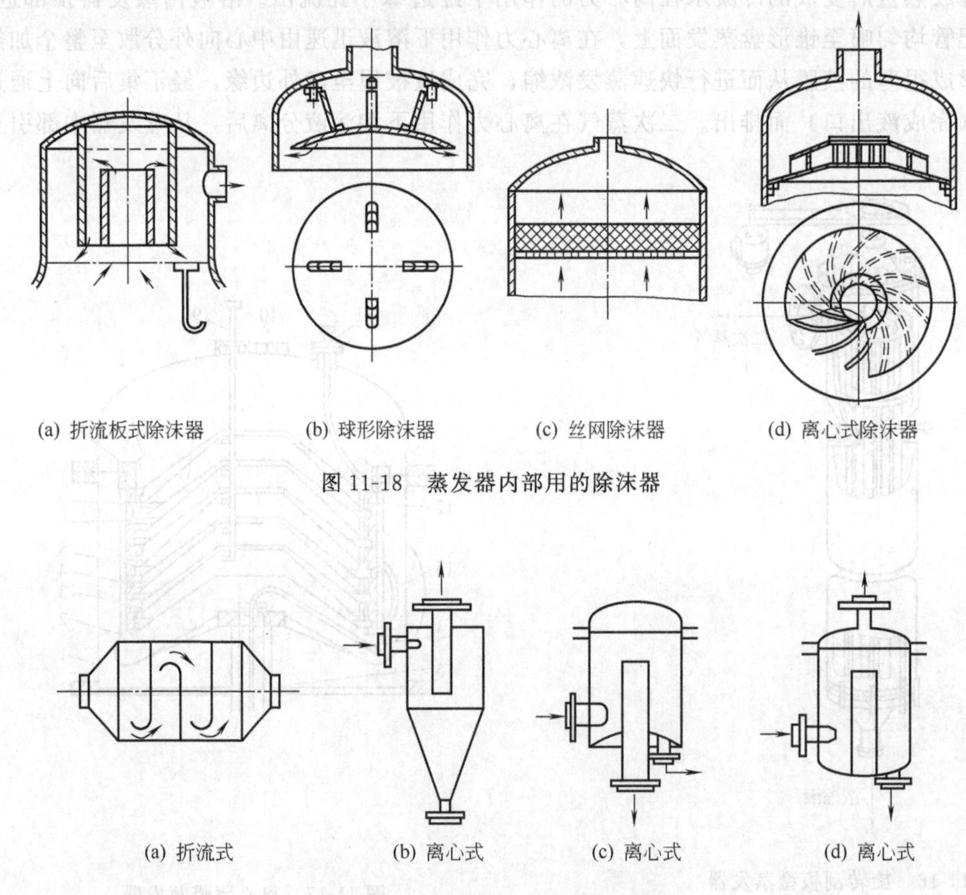

(a) 折流板式除沫器　(b) 球形除沫器　(c) 丝网除沫器　(d) 离心式除沫器

图 11-18　蒸发器内部用的除沫器

(a) 折流式　(b) 离心式　(c) 离心式　(d) 离心式

图 11-19　蒸发器外部用的除沫器

（二）冷凝器

在真空浓缩或需要回收溶剂时都需要冷凝器，它的作用是将二次蒸气冷凝成液体。若冷凝液需要回收，可采用间壁式冷凝器。若二次蒸气为水蒸气（即二次蒸汽），可采用直接混合式冷凝器，这种冷凝器在蒸发过程中广泛应用。直接混合式冷凝器是直接用冷水与二次蒸汽混合而冷凝的，根据冷凝水与不凝性气体的排出方式，可分为逆流高位冷凝器和并流低位冷凝器。

逆流高位冷凝器如图 11-20 所示。冷却水从上部进入，从上往下流过淋水板，二次蒸汽自下而上，与冷水逆流接触，蒸汽冷凝成水后与冷却水一起从气压管（亦称大气腿）的下部排出。不凝性气体由分离器顶部用真空泵抽出。这种冷凝器处于负压下操作，所以大气腿需有足够的高度（一般大于 10m），才能使大气腿中的冷凝水借助于重力作用从下方排出，水池才能起水封的作用。

并流低位冷凝器如图 11-21 所示。二次蒸汽由冷凝器顶部进入，冷却水经喷头向上淋洒与蒸汽接触并使之冷凝，蒸汽与冷却水均向下流动，最后蒸汽冷凝水、冷却水和不凝性气体用同一个泵从冷凝器下部抽出。

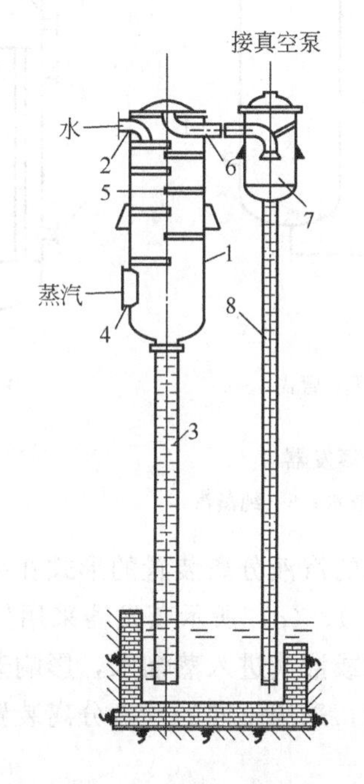

图 11-20　逆流高位冷凝器

1—外壳；2—进水口；3，8—气压管；4—蒸汽进口；5—淋水板；6—不凝性气体出口；7—分离器

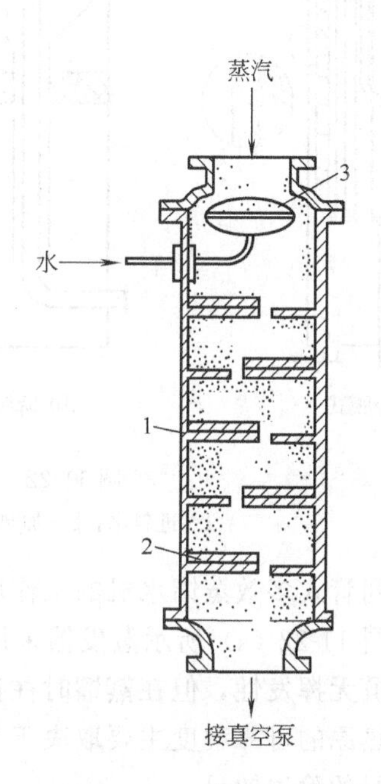

图 11-21　并流低位冷凝器

1—外壳；2—淋水板；3—喷头

蒸发操作如在减压下进行，不凝性气体常用水环泵或喷射泵抽除。

第三节　多效蒸馏水机

无菌药剂的配制常用注射用水作为溶剂，水质情况直接影响着药品质量。因此，各国药典对注射用水都有严格规定。多效蒸馏水机生产的注射用水纯度高、无菌、无热原，是目前制备注射用水的主要设备。

常用的多效蒸馏水机有列管式、盘管式和板式 3 种，其中前两种在工业生产上已广泛应用。

一、列管式多效蒸馏水机

列管式多效蒸馏水机是采用多效蒸发的原理制取蒸馏水的设备。按结构可分为降膜式蒸发器、外循环长管蒸发器和内循环短管蒸发器，如图 11-22 所示。

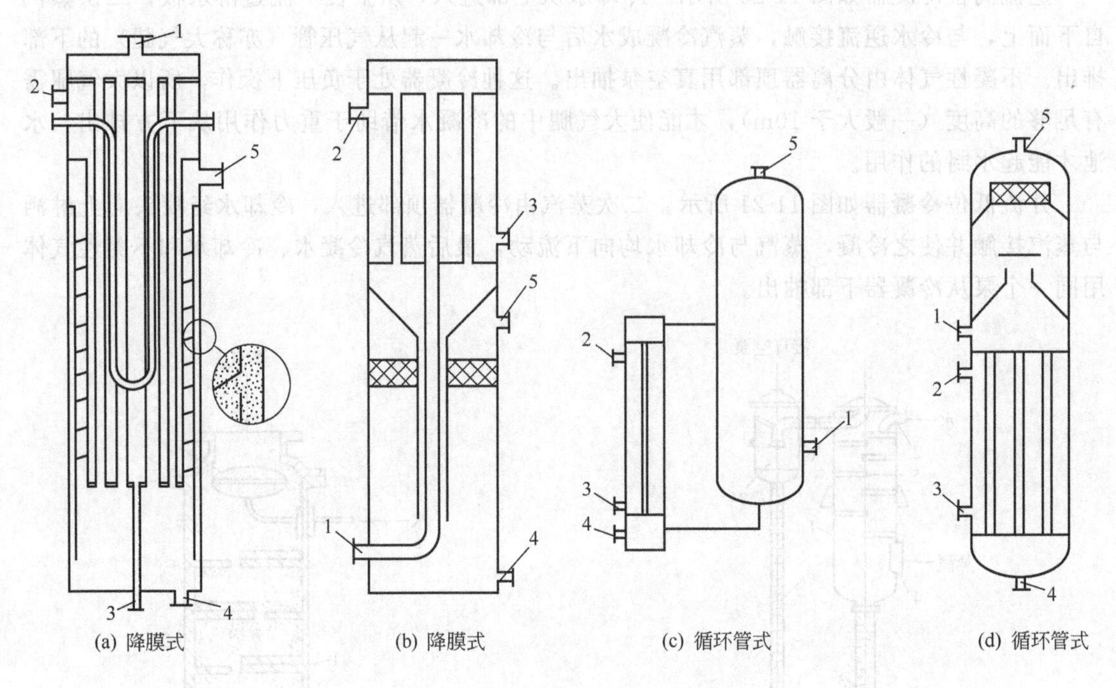

图 11-22　列管式多效蒸馏水机的蒸发器

1—进料水；2—加热蒸汽；3—冷凝水；4—排放水；5—纯蒸汽

各种列管式多效蒸馏水机的工作原理相同，但其配置的汽液分离装置的形式在结构上有所不同，图 11-22（a）所示蒸发器采用螺旋板式，（b）、（c）、（d）所示蒸发器采用丝网式。

热原虽无挥发性，但在蒸馏时往往可随水蒸气以雾沫或液滴进入蒸馏水，影响蒸馏水的质量。除热原的可靠程度主要取决于气液分离装置的结构，采用不同的气液分离装置将直接影响到热原的除去效果。

螺旋板式除沫器的分离效果较好。其原理是利用液滴和蒸汽粒子的质量比相差若干几何级数，带有液滴的湿蒸汽进入分离器中高速旋转时，液滴受到较大的离心力作用，被抛到器壁上，通过容器上的孔隙流下而除去，以此完成蒸汽中可能含有热原的液原的分离。

丝网式除沫器是借于惯性分离的原理除去液滴的。当以一定速度上升的湿蒸汽穿过丝网时，液滴受惯性作用、过滤作用和沉降作用而凝集，从而得到分离。

螺旋板式除沫器始终保持了纯蒸汽通道的干燥状态，因而不易滋生微生物。而丝网式除沫器始终处于潮湿状态，易滋生微生物，特别是停车期间，所以丝网式除沫器应定期清洗，每次开车时，初期的蒸馏水必须弃去。

图 11-22（a）所示为我国采用较多的列管式多效蒸馏水机的结构，其内部为传热管束与管板、壳体组成的降膜式列管蒸发器，工作时生成的蒸汽自下部排出，在沿内胆与分离筒间的螺旋叶片旋转向上运动，蒸汽中夹带的液滴被分离，在分离筒内壁形成水层，经疏水环流至分离筒与外壳构成的疏水通道，向下汇集于器底，蒸汽继续上升至分离筒顶端，从蒸汽出口排出。蒸发器内有一发夹形换热器，用以预热加料水。图 11-22（b）所示也是降膜式蒸

发器，以丝网作为分离装置，置于下部。图 11-22（c）和图 11-22（d）所示分别是外循环长管蒸发器和内循环短管蒸发器，丝网除沫器装置在蒸发器的上部。

（一）四效蒸馏水机

图 11-23 所示为四效蒸馏水机流程，该蒸馏水机由四个蒸发器单体组成，内置发夹形换热器，采用降膜蒸发、螺旋板式汽水分离。进料水经冷凝器 5，并依次经各蒸发器内的发夹形换热器，最终被加热至 142℃进入蒸发器 1，外来的蒸汽（165℃）进入管间，将进料水蒸发，蒸汽冷凝后排出。进料水在蒸发器内约有 30％被蒸发，其生成的纯蒸汽（141℃）作为热源进入蒸发器 2 内，其余进料水也进入蒸发器 2（131℃）。

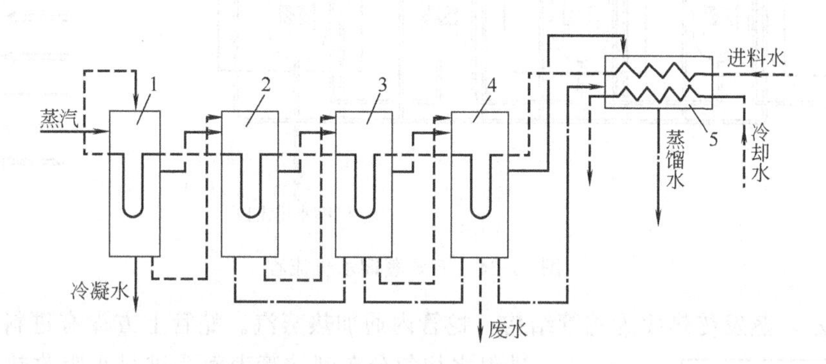

图 11-23　降膜四效蒸馏水机流程

1～4—蒸发器；5—冷凝器

在蒸发器 2 内，进料水再次被蒸发，所产生的纯蒸汽（130℃）作为热源进入蒸发器 3，而来自第一效的纯蒸汽全部冷凝为蒸馏水，为了利用显热，蒸馏水被导入下一个蒸发器。蒸发器 3 和蒸发器 4 均以同一原理依此类推。最后从蒸发器 4 出来的蒸馏水及二次蒸汽全部被引入冷凝器，被进料水和冷却水所冷凝、冷却。进料水经蒸发后，所聚集的含有杂质的浓缩水从最后蒸发器底部排出。另外，冷凝器顶部也排出不凝性气体。蒸馏水出口温度为 97～99℃。

该四效蒸馏水机工艺过程也可简单表示如下。

水的预热和进料：去离子水→冷凝器→四效发夹形换热器→三效发夹形换热器→二效发夹形换热器→一效发夹形换热器→一效列管→二效列管→三效列管→四效列管→废水放掉。

加热蒸汽的流程：锅炉→饱和水蒸气→一效列管间→排出器外。

纯蒸汽的流程：一效→二效→三效→四效→冷凝器。

蒸馏水流程：二效→三效→四效→冷凝器冷却→蒸馏水贮罐。

（二）五效蒸馏水机

图 11-24 所示为五效蒸馏水机流程。该机由五个预热器、五个蒸发器和一个冷凝器组成。该多效蒸馏水机的预热器外置，呈独立工作状态，各蒸发器间水平串联，每个蒸发器均采用列管式降膜蒸发，二次蒸汽夹带的雾沫和液滴通过丝网除沫器进行分离。除一效蒸发器利用外来蒸汽加热外，其余各效均利用相邻前效的纯蒸汽为热源，五效的纯蒸汽及各预热器、蒸发器产生的蒸馏水都送入冷凝器内冷凝、冷却，同时将进料水预热。

二、盘管式多效蒸馏水机

盘管式多效蒸馏水机系采用盘管式多效蒸发原理制取蒸馏水的设备。因各效垂直串接排列，又称为塔式多效蒸馏水机。此种蒸发器属于蛇管式降膜蒸发器，其蒸发器单体和原理如

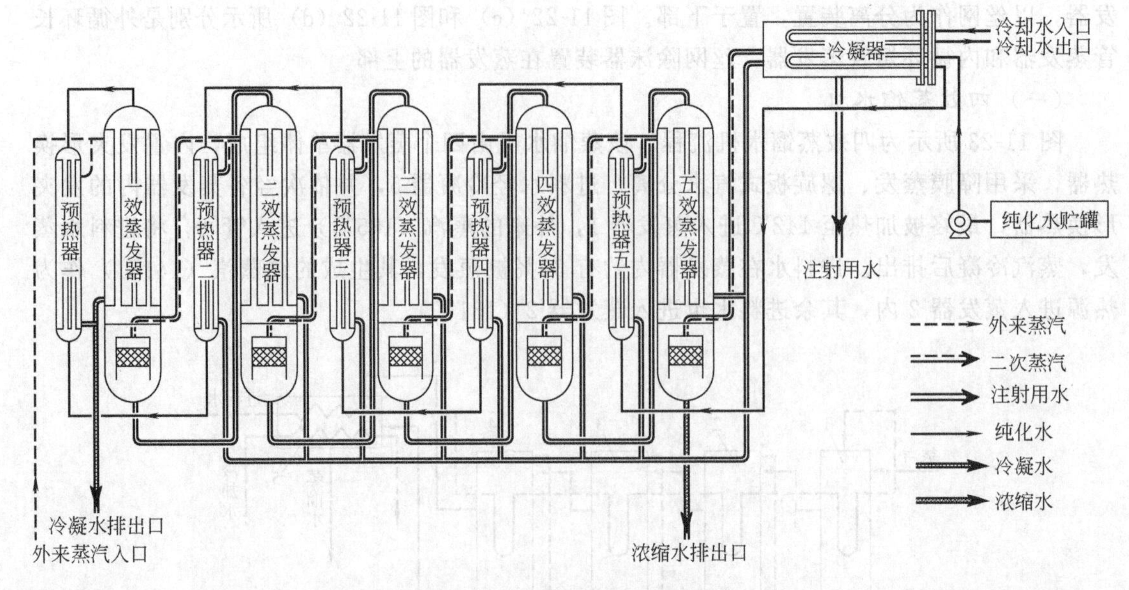

图 11-24　五效蒸馏水机流程

图 11-25 所示，蒸发传热面为蛇管结构，蛇管内通加热蒸汽。蛇管上方设有进料分布器，将进料水均匀分布到蛇管表面，进料水吸收热量后部分蒸发，产生的蒸汽经丝网除沫器分出雾滴后，由导管送入下一效作为该效的热源。未被蒸发的水由底部节流孔流入下一效的分布器，继续蒸发。盘管式降膜多效蒸馏水机一般为 3～5 效。

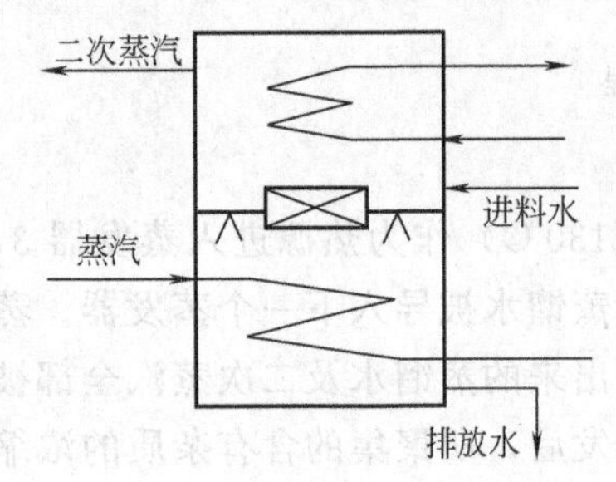

图 11-25　蛇管降膜蒸发器原理

图 11-26 所示为 TD-200 型三效蒸馏水机流程。进料水经泵升压后，先进冷凝器预热，再经第二效、第一效预热器预热后，进入第一效的分布器，喷淋到蛇管外

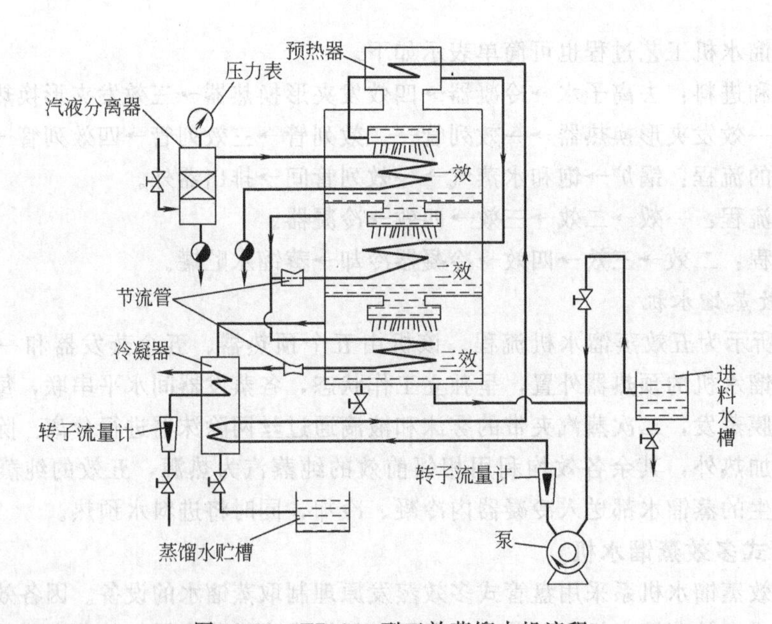

图 11-26　TD-200 型三效蒸馏水机流程

表面，部分水被蒸发，二次蒸汽经丝网除沫后进入第二效作为热源，未被蒸发的水流入第二效的分布器。以此原理顺次流入第三效，第三效底部排出少量的浓缩水，大部分水被泵抽吸而循环使用。

用多效蒸馏水机制备蒸馏水，能有效地除去细菌、热原，操作简单方便，高效节能，可大大降低加热蒸汽和冷却水的消耗，水质稳定可靠，各项指标均可达到药典要求，是制备注射用水的理想设备。

第十二章 干燥设备

第一节 概 述

一、干燥在制药工业中的应用

干燥操作是利用热能除去固体物料中湿分（水分或其他液体）的单元操作。这种操作是采用某种加热方式将热量传递给湿物料，使物料中的湿分汽化而被分离，从而获得含湿分较少的固体干物料。

干燥在药物生产中应用十分广泛，有以下几个方面。

(1) 物料加工方面 几乎所有制剂车间都应用干燥装置，如将干燥后的颗粒直接进行调剂或进一步制成片剂、胶囊剂。

(2) 干燥原料和产品 以减轻重量，缩小体积，便于运输、贮存和计量。

(3) 保证固体物料的质量和化学稳定性 固体物料含水量较高时易发生水解、氧化等化学变化，固体药物制剂则因为湿度过大发生霉变，这些都是药品生产所不允许的。

(4) 有利于粉碎 经干燥后的药物的脆性要比含水分时增加许多，便于粉碎。

由于干燥与药品生产的关系密切，所以干燥的好坏，将直接影响产品的使用、质量和外观等。

二、干燥方法的分类

按照热量传递的方式可将干燥分为以下几种。

(1) 传导干燥 热能以热传导的方式通过金属壁面传给固体湿物料，其热效率较高，约为70％～80％，利于节能。

(2) 对流干燥 利用热空气、烟道气等作为干燥介质将热量以对流传热的方式传递给固体湿物料，并将汽化的水分带走的干燥方法。其热效率约为30％～70％。

(3) 辐射干燥 热能以电磁波的形式由辐射器发射，并为湿物料吸收后转化为热能，使物料中的水分汽化。其干燥效率高，生产强度大；产品均匀洁净；干燥时间短；特别适合于以表面蒸发为主的膜状物质，热效率约为30％。

(4) 介电干燥 湿物料置于高频交变电场中，湿物料中的水分子频繁地变换极性的取向而产生热量。一般接近300MHz的称高频加热；300～3000MHz的称微波加热。介电干燥加热时间短；属于内部加热因而加热均匀性较好；热效率约在50％以上。

(5) 冷冻干燥 将湿物料或溶液在低温下冷结为固态，然后在高真空下供给热量将水分直接由固态升华为气态的脱水干燥过程。

后三种干燥形式用得比较少，通常称为特殊干燥形式。

按照操作压力，干燥还有常压、减压之分。后者适合处理热敏性、易氧化或要求产品含湿量很低的物料，本章主要介绍制药工业中应用较为广泛的对流干燥。

图12-1所示为对流干燥流程示意，空气经预热器加热到一定温度后进入干燥器，当温度较高的热空气与湿物料直接接触时，热能就以对流方式由热空气传给湿物料表面，同时物

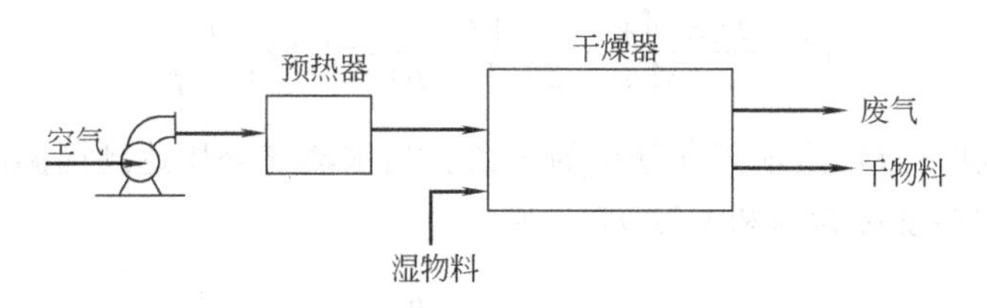

图 12-1　对流干燥流程示意

料表面的湿分升温汽化，并通过表面处的气膜向空气中扩散。而空气温度则沿行程降低，但所含湿分增加，最后由干燥器另一端排出。因此，作为干燥介质的热空气在对流干燥过程中既是载热体又是载湿体。

在对流干燥过程中，干燥介质将热能传到湿物料表面，再由表面传到物料的内部，这是一个传热过程；而物料表面的湿分由于受热汽化，使物料内部和表面之间产生湿度差，因此，物料内部的湿分以液态或气态的形式向表面扩散，然后汽化的湿分再通过物料表面的气膜扩散到气流主体，这是一个传质过程。可见干燥是传热和传质同时进行的过程，二者之间有相互的联系，干燥速率也同时由传热速率和传质速率决定。干燥进行的必要条件是物料表面所产生的水汽（或其他蒸气）压强大于热空气中水汽（或其他蒸气）的分压。二者的压差越大，干燥进行越快。

三、湿空气的性质

在对流干燥中将作为载热体和载湿体的空气叫做湿空气。湿空气由两部分组成，一是干空气，又叫绝干空气；二是水分。湿空气的主要性质如下。

1. 湿空气的压强

湿空气的总压强（P）等于绝干空气的分压（$p_{空}$）加上水蒸气的分压（p），且有

$$\frac{p}{p_{空}}=\frac{p}{P-p}=\frac{n_{水汽}}{n_{空}} \tag{12-1}$$

式中　P——湿空气的总压，kPa；

p——水蒸气分压，kPa；

$p_{空}$——绝干空气分压，kPa；

$n_{水汽}$、$n_{空}$——湿空气中水蒸气、绝干空气的物质的量，kmol。

2. 湿度

湿度表明空气中水汽的含量，又称为湿含量或绝对湿度，其定义为湿空气中单位质量绝干空气所含有的水蒸气的质量，由于分母是绝干空气的质量而不是湿空气的质量，所以称做干基表示法。

$$H=\frac{m_{水汽}}{m_{空}} \tag{12-2}$$

式中　H——空气的湿度，kg 水/kg 绝干空气；

$m_{水汽}$——水蒸气的质量，kg；

$m_{空}$——绝干空气的质量，kg。

由式（12-1）和式（12-2），且相对分子质量 $M_{空}=29$、$M_{水}=18$ 可得

$$H=\frac{n_{水汽}M_{水}}{n_{空}\ M_{空}}=\frac{18p}{29(P-p)}=0.62\frac{p}{P-p} \tag{12-3}$$

显然总压确定后湿度（H）是水蒸气分压的函数。当水蒸气分压达到同温度下水的饱和蒸气压 p_s 时，湿空气的湿度称为饱和湿度 H_s，则

$$H_s=0.62\frac{p_s}{P-p_s} \tag{12-4}$$

3. 相对湿度

在一定温度和总压下，湿空气的水蒸气分压 p 与同温度下水的饱和蒸气压 p_s 之比的百分数，称为相对湿度，以 φ 表示，即

$$\varphi=\frac{p}{p_s}\times 100\% \tag{12-5}$$

显然，当 $\varphi=0$ 时，湿空气是绝干空气；当 $\varphi=100\%$时，表示空气中的水蒸气分压已达到饱和蒸气压，此时的空气已不能再接受水分，即已无吸湿能力，因而不能作为干燥介质。当 φ 值越低，则表示该空气中的水蒸气分压偏离饱和程度越远，吸湿能力越强，则干燥能力越强。所以，空气的湿度仅表示其中水蒸气的绝对含量，而相对湿度才能反映出湿空气的吸水能力，因此，φ 值是衡量湿空气饱和程度的一个参数。

将式（12-5）代入式（12-3）得

$$H=0.62\frac{\varphi p_s}{P-\varphi p_s} \tag{12-6}$$

由于 p_s 是温度的函数，所以相对湿度是温度和湿度的函数：

$$\varphi=f(T,H) \tag{12-7}$$

即同样的湿度之下，温度不同相对湿度也不同；或者调节温度的变化，可使相同湿度的湿空气具有不同的相对湿度，也就具有不同的载湿容量。

4. 干、湿球温度

用一般温度计测得的湿空气的真实温度，称为湿空气的干球温度，简称温度，用 T 表示。

将普通温度计的感温球用纱布包裹，并将纱布下端浸在水中，由于毛细管作用，纱布被水充分润湿，这样形成湿球温度计。将此温度计置于温度为 T，湿度为 H 的湿空气气流中，则此温度计所指示的平衡温度，称为空气的湿球温度 T_w。

如图 12-2 所示，当大量的不饱和空气吹过湿纱布表面时，纱布中的水分不断地汽化而扩散至空气中，因为温度计、纱布与周围空气温度相同，汽化所需热量只能从纱布及温度计自身吸收，湿球温度计温度开始下降。该温度下降形成了与周围空气之间的温度差，就会发生空气向湿球温度计传热，当温度差大到所传递的热量和水分汽化所需的汽化热量相等时，湿纱布中的水温即不再下降而达到稳定，此时的平衡温度即为湿空气的湿球温度。

由以上分析可知，湿球温度受湿空气的 T、H 所控制，当湿空气的 H 越小时，从纱布汽化的水分越多，湿球温度 T_w 也越低，反之，当湿空气已达饱和状态时，湿空气不从纱布带走水分，则湿球温度与干球温度相等。

5. 绝热饱和温度

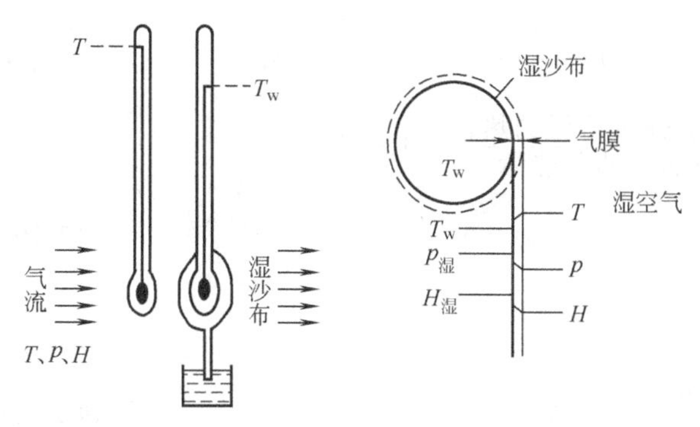

图 12-2　干湿球温度计及测量原理

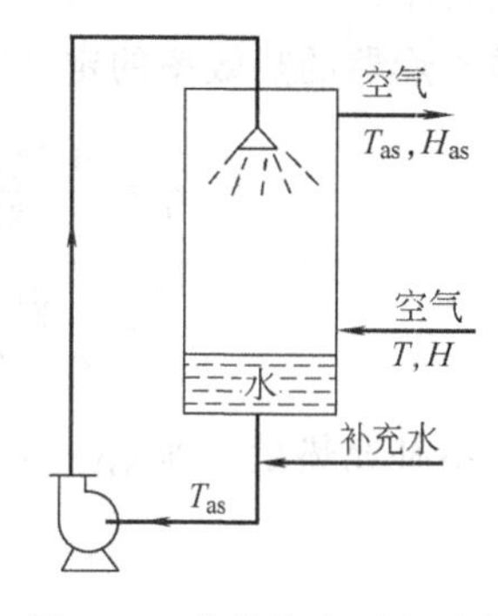

图 12-3　绝热饱和过程示意

如图 12-3 所示，在一个保温良好的绝热系统中，将温度为 T、湿度为 H 的空气与大量的水连续不断地接触，水分不断向空气中汽化，汽化所需潜热只能来自以降低空气的温度所释放的显热；另一方面汽化的水分又将热焓带回了湿空气，因此这是一个绝热增湿过程，又是一个等焓过程。图中绝热容器中空气在离开时已经达到饱和湿度 H_{as}，此时温度降低到最低限度 T_{as} 称为绝热饱和温度。可以得出

$$T_{as}=T-\frac{r_0}{c_{湿}}(H_{as}-H) \tag{12-8}$$

式中，r_0 为初始状态时水的汽化潜热；$c_{湿}$ 为湿空气的比热容。绝热饱和温度 T_{as} 仅仅是湿空气初始状态时的 T 和 H 的函数，因此 T_{as} 也是湿空气的重要性质之一，并且 $T_{as} \approx T_w$。但二者仅是数值上的近似相等，基本概念和意义是截然不同的。

6. 露点

在总压 P、湿度 H 不变的条件下，降低湿空气的干球温度直至湿空气达到饱和，再降低温度则有露珠形成，称此时的温度为露点温度 T_d。

当湿空气温度下降到露点时，其相对湿度 $\varphi=100\%$，由式（12-3）可得

$$p_{露}=\frac{H_{露}P}{0.62+H_{露}} \tag{12-9}$$

式中　$H_{露}$——露点下湿空气的饱和湿度，kg（水）/kg（绝干空气）；

　　$p_{露}$——露点下水的饱和蒸气压，Pa。

露点温度对干燥过程的意义有以下两点。

（1）露点测定法是求取空气湿度的依据。

（2）干燥操作中气体的温度必须高于露点，以防粉状或颗粒状固体物料因增湿而回潮。

表示湿空气性质的三个温度，即干球温度、湿球温度、露点温度之间的关系为：

对于不饱和空气　$T>T_w>T_d$

对于饱和空气　$T=T_w=T_d$

四、干燥器的热效率

干燥中最为重要的是使热量最有效地传给物料，但实际干燥过程中只有一部分热量用于蒸发水分，这部分的热量是有效的，其余部分热量被废气带走。而干燥过程的经济性主要取决于热量的有效利用程度，干燥器的热效率则是衡量干燥操作性能的重要指标之一，热效率越高，热利用程度越好，能源越节约，产品成本越低。所以在干燥器设计中希望能获得尽可

能高的热效率。

通常干燥器的热效率的定义为：

$$\eta=\frac{\text{干燥器中蒸发水分所消耗的热量}}{\text{对干燥系统加入的总热量}}\times 100\%$$

$$=\frac{q_1}{q_P+q_D}\times 100\% \tag{12-10}$$

若干燥器不补充热量，即 $q_D=0$，则上式为

$$\eta=\frac{q_1}{q_P}\times 100\% \tag{12-11}$$

式中 η——干燥器的热效率；

q_1——干燥器内用于汽化物料中水分所消耗的热流速率，kW；

q_P、q_D——预热器、干燥器所需加入的热流速率，kW。

五、对流干燥器的节能

干燥过程热能消耗较大，所以提高热效率，节约能源，降低能耗在生产中是非常重要的，一般可以从以下几方面考虑。

(1) 强化干燥前的预处理，通过离心分离、机械压榨等方法，尽量降低进入干燥器的物料湿含量，而降低热能的消耗。

(2) 采用较低的废气出口温度和较高的湿度，可以提高热效率，但这种方法并不理想。降低废气出口温度的结果必然降低了干燥速率，延长了干燥时间，从而增加了设备体积。同时，废气出口温度不能低于或接近于饱和状态，以免达到露点温度。一般来说，废气出口温度 T_2 约比进入干燥器空气温度 T_1 所对应的绝热饱和温度 T_{as1} 高出 20～30K 为好。

(3) 提高空气的预热温度，可以提高热效率。空气预热温度高，单位质量空气的热量多，干燥过程中所需的空气用量少，废气带走的热量也相应减少。但提高预热温度，必须考虑到热敏性物料不被破坏。

(4) 将废气部分循环，这样可以节省热量和空气用量，但同样降低传热和传质推动力，因而循环量的多少也有适度的问题。

(5) 可采取加强保温措施，不仅可以直接减少热损失，还可减少空气消耗量，提高过程的热效率，从而使所需的热量降低，与传热设备相比，加强干燥设备的保温措施则更为重要。

第二节　干燥速率和干燥时间

在干燥过程中，经常会涉及干燥速率和干燥时间的问题，这是和生产中的经济效益密不可分的。二者不仅取决于空气的性质和操作条件，而且还涉及湿分以气态或液态的形式自物料内部向表面传递的问题。湿分在物料内部的传递速率主要与物料的结构有关，因此用干燥方法从物料中除去湿分的难易程度会因物料结构不同而不同，决定干燥过程特性的关键首先是湿物料的性质。

一、湿物料中所含水分的性质

1. 结合水和非结合水

在干燥操作中，常根据物料中所含水分被除去的难易程度而划分为结合水和非结合水。

根据物料和水分结合的强弱，结合水可分为四种形式：①当固体表面具有吸附性时，其所含的水分因吸附作用而结合于固体中；②当固体物料为多孔性或为粉状、颗粒状时，其水分因受毛细管作用存在于细孔中；③当固体物料为可溶物时，其所含的水以溶液形式存在；④当固体物料为晶体结构时，其中含有一定量的结晶水，结晶水是以化学作用或物理化学作用与物料结合的。

由于结合水的结合力强，其蒸气压低于同温度下的纯水饱和蒸气压，致使干燥过程的传质推动力降低，要用干燥方法脱除比较困难，故这类水分的除去，不属于干燥的范围。例如，中药天麻等韧皮纤维类物料中的结合水存于其组织内部，则不能全靠干燥方法除尽。

当物料中含水量较多时，除少量水与固体结合外，大部分的水是机械地附着于固体表面或颗粒堆积层中的水分等，这类水分称非结合水分。非结合水分与物料的结合力弱，其蒸气压与同温度下的纯水饱和蒸气压相同。因此，在干燥过程中主要除去的是非结合水。

2. 平衡水分和自由水分

根据物料在一定的干燥条件下，物料中的水分能否用干燥方法除去来分，可分为平衡水分和自由水分。简单来说，可用干燥方法除去的水分是自由水分；不能用干燥方法除去的水分是平衡水分。

干燥过程是物料中水分向干燥介质传递的传质过程，只有当物料中水的蒸气压大于空气中水的蒸气分压时，干燥过程才能发生。而物料中水的蒸气压与物料性质、水分含量的多少、物料温度等有关。显然，物料中水分被干燥到所产生的蒸气压刚好等于空气中水蒸气的分压时，二者处于平衡状态，干燥不再进行，此时物料中的水分就是平衡水分。

物料中所含的总水分，为平衡水分与自由水分之和。物料中平衡水分与自由水分的划分不仅与物料的性质有关，而且还受空气的状态影响，对于同一种物料，若空气状态不同，则其平衡水分和自由水分值亦不相同。自由水分包括一部分非结合水，一部分结合水，即在指定条件下能被空气带走的水分。

综上所述，结合水分与非结合水分、平衡水分与自由水分是两种不同角度的划分方法。结合水分与非结合水分只与物料特性有关且与空气状态无关，而平衡水分与自由水分的区别则取决于周围空气的状态。它们之间的相互关系如图 12-4 所示。

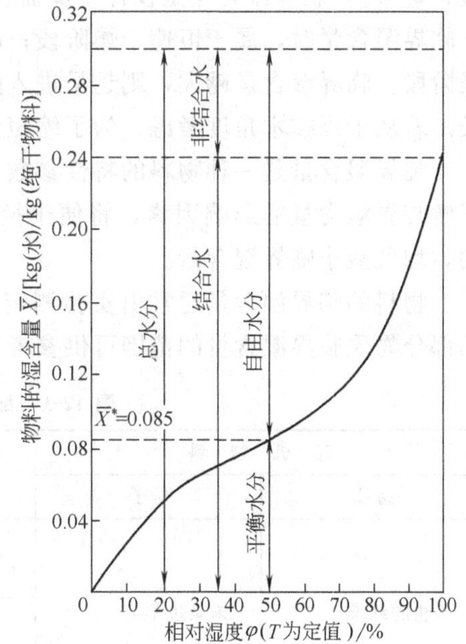

图 12-4　固体物料中水分的相互关系

二、干燥速率曲线

在干燥过程中，计算一批物料所需的干燥时间，确定干燥器尺寸等均涉及干燥速率的求取问题。

干燥速率可以定义为：

$$U=\frac{dm}{A\,d\tau}=-\frac{G_c d\overline{X}}{A\,d\tau} \tag{12-12}$$

式中　U——干燥速率，kg（水）/(m^2·h)；

A——干燥面积，m^2；

τ——干燥时间，h；

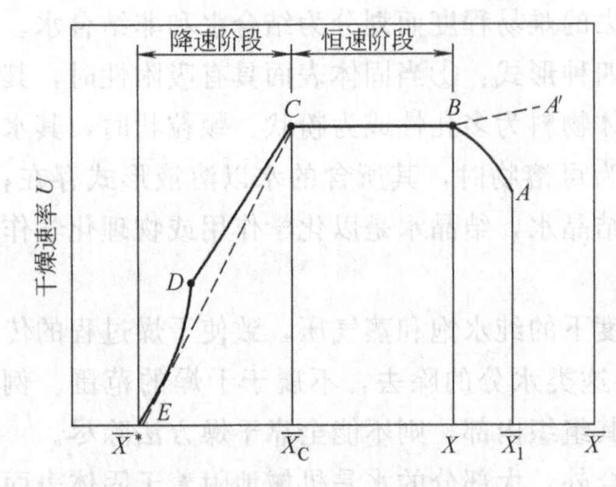

图 12-5　恒定条件下的干燥速率曲线

m——固体物料被汽化的水分量，kg；

G_c——绝干物料量，kg；

$\overline{X}$——物料湿含量，kg（水）/kg（绝干物料）。

将不同干燥阶段的干燥速率 U 对物料的湿含量 $\overline{X}$ 作曲线，可得如图 12-5 所示的干燥速率曲线。

通过对以上曲线分析可知，整个干燥过程可分为预热、恒速干燥与降速干燥三个阶段，三个阶段各有各的特点。

（1）预热阶段　即图 12-5 中所示的 AB 阶段，因湿物料进入干燥器的温度一般低于空气的湿球温度，所以有一个时间很短的预热阶段。在此阶段，热空气的部分热量用于升高物料的温度，水分汽化量较小。

（2）恒速干燥阶段　即图 12-5 中所示的 BC 段。此时整个阶段的干燥速率保持恒定，且为最大值。因为这一阶段主要去除的是非结合水，较为容易，所以干燥速率为整个过程的最大值。并且此阶段内，热空气释放的显热正好满足水分汽化所需的潜热，没有多余的热量来加热湿物料。因此，物料的温度基本等于空气的湿球温度 T_w 而不变。

（3）降速干燥阶段　即图 12-5 中所示的 CDE 阶段。自 C 点以后，干燥速率逐渐下降，且物料温度开始上升。因为此阶段主要去除的是结合水，与恒速阶段相比，去除同量的水分需数倍的干燥时间，故干燥速率下降，物料的湿含量的降低变得愈来愈慢，至 E 点几乎不变，干燥过程到此结束，物料的湿含量等于平衡湿含量 $\overline{X}^*$。并且此阶段空气释放的显热除了供给水分的汽化外，还有过剩的部分用于加热物料，故物料表面温度有所上升。

在图 12-5 中，处于恒速干燥阶段和降速干燥阶段的转折点 C 的湿含量称为物料的临界湿含量 $\overline{X}_C$，临界湿含量是设计干燥器、强化干燥过程的极为重要的参数。当物料含水量大于临界湿含量时，属于恒速干燥阶段；相反，当物料含水量小于临界湿含量时，属于降速干燥阶段。临界湿含量越大，则越早进入降速干燥阶段，使干燥同样的含水量所需干燥时间越长。若从干燥技术角度考虑，为了缩短干燥时间、防止物料变质，临界湿含量应尽可能低。

临界湿含量是一种物料的特性参数，它随物料的性质、厚度及干燥速率的不同而不同。了解临界湿含量的影响因素，将便于控制干燥操作，如减小物料层的厚度，对物料增强搅动，均可减小临界湿含量。

物料的临界湿含量通常由实验测定。若无实验数据时，可查阅有关手册，表 12-1 所列的部分物质临界湿含量的范围可供参考。

表 12-1　部分物质临界湿含量的范围

有机物料		无机物料		临界含水量
特征	例子	特征	例子	水分(干基)/%
很粗的纤维	未染过羊毛	粗核无孔的物料大于 50 目	石英	3～5
		晶体的、粒状的、孔隙较少的物料，颗粒大小为 50～325 目	食盐、海砂、矿石	5～15

续表

有机物料		无机物料		临界含水量
特征	例子	特征	例子	水分(干基)/%
晶体的、粒状的、孔隙较小的物料	麸酸结晶	结晶体有孔物料	硝石、细砂、黏土料、细泥	15～25
粗纤维细粉	粗毛线、醋酸纤维、印刷纸、碳素颜料	细沉淀物,无定形和胶状态的物料,无机颜料	碳酸钙、细陶土、普鲁士蓝	25～50
细纤维,无定形的和均匀状态的压紧物料	淀粉、亚硫酸、纸浆、厚皮革	浆状,有机物的无机盐	碳酸钙、碳酸镁、二氧化钛、硬脂酸钙	50～100
分散的压紧物料,胶体状态和凝胶状态的物料	鞣制皮革、糊墙纸、动物胶	有机物的无机盐,催化剂、吸附剂	硬脂酸锌、四氯化锡、硅胶、氢氧化铝	100～3000

三、影响干燥速率的因素

干燥速率的影响因素主要包括湿物料、干燥介质和干燥设备三大方面，三者又有着相互的联系。下面就一些主要因素加以讨论。

(1) 物料的性质　包括物料的物理结构、化学组成、形状和大小、物料层的厚薄以及与水分的结合方式。这些性质对降速干燥阶段的干燥速率有决定性影响。

(2) 物料本身的温度　温度愈高干燥速率愈大。前已述及，恒速干燥阶段的物料表面温度等于干燥介质的湿球温度，可见物料的温度在此阶段主要与干燥介质的状态有关。对于降速阶段，物料温度的上限是干燥介质的干球温度，温度高了对提高干燥速率有利，但是要注意物料是否有热敏性。

(3) 干燥介质的状态　对流干燥中干燥介质既为载热和载湿体，就必然要求它所处的状态有较大的载热和载湿容量，以及有较大的传热传质推动力，以增加干燥速率和设备的生产能力。另一方面，对某些热敏性物料或者因干燥过快引起物料表面硬结时，应考虑介质的干球温度要低一些。

(4) 干燥介质的流速和流向　流速较大时可以提高恒速干燥阶段的速率，但是增大流速的同时，可能带来气体流量的增加或气体流动阻力的增加，因此要综合考虑。气流方向垂直于固体干燥表面时，干燥速率最大，在选用和设计干燥设备时要考虑。某些连续干燥设备如气流干燥器、喷雾干燥器，还会遇到固体物料与气流二者的并流或逆流流动问题，这将影响到传热、传质推动力，从而影响干燥速率。

(5) 干燥设备的结构　设备的结构对上述因素都有不同程度的影响，不少干燥设备的设计都强调了上述一个或几个方面的影响因素而有其自身的特点，选用干燥器类型时要充分考虑这些因素。

第三节　干燥设备介绍及其选型

制药生产中，根据所采用标准和生产工艺的不同，干燥设备的形式也各不相同，选用干燥设备的基本要求如下。

① 必须满足干燥产品的质量要求，如达到指定干燥程度的含水率，保证产品的强度和不影响外观性状及使用价值等。

② 设备的生产能力高，要求干燥速率快，干燥时间短。

③ 设备热效率高，能量消耗少。

④ 经济性好，辅助设备费用低。

⑤ 操作方便，制造维修容易，操作条件好。

一、厢式干燥器

厢式干燥器是一种常压间歇式干燥设备，一般小型的称为烘箱，大型的称为烘房。如图 12-6（a）所示，干燥器的外壁包以绝热层，干燥室内支架上有许多长方形的料盘，湿物料放于盘中，物料在盘中的堆放厚度为 10～100mm。热空气经厢下入口处送入，与物料并流接触，对物料进行干燥，此种结构称为平行流式干燥器。另有一种穿流式，即将料盘改为金属筛网或多孔板，可供热空气均匀穿流通过料层，湿物料以颗粒状、片状、短纤维状为主。在多数制药生产的干燥操作中，所用的筛网托盘垫以衬纸，使空气掠过物料上面而不穿过物料层，由于衬纸可以经常更换，因此可以节约清理时间，并可防止对产品的污染。

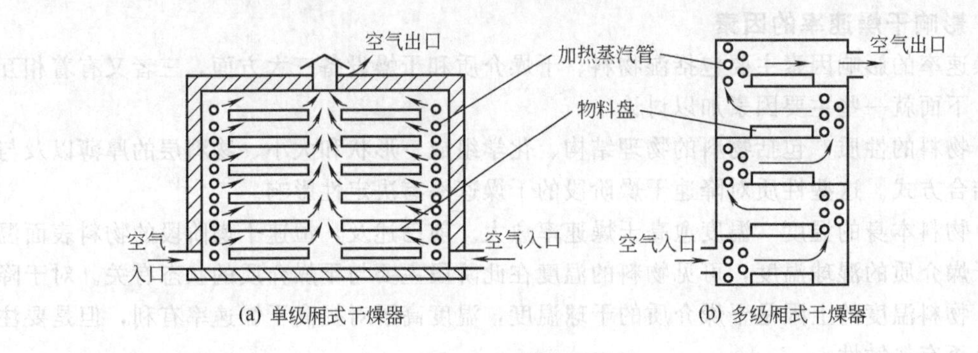

图 12-6　厢式干燥器

厢式干燥器一般为间歇式，也有连续式，将物料放在可移动的小车上或传送网上，其装卸料比较方便。

厢式干燥器的特点：干燥过程中物料处于静止状态，所以物料破损及粉尘少，特别适合于干燥易碎的脆性物料；间歇生产，适合制药生产批量少、品种多的特点；适应性强，同一设备可适用于干燥多种物料；但具有干燥时间长，物料分散不均匀，热效率低等缺点。

为了克服厢式干燥器的缺点，可将单级厢式干燥器改为多级厢式干燥器，如图 12-6（b）所示，空气经一层物料后，中间再加热一次，使得每层的温度可更为接近。也可在关键部位装上风扇、加热管和可调的百叶窗，以利于消除热空气和温度的不均匀和加热死角。

厢式干燥器在制药生产中应用较为广泛，适用于干燥末期易产生粉尘的糊状、粉粒状物料，特别适合于小规模的生产。

厢式干燥器也可在减压下操作，操作时用真空泵抽出由物料中蒸出的水汽或其他蒸气，它适合于处理热敏性、易氧化、易燃烧的物料。

二、气流干燥器

气流干燥器是一种气流输送式干燥器。利用热空气在管内流动来输送颗粒状固体，同时进行干燥的方法称为气流干燥。它是将泥状、颗粒状或块状的湿物料，用热空气分散并悬浮于气流中，一边随气流并流输送，一边进行干燥。干燥方式按照风机的安装位置在干燥器之前或之后可分为正压或负压操作。

气流干燥器的种类很多，在制药生产中应用的有直管式、短管式和旋风气流干燥器。如

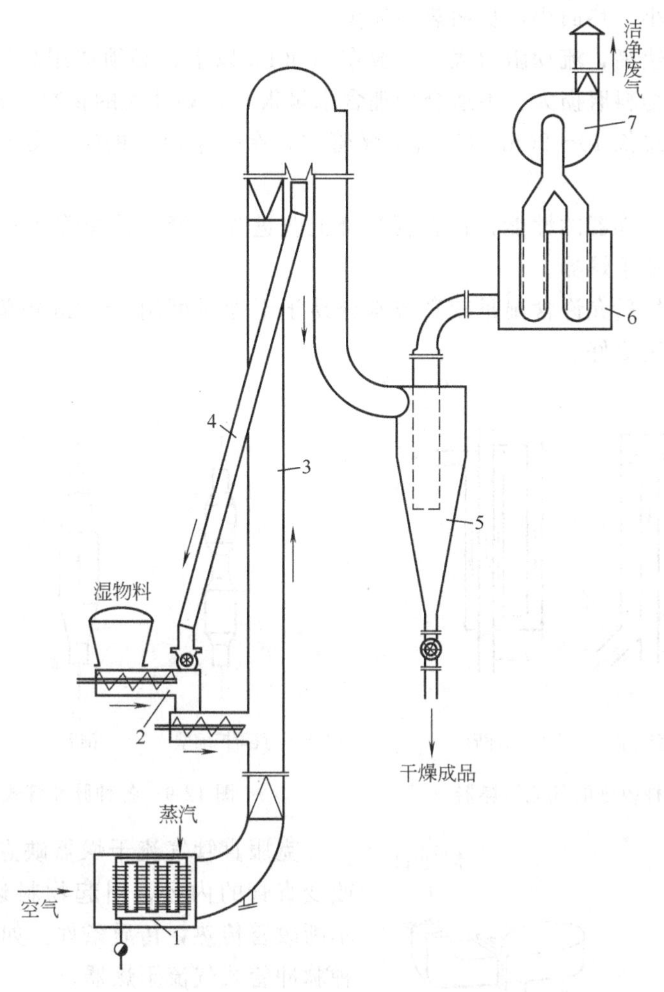

图 12-7 直管式气流干燥器

1—预热器；2—加料器；3—干燥管；4—回流管；5—旋风分离器；6—袋滤器；7—风机

图 12-7 所示，为一直管式气流干燥器，空气由风机吸入，经预热器预热，然后进入干燥管底部，物料由料斗连续加入干燥管中，气-固呈并流流动，利用热空气与物料之间的高速运动，使固体颗粒分散并悬浮于气流中。热空气与物料间进行传热和传质，使物料得以干燥，并随气流进入旋风分离器后，产品由底部收集，废气经风机放空。

此类气流干燥器是应用最早，也是目前使用最广泛的一种。其特点有以下几点。

（1）颗粒在气流中高度分散　气固两相间有较大的传热和传质面积，呈悬浮状的物料与气体之间的相对速度高，传热系数大。

（2）气固两相为并流操作　进口处由于物料处于恒速干燥阶段，表面温度接近于空气的湿球温度而几乎不变，所以可采用很高的空气进口温度，最高可达 400～600℃，此时物料表面的温度也只有 60～65℃，干燥后产品的温度也不会超过 70～90℃。

（3）干燥时间极短　从加料到旋风分离器排出的时间仅为 0.5～2s，因此适合于热敏性物料的干燥。

（4）结构简单，生产能力大　很小的干燥管体积就有很大的干燥能力，如直径 0.7m，高 10～15m 的直管，可具有的生产能力是 2.5×10^4 kg 煤/h 或 1.5×10^4 kg 硫酸铵/h。

(5) 设备体积小散热面小，从而热损失少。

(6) 缺点是气速高，流动阻力大，一般在3000Pa以上，必须选用高压或中压离心式风机，动力消耗大；物料磨损大；不适合处理含水量很高，黏性大的物料。其最大的缺陷是干燥管长度过高。在总长10～20m的气流干燥管中，有一半以上的管子处于传热传质速率很低的状态中。

为了改进气流干燥器的性能，在直管基础上改进为短管、脉冲管或套管，如图12-8所示为各种改进的气流干燥器。

当某些物料干燥后允许含湿量较高或水分易于干燥时可用4～6m短管，不仅不会影响干燥效果，有时甚至更好。

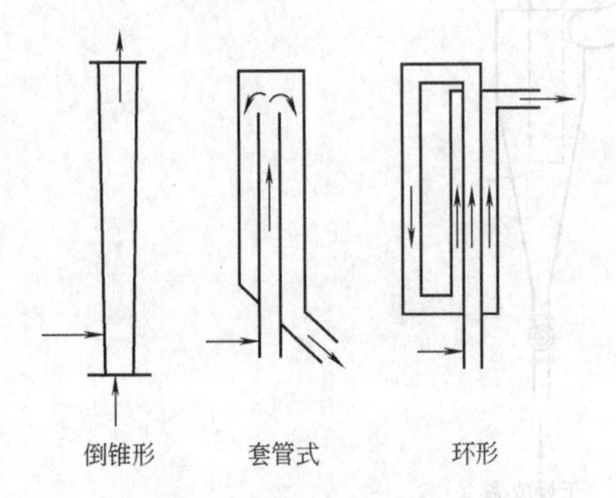

图12-8 各种改进的气流干燥器

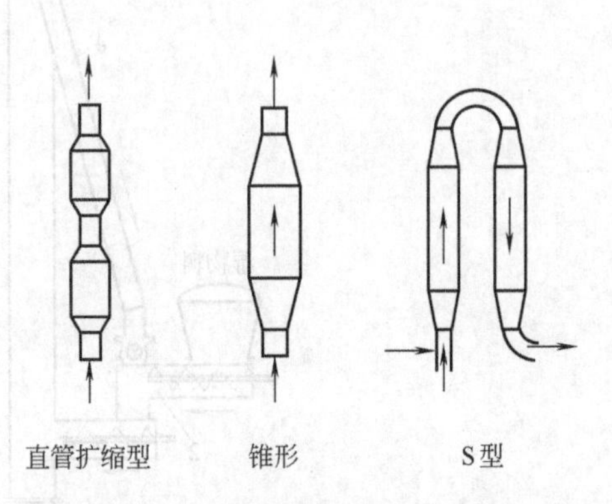

图12-9 各种脉冲管式气流干燥器

克服直管气流干燥器缺点的方法之一就是改变直管的内径，引起物料运动速度的变化，不断改善传热，传质条件。如图12-9所示的各种脉冲管式气流干燥器。

气流干燥器适用于粉状和颗粒状物料的干燥，对于块状物料可选用粉碎机与干燥器联用的流程，适用于以非结合水为主的湿物料，对结合水要干燥到2%～3%以下是困难的。对于因颗粒间、颗粒与管壁间的碰撞易于破坏晶体外形和光泽或易于黏附结壁的物料一般不宜使用气流干燥器。此类干燥器在制药工业中应用较广。

三、沸腾床干燥器

沸腾干燥又称流化干燥，这是流态化技术在干燥过程中的应用。此种干燥技术在制药生产中发展较快，特别为GMP规范创造良好的环境条件。

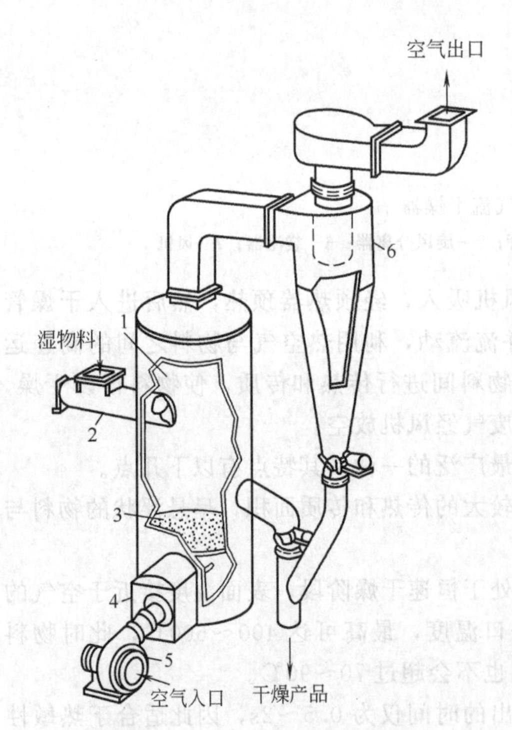

图12-10 单层立式沸腾床干燥器
1—沸腾室；2—进料器；3—分布板；4—加料器；5—风机；6—旋风分离器

如图12-10所示，先将颗粒状的湿物料加入到多孔分布板上，热空气由多孔分布板的下部送入，其速度控制在大于固体颗粒的沉降速度而小于气流带出的速度之间。当气速较低时，颗粒层静止不动，床层高度不变，此为固定床。当气速增大时，颗粒开始松动，床层略有增高。气速继续增大，颗粒将向上浮动，并部分悬浮于气流中。由此形成的气固混合物在床内呈流化状态，称为流化床或沸腾床。

在制药生产中，常用的沸腾床干燥器有立式和卧式。图12-10所示为单层立式沸腾床干燥器。流化所需空气由风机送入，热空气从多孔分布板下部通入，通过湿物料向上流动。调节空气流量使气速稳定在适宜范围内，为防止细颗粒被带走，在干燥室顶部装有旋风分离器，干燥后的产品从干燥室旁卸料口排出。

单层沸腾床干燥器可能引起物料的返混和短路，使颗粒在干燥器中的停留时间不同，造成物料不能均匀地进行干燥，可采用卧式多室沸腾床干燥器。

此类干燥器内用垂直挡板分隔成多室（一般为4～8室），挡板下端与多孔板之间留有足够的距离，使物料能逐室通过，至最后卸料口排出。热空气分别通入各室，因此各室的空气温度、湿度和流量均可调节。这种形式的干燥操作可使每个室内的干燥速率达到最大，且不降低效率或不破坏热敏性物料。此类干燥器具有如下特点。

(1) 颗粒与热空气之间在湍流状态下进行充分混合和分散，传热、传质系数及相应表面积均较大，所以生产能力大。

(2) 气固高度混合，颗粒呈沸腾状态，使整个床内温度均匀，不致发生局部过热，保证了产品的均一性。

(3) 物料质点的停留时间一般在数分钟至数小时之间，对热敏性物料采用沸腾干燥应谨慎。

(4) 结构简单，活动部分少，操作维修方便。

(5) 缺点是对被处理的物料的含水量、形状和粒径有一定的限制，对易结块和含水量高的物料易发生堵塞和黏壁现象。此外，干燥过程中易发生摩擦，对脆性物料易产生过多的细粉。

沸腾干燥特别适合于处理湿性粉粒状且不易结块的物料，如片剂和冲剂颗粒的干燥。

四、喷雾干燥器

喷雾干燥是将液体物料在热空气中雾化成细小液滴并将其蒸发、干燥成固体粉末的操作过程，集蒸发、结晶、干燥三个过程于同一设备中进行，几乎在几秒钟内就得到了粉状干产品。在制药工业中，常利用喷雾干燥技术，如冲剂的生产、片剂和胶囊剂的制备、固体颗粒和液体的包衣及包囊的制备。

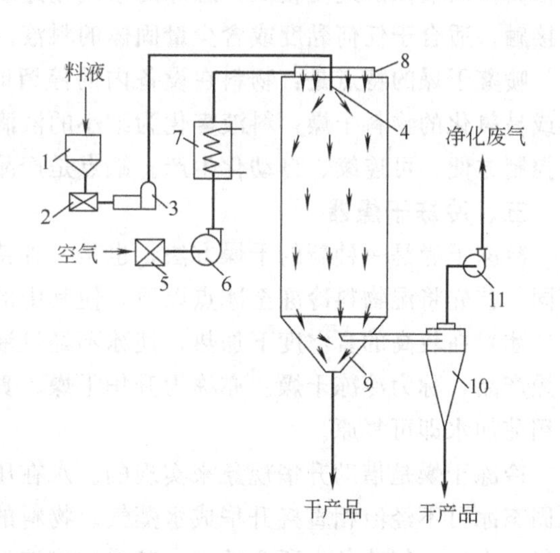

图12-11　喷雾干燥装置

1—料液贮槽；2—过滤器；3—料液泵；4—雾化器；5—空气过滤器；6—风机；7—空气预热器；8—空气分布器；9—干燥室；10—旋风分离器；11—风机

喷雾干燥装置如图12-11所示，料液经料液泵送到雾化器，在干燥室内喷成雾滴而分散于热气流中，气液充分接触，干燥的粉状产品自下部收集，废气经旋风分离器由风机排出。

喷雾干燥的关键部件是雾化器，现介绍常用的三种形式。

1. 压力喷嘴

如图 12-12（a）所示，料液由加压泵送入喷嘴中。在高压下被喷成雾状，与热空气接触而被干燥。这类喷嘴应用较广，适用于溶液、乳浊液的干燥，不适合于含固体颗粒的物料。

2. 离心转盘

如图 12-12（b）所示，料液进入高速旋转的圆盘上，由于离心力的作用分散成雾滴，与热空气接触而干燥。此类雾化器适应性强，能处理各种类型的料液，如高黏度的液体和含颗粒的糊状物料，适用于干燥悬浮液、黏稠液体，在药物的干燥中应用广泛。

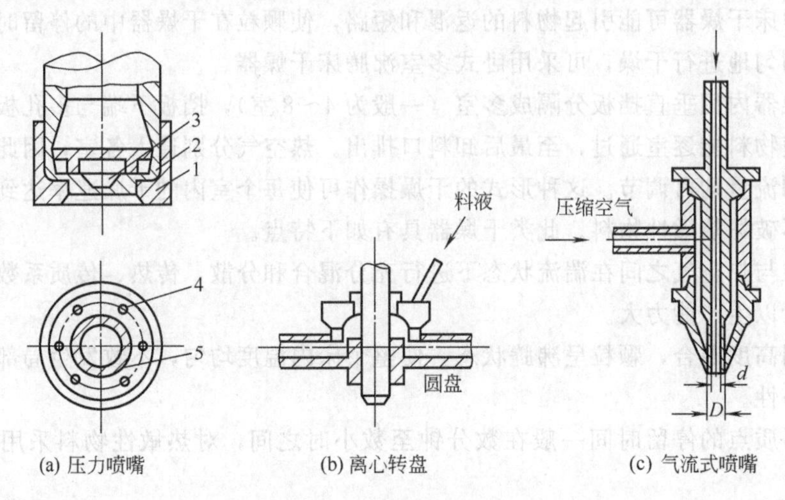

图 12-12　常用的雾化器

1—外套；2—圆板；3—旋涡室；4—小孔；5—喷出口

3. 气流式喷嘴

图 12-12（c）所示为一种气流式喷嘴，此喷嘴有两个通道，气、液各走一个，喷出的气速很高，而液体的速度较低，悬殊的速度差造成很大的摩擦力将料液雾化，热空气与料液并流接触。适合于任何黏度或含少量固体的料液。

喷雾干燥的特点是：物料在设备内的停留时间一般只有 3～10s，特别适合于热敏性物料或易氧化的物料干燥；料液雾化为细小的液滴，具有较大的表面积，传热、传质极快；操作控制方便，可连续、自动化生产。缺点是产品有黏壁现象。

五、冷冻干燥器

冷冻干燥是一种新的干燥方法，也是一种特殊的真空干燥方法，它与一般真空干燥方法不同。首先将湿物料冷冻至冰点以下，使其中的水分冻结为固态的冰，然后再将物料中的水分（冰）在较高的真空度下加热，使冰不经过液态直接升华为水蒸气排出，留下的固体即为干燥产品，称为冷冻干燥。亦称为升华干燥、真空冷冻干燥、分子干燥或冻干。干燥产品在使用前加水即可复原。

冷冻干燥是借助升华现象来实现的。水在压强为 610Pa、温度在 0℃以下的低共熔点时，从固态冰可不经液相直接升华成水蒸气。物料的冷冻干燥必须在低于共熔点的温度和压强下进行，由于一般药品中所含的水，基本成溶液形式，其冰点要比水低，因此选择升华的温度在－10～40℃，压强为 260～10Pa。

1. 冷冻干燥器的三个基本要求

（1）被干燥物料的表面水的蒸气压必须高于周围大气中的蒸气分压，即蒸气压的推动力为正值。

(2) 对干燥时的加热速度，应使物料的表面和内部均能维持所要求的温度。

(3) 必须要有排出蒸发水分的措施。

2. 冷冻干燥器的组成

冷冻干燥器如图 12-13 所示，它由五个部分组成：预冻、抽真空、加热、冷凝和除霜。

(1) 冷冻干燥室　药品用冷冻干燥室多为盘架式干燥箱，与一般真空干燥箱相似，箱内设有若干层搁板，搁板上安放支撑物料的盘架，盘架可做成固定式或小车式出入，料盘置于各层搁板上，搁板的内部有循环导热载体，并可调节温度在－40～60℃范围内冷却或加热。

当干燥装入瓶内的物料时，各搁板应能在真空条件下沿轴向上下升降，将搁板上的瓶子塞紧，如图 12-14 所示。

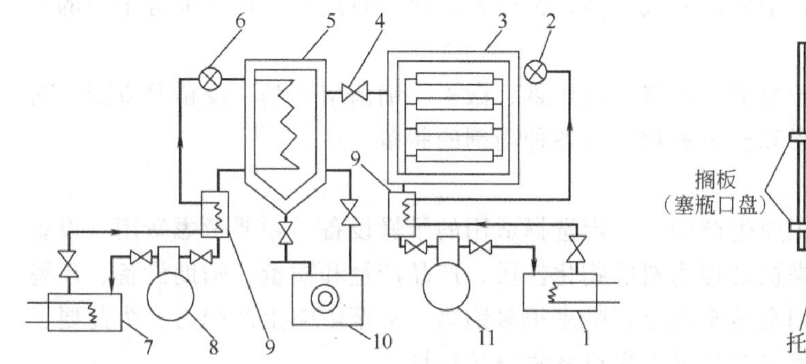

图 12-13　间歇式冷冻干燥装置示意图

1，7—冷凝器；8，11—制冷压缩机；2，6—膨胀阀；3—干燥室；4—阀门；5—低温冷凝器；9—热交换器；10—真空泵

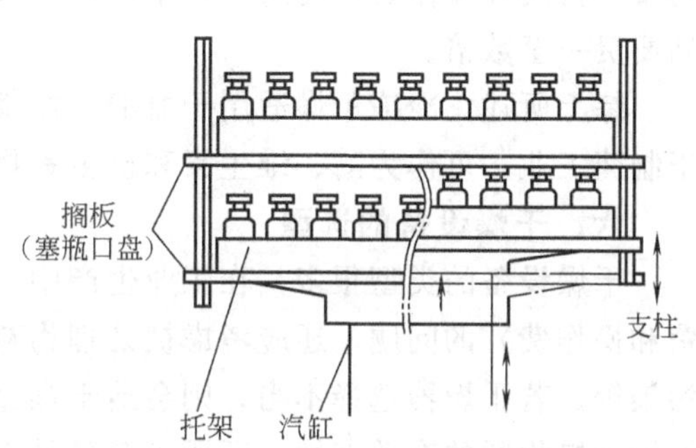

图 12-14　医药品用冷冻干燥器

若用辐射加热，即在干燥室内安装搁板式辐射加热板，放置物料的盘架不与加热板接触，静置在各搁板中间。热载体在加热板内部进行循环。物料可先在箱外预冻或在箱内直接冷冻，箱内与冷凝器相连。

(2) 冷凝器　冷凝从干燥室排出的大量水蒸气，它是一个真空密闭的容器，内部设有除霜装置，一般被制冷到－40～80℃。

(3) 真空源　用真空泵或蒸气喷射泵或二者联用来获得真空，要求密封性能好。

(4) 热源　用来加热冷冻干燥箱内的搁板，促使产品升华，热源以传导或热辐射结合方式提供。

(5) 冷源　实验室内常用液态二氧化碳、干冰或干冰-丙酮作冷源。工厂规模生产中常用氨或氟里昂制冷装置，既经济又易于调节。

在冷冻干燥过程中，被干燥的物料首先要进行预冻，然后在真空状态下升华。在预冻时，物料的预冻温度控制在低于共熔点 5℃左右，待物料完全冻结后，保持 1～2h 左右开始抽真空升华，升华时物料必须保持在共熔点以下，待物料内的冻结冰全部升华完毕，再把产品加热至出箱时所允许的最高温度，然后在此温度下保持 2～3h 才能结束，破坏真空，取出产品。

3. 冷冻干燥的特点

(1) 由于物料处于冷冻状态下干燥，能很好地保存物料的色、香、味，各种芳香物质的损失极少，可以保留物料中的营养物质。

（2）由于物料在冷冻状态、真空条件下进行干燥，即使对热敏性物料，也能在不失去其酶活性或生物试样原来性质的条件下长期保存，因此其干燥产品很稳定。

（3）由于物料在升华脱水前先预冻，形成稳定的固体结构，所以在升华汽化后，其原组织的多孔性能保持不变，故干燥后的产品不失原有的固体结构，对多孔性结构的干燥产品，在使用前若添加水或汤，即可在短时间内恢复干燥前的状态。

（4）在低温和缺氧状态下干燥，可以避免物料在干燥时所受到的热损害和氧化破坏。

（5）热能利用经济，由于温度很低，采用常温或稍高的加热剂即可满足供热要求。

（6）干燥产品重量轻、体积小，包装费用较低，贮存、运输方便。

（7）干燥后的产品含水量低，产品能长期保存而不变质。

（8）由于在高真空和低温条件下干燥，需要配备获得高真空和低温制冷的设备，故设备的投资费用和操作费用均很大，干燥产品成本高，价格贵，比一般热烘干燥或喷雾干燥的产品要贵一至数倍。

综上所述，冷冻干燥适用于血清、血浆、抗生素、激素、细菌培养基、疫苗等方面。对于制药工业，可作为酶、维生素和抗生素物质等各种药剂的制备工序。

六、干燥设备的选型

干燥设备的类型很多，在工业生产中，一定选择适用的干燥设备。除要考虑费用（设备费和操作费）的问题，还应考虑被处理物料的物化性质、产品产量和质量、辅助设备、环境污染等。若干燥器选择不当，则会给干燥过程带来很多困难，甚至影响生产能力。为此要了解被干燥物料的有关特性，还要了解各种干燥设备本身的特性。

1. 物料的特性

（1）物料的物理、化学特性　首先必须考虑物料的热敏性，它限制了干燥过程中物料的最高温度，这是选择热源温度的先决条件。

（2）物料的状态　即物料的含水量、形状、大小、黏性等。

（3）干燥特性　如干燥所需的时间、操作条件、所含水分性质等。

2. 产品的质量

（1）产品的均匀性　形态和外观往往涉及产品的质量，药典或出厂标准中往往对药品的形态及外观提出具体的要求。如对产品有结晶形状及光泽方面的要求，能发生相互摩擦的流化床就不合适。

（2）产品干燥的均匀性　如干燥后物料的湿含量不均匀，就会影响到产品质量及贮存。

（3）无菌要求　有时药物的干燥同时要求考虑灭菌。

第十三章　蒸馏设备与制水设备

第一节　蒸 馏 设 备

一、蒸馏

（一）蒸馏在制药生产中的应用

在制药生产中需处理的中间体或粗产品有相当一部分是两组分或多组分的混合液，生产上要求将这些混合液分离成接近纯净的单一组分而成为下一工序的原料或是合格的产品。在有些药物的提取工艺里，出于经济效益的考虑，要求将一些有机溶剂的混合液提纯回收，这些操作都是液体混合物的分离过程，因此说分离是制药生产中的重要操作过程之一。

液体混合物的分离有很多方法，每种方法都是依据组分间在某种性质上存在较大差异而形成的，应视分离对象的不同进行正确选用，当组分间的挥发性有明显的差异时，也就是说组分间的沸点相差较大时，可考虑用蒸馏来分离混合液。蒸馏就是基于各组分间具有不同的挥发性而实现分离的过程。如在乙醇与水的混合液中，乙醇的挥发性较好，称挥发度较高，同一温度下的饱和蒸气压比水要大，即相同压力下的沸点较低，于是就称其为易挥发组分；而水的饱和蒸气压较低，沸点相对较高，故称其为难挥发组分。从乙醇-水混合液中回收乙醇就可采用蒸馏的方法：将混合液加热到一定程度时，由于乙醇沸点较水低，挥发性比水好，故在混合蒸气中乙醇的浓度要比原混合液中的浓度要高，而留在液相中的乙醇浓度要比原混合液中的要低，从而使混合液在一定程度上得以分离，这就是用蒸馏的方法进行分离的过程。

（二）蒸馏的分类

蒸馏可按不同的方式分类。按操作方式可分为简单蒸馏、平衡蒸馏（闪蒸）、精馏和特殊蒸馏。简单蒸馏和平衡蒸馏适用于分离程度要求不高的场合，精馏则用于高分离程度的情况，特殊精馏则用于普通精馏难于分离的混合液。按操作流程可分为间歇蒸馏和连续蒸馏。按操作压强可分为常压蒸馏、减压蒸馏和加压蒸馏。按混合液组分个数可分为两组分蒸馏和多组分蒸馏，鉴于二者的原理相同，且两组分蒸馏是多组分的基础，故本章只介绍两组分蒸馏过程。

蒸馏技术开发历史较长，理论成熟，应用广泛，其优点为工艺流程简单，不仅能分离液体混合物，通过加压液化还可分离气体混合物，如对液态空气的蒸馏，可得到纯净的氧和氮。蒸馏的缺点在于耗能大，有些场合需用高温高压操作，技术较为复杂。

（三）蒸馏的基本原理

1. 两组分的气液平衡关系

混合液中两组分气液平衡关系是指：当混合液与其上方的蒸气处于平衡状态时，气液的温度（t）与气液两相组成（x 和 y）的关系。当用函数式形式表达此关系时称为气液平衡关系式，用相图形式表达时称 t-x-y 图。

（1）理想溶液气相分压与溶液浓度的关系——拉乌尔定律　理想溶液是指不同组分与相

同组分的分子间作用力都相等的溶液。一般来说组分性质相近与浓度较低的溶液都可看成理想溶液。理想溶液遵循拉乌尔定律，拉乌尔定律是指气液平衡时，理想溶液上方某组分的蒸气分压 p 等于同温度下该纯组分饱和蒸气压 p^0 与液相中该组分的摩尔分率 X 的乘积，即：

$$p_A = p_A^0 X_A \tag{13-1a}$$

$$p_B = p_B^0 X_B = p_B^0 (1 - X_A) \tag{13-1b}$$

（2）理想气体总压与各组分分压之间的关系——道尔顿分压定律　根据道尔顿分压定律混合液上方气相中某组分的分压等于总压与该组分在气相中摩尔分率的乘积，即：

$$p_A = P y_A \tag{13-2a}$$

$$p_B = P y_B \tag{13-2b}$$

$$P = p_A + p_B \tag{13-3}$$

（3）理想溶液的气液平衡关系式　当气液两相平衡时，气相分压应与液相蒸气分压相等，即：

$$p_A^0 = P y_A$$

$$y_A = \frac{p_A^0}{P} X_A \tag{13-4}$$

$$p_B^0 = P y_B$$

$$y_B = \frac{p_B^0}{P} X_B \tag{13-5}$$

由拉乌尔定律得

$$P = p_A + p_B = p_A^0 X_A = p_B^0 (1 - X_A)$$

$$X_A = \frac{P - p_B^0}{p_A^0 - p_B^0} \tag{13-6}$$

$$X_B = \frac{P - p_A^0}{p_B^0 - p_A^0} \tag{13-7}$$

式（13-4）～式（13-7）即为理想溶液气液平衡关系式。

（4）平衡温度-组成图　用坐标图的形式来表达理想溶液的气液平衡关系称平衡温度组成图，又称 t-x-y 图。

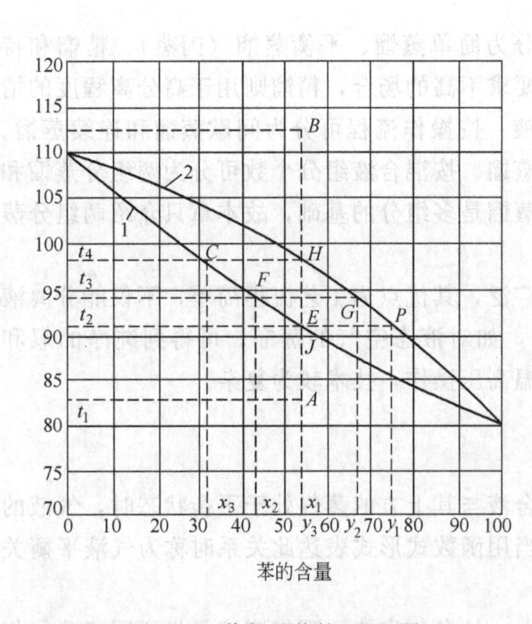

图 13-1　苯与甲苯的 t-x-y 图

图 13-1 表示在总压为 101.37kPa 下，苯和甲苯混合液的平衡温度-组成图，图上的纵坐标为平衡温度 t，横坐标表示气相与液相的浓度 x 和 y（本章中没有特别说明时，所说浓度均指含易挥发组分的浓度），图中有两条曲线，上方的曲线为 t-y 线，反映混合液的沸点

与平衡气相组成 y 的关系称为饱和蒸气线。下方的曲线为 t-x 线，反映混合液沸点与液相组成 x 的关系称为饱和液体线。两条曲线将整个相图分成三个区域，即过热蒸气区——饱和蒸气线以上区域，此区的状态代表已成过热蒸气；液相区——饱和液体线以下区域，处于此区的状态表示尚未沸腾的液体；气液共存区——两曲线中间围成的区域，此区的状态表示气体与液体同时存在。

2. 蒸馏的基本原理

利用 t-x-y 图可清楚地分析蒸馏的原理，图中示出浓度为 x_1 的苯与甲苯混合液，将其加热至 A 点所对应的温度 t_1，此时混合液全部是液体，继续加热至 J 点对应的温度 t_2，此时混合液中开始出现第一个气泡，故 t_2 又称泡点温度，t-x 线又称泡点线，这一气泡中的气体浓度为 P 点对应的 y_1。再加热至 E 点，此时混合液处于气液共存状态，液相的浓度为 F 点对应的 x_2，气体的浓度为 G 点对应的 y_2，从图中可看出 $y_2>x_1$，$x_2<x_1$，这说明欲分离一液体混合物时，可将其加热至气液共存状态，得到的蒸气凝液浓度高于原混合液浓度，而所余液相浓度低于原混合液浓度，这样可使混合液得到一定程度的分离。

如果将处于 B 点的苯与甲苯过热蒸气冷却至 H 点所对应的温度 t_4 时，会出现第一滴液体，t_4 称露点温度，故 t-y 线又称露点线，再继续降温至 E 点对应的温度 t_3，又会出现气液共存的情况，气液的浓度会出现同样的差异，使混合蒸气得到一定程度的分离。以上就是简单蒸馏的原理。

（四）挥发度与相对挥发度

蒸馏是依据混合液中各组分之间挥发性能的差异来将其分离的过程。纯净的单一组分液体的挥发性能可直接用一定温度下该液体的饱和蒸气压来直接表示，而对双组分溶液中各组分挥发性能的量化表示，则需引入一新的参量——挥发度 γ。挥发度是指混合液中某组分在蒸气中的分压 p 和与之平衡液相中的摩尔分率 X 之比，即

$$\gamma_A=\frac{p_A}{X_A} \tag{13-8a}$$

$$\gamma_B=\frac{p_B}{X_B} \tag{13-8b}$$

将组成混合液两组分的挥发度之比称为相对挥发度，以 α_{AB} 表示，即

$$\alpha_{AB}=\frac{\gamma_A}{\gamma_B}=\frac{\frac{p_A}{X_A}}{\frac{p_B}{X_B}}=\frac{p_A X_B}{p_B X_A} \tag{13-9}$$

根据道尔数分压定律：$p_A=py_A$　　$p_B=py_B$

代入式（13-9）

$$\alpha_{AB}=\frac{y_A X_B}{y_B X_A}$$

由于　　$y_B=1-y_A$　　$x_B=1-x_A$

$$y_A=\frac{\alpha_{AB}x_A}{1+(\alpha_{AB}-1)x_A} \tag{13-10}$$

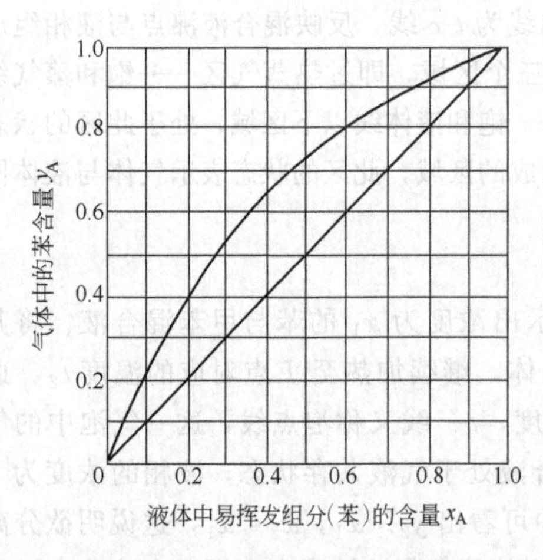

图 13-2 苯与甲苯的 y-x 图

如果已知混合液两组分的相对挥发度 α_{AB}，可很容易作出该混合液的 y-x 图，该图也可通过 t-x-y 关系作出，即选出若干个温度值，通过 t-x-y 图或关系式求得相应的 x 和 y 的数值，再将这若干组的 x 和 y 一一在 y-x 图中标出若干点，将这些点连成曲线即可。y-x 图反映了平衡状态下的气相组成与液相组成的关系。图 13-2 所示为苯与甲苯的液相组成与平衡气相组成的关系曲线，即苯与甲苯的 y-x 图，它可用于图解法计算精馏塔的理论塔板数。

二、精馏

（一）精馏原理

简单蒸馏仅是经过一次部分汽化和冷凝，使馏出液（蒸馏设备上方得到的浓度较高的冷凝液）与釜残液（留在蒸馏釜下方浓度较低的混合液）的浓度分别高于和低于原混合液的浓度，使混合液得到初步的分离，但远不能分出两个纯组分来，若想通过蒸馏得到几乎纯净的单一组分就必须采用多次的部分汽化和部分冷凝的精馏过程。

如图 13-3（a）所示为一蒸馏器，混合液进口浓度为 x_F 部分汽化的蒸气浓度为 y_1，釜残液的浓度为 x_1，将 y_1 的蒸气全部冷凝后作为第二个冷凝器的原料液进行再次部分汽化，得到的气相组成为 y_2，残液浓度为 x_2，此时必然有 $y_2>y_1$。如将 y_2 继续全部冷凝进入第三个蒸发器进行部分汽化，得到浓度为 y_3 的气相，同样应有 $y_3>y_2>y_1$，还有浓度为 x_3 的残液。如此重复的部分汽化次数越多，最后得到的蒸气的浓度越高，直到最后蒸出的几乎是纯净的易挥发组分。同理如将第一个蒸发器的釜残液倒入另一个蒸发器，蒸走部分蒸气

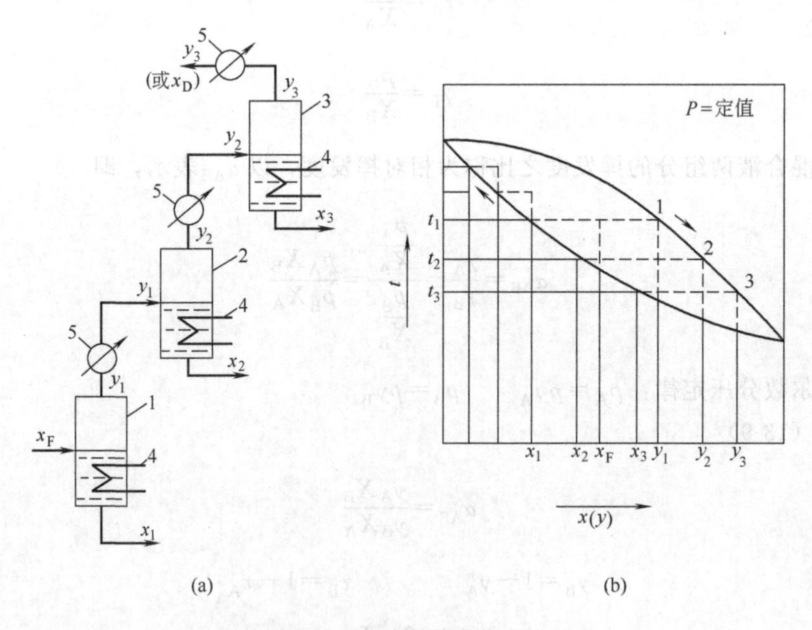

图 13-3 多次部分汽化流程

1，2，3—分离器；4—加热器；5—冷凝器

后，再倒入下一个蒸发器，如此继续下去，最后也可得到几乎纯净的难挥发组分。

以上描述的是通过简单的多次部分汽化和冷凝将混合液分离成几乎纯净的单一组分。但是如此操作尚存在两方面的问题：其一是产品收率太低，若将一定量的原料液加进第一个蒸发器，如果部分汽化料液量仅为进料量的一半，通过 n 次的部分汽化，最后得到的轻组分产品仅为原料液的 $(1/2)^n$，如此低的收率肯定在生产中没有实际意义。其二是经济不合理，以上流程中每一级蒸馏器都有加热器，每一级间都有冷凝器，这使得设备投资、能源和水资源的消耗都很大，经济效益很差。若想在生产中应用多次汽化流程就必须解决这两方面的问题。

按图 13-3 所示，每上一级蒸出的蒸气中易挥发组分含量要比下一级高，即沸点温度要低，则有 $t_1>t_2>t_3$，因同级气液相温度基本相等，则可让 x_3 残液回流至第二个蒸馏器与上升到第二蒸馏器的气相 y_1 接触，由于 y_1 的温度 t_1 高于 x_3 的温度 t_3，因此在第二个蒸馏器发生了上升蒸气的部分冷凝和回流液体的部分汽化。同样将 x_2 回流至第一个蒸发器与上升的气相接触换热，这样做不仅省去了许多级间加热器和冷凝器，而且还使 x_1、x_2 等每一级的残液得到了充分的利用，大大提高了收率。最上一级蒸馏器没有回流液体，为保证精馏操作的连续进行，需设一冷凝器将最上一级产生的蒸气全部冷凝，一部分凝液引出做产品，所余部分作回流液，如图 13-4 所示。今设回流液量为 L，取出产品量为 D，将二者之比称为回流比，记作 R，即：

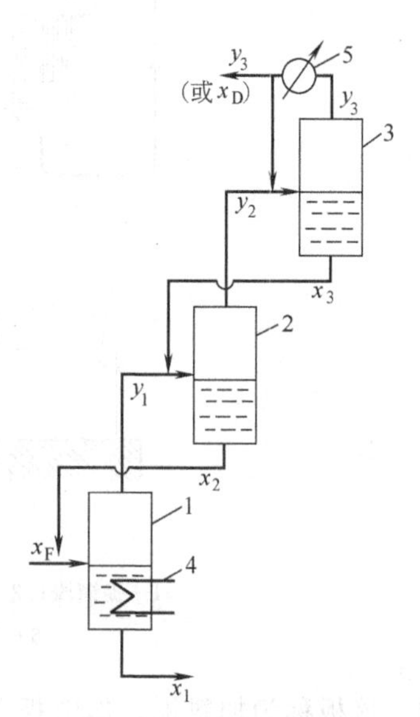

图 13-4 多级蒸馏示意

1，2，3—分离器；4—加热器；5—冷凝器

$$R=\frac{L}{D} \tag{13-11}$$

式中 D——产品产量，kmol/h；

L——回流量，kmol/h；

R——回流比，无量纲。

在多级蒸馏的最下一级无上升蒸气作热源故需设一加热装置称做再沸器，用来加热最下一级回流液，使之能部分汽化，还可从中取出重组分产品。

若将以上各级蒸馏器串联成一体，并用装有多个带孔的隔板的筒形结构代替多个蒸馏器，上升气流通过板上孔道，再穿过板上横流的液体，气液之间进行质量与热量的交换，上升蒸气在板上部分冷凝，板上液体部分汽化，每一块板起到了一个蒸馏器的作用，这样就解决了产品收率和经济效益两方面的问题，从而形成能将混合液分离成纯净组分且可用于生产实际的多级蒸馏过程——精馏，该筒形设备称精馏塔。精馏是利用组分间挥发度的差异，同时进行多次部分汽化和部分冷凝的过程。精馏与普通蒸馏的本质区别在于回流，因为回流实现了有实际意义的多次部分汽化和部分冷凝的过程。

（二）精馏流程

按操作方式精馏可分为间歇精馏和连续精馏，连续精馏工艺流程如图 13-5 所示。

在连续精馏中其主体设备为一精馏塔，精馏塔按结构可分为板式塔和填料塔两类。今以板式塔为例，说明连续精馏的工艺流程。待分离的原料液预热后是从塔中部某板上加入塔

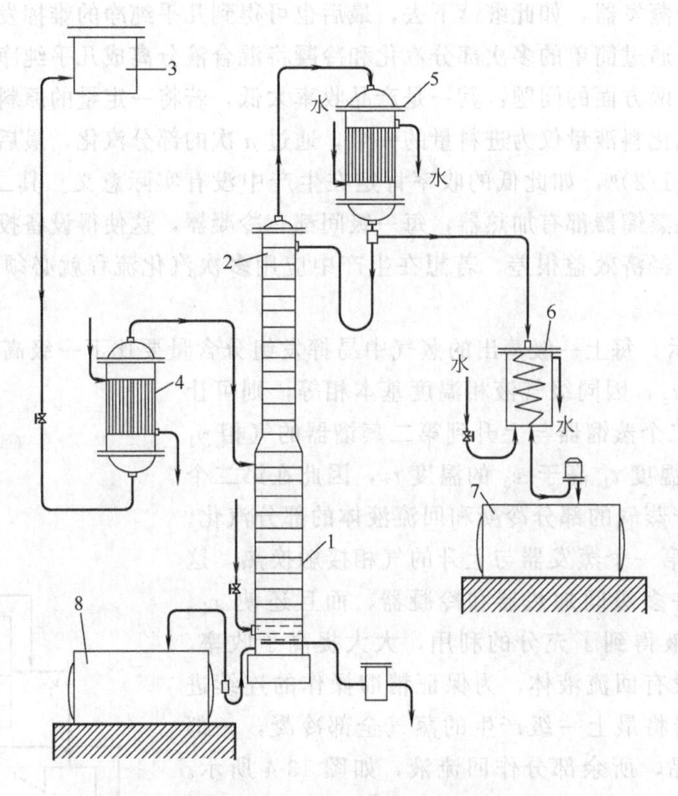

图 13-5　连续精馏工艺流程

1—提馏段；2—精馏段；3—高位槽；4—原料液预热器；5—分凝器；
6—冷凝冷却器；7—馏出液贮槽；8—残液贮槽

内，该板称为加料板，加料板以下的塔体称提馏段，加料板以上塔体称精馏段，因为提馏段要蒸馏回流液和原料液两部分液体，故一般情况下，塔径较粗。塔底装有蛇管或U形管加热器，加热蒸汽的冷凝水通过疏水器排出。有些精馏塔塔釜和加热装置放于塔外，称为再沸器，釜残液作为重组分产品在此引出，再沸器产生的蒸气返回塔内最下层塔板的下方。塔顶设一蒸气冷凝器，冷凝液按设计的回流比，一部分作为回流液（L）返回塔顶，其余部分作为馏出液（D）产品经冷却器流至轻组分产品贮槽。原料液经预热达到设计要求的状态后连续加入精馏塔，轻重组分产品也按设计的 D 和 W 的量连续取出，此时塔内各点的温度、压强和浓度均不随时间变化，形成稳定的运行状态。

三、精馏设备与操作

（一）精馏设备

精馏流程的主体设备是精馏塔，其主要作用是为上升蒸气与回流液体提供充分接触并进行传热和传质的条件，能达到此目的的塔设备结构形式有很多种，但应用在工业生产上的精馏塔必须尽量满足下列要求。

① 有较高的生产能力：单位塔截面积的料液处理量大。

② 分离效率高：达到规定分离要求的塔高要低。

③ 有较高的操作弹性：气体和液体负荷的允许变化范围要尽量大。

④ 气体阻力小：此点对减压蒸馏尤为重要。

⑤ 结构简单、造价低廉。

完全满足以上要求的塔设备是不存在的，但可根据生产实际的要求，结合不同塔型的特点，突出解决主要矛盾，来选择合适的塔型。按结构分类，精馏塔可分为填料塔和板式塔，下面分别述之。

1. 填料塔

填料塔系一钢板卷制的筒形结构，塔下部置一支撑栅板，填料体以整砌或乱堆方式布于支撑板上。液相自塔顶部的喷淋装置均匀的喷洒在整个塔的横截面上。当塔运行时，喷淋出的液体，通过填料间的空隙，沿填料表面流下，自塔底引出。气相自塔底支撑板下方进入，借压力差的作用，穿过填料的空隙，在填料湿润的表面与液相接触，并进行热量和质量的传递。

填料塔结构简单，便于用耐腐蚀材料制造，气相流动阻力较小，特别适用于要求压降较小的减压蒸馏。缺点是在塔的横截面上，气液两相分配不均，因此当填料堆积高度较大时，往往将填料塔分成两段，中间加一液体再分布器，用来将沿塔壁流下的液体重新再分配到截面中心，保证整个高度的填料表面都能很好地润湿。

由于填料塔的传质与传热均在填料表面进行，故填料塔的运行质量很大程度上取决于所选择的填料，下面就对填料作一介绍。

（1）对填料的基本要求

① 能提供较大的气液接触面积。衡量这项要求的指标是填料的比表面积σ，它的定义为单位体积的填料层所具有的表面积，单位是m^2/m^3。

② 要求气体通过时的阻力尽量小。这就意味着填料能为气体提供更大的通道面积，因此衡量阻力大小的指标是填料自身具有的空隙率ε，它的定义为单位体积的填料层具有空隙的体积，单位是m^3/m^3。

③ 要求操作弹性要大。填料提供的空隙愈大，通道面积也就愈大，往往此时填料提供的表面积就小，因此要综合考虑两方面的要求，综合考虑的指标叫填料因子，记作$\Phi=\sigma/\varepsilon^3$，操作时的$\Phi$称湿填料因子，其值由实验测定。填料的$\Phi$值小，不仅是阻力小，同时使填料具有更大的气流操作范围，即操作弹性更大。

④ 要求单位体积的填料质量轻，强度高，价格便宜。衡量此项要求的指标是单位体积的填料个数n、单位体积填料具有的质量（称堆积密度）和单价。堆积密度的单位是kg/m^3。

（2）填料的种类　近年来填料的结构形式有很大改进，使流通阻力不断减小，气液接触情况不断改善，分离效率不断提高。但一些传统填料因其技术成熟，性能稳定，也还有不少应用，如今对各种填料及其特点做一简单介绍。填料的种类大致可按以下所述分类：

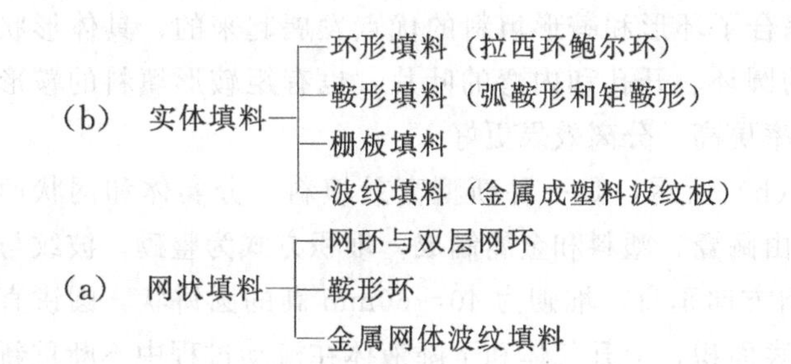

① 拉西环。拉西环如图13-6（a）所示为外径与高相等的圆环，拉西环在填料塔内的堆积形式分乱堆与整砌两种，一般情况下，环外径小于75mm时，采用乱堆方式，这样装卸

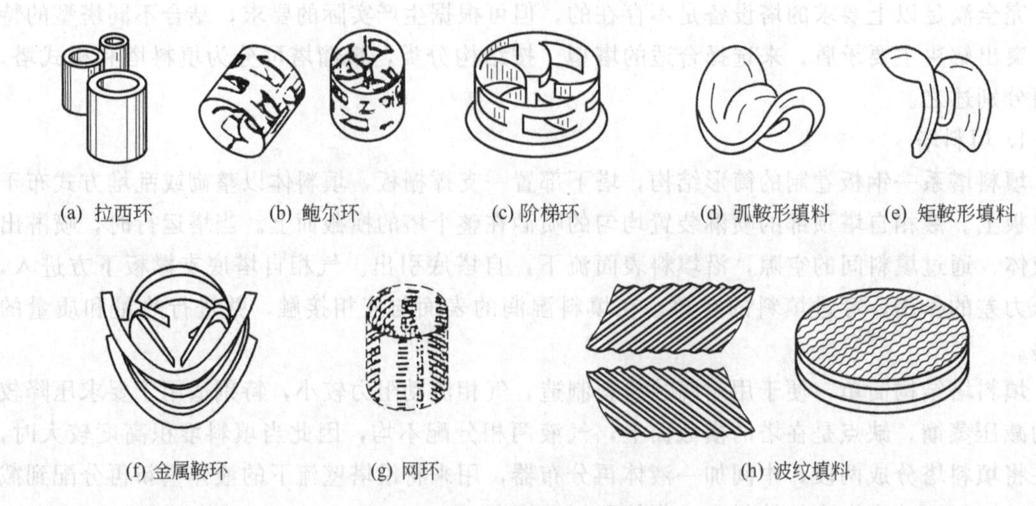

(a) 拉西环 (b) 鲍尔环 (c) 阶梯环 (d) 弧鞍形填料 (e) 矩鞍形填料

(f) 金属鞍环 (g) 网环 (h) 波纹填料

图 13-6 填料塔的填料

方便，但流体阻力大；外径大于 100mm 时，采用整砌，此种方式耗费人工劳力大，但流体阻力小。拉西环的优点在于结构简便，技术成熟，价格便宜。但拉西环填料工作时存在严重的沟流和壁流，尤其是在大塔径和填料层较高的情况下，此种现象尤为严重，这会导致分离效率降低，气体阻力增大。

② 鲍尔环与阶梯环。鲍尔环如图 13-6（b）所示，其构造是在拉西环的壁上，开出两排长方形的窗口，被切开筒片的一侧与筒壁相连，另一侧向环内弯曲至筒中心。鲍尔环的 σ 和 ε 与拉西环相差不多，但它提高了环内空间及环内表面的利用率，气相阻力降低，液体分布更均匀，改善了沟流和壁流的状况，因此传质效率比拉西环高。操作弹性更大，但价格却较高。

阶梯环是在鲍尔环基础上改进发展起来的，如图 13-6（c）所示，阶梯形的高度仅为直径的一半，环型一侧做成喇叭口状，这样做可使填料强度提高，气体阻力减小，分离效果更好。

③ 弧鞍形与矩鞍形填料。弧鞍形与矩鞍形填料的构造特点是表面全部敞开，如图 13-6（d）、（e）所示。因其不分内外，故表面积利用率高，气体阻力也小，分离效果较好。

以上几种填料在填料尺寸和操作条件基本相同的情况下，分离效果从高到低的排列顺序依次为：金属鲍尔环——陶瓷矩鞍形填料——陶瓷弧鞍形填料——金属拉西环——陶瓷拉西环。

④ 金属鞍环。金属鞍环的构造是综合了环形和鞍形填料的优点发展起来的，具体形状如图 13-6（f）所示，它既有环形填料的圆环、开孔和内弯的叶片，也有矩鞍形填料的鞍形表面，因此气液分布更均匀，表面利用率更高，分离效果更好。

⑤ 波纹填料。波纹填料如图 13-6（h）所示，是一种新型高效填料，分实体和网状两种，波纹实体填料的形状为波纹板，多由陶瓷、塑料和金属制成，堆积方式为整砌，波纹与水平方向夹 45°角，相邻两板的波纹倾斜方向垂直，堆砌为 40～60mm 高的圆饼状，圆饼直径略小于塔内径，波纹板具有很大的比表面积，上升气体和下降液体在流动过程中不断重新分布，故传质效率高，流动阻力也比较小，其缺点是不适于处理黏度高及有沉淀物的物料，造价较高。

波纹网体填料是由金属丝网制成，丝网较密，比表面积大，空隙率也较高，传质效率很高，每一米填料层可相当于10块理论板，气流阻力低，操作弹性大，由于波纹网体填料具有如此多的优点，尽管有造价很高、不适于处理高黏度物料的缺点，但在工业上的应用仍有很大的发展前景。

(3) 填料塔的构造　图13-7所示为一填料塔的结构，主要是由塔体、液体分布装置、液体再分布器、支撑板和液体出口装置等几部分组成，下面分别介绍。

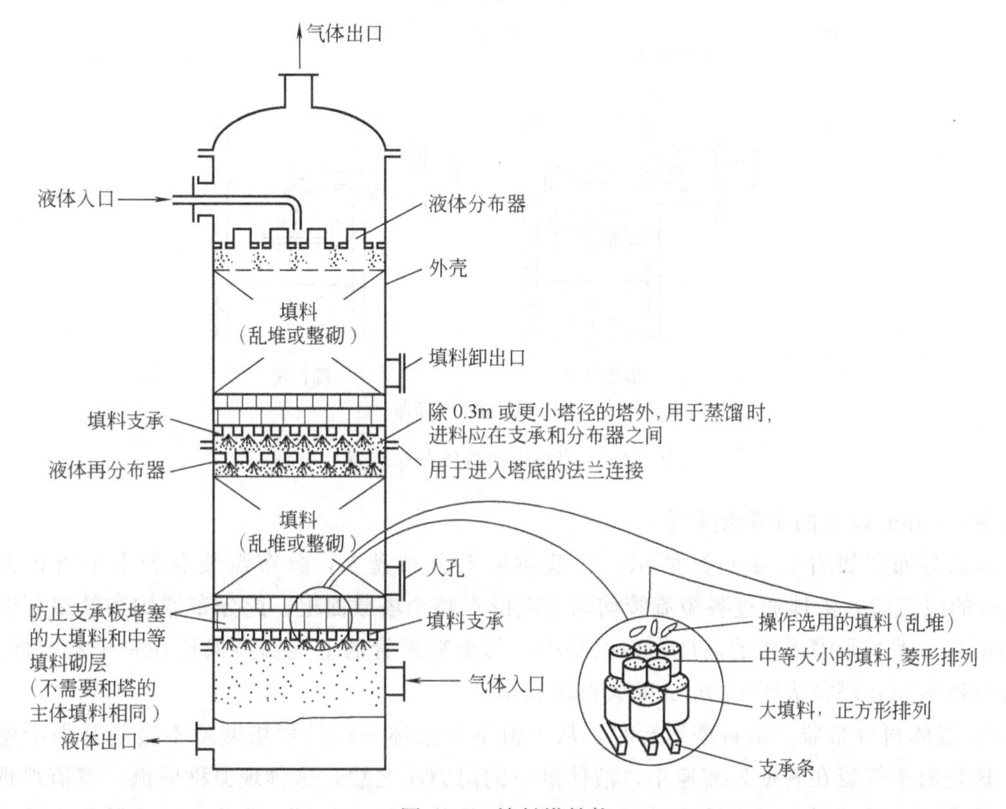

图13-7　填料塔结构

① 塔体。一般由钢板卷制而成，当塔较高时，为便于安装制造，可将全塔分成几段，每一段称为一个塔节，塔节之间用垫圈，螺钉连接密封，在塔体安装时，必须保证最下一节的上端面的水平，以上各节靠塔节两端面的制造允许误差来保证，这样是为了将塔顶喷淋下的液体能在填料的横截面上均匀的分布。

② 液体分布装置。液体分布装置的作用，是将液体均匀地喷淋在填料层上，以润湿填料表面，使上升气流在填料湿表面上与液相进行传热传质，如液体分布装置分布效果不好，就会降低气液两相有效接触面积，致使传质效率降低。生产上常用的分布装置有弯管式喷淋器、莲蓬头式喷淋器和盘式分布器。

弯管式喷淋器如图13-8 (a) 所示，液体由外管直接引入塔内，端部呈下弯状，为使液体更均匀地分布，在管出口下部加一圆形挡板。此结构简单，均布效果不理想，只适用于塔径小于300mm的填料塔。

莲蓬头式喷淋器如图13-8 (b) 所示，在进水管端部装一个带有许多小孔的莲蓬头，小孔直径为3～10mm。装在距填料最上层为半个至一个塔径距离，喷淋角小于80°。它适用于

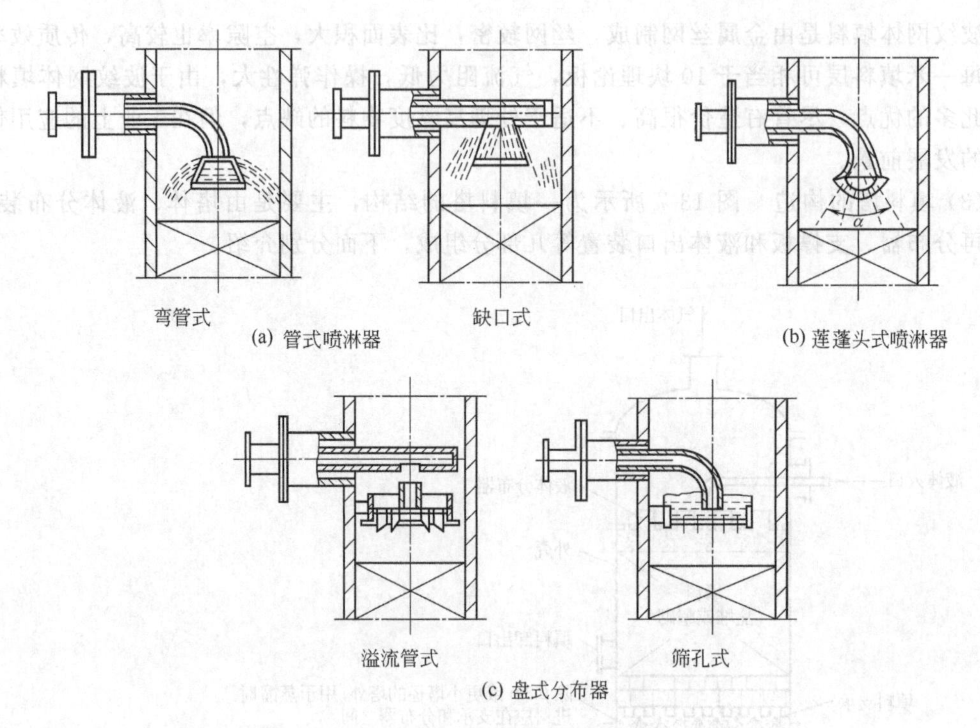

(a) 管式喷淋器　　(b) 莲蓬头式喷淋器

(c) 盘式分布器

图 13-8　填料塔的液体分布装置

直径在 600mm 以下的中型填料塔。

盘式分布器如图 13-8（c）所示，将液体流至分布盘上，分布盘装有若干个直径大于 15mm 的溢流管，液体通过各溢流管均匀地喷淋在整个塔截面上，此分布器均布效果好但加工精度高，尤其是喷淋管的高度允许误差小，每个喷淋管的上端面要保证在一个水平面上。此分布器多用在塔径大于 800mm 的大型填料塔。

③ 液体再分布器。填料塔运行时，从上流下的液体一经接触塔壁就不会脱开而沿壁流下，这是由于气流在管壁处流速小，液体淋下的阻力小之故，这种现象称壁流。壁流严重时会导致塔下方的填料表面有效接触面积降低，致使传质效率降低，为防止壁流需将沿壁流下的液体重新分布，工业上常用的液体再分布器主要有图 13-9 所示的 3 种。

其一是锥形再分布器，如图 13-9（a）所示，锥面与塔壁的夹角 α 为 35°～45°，锥台下

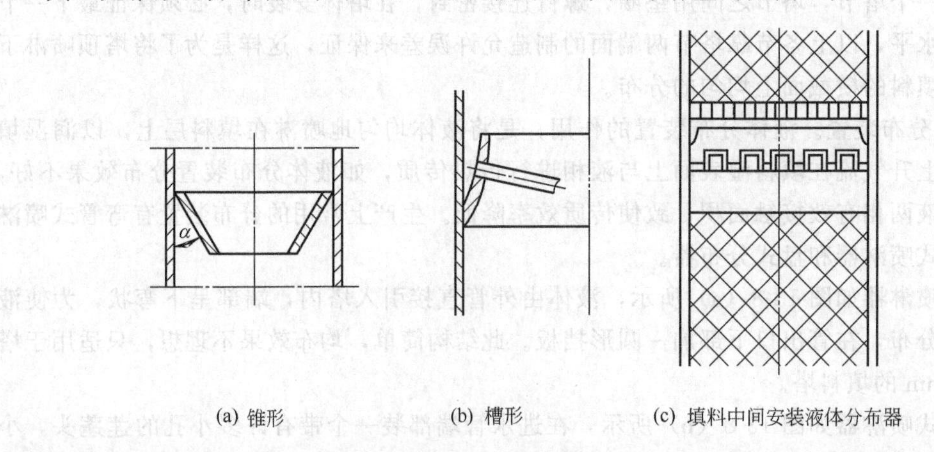
(a) 锥形　　(b) 槽形　　(c) 填料中间安装液体分布器

图 13-9　液体再分布器

方直径为塔径的 0.7～0.8 倍。其二是槽形再分布器，如图 13-9（b）所示。槽内装有若干根短管，将壁上流入槽内的液体引向塔中心。第三种是在一定高度的填料中间重新安装一个液体分布器，这种结构多用于塔径大于 800mm 的大型填料塔。

④ 填料支撑板。填料支撑板的作用在于不影响填料塔操作性能的前提下，支撑住一定重量的填料。因此它必须满足两项基本要求：一是有足够的强度支撑填料；二是自由截面不得小于填料的空隙率，具体结构如图 13-10 所示。从强度上看十字隔板形结构最好，栅板式强度最低。

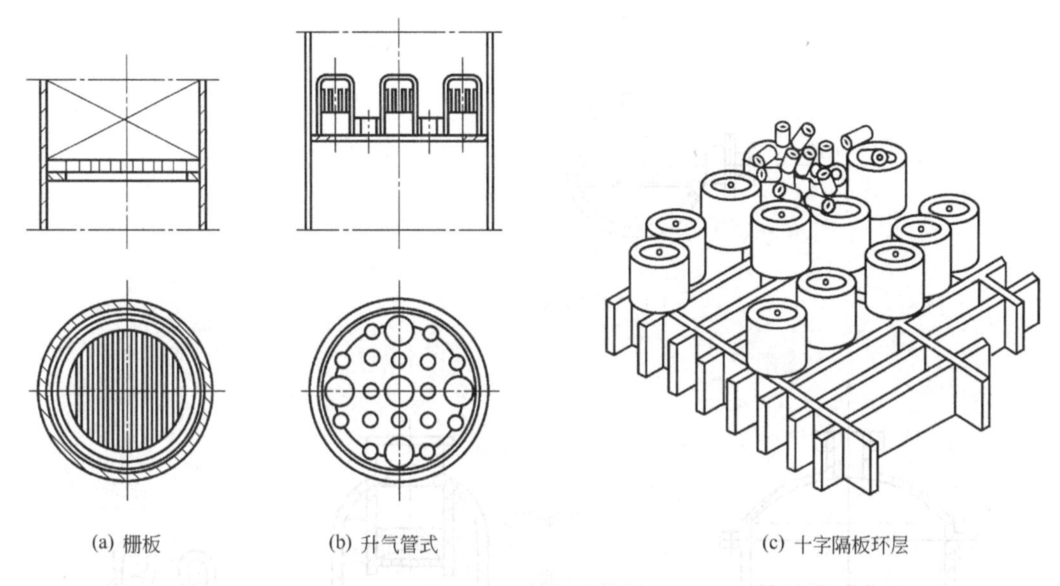
(a) 栅板　(b) 升气管式　(c) 十字隔板环层

图 13-10　填料支撑板

⑤ 液体的出口管。液体出口管的作用，一是流出液体，二是保证密封，即能使塔内空间与外界环境隔离。在常压操作的塔设备中，图 13-11 所示为比较简单的液封装置。

⑥ 气体进口管。其作用是保证气体流畅地进入塔内，而且在整个塔截面上均匀分散，因此，不宜将管端直接向上弯，而是向下切一斜口或封死端面在管下方开口（见图 13-12）。

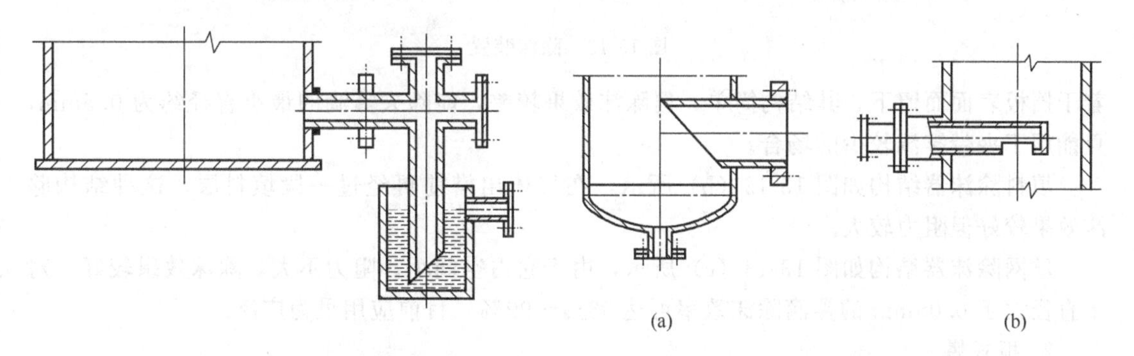

图 13-11　液体的出口装置　　图 13-12　气体的进口装置

⑦ 气体出口装置。气体出口装置的作用是保证塔内气体流出的通畅，同时应尽量除去所夹带的雾沫，为此，在顶部的气体出口处，多附设有除沫装置，生产上常用的除沫装置有挡板型、填料型和丝网型 3 种（见图 13-13）。

挡板除沫器［图 13-13（a）］可以使气流在出塔前进入多层弯曲挡板间，使部分液体附

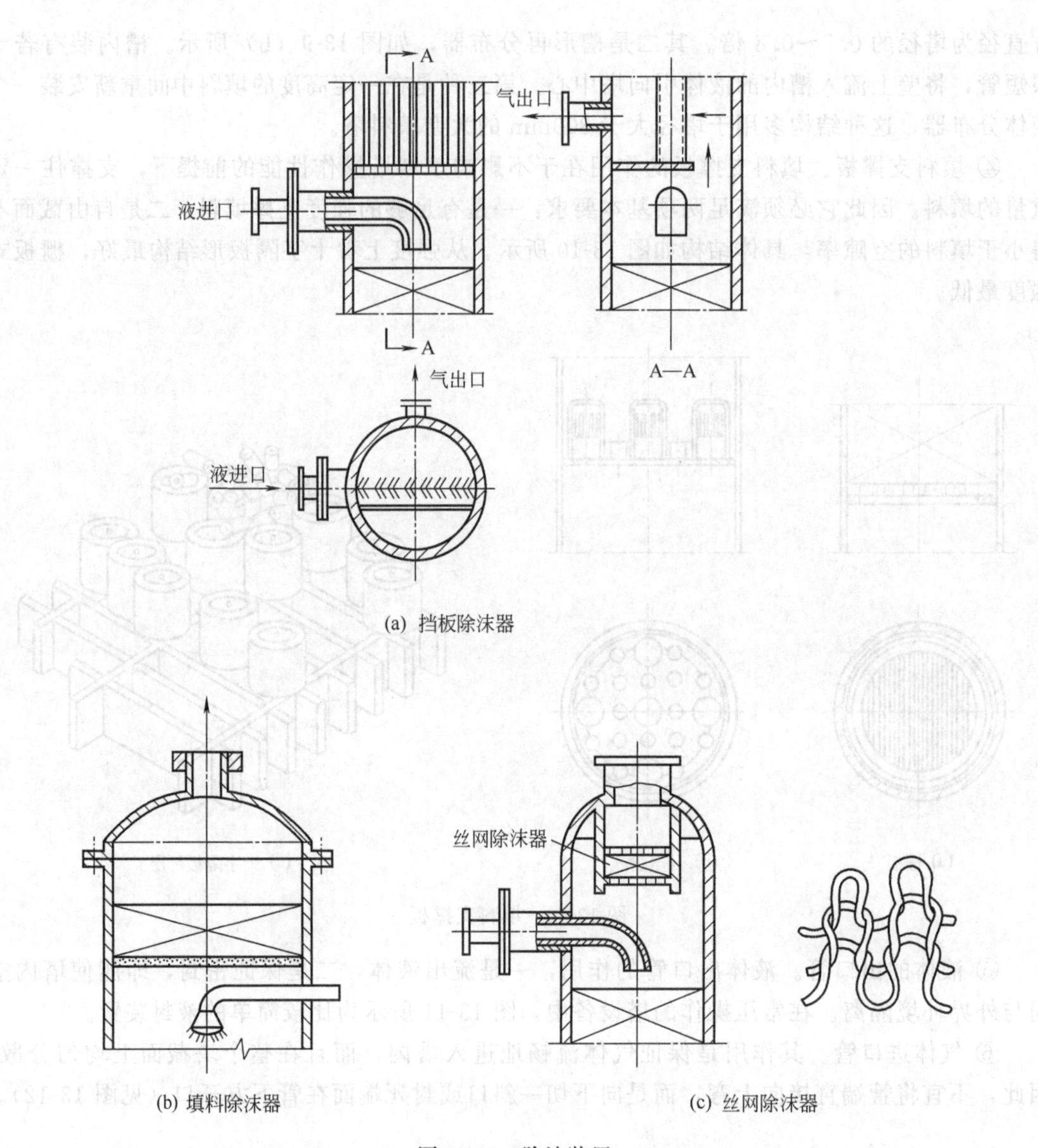

图 13-13　除沫装置

着于挡板表面而留下，其结构简单，但除沫效果较差，能除去雾滴的最小直径约为 0.5mm，只能用于夹带雾沫较少的场合。

填料除沫器结构如图 13-13（b）所示，在气体出塔前再经过一段填料层，这种结构除沫效果较好但阻力较大。

丝网除沫器结构如图 13-13（c）所示，由于它占空间小，阻力不大，除沫效果较好，对于直径大于 0.05mm 的雾滴除沫效率可达 98%～99%，目前应用最为广泛。

2. 板式塔

板式塔为立式圆筒形结构，如图 13-14 所示，塔高一般在几米或几十米，直径约在0.3～1m 以上，塔体由若干塔节通过法兰螺栓连接而成，其内装有若干块具有一定间距的塔板，板上开有许多孔，作为气体由下向上流动的通道。液体由上层塔板的降液管流至板上的一侧，横向流过板面，从塔板的另一侧降液管流至下一层塔板。此类塔板称错流塔板，另一类塔板没有降液管，上升气流与下降液流都从板上小孔通过，这类塔板称逆流塔板，又称穿流

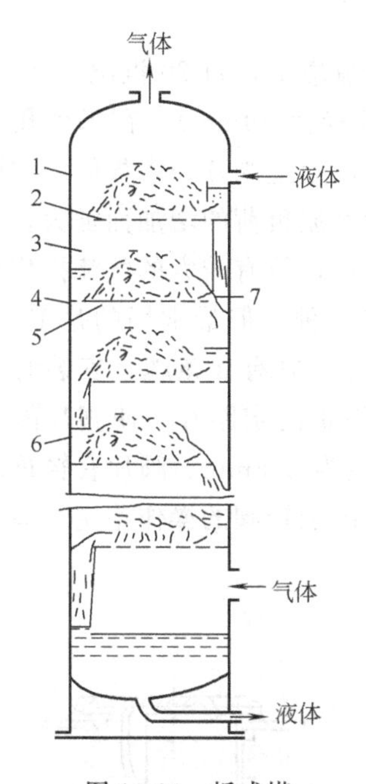

图 13-14　板式塔

1—壳体；2—塔板（又称塔盘）；3—降液管（又称溢流管）；4—支承圈；5—加固梁；6—泡沫层；7—溢流堰

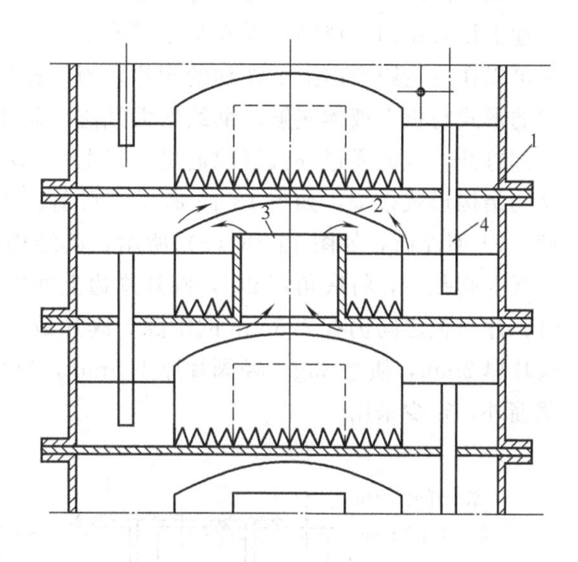

图 13-15　泡罩塔

1—塔板；2—泡罩；3—升气短管；4—溢流管

塔板。这种塔板操作弹性较差，应用受到限制。目前广泛应用在蒸馏上的仍是错流板，故本章只对此种结构做一介绍。

(1) 泡罩塔　泡罩塔的结构如图 13-15 所示，塔板上装有若干根短管作为上升蒸气通道称为升气管，其上覆有钟形泡罩，因泡罩内径大于升气管外径，二者之间形成环行通道，泡罩下方周边开有条形孔，该孔在操作时没与液层形成液封，泡罩塔运行时上升气流通过升气短管、环行通道和条形孔而穿过液面，此时气流被分散成许多细小的气泡，在塔板上形成鼓泡层和泡沫层，增大了气液两相的接触面积，当板上液层高过溢流堰时，液体通过降液管流至下一层板。

泡罩塔优点是开发历史较长，技术成熟，性能稳定，不宜堵塞，缺点是结构复杂，安装制造不便，造价较高，传质效率不太高。

(2) 筛板塔　筛板塔在板式塔中结构最简单，塔板仅为一块开有若干小孔的金属板，孔径为 3～8mm，按正三角形排列，降液管与溢流堰的结构以及气液在塔内流动的方式与泡罩塔相同。

筛板塔在操作时，液体从部分筛孔流下，在气速较低时，筛板上没有液层。当气速渐渐增大时，液体从筛孔流下受阻，板上开始形成液层。当继续增加气速时，从筛孔漏下的液体会越来越少，板上液层增高，当液面超过溢流堰时，板上液体会从降液管流下。气速再增加时，筛板液层上方出现鼓泡层、泡沫层，扩大气液两相接触面积，此时传质效果最好，系最佳操作状态。再提高气速，则会形成大量雾沫，导致上升气流夹带大量液体至上层塔板，这样就破坏了塔内液相浓度的正常分布，破坏了正常的分离过程，使精馏塔无法操作，此时的状态称液泛。

筛板塔的优点是结构简单、造价低，但弹性范围小，筛孔容易堵塞，不易处理高黏度及有沉淀的物料。

(3) 浮阀塔　浮阀塔是一种性能较好、应用广泛的错流塔板，自 20 世纪 50 年代开始在工业上投入使用。浮阀塔板在板上开有若干个孔（标准孔径为 39mm），在每个孔上装有一个可以在一定距离内上下浮动的阀片，当气速较低时，气流穿过阀片与塔板间的空隙，以鼓泡的形式与板上液体接触，继续增大气流，阀片的开度随气流负荷的增加而加大，直至阀片全部打开，气流通过环行缝隙涌出，以上情况均属正常操作，故有较大的气流操作范围。浮阀的结构形式很多，如图 13-16 所示，目前国内采用的有 5 种，但最常用的是 F1 型和 V-4 型。F1 型浮阀，如图 13-16（a）所示，其结构简单，阀片下方有 3 条腿，安装时，将其置于板上阀孔后，将底角弯 90°，阀片周边上冲出 3 个略向下折的定距片，使阀片静止于板面时，片与板之间仍有 2.5mm 的空隙，阀片最大的抬升高度为 8.5mm。阀片有轻重之分，重阀片厚 2mm，质量 33g；轻阀片厚 1.5mm，质量为 25g。由于轻阀的操作稳定性差，除减压蒸馏外，很少采用。

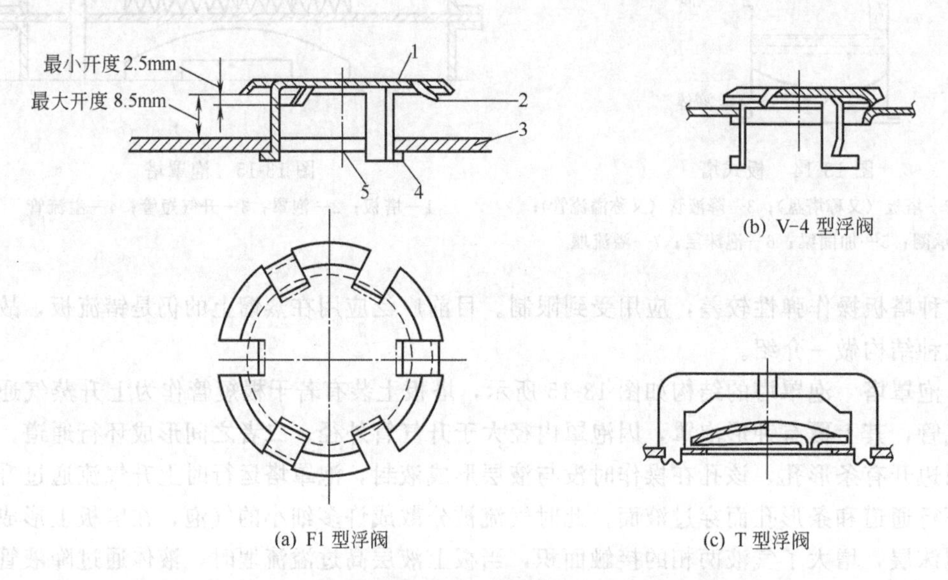

(a) F1 型浮阀　(b) V-4 型浮阀　(c) T 型浮阀

图 13-16　浮阀结构形式

1—阀片；2—定距片；3—塔板；4—底脚；5—阀孔

浮阀塔的优点为：生产能力比泡罩塔高 20%～40%，操作弹性大，塔板效率高，气体阻力小，造价一般为泡罩塔的 60%～80%，是筛板塔的 1.2～1.3 倍；缺点是不宜处理易结垢、黏度大的流体。

(4) 喷射塔　以上 3 种塔板有一共同特点，当气流速度较大时，引起严重的雾沫夹带，甚至发生液泛，导致生产能力受到限制。喷射塔就是基于此点而开发出来的，今以舌形塔板为例做一说明。

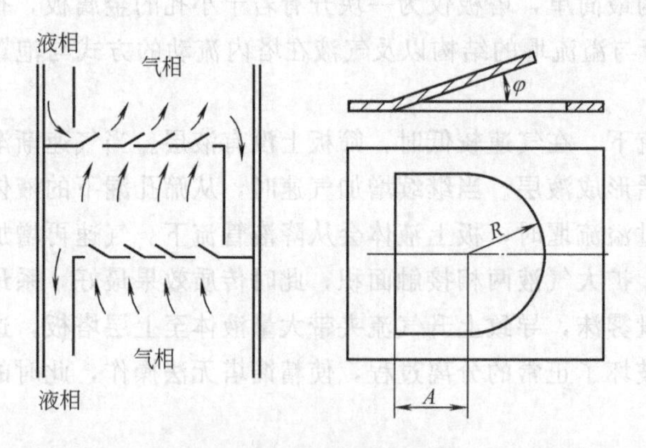

图 13-17　舌形塔板示意

舌形塔板的结构（见图 13-17）是在塔板上冲出许多舌形孔，舌片与板面成一定的角度，向塔板的溢流方向张开，舌孔成三角形排列，塔板上没有溢流堰，只有降液管。操作时，上升气流穿过舌孔，以 20～30m/s 的速度向斜上方喷出，板上液体流过舌孔时，被分散成小液滴，随气流冲至降液管上方的塔壁后，沿壁面流入降液管。

舌形塔板的生产能力大，雾沫夹带小，板上流体流向一致，没有返混现象，塔板阻力小，但不适用于气流速度较低的场合，为此，又开发出浮舌塔板，浮舌塔板的舌片在低气速时不开口，相当于浮阀的结构，这样就加大了操作范围。

在生产中选用不同形式的塔设备时，除应考虑物料的性质和使用场合等条件外，还应考虑各种塔型的自身特性，表 13-1 对几种塔设备的特性做了简单的介绍，供选用时参考。

表 13-1　各种塔设备特性的比较

指　标	塔板结构														
	溢流式									无溢流(穿流)式			填料塔		
	V形浮阀	十字架浮阀	条形浮阀	筛板	舌形板	浮动喷射板	圆形泡罩	条形泡罩	S形泡罩	栅板	筛孔板	波纹板	乱堆填料塔	波纹填料塔	波纹网填料塔
液体和蒸汽负荷高	4	4	4	4	4	4	2	1	3	4	4	4	2	4	4
液体和蒸汽负荷低	5	5	5	2	3	3	3	3	3	2	3	3	3	4	4
压力降	2	3	3	3	2	4	0	0	0	4	3	3	3	4	5
雾沫夹带量	3	3	4	3	4	3	1	1	2	4	4	4	5	5	5
分离效率	5	5	4	4	3	3	4	3	4	4	4	4	3	5	5
单位设备体积的处理量	4	4	4	4	4	4	2	1	3	4	4	4	3	5	5
制造费用	3	3	4	4	4	3	2	1	3	5	5	3	4	3	1
材料消耗	4	4	4	4	5	4	2	2	3	5	5	4	4	4	3
弹性(稳定操作范围)	5	5	5	3	3	4	4	3	4	1	1	2	2	4	4
安装和拆卸	4	3	4	4	4	3	1	1	3	5	5	3	3	1	1
维修	3	3	3	3	3	3	2	1	3	5	5	4	3	1	1
对脏的物料	2	3	2	1	2	3	1	0	0	2	4	4	2	0	0

注：符号说明：0—不适用；1—尚可；2—合适；3—较满意；4—很好；5—最好结构。

（二）精馏塔的操作

1. 间歇精馏与连续精馏的正常操作过程

间歇精馏工艺流程与连续精馏基本相同，只是没有原料液预热装置。在间歇精馏操作时，首先将原料液一次性加入到蒸馏塔釜（再沸器）中，通入间接蒸汽加热，产生蒸气上升至塔顶的分凝器，得到的冷凝液部分返回精馏塔，另一部分凝液与未凝蒸气通过冷凝冷却器全部凝成液体，并降至沸点以下温度，经观测罩流入贮罐。观测罩中装有比重计，可测得凝液中轻组分的浓度，如需要得到不同浓度的成品液，则要准备若干个贮罐，在蒸馏的不同阶段分别收集，依靠观测罩中比重计的实测数据来控制操纵不同贮罐的切换装置。间歇精馏过程的结束是根据釜残液中的浓度，在其减少到规定组成时，即可停止精馏过程。

连续精馏工艺流程如图 13-5 所示，精馏过程开始时，首先在进料板加一批原料液，流至塔釜加热沸腾并部分汽化，原料液同时按一定量连续加入，上升蒸气与下降的原料液在提馏段接触进行传质传热，最后升至塔顶，经分凝器后将冷凝液全部回流，此时的状态称全回流。这样上升蒸气即可在全塔内与下降液体进行接触，通过维持一段时间的全回流后，全塔各处的温度和组成趋于稳定，进料液量达到了正常操作值，釜残液的组成也达到了规定的要求，就可将冷凝液部分回流，另一部分作为产品取出，这样就逐渐形成了正常稳定的操作状态。连续精馏的稳定操作意味着塔内的温度、压力、浓度仅是位置的函数，而不随时间变化，在连续精馏要结束时，先要停止进料，停止回流，上升蒸气的凝液全部作为产品，下降的液体流至釜内作为残液排除，连续精馏过程即行结束。

2. 精馏塔的非良好操作现象

精馏塔在运行时，塔内每一点的工作状态并不是都处在理想的状态，理想状态是回流液由上一层降液管流至板上，向该板另一侧降液管的方向流动，在板上通过若干个板孔和阀件时与气体进行接触，而气流穿过板上开孔流经液层时，与液体进行接触后，再升至上一层。气液流在塔内的实际情况，并非完全如此，部分气泡可能被液流裹入降液管而流向下一层板，部分液滴也可能被气流带至上一层板，这种现象往往是不可避免的，但对该现象发生的程度应有一严格的控制，否则会严重影响分离效率，甚至破坏精馏塔的正常运行。下面就对这些现象作一说明。

(1) 返混　在精馏塔运行过程中，气体与液体发生与宏观运动方向不同的流动现象称返混，根据流动主体的不同，返混可分为气体返混和液体返混。

液体返混是指塔板上的液体以液滴或泡沫形式被上升气流夹带至上一层塔板，以及板上部分液体作与主流方向不同的流动。板上液体流动形成的返混是由塔板结构布局所形成的，在塔板设计时要考虑这一问题。而上升气流夹带液体所形成的返混，主要是因操作气速过高和板间距过低引起较为严重的雾沫夹带。在实际操作中，板式塔产生雾沫夹带是必然的，但需控制在一定范围内，规定的允许值为每 1kg 气体夹带 0.1kg 的雾沫，若超出此值则会导致塔板效率严重下降。此外在塔板设计时要选用合理的板间距。

(2) 漏液　当上升气流和板间压强差不足以挡住液体时，塔板上的液体会从开孔处向下泄漏，这种现象称为漏液。在气流速度由高向低变化时，最早出现漏液的瞬间称漏液点，漏液点的气速为精馏塔运行时的最低值。如漏液严重会使板上液层高度降低，甚至不能流过整个塔板，这就减少了气液接触机会，降低了分离效率。漏液严重时，塔板上不能积液，则完全破坏了正常操作。

气体通过板上开孔的实际速度 u_0 与漏液点气速 $u_{0\min}$ 之比称稳定系数 K，即：

$$K=u_0/u_{0\min} \tag{13-12}$$

为保证精馏塔的正常运行，K 值应大于 1，最好在 1.5～2 之间才能保持塔较高的操作弹性。要提高稳定系数减少漏液，需在设计时减少塔板开孔或降低溢流堰高度。在操作时，要控制气速在合理的范围。

(3) 液面落差　液体从降液管下降至板上，横向通过板面，由于板上存在各种流动阻力，因此板面上必然有液面高度的差异，这种差异称为液面落差。液面落差的存在会使上升气流分布不均，高液面处气流少、气速低，容易产生漏液；低液面处则有较大气流通过，容易引起严重的雾沫夹带，总之会带来板效率的降低。液面落差是不可避免的，只能在设计时减少板面阻力，尽量控制落差值。

(4) 液泛　塔内压强合理的梯度分布是自下而上逐板减少，气体在压强差的推动下由下向上流动，液体靠重力大于压强差的部分作推动力，由上向下流动。当流体流速超出正常操作范围时，许多气泡被快速液流卷入降液管，致使管内液体密度降低，此时只有管内液面不断升高才能使液体流到下一层板，在流体速度继续增大时，管内液体与上层板上液体相通，板上液面上升，又使再上层降液管的液面提高，这种现象依次向上发展，最后全塔空间都被液体充斥，这种现象称为液泛，又称淹塔。液泛完全破坏了塔的正常运行，在操作中必须避免。液泛时的气速称液泛速度，操作时需将气速控制在液泛速度之内。影响液泛速度的因素有气液流量、流体的性质、塔板结构和板间距等，较大的板间距会提高液泛速度，同时也使塔高增加，故应全面考虑来确定板间距。

(5) 负荷性能图　通过对精馏塔操作非良好情况的介绍可知，在精馏塔运行过程中，控制气液流速（又称气液负荷）非常重要。对气速来说，过高则引起严重的雾沫夹带，过低易发生严重漏液。对液速来讲，太高会产生液相返混，太低则使板上液流分布不均，板效率降低。因此必须将气液负荷控制在一定范围之内，塔才能正常运行。通常用一直角坐标系来表示气液负荷的操作范围。

图 13-18 所示为一直角坐标系，纵坐标和横坐标分别反映气速和液速，图中的封闭线框由五条线组成。

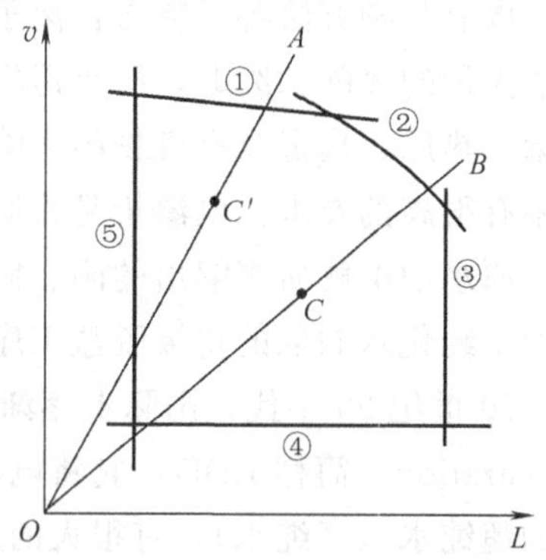

图 13-18　塔板负荷性能

① 雾沫夹带线：气速超出此线则产生严重雾沫夹带，板效率严重下降。

② 液泛线：气速和液速高过此线，则会发生淹塔。

③ 液相负荷上限：液速高过此线，意味液体裹走大量气泡进入降液管，形成严重的气相返混，板效率严重下降。

④ 漏液线：气速低于此线，则发生漏液超标，板效率下降。

⑤ 液相负荷下限：液速低于此线，板上液体则不能均匀分布，致使气液接触不良，板效率降低。

以上五条线包围的区域是塔的适宜操作范围。每一个塔和每一种料液的负荷性能图形都不一样，需通过计算得出，塔的负荷性能图可用来指导精馏塔的操作，以保证其正常运行。

3. 精馏塔运行中出现的部分情况分析

(1) 塔顶、塔底产品浓度达不到规定要求。即塔顶产品浓度低，塔底浓度高。这种情况从相关仪表反映出的变化是塔顶温度提高，塔底温度下降，这说明精馏段和提馏段的分离能力都不足，最方便的解决方法是加大回流比，产品质量可迅速提高。需要注意的是回流比增大后，蒸馏釜和冷凝器的热负荷会加大，应作相应调整。

(2) 塔顶产品不合格，塔底产品超过要求。这说明精馏段分离能力小，提馏段分离能力大，可考虑降低进料位置，减少提馏段板数，相应增加精馏段板数。如果调整了进料位置效果不大，可进一步考虑提高回流比。

(3) 进料状态的变化。进料状态的变化主要影响精馏段和提馏段的板数分配，进料液的焓值降低，则精馏段所需板数减少，提馏段所需板数增加；如进料液焓值提高，则需减少提馏段板数，增加精馏段板数。

精馏塔运行中的问题还很多，应结合具体情况，运用基本原理进行分析解决问题。

第二节　制水设备

水对于人类的生存与发展有着十分重要的作用，每个人在其生命活动中出于不同的目的所需的水不仅是数量不同，而且质量也不相同。在生产活动中则更是如此，生产不同的产品、不同的生产岗位、不同的生产用途对水质的要求有很大的区别，这就要根据不同的要求选用合适的水处理工艺来满足所需。

制药工业用水比其他生产行业对水质的要求范围更宽，与其他行业相同的是都要用到清洗水、饮用水、循环水、洗涤水等，不同的是还要用到高品质的行业专用的制药用水。

根据《中国药典》2005年版规定：制药用水分纯化水、注射用水、灭菌注射用水三种。对以上三种不同水质的水，其制取工艺也有所规定：纯化水为采用蒸馏法、离子交换法、反渗透法或其他适宜的方法，制得的制药用水；注射用水为纯化水经蒸馏所得的水。目前国内外多数制药企业采用离子交换、电渗析和反渗透等方法制得纯化水，再经蒸馏制取注射用水。以上几种方法各具特点：离子交换法的最大特点是除盐率高，但离子交换树脂再生时要产生大量的废酸和废碱，严重污染环境，破坏生态平衡。反渗透属膜分离技术，它对水中的细菌、热原、病毒及有机物的去除率达100%，但其脱盐率仅为90%，因此它对原料水的含盐率有很高的要求。电渗析是将原料水通过直流电场，在阴、阳离子交换膜和静电的作用下除去原水中电解质离解出的阴、阳离子而得到纯化水，该法耗电能大，除盐率不十分高，故常用于纯化水制取的初级脱盐工序。

20世纪90年代，国际上逐渐发展起来了一种新型纯化水制备技术称做电除盐（electro-deionization，简称EDI），它将电渗析和离子交换技术有机地结合起来，可连续地制得高质量的超纯水（高纯水），有很大的发展前途，目前我国已研制成功并投入生产使用。

无论采用哪种制水技术，GMP对制药用水的制水设备都有统一要求，具体内容如下：

① 结构设计简单可靠，拆装方便；

② 设计时尽量采用标准化、通用化、系统化零部件；

③ 设备内外壁表面要光滑平整、无死角、易清洗灭菌、避免使用油漆；

④ 设备材料尽量采用低碳不锈钢，应定期清洗并验证清洗效果；

⑤ 注射用水接触的材料需是优质低碳不锈钢，应定期清洗和验证效果；

⑥ 纯化水贮存周期不得大于24h，贮罐应用不锈钢材料制得，内壁要光滑，接口与焊缝不应有死角和沙眼，要定期清洗和验证效果。

下面对四种制备纯化水的工艺方法及设备分别作一简单介绍。

一、离子交换法

（一）离子交换法的工作原理

应用离子交换技术制备纯化水是依靠阴、阳离子交换树脂中含有的氢氧根离子和氢离子与原料水中的电解质离解出的阳、阴离子进行交换，原水中的离子被吸附在树脂上，而从树脂上交换出来的氢离子和氢氧根离子则化合成水，并随产品流出。

1. 离子交换树脂

离子交换法制备纯化水的关键在于离子交换树脂，离子交换树脂是一类疏松的、具有多孔的网状固体，既不溶于水也不溶于电解质溶液，但能从溶液中吸取离子进行离子交换，这是因为离子交换树脂是由一个很大的带电离子和另一个可置换的荷电离子组成，今以钠离子交换树脂Na_2R为例说明离子交换过程。Na_2R中的R代表一个很大的带电离子，Na^+表示可被置换的阳离子，当它与含有Ca^{2+}的水接触时，树脂中的Na^+与Ca^{2+}交换而进入水中，水中的钙离子则被吸附在树脂上，不难看出这种离子交换过程实质上就是发生了一个化学反应，即：

$$Ca^{2+} + Na_2R \Longrightarrow CaR + 2Na^+$$

离子交换的原理也就是在电解质溶液和不溶性的电解质之间发生的复分解反应。上例讲的即是钠离子交换树脂软化水的机理。

2. 离子交换树脂的种类

按树脂中被交换活性基团的不同，离子交换树脂可分为阳离子交换树脂和阴离子交换树脂两大类。阳离子交换树脂的活性基团是酸性的，在水中可电离出氢离子，与溶液中其他的阳离子发生复分解反应，进行等摩尔的离子交换，这样，氢离子就进入溶液中同时将溶液中电解质的阳离子交换到树脂上，即：

$$2R—OH + Ca^{2+} \Longrightarrow (R—O)_2Ca + 2H^+$$

常用于制纯化水的阳离子交换树脂有 R—OH 和 R—COOH 等。

阴离子交换树脂的活性基团是碱性的，在水中可与水发生水合反应后，其产物能离解出氢氧根离子，再与溶液中其他的阴离子发生复分解反应，进行等摩尔的离子交换。今以阴离子交换树脂 $R—NH_2$ 为例，它含有碱性的活性基团$—NH_2$，遇水后发生水合反应：

$$R—NH_2 + H_2O \Longrightarrow R—NH_3^+ OH^-$$

此反应产物中的氢氧根离子与水溶液中的阴离子发生复分解反应：

$$R—NH_3^+ OH^- + Cl^- \Longrightarrow R—NH_3^+ Cl^- + OH^-$$

反应后阴离子附于阴离子交换树脂上，氢氧根离子则进入溶液中。

当含有电解质的原水进入阴、阳离子交换柱（盛有阴、阳离子交换树脂的罐）时，原水中电解质的阴、阳离子全被树脂中的 H^+ 和 OH^- 所置换，最后得到的就是不含离子的纯化水了，故又称纯化水为去离子水。

3. 选择离子交换树脂的注意事项

(1) 粒度　树脂颗粒直径大，单位体积交换面积小，交换速率小。

(2) 耐磨性、耐热性　树脂的这些性能较好，使用寿命长。

(3) 水溶性　不溶于水是对离子交换树脂的要求之一，否则就不能起到分离离子的作用。

（二）离子交换设备

离子交换法制备纯化水的设备主要用两个罐（见图 13-19），罐内分别装有能离解出 H^+ 的阳离子交换树脂（记作 HR）和能离解出 OH^- 的阴离子交换树脂（记作 R′OH）。这两个罐分别称做阳离子交换柱和阴离子交换柱。制纯化水时将含有电解质（如 NaCl）的原水从下部先通过阳离子交换柱，这时原水中的 Na^+ 被树脂的 H^+ 所交换生成 NaR 而附于固体树脂上。从阳离子交换柱上方出的水，只带有 H^+ 和 Cl^- 了，将其再引入阴离子交换柱，水中的 Cl^- 被树脂的 OH^- 所交换，生成 R′Cl 而附于阴离子交换树脂上，从阴离子交换柱上方得到的就是去除电解质离子的纯化水。由此可知，纯化水的制取过程就是电解质水溶液的去离子过程。

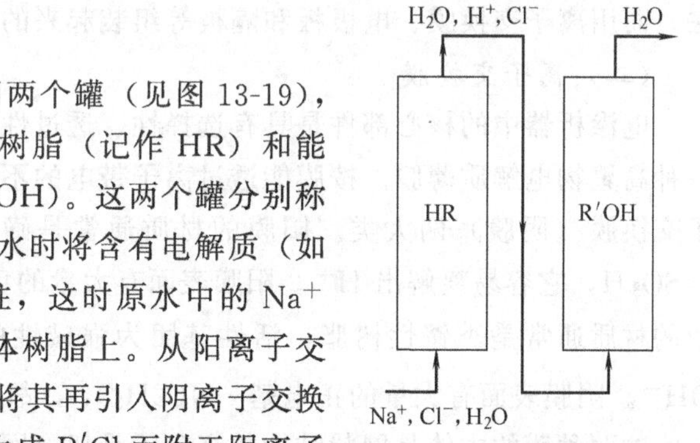

图 13-19　离子交换法示意

离子交换树脂经过一段时间的工作后，树脂与原水接触面上的 HR 和 R′OH 大部分生成 NaR 和 R′Cl，如继续工作则会使水中电解质离子的去除率逐渐降低，为此需将树脂表面上的 NaR 和 R′Cl 恢复成原来的 HR 和 R′OH，称此过程为树脂的再生。

阳离子树脂的再生方法是用浓盐酸淋洗，当 HCl 与附在树脂上的 NaR 接触时，会发生化学反应：

$$H^{+}+NaR = HR+Na^{+}$$

树脂表面上的钠又呈离子状态，随淋洗酸液而排出柱外，此时阳离子树脂恢复了去离子的活性。阴离子树脂的再生则是用 NaOH 溶液来淋洗，所发生的反应为：

$$OH^{-}+R'Cl = R'OH+Cl^{-}$$

阴离子树脂上的 R′Cl 中的氯成为离子状态，随淋洗碱液排出柱外，阴离子树脂也恢复了活性。

用离子交换法制取纯化水最大的优点是除盐率高，一般为 98%～100%，因此，对于深度除盐来说，离子交换是不可替代的，但其最大缺点是树脂再生时耗用的浓盐酸和氢氧化钠的量较大，致使制水成本提高且污染环境，故在使用发展上受到较大限制。

二、电渗析法

（一）电渗析制纯化水的工作原理

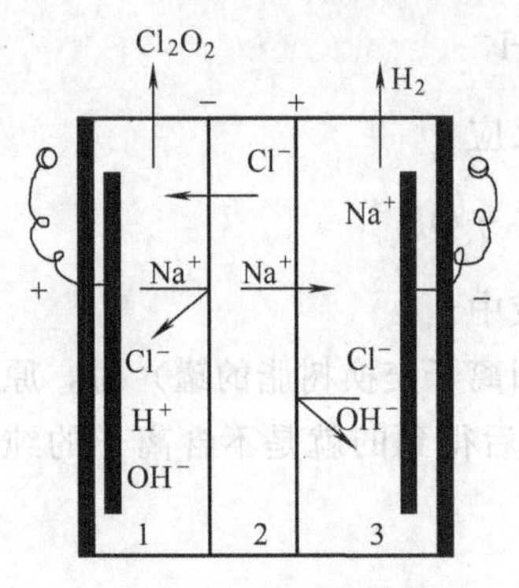

图 13-20　三槽电渗析器

1—阳极室；2—中间室；3—阴极室

一槽形容器的两侧分别放置阳、阴两块极板并通以直流电（见图 13-20），在槽内形成直流电场，在靠近阳极极板处装一只能通过阳离子的阳离子交换膜，在靠近阴极极板处装一只能通过阴离子的阴离子交换膜，水槽则被两膜分成阳极室、中间室和阴极室三部分。当原水从图中所示下方向上流过时，水中电解质电离出的阴、阳离子与所有荷电的小分子有机物在直流电场的作用下发生定向迁移，阴、阳离子分别通过阴阳离子交换膜而进入阴极室和阳极室，此二室水中的离子浓度迅速增高，故又称浓水室。中间室水中的离子可分别通过两膜向浓水室迁移，故离子浓度很快降低，因此又称做淡水室，从淡水室排出的即为纯化水，此制水方法称电渗析脱盐法，而用离子交换膜、电极板和隔板等组装起来的设备称电渗析器。

（二）离子交换膜

电渗析器中的核心部件是具有选择性、透过性、良好导电性的阴、阳离子交换膜，它是一种高聚物电解质薄膜。按膜能透过离子带电的不同，可分为阳离子交换膜（阳膜）和阴离子交换膜（阴膜）两大类。阳膜的材质通常是磺酸性树脂，活性基团为强酸性的磺酸基—SO_3H，它容易离解出 H^+。阳膜表面有大量的负电基 SO_3^-，故排斥溶液中的阴离子。阴膜的材质通常是季铵性树脂，活性基团为强碱性的季铵基—$N(CH_3)_3OH$，它容易离解出 OH^-。阴膜表面有大量的正电基—$N(CH_3)_3^+$，故排斥溶液中的阳离子。

这两种膜的主体是网状结构的高分子骨架，网孔间相互沟通形成微细的曲折通道，通道的长度远大于膜的厚度。在电场作用下，溶液中的阳离子可通过阳膜的微细孔道进入膜的另一侧（向阴极方向），阴离子则通过阴膜进入相反的另一侧（向阳极方向）。电渗析器中有许多阳膜和阴膜交错排列，配对成许多组合，在每一对阴膜和阳膜之间离子从它的两侧进入，形成离子集中的浓水室，在它们的外侧形成淡水室。在两端的电极室温度较高且有氧化反应，要用特殊的离子交换膜或纤维布。

离子交换膜的各项性能是影响电渗析器工作质量的重要因素，故对其有如下要求：

① 树脂膜要平整光滑，厚度要适当，有很好的强度和韧性；

② 树脂膜在一定的温度下不变形；

③ 树脂膜要耐酸和耐碱，以适应用稀酸清洗除垢；

④ 树脂膜应有较高的离子交换容量，通常膜的交换容量高者，其强度较低；

⑤ 树脂膜要有良好的导电性；

⑥ 树脂膜要有良好的选择透过性，即它对同名的离子有很高的透过性，对异名离子则透过性极低，此外，膜对水的透过性也要小，以免降低电渗析的出水率。

离子交换膜使用前应保存在湿润的环境或用清水浸泡，以防干燥变形。若保存时间长，需加入少量防腐剂如甲醛于水中，防止细菌滋生。

（三）电渗析器

电渗析器是由紧固装置、电极室、膜堆三部分组成。膜堆是由若干对膜和膜板按阳膜-A型隔板-阴膜-B型隔板-阳膜……的顺序组成。膜堆的两端有电极室，电极室中装有电极、极框、电极托板和橡胶垫板。电极一般是由石墨或不锈钢制成极框放在电极与极室膜之间，可用于电极室进出水的通道和排出电极反应物。紧固装置是通过若干个紧固螺栓和上下压板将电极室和膜堆均匀地紧固成一整体，确保电渗析器在正常压力下工作时不泄漏。

膜堆中的隔板是用聚氯乙烯和聚丙烯制得，厚度为1～2mm，分A板和B板两种。在组成膜堆时，将A板置于阴阳膜间形成的淡水室，B板放在两膜间形成的浓水室。隔板的作用有二：一是隔开和支撑离子交换膜；二是排出淡水和浓水。在板上有许多平行曲折的通道，液体可沿通道流入由膜和隔板上的孔组成的淡水通道和浓水通道。A、B两隔板通过结构的变化，分别与淡水通道和浓水通道连通，A、B板的结构与板框过滤机中的板和框相似。

电渗析器可组合成卧式，也可组合成立式。卧式安装方便，立式便于运行时排出电极电解出的气体。电渗析器在正常运行时，一般不需人工操作，只是在使用相当一段时间后需用酸、碱将膜清洗除垢。

三、反渗透法

反渗透（reverse osmosis，简称RO）同电渗析一样也属膜分离技术，它是通过反渗透膜把水溶液中的水分离出来，而电渗析是将溶液中的电解质分离出来。

（一）反渗透的工作原理

渗透现象在自然界是可以经常见到的，如腌制一些蔬菜时，需将菜放入盐水中，过一段时间蔬菜的体积就会变小，这就是说菜中的水分进入了盐水中，这种水分进入盐水溶液的现象被称为渗透。取一水槽，用隔板将其分成两部分，隔板下方开一大孔，用一个只能透过水的半透膜将大孔严密覆上，如图13-21所示，在隔板两侧分别注入纯水和盐水，让其达到同一高度。过一段时间就会发现纯水一侧的液面降低，而盐水液面升高，把水分子透过膜迁移到盐水中的现象称为渗透现象。盐水一侧的液面升高并不是无限的，升到一定高度时就会停止而达到平衡，此时在隔膜两侧的液面高度差所代表的压强就称做渗透压。若在以上系统达到平衡后，在盐水一侧液面上施加一定的压强，就会发现纯水液面逐渐升高，这说明水分子从盐水侧转移到纯水侧。在膜隔开的盐水-纯水系统中的盐水侧，施一大于渗透压的压强，盐水中的水分子透过膜向纯水侧迁移的过程称为反渗透，这也正是反渗透法制取纯化水的原理。

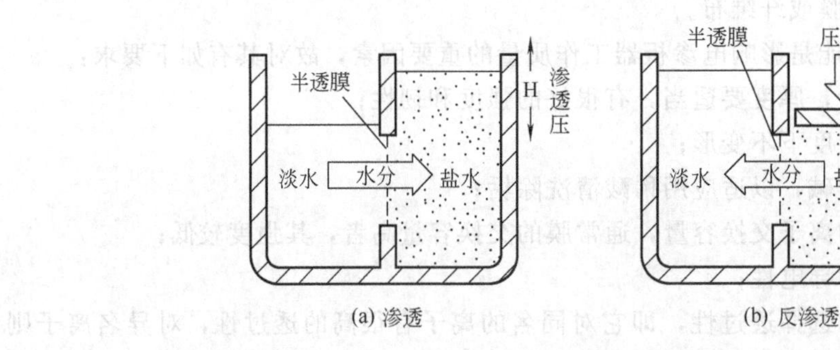

图 13-21　渗透和反渗透示意

（二）反渗透膜

从反渗透的工作原理可知，它的核心元件是反渗透膜。一般细小的悬浮微粒其直径范围为 0.5～10μm，大分子量分子为 10～500nm，小分子量分子和无机物离子为 0.1～10nm，细菌为 0.2～2μm，各种蛋白质的分子直径为 1～200nm，用反渗透制纯化水则要求膜只能透过水而截留住无机物离子和分子直径低于 300nm 的有机物，截留的最小粒径为 0.1～1nm，因此要求膜的微孔直径要很小。

反渗透膜按结构分，主要有非对称性膜、复合膜和中空纤维膜三种，制造材料是各种纤维素，如醋酸纤维素（CA 膜）、三醋酸纤维素和各种聚酰胺（脂肪酸和芳香族）等。

非对称性反渗透膜的表面有很细的微孔，孔径约 2nm，厚度为 0.2～0.5μm，底层为海绵结构，孔径为 0.1～1μm，厚度为 50～100μm，这种膜的透水速率为 $0.6m^3/(m^2 \cdot d)$ 复合膜的表层是超薄膜，厚度仅为 0.04μm，用多孔支撑层和纺织物加强，透水速率可达 $1m^3/(m^2 \cdot d)$。中空纤维反渗透膜的直径很小，外径约为 25～150μm，表层厚 0.1～1μm，壁厚由工作压强决定，外径与内径之比一般为 2，由于壁厚相对管径较大，故不需支撑即能承受较大的工作压强。

反渗透机的结构因膜的形式而异，一般有框式、管式、卷式和中空纤维式等四种，均可用于纯化水的制取。其反渗透的推动力为膜两侧的压强差，一般情况下此值的范围是 2～10MPa。

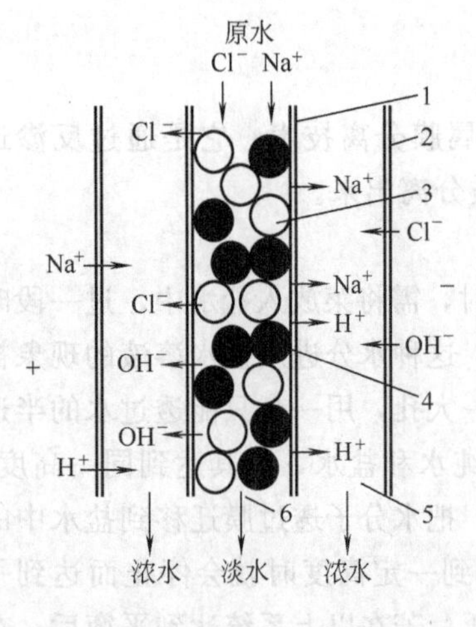

图 13-22　EDI 法工作原理示意

1—阳离子交换膜；2—阴离子交换膜；3—阴离子交换树脂；4—阳离子交换树脂；5—浓缩室；6—淡化室

四、电去离子法

目前，制药用水较先进的制备工艺是电去离子（electrodeionization，简称 EDI）技术。电去离子技术是一项新型高效的膜分离技术，该技术是通过离子交换树脂的交换吸附以及阴阳离子交换膜的选择性吸附，在直流电场的作用下，实现离子的交换和定向迁移，它结合了电渗析和离子交换过程的优点，同时还具有：树脂不需要化学再生；电流效率比普通电渗析显著提高；能连续去除离子生产高纯水等特性，故在电力、电子、医药、生化等领域将会得到越来越广泛的应用。

（一）电去离子法的工作原理

如图 13-22 所示，从工作原理上看电去离子法实质上就是在电渗析器中的淡水室填充阴、阳离子交换树脂，当原水从图中上方进入直流电场向下方流出时，发生以下几个过程：

① 在直流电场的作用下，水中的电解质电离出的阴、阳离子通过阴、阳离子交换膜做定向迁移；

② 阴、阳离子交换树脂对水中的离子进行吸附和交换，同时由于离子交换树脂的导电性要比水高得多，它还能起到加速水中离子移动的作用；

③ 在树脂、膜和水的界面上的极化，使水电离成 H^+ 和 OH^- 以及离子交换树脂产生的 H^+ 和 OH^- 均可对离子交换树脂进行再生。

因此说电去离子技术的工作原理就是离子迁移、离子交换和电再生三个子过程的有机组合，且是一个相互促进共同作用的过程。

（二）电去离子法的特点

① 离子交换树脂用量少，仅为普通离子交换法的1/20。

② 离子交换树脂不用化学再生，节约了酸碱和废水处理过程。

③ 设备连续运行，不需停产再生树脂，故水质稳定。

④ 产水质量高，其电导率接近纯化水的指标。

⑤ 由于树脂强化了离子迁移，因此提高了电流效率，降低了产水成本。

⑥ 系统紧凑、安装方便。

⑦ 自动化管理，日常运行操作简单方便。

特别应该说明的是以上各种制取纯化水的方法都有自己的特点，因此工业生产上制取纯化水很少采用一种方法，而是将几种方法和其他的水处理技术组合成一个符合生产要求的工艺流程，以此来制取纯化水。

参 考 文 献

1 韩丽．实用中药制剂新技术．北京：化学工业出版社，2002

2 董方言．现代实用中药新剂型新技术．北京：人民卫生出版社，2001

3 张汝华．工业药剂学．北京：中国医药科技出版社，1999

4 俞子行．制药化工过程及设备．第2版．北京：中国医药科技出版社，2002

5 郑品清．中药制剂学．北京：中国医药科技出版社，2000

6 侯新朴．物理化学．北京：中国医药科技出版社，2000

7 顾觉奋．分离纯化工艺原理．北京：中国医药科技出版社，2000

8 吴梧桐，生物制药工艺学．北京：中国医药科技出版社，1998

9 姚新生．天然药物化学．北京：人民卫生出版社，1988

11 陆彬．药剂学．北京：中国医药科技出版社，2000

12 吴中秋．药物制剂设备．沈阳：辽宁科技出版社，1994

13 元英进等．中药现代化生产关键技术．北京：化学工业出版社，2002

14 路振山．中药制药设备．北京：中国中医药出版社，2003

内 容 提 要

本书侧重介绍生物与化学制药设备的结构特点、应用和操作，辅以必要的基本原理、基础知识及实用的高新技术。旨在培养处理实际问题的能力，体现高职教育特色。全书共分十三章，内容包括绪论、设备材料与管路、流体输送设备、换热设备、制冷设备、空气处理设备、容器设备、分离设备、粉碎与过筛设备、提取设备、溶液浓缩设备、干燥设备、蒸馏设备与制水设备。

本书既可作为医药高职院校的专业教材，也可作为相关专业成人教育和企业培训的教材以及其他制药人员的参考资料。

全国医药高职高专教材可供书目

	书　名	书号	主　编	主　审	定　价
1	化学制药技术	7329	陶　杰	郭丽梅	27.00
2	生物与化学制药设备	7330	路振山	苏怀德	29.00
3	实用药理基础	5884	张　虹	苏怀德	35.00
4	实用药物化学	5806	王质明	张　雪	32.00
5	实用药物商品知识(第二版)	07508	杨群华	陈一岳	45.00
6	无机化学	5826	许　虹	李文希	25.00
7	现代仪器分析技术	5883	郭景文	林瑞超	28.00
8	现代中药炮制技术	5850	唐延猷　蔡翠芳	张能荣	32.00
9	药材商品鉴定技术	5828	刘晓春	邬家林	50.00
10	药品生物检定技术(第二版)	09258	李榆梅	张晓光	28.00
11	药品市场营销学	5897	严　振	林建宁	28.00
12	药品质量管理技术	7151	峬亚明	刘铁城	29.00
13	药品质量检测技术综合实训教程	6926	张　虹	苏　勤	30.00
14	中药制药技术综合实训教程	6927	蔡翠芳	朱树民　张能荣	27.00
15	药品营销综合实训教程	6925	周晓明　邱秀荣	张李锁	23.00
16	药物制剂技术	7331	张　劲	刘立津	45.00
17	药物制剂设备(上册)	7208	谢淑俊	路振山	27.00
18	药物制剂设备(下册)	7209	谢淑俊	刘立津	36.00
19	药学微生物基础技术(修订版)	5827	李榆梅	刘德容	28.00
20	药学信息检索技术	8063	周淑琴	苏怀德	20.00
21	药用基础化学	6134	胡运昌	汤启昭	38.00
22	药用有机化学	7968	陈任宏	伍焜贤	33.00
23	药用植物学	5877	徐世义	孙启时	34.00
24	医药会计基础与实务(第二版)	08577	邱秀荣	李端生	25.00
25	有机化学	5795	田厚伦	史达清	38.00
26	中药材 GAP 概论	5880	王书林	苏怀德　刘先齐	45.00
27	中药材 GAP 技术	5885	王书林	苏怀德　刘先齐	60.00
28	中药化学实用技术	5800	杨　红	裴妙荣	23.00
29	中药制剂技术	5802	闫丽霞	何仲贵　章臣贵	48.00
30	中医药基础	5886	王满恩	高学敏　钟赣生	40.00
31	实用经济法教程	8355	王静波	潘嘉玮	29.00
32	健身体育	7942	尹士优	张安民	36.00
33	医院与药店药品管理技能	9063	杜明华	张　雪	21.00
34	医药药品经营与管理	9141	孙丽冰	杨自亮	19.00
35	药物新剂型与新技术	9111	刘素梅	王质明	21.00
36	药物制剂知识与技能教材	9075	刘　一	王质明	34.00
37	现代中药制剂检验技术	6085	梁延寿	屠鹏飞	32.00
38	生物制药综合应用技术	07294	李榆梅	张　虹	19.00